GÉOLOGIE

DES

ENVIRONS DE PARIS

DU MÊME AUTEUR

RECHERCHES CHIMIQUES SUR LES OXYDES MÉTALLIQUES. In-8°, 1867.

EXPÉRIENCES SUR LA PASSIVITÉ DU FER. (Le *Cosmos*, 1867.)

GÉOLOGIE COMPARÉE. — Étude descriptive, théorique et expérimentale sur les météorites. 1 vol. grand in-8°, 1867.

RECHERCHES SUR LA COMPOSITION ET LA STRUCTURE DES MÉTÉORITES, thèse de doctorat ès sciences. (*Annales de chimie et de physique*, 4ᵉ série, t. XVII, p. 5. et in-4°, 1869.)

DOSAGE DU FER NICKELÉ dans les météorites. (Le *Cosmos*, 1869.)

ÉTUDE MINÉRALOGIQUE DU FER MÉTÉORIQUE DE DEESA. — Existence des roches météoritiques éruptives ; âge relatif des météorites. In-8°, 1869.

DE L'ORIGINE DES MÉTÉORITES. In-8°, 1869.

LITHOLOGIE TERRESTRE ET COMPARÉE. (*Dictionnaire d'histoire naturelle* de d'Orbigny et tirage à part). 1 vol. in-8°, 1870 (Germer Baillière).

ÉTABLISSEMENT DES TYPES de roches météoritiques. In-8°, 1870.

MÉMOIRE SUR LA GÉOLOGIE DES MÉTÉORITES. (*Moniteur scientifique*, in-4°, 1871.)

LE CIEL GÉOLOGIQUE. Prodrome de géologie comparée. 1 vol. in-8°, 1871 (Firmin Didot).

LITHOLOGIE. Cours de géologie appliquée. 1 vol. in-8°, 1871 (Dunod).

L'ORIGINE DE LA BAUXITE à la Guyane française (*Comptes rendus de l'Académie des sciences*, février 1872).

PRÉSENCE DE LA DUNITE en fragments empâtés dans les basaltes de l'île Bourbon (*Comptes rendus de l'Académie des sciences*, mars 1872).

ÉTUDE MINÉRALOGIQUE DE LA SERPENTINE GRISE (*Comptes rendus de l'Académie des sciences*, mai 1872).

DÉTERMINATION MINÉRALOGIQUE DES HOLOSIDÈRES DU MUSÉUM (*Comptes rendus de l'Académie des sciences*, mai 1873).

NATURE CHIMIQUE DU SULFURE DE FER (troïlite) contenu dans les fers météoriques (*Comptes rendus de l'Académie des sciences*, mars 1874).

SUR LA ZIRCOSYÉNITE DE FUERTAVENTURA (*Comptes rendus de l'Académie des sciences*, septembre 1874).

COURS DE GÉOLOGIE COMPARÉE professé au Muséum. 1 vol. in-8°, 1874 (Firmin Didot frères).

LA TERRE VÉGÉTALE, géologie agricole. 1 vol. in-12, 1874 (Rothschild).

PROMENADE GÉOLOGIQUE DANS LE CIEL. 1 vol. in-18 (Bibliothèque Franklin) *sous presse*.

PARIS. — IMPRIMERIE DE E. MARTINET, RUE MIGNON, 2.

GÉOLOGIE

DES

ENVIRONS DE PARIS

OU

DESCRIPTION DES TERRAINS
ET ÉNUMÉRATION DES FOSSILES QUI S'Y RENCONTRENT

SUIVIE

D'un Index géographique des localités fossilifères

COURS PROFESSÉ AU MUSÉUM D'HISTOIRE NATURELLE

PAR

STANISLAS MEUNIER

AIDE-NATURALISTE AU MUSÉUM D'HISTOIRE NATURELLE,
DOCTEUR ÈS SCIENCES

Ouvrage accompagné de 112 figures intercalées dans le texte

PARIS

LIBRAIRIE DE J.-B. BAILLIÈRE ET FILS

19, RUE HAUTEFEUILLE, 19

1875

Tous droits réservés.

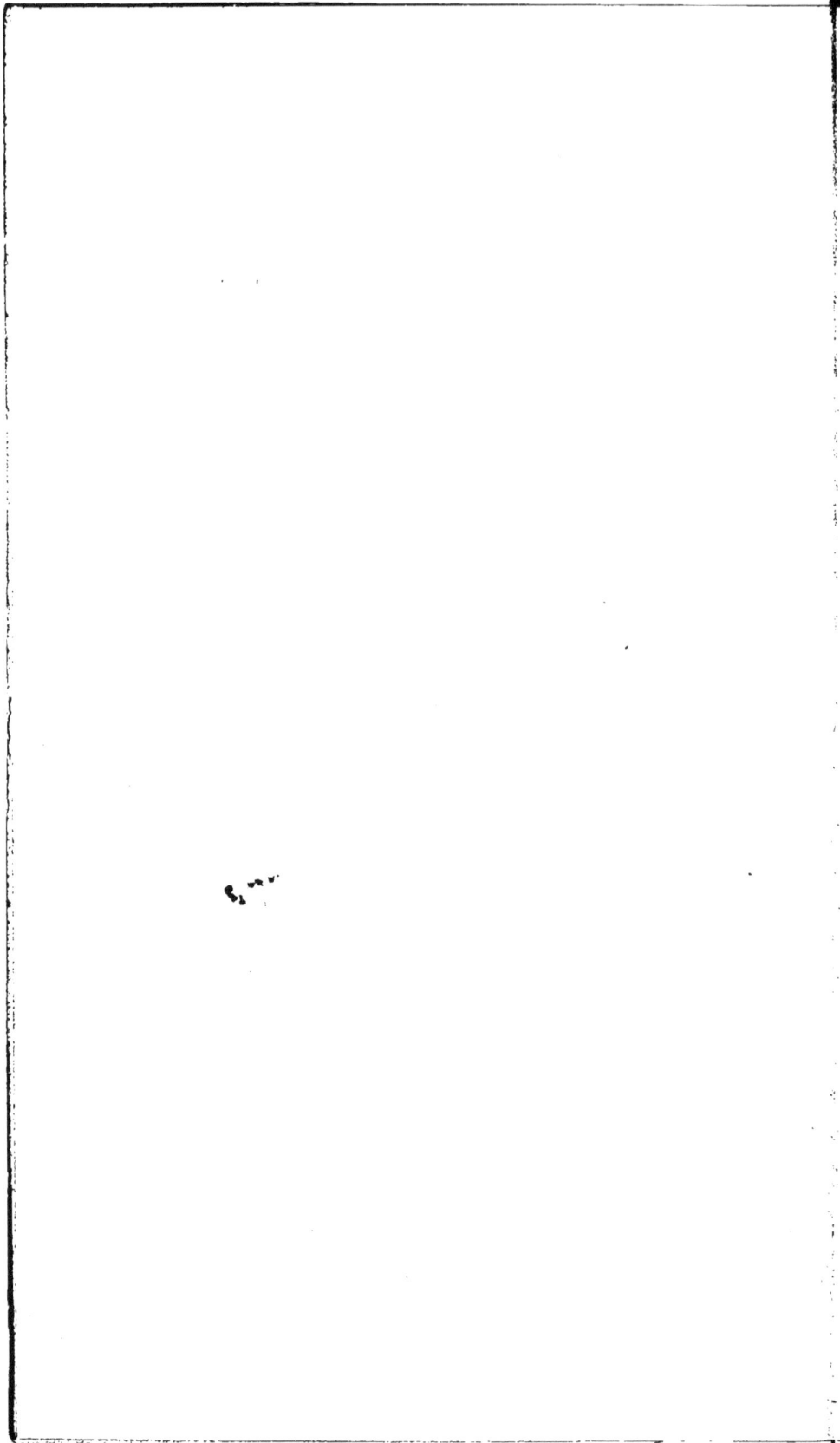

AVERTISSEMENT

Appelé à suppléer une seconde fois M. le professeur Daubrée au Muséum d'histoire naturelle, nous avons choisi pour sujet de notre cours la GÉOLOGIE DES ENVIRONS DE PARIS (1), sur laquelle de nombreuses courses nous avaient depuis longtemps démontré la nécessité de publier un nouveau travail d'ensemble. Telle est l'origine du livre que nous-présentons aujourd'hui aux élèves qui ont bien voulu suivre nos leçons et nous accompagner dans nos excursions géologiques, ainsi qu'à toutes les personnes qu'intéresse l'étude du bassin de Paris.

Les recherches qu'il nous a fallu faire pour réunir les matériaux que nous avons utilisés sont fort multipliées. Depuis le mémorable travail de Cuvier et Brongniart, dont la dernière édition date de 1835 (2), le grand sujet que nous traitons n'avait été l'objet d'aucune étude d'ensemble. Il est vrai que d'Archiac, dans son *Histoire des progrès de la géologie*, a, en 1851, consacré un long chapitre au résumé des mémoires publiés sur la constitution de notre bassin; mais, outre qu'on n'y saurait voir un traité proprement dit, la situation de ce résumé, à l'intérieur d'un volumineux ouvrage, en rend la consultation très-difficile. Ajoutons que depuis l'époque où

(1) Le cours précédent, consacré aux principes et faits généraux de la géologie comparée, a paru sous ce titre : *Cours de géologie comparée, professé au Muséum d'histoire naturelle*. 1 vol. in-8°. Paris, 1874.

(2) Cet ouvrage fut imprimé dès 1808 dans le onzième volume des *Annales du Muséum d'histoire naturelle*, sous le titre : *Essai sur la géologie minéralogique de Paris*. Deux ans plus tard, il fut inséré sous le même titre dans le tome XV des *Mémoires de l'Institut*, section des sciences mathématiques et physiques. Ce n'est qu'en 1812 que les auteurs se décidèrent à le faire imprimer séparément. Les éditions de 1822 et 1833 sont plus complètes, mais on les rencontre plus rarement.

d'Archiac écrivait ce chapitre, la géologie parisienne a fait des progrès considérables.

Il nous a donc fallu recourir aux recueils scientifiques dans lesquels les géologues consignent au jour le jour leurs observations.

Le *Bulletin de la Société géologique de France* est naturellement la principale source où nous avons puisé; les *Comptes rendus de l'Académie des sciences* et le *Bulletin de la Société d'anthropologie* nous ont aussi été fort utiles. En outre, nous avons mis à contribution un grand nombre de publications spéciales parmi lesquelles il convient de citer l'ouvrage de Constant Prévost, *Essai sur la formation des terrains des environs de Paris ;* la *Description de la carte géologique de France*, de Dufrénoy et Élie de Beaumont, à laquelle nous avons emprunté un aperçu général sur le bassin parisien; diverses descriptions locales, telles que celles de Seine-et-Oise et de Seine-et-Marne, par de Sénarmont; de l'Oise, par Graves; de l'Aisne, par d'Archiac; la notice de M. Ch. d'Orbigny sur les environs de Paris ; les coupes du même auteur et celles du Dr Goubert ; le magnifique ouvrage de M. Belgrand, *la Seine*. Inutile de dire que la *Description géologique des environs de Paris*, de Cuvier et Brongniart, nous a fourni d'innombrables documents, ainsi que l'*Histoire des progrès de la géologie*, de d'Archiac, qui en est comme le naturel complément.

Enfin nous avons, presque à chaque page, fait des emprunts aux précieux mémoires de M. Hébert, à qui l'on doit sur toutes les questions des observations précises et des aperçus importants.

Quant à la paléontologie, nous avons fait une étude spéciale des deux ouvrages capitaux de M. le professeur Deshayes, *Description des coquilles fossiles des environs de Paris* et *Description des animaux sans vertèbres découverts dans le bassin de Paris* (1). Pour les animaux supérieurs, le *Traité des ossements fossiles*, de Cuvier, et l'*Ostéographie*, de Blainville (2), l'important ouvrage de M. Paul Gervais,

---

(1) G. P. Deshayes, *Description des coquilles fossiles des environs de Paris.* Paris, 1824-1837, 3 vol. in-4°, avec 166 planches lithographiées. — *Description des animaux sans vertèbres découverts dans le bassin de Paris*, pour servir de supplément à la Description des coquilles fossiles des environs de Paris, comprenant une revue générale de toutes les espèces actuellement connues. Paris, 1859-1865, 3 vol. in-4° de texte et 2 vol. d'atlas, comprenant 195 planches lithographiées.

(2) Blainville, *Ostéographie, ou description iconographique comparée du sque-*

Zoologie et paléontologie françaises, et le *Traité de paléontologie*, de Pictet, ont été nos principaux guides. Nous ne pourrions mentionner tous les mémoires consultés. Pour la botanique fossile, nous avons eu recours à la *Description des plantes fossiles du bassin de Paris*, par M. Watelet, et à la *Paléontologie végétale*, de M. Schimper; et, parmi les publications spéciales, à la *Flore fossile de Sézanne*, par M. de Saporta, etc.

La mise en œuvre d'une telle masse de matériaux n'a pas été sans difficultés. Sur un très-grand nombre de points, des auteurs revêtus du même caractère d'autorité défendent avec une science égale des opinions opposées. Souvent il nous a fallu choisir entre les solutions proposées, mais quelquefois aussi, quand l'observation directe des localités ne nous a pas été possible, nous avons dû laisser en suspens certains problèmes relatifs à l'âge ou à l'origine des différentes formations.

Le plan que nous avons suivi dans notre exposition consiste simplement à décrire successivement les assises du terrain parisien dans l'ordre décroissant de leur ancienneté. Pour chacune d'elles nous avons fait connaître les allures des couches au moyen de coupes locales et cherché à définir l'étendue géographique qu'elles recouvrent. Une place très-importante a été donnée à l'énumération des vestiges fossiles de tous les âges.

Outre de nombreuses coupes dessinées d'après nos croquis et sous notre direction, la représentation de coquilles caractéristiques a été faite d'après les échantillons du Muséum d'histoire naturelle. C'est à M. Arnoul, bien connu des naturalistes pour le soin qu'il apporte à l'exécution de ses travaux, qu'a été confiée la reproduction de ces coquilles. Plusieurs figures empruntées, les unes aux *Éléments de géologie et de paléontologie* (1) de M. Contejean, les autres au *Précis de paléontologie humaine* (2), du docteur Hamy, aide-naturaliste au Muséum, ont été obligeamment mises à notre disposition par nos éditeurs.

A côté des fossiles, nous avons toujours mentionné les minéraux accidentels que renferment les diverses formations. Enfin nous

---

lette et du système dentaire des mammifères récents et fossiles, pour servir de base à la zoologie et à la géologie. Paris, 1839-1863, 4 vol. grand in-4° de texte et 4 vol. grand in-folio d'atlas, contenant 323 planches.

(1) Paris, 1874, 1 vol. in-8° de xx-748 pages, avec 467 figures.

(2) 1 vol. in-8° de 376 pages, avec 114 figures.

avons cherché à résumer, de la manière la plus claire, les hypothèses proposées à l'égard de chacune de celles-ci, pour rendre
compte de leur origine et de leur mode de formation. Dans une
sorte d'appendice nous avons indiqué les usages industriels des
substances énumérées, de façon que les ingénieurs, les archi-
tectes, etc., pourront trouver les documents qui les intéressent
particulièrement.

Un soin tout spécial a été apporté à la rédaction des *tables* qui
terminent l'ouvrage Celle *par noms d'auteurs* permet de voir à
l'instant la part de chaque géologue dans la découverte des faits
acquis. La *table alphabétique des matières* constitue, à proprement
parler, un dictionnaire qui, par les renvois aux pages du volume,
donne l'explication de tous les mots et de tous les noms employés
en géologie et en paléontologie. Enfin, nous appellerons l'attention
sur l'*Index géographique*, qui non-seulement contient la liste des
localités citées dans l'ouvrage, mais donne encore une notice
sur chacun des points de notre bassin où la recherche des fossiles
est particulièrement fructueuse.

Nous serions heureux que ces indications pussent contribuer à
ranimer le goût des excursions géologiques, sans lesquelles la connaissance de la science est impossible, et celui des collections, qui
en apprennent cent fois plus que la lecture de maints volumes.

S. M

Avril 1875.

GÉOLOGIE

ENVIRONS DE PARIS

INTRODUCTION

IMPORTANCE DU BASSIN DE PARIS AU POINT DE VUE GÉOLOGIQUE. —
Plusieurs raisons concourent à rendre tout spécialement digne
d'intérêt l'étude géologique des environs de Paris. Cette étude va
nous mettre en présence d'un nombre immense de faits dont la
variété extrême serait complétement inespérée pour quiconque vou-
drait la déduire de l'étendue superficielle qu'il s'agit de parcourir.
On ne peut non plus manquer de rappeler que c'est à cette même
étude que se rattachent, d'une manière intime, la fondation de la
paléontologie comme science distincte, et la naissance de l'anatomie comparée.

Certes, avant Cuvier on avait remarqué les fossiles ; leur nombre,
parfois prodigieux dans la même couche et la régularité de leurs
formes, les imposaient en quelque sorte à l'observation. Mais ils
n'avaient réellement procuré aucune notion instructive. Bien que
beaucoup d'anciens, parmi lesquels se détachent les grands noms
de Platon, de Pythagore, d'Aristote, de Pline, de Sénèque, eussent
signalé à maintes reprises les pétrifications, celles-ci ne donnèrent
lieu, jusqu'à la fin du xve siècle, qu'à des dissertations tout à fait
vagues.

Au xvie siècle, les fossiles furent remarqués davantage ; mais, après en avoir fait de simples caprices de la nature, *lusus naturæ*, comme on disait, on imagina, pour en expliquer l'origine et la nature, les hypothèses les plus bizarres. De façon que malgré des éclairs intermittents de génie, comme ceux que répandirent Léonard de Vinci et Bernard Palissy, l'examen de ces restes, qui devaient être si précieux pour la science, ne fut qu'un simple détail de l'étude des roches où ils sont renfermés.

NAISSANCE DE LA PALÉONTOLOGIE. — C'est donc à Cuvier qu'est due sans conteste la création de la paléontologie, c'est-à-dire de la science à laquelle appartient comme but spécial la connaissance des êtres dont les vestiges sont contenus dans les assises géologiques. Il y a peu d'années, Pictet pouvait dire : « C'est à Cuvier que remontent presque toutes les idées, les théories et les observations que les progrès de la science ont permis d'étendre et de développer depuis. »

Les découvertes de cet homme illustre ont eu pour premier théâtre les plâtrières de Montmartre et pour origine les trouvailles de fossiles qu'on y fit. Comme on voit, la paléontologie est essentiellement parisienne, et sa création est un titre de gloire pour la grande ville où nous sommes.

On sait que la question capitale étudiée d'abord par Cuvier fut de savoir si les fossiles proviennent d'êtres différents de ceux qui vivent actuellement.

Déjà l'observation des coquilles pétrifiées avait amené à se faire la même demande à l'égard des mollusques ; mais le problème avait dû être regardé comme insoluble à cause de l'immense variété de ces animaux inférieurs, et à cause aussi de ce fait certain que le fond des mers profondes, où les recherches sont loin d'être complètes, nous réserve pour plus tard la connaissance d'une faune innombrable.

Ces considérations conduisirent Cuvier à porter toute son attention sur les animaux supérieurs, qui sont en nombre bien plus restreint et qui ne peuvent pas échapper aussi facilement à nos investigations. Mais, il s'aperçut tout de suite que le problème qu'il poursuivait supposait connue, dans tous ses détails, l'ostéologie de tous les gros animaux contemporains, et c'est ainsi que l'anatomie comparée, simple accessoire du travail principal, fut créée en passant.

Nous n'insisterons pas sur les résultats de Cuvier. On sait qu'ils peuvent s'exprimer en disant que les êtres fossiles diffèrent des

animaux d'aujourd'hui, et par conséquent que la faune a été re-
nouvelée à la surface du globe depuis les temps géologiques. On sait
aussi que par suite des lois de l'organisation animale, des fragments
incomplets d'un squelette peuvent permettre de reconstituer l'être
tout entier d'où il provient, et même de déterminer une foule de
particularités de celui-ci qu'on eût pu croire hors de l'atteinte de
nos études, comme celles qui regardent ses habitudes et même son
aspect général. Ces conséquences ont perdu depuis Cuvier un peu
de la certitude absolue qu'il leur attribuait par suite de la découverte de nombreux animaux participant à la fois de caractères
empruntés à divers types ; mais le principe subsiste tout entier, et
constituera toujours une des plus grandes conquêtes de l'esprit
scientifique sur la nature.

Le nom du *Palæotherium*, le plus frappant des animaux de
Montmartre, consacre le fait de la destruction des espèces aujourd'hui fossiles, et pourrait par conséquent s'appliquer à la plupart
des animaux dont s'occupe la paléontologie.

Toutefois, en montrant que la faune actuelle diffère de la faune
éteinte, Cuvier était loin d'avoir épuisé le sujet, et son célèbre col-
laborateur Alexandre Brongniart fut conduit par l'étude de la géologie parisienne à une notion complémentaire de première importance. C'est celle des caractères paléontologiques des formations
successives.

CARACTÈRES PALÉONTOLOGIQUES DES FORMATIONS SUCCESSIVES. — Déjà
Cuvier avait parfaitement remarqué que les grands reptiles jurassiques font place, dans le plâtre de Montmartre, à des animaux tout
différents. Mais cette observation ne l'avait pas conduit où Brongniart
arriva. En effet, celui-ci reconnut que les fossiles caractérisent les
couches qui les renferment de façon à pouvoir servir à la détermination de leur âge, et l'on sait que ce grand fait, d'application jour-
nalière, est la base de la stratigraphie.

La première carrière venue montre que les couches successives
renferment souvent des faunes différentes, et des carrières même
distinctes montrent la même faune se poursuivant au même
niveau.

La découverte de Brongniart acquit un vif éclat par l'application
qu'il en fit au classement de couches dont l'âge réel n'était pas
soupçonné. J'en citerai deux exemples qui, bien que pris en dehors
du cadre géographique que nous devons nous tracer, sont cependant, comme on va voir, tout à fait à leur place ici.

En effet, c'est à l'occasion de la description des environs de Paris que Brongniart les fit connaître; et d'un autre côté, ils ont pour objet des couches qui, si elles n'existent pas à la surface de notre sol, sont cependant traversées par les sondages profonds qu'on exécute à Paris.

Le premier de ces exemples concerne la montagne des Fiz, près du Buet, dans les Alpes. Elle est formée de lits nombreux qui s'inclinent du nord-est au sud-ouest, et qui à Servoz, où ils se montrent par la tranche, semblent horizontaux. Vers le haut, sur la pente roide qui va aux chalets de Sales (voy. fig. 1), est une couche noire,

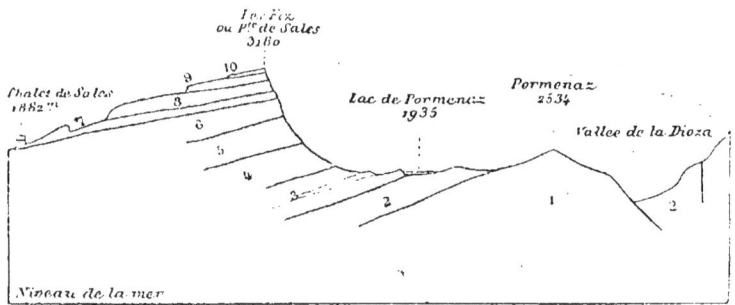

FIG. 1. — Coupe géologique de la montagne des Fiz.

10. Grès de Taviglianaz. — 9. Calcaire nummulitique. — 8. Craie. — 7. Grès vert. — 6. Terrain urgonien. — 5. Terrain néocomien. — 4. Terrain jurassique. — 3. Trias. — 2. Terrain houiller. — 1. Schistes cristallins.

dure, compacte, d'un faciès très-ancien, et qui renferme des coquilles. Or Brongniart, étudiant celles-ci, y reconnut, contre toute attente, les fossiles de la craie de Rouen. Malgré sa couleur et sa situation élevée, c'est maintenant sans hésitation qu'on rapporte cette couche à ce niveau du terrain crétacé.

En second lieu, aux Diablerets, le même géologue signala une assise d'aspect analogue, mais dont les fossiles sont d'âge encore plus récent, et fixa son âge à l'époque tertiaire.

Les progrès de la science ont confirmé ces résultats si hardis; et chaque jour les géologues tirent le plus grand parti de synchronismes de ce genre.

RÔLE GÉOLOGIQUE DES CAUSES ACTUELLES. — Enfin, pour borner nos exemples, c'est encore à l'étude géologique du bassin de Paris que se rattache l'introduction dans la science de la considération des causes actuelles. Sans doute leur rôle a été exagéré dans diverses circonstances; mais on ne peut méconnaître leur importance, et nous verrons, dans cet ouvrage même, combien leur étude peut rendre des services éminents. C'est en grande partie à Constant Prévost qu'on doit ce point de vue fécond, et le célèbre géologue y fut amené par l'étude des environs de Paris. Voici comment :

Un des faits que nous aurons à signaler à chaque pas, et dont l'explication préoccupa le plus Constant Prévost, c'est l'alternance des couches d'origine marine, avec des couches formées dans l'eau douce. Ainsi, le calcaire lacustre de Saint-Ouen se trouve pris, en quelque sorte, entre le grès marin de Beauchamp et les marnes, marines aussi, qui forment le soubassement du gypse. De pareils exemples se montrent de tous côtés.

Pour expliquer cette alternance, on fait généralement intervenir l'idée d'irruptions successives de la mer dans un bassin où débouchaient des cours d'eau douce. Or, Constant Prévost (1) montre les difficultés de cette explication, qui suppose un mécanisme tout différent de celui qu'on observe actuellement.

De plus, en étudiant ce qui se passe à présent dans une mer quelconque, dans la Manche par exemple, le sagace observateur y trouve de quoi rendre compte, suivant lui, de l'ancien état des choses. Il montre en effet que la Seine édifie constamment au sein même de la mer, une couche fluviatile, pendant qu'en face il se fait, au même niveau, une couche marine. « Dans presque tous les lieux, dit-il, où la mer vient battre et miner le pied de ces falaises, il se fait des éboulements continuels ou périodiques, qui quelquefois (comme je l'ai vu au bourg d'Ault) ont plusieurs pieds de largeur sur deux à trois cents pieds de haut; en peu de temps les matériaux éboulés disparaissent ou changent d'aspect : les eaux détrempent, délayent les parties tendres, elles roulent et triturent les parties dures, elles dissolvent les substances solubles, laissant les unes près des rives et entraînant ou transportant les autres à des distances plus ou moins grandes, où, selon toute apparence, elles les laissent se déposer et se précipiter successivement selon leur degré de pesanteur spécifique. Ces précipités et sédiments continuels sur un point, régulièrement périodiques sur un autre, et souvent accidentels, forment nécessairement sur les divers fonds du canal des couches successives, variables, dans lesquelles sont enveloppées des dépouilles d'animaux qui vivent ou sont transportés dans la mer. » On peut, pour mieux fixer ses idées, porter particulièrement son

(1) Constant Prévost, *Essai sur la formation des terrains des environs de Paris*, lu à l'Académie des sciences en juillet 1827.

attention sur les côtes de l'Angleterre qui sont opposées à l'embouchure de la Seine ; sur celles du sud de l'île de Wight, si remarquables par leurs éboulements, et, après avoir vu ce qui s'y passe
journellement, on ne pourra se refuser à admettre qu'il se forme
maintenant au pied des falaises de l'Angleterre, sur le versant du
canal opposé à celui des côtes de France, des dépôts successifs dont
la craie, les sables ferrugineux et les argiles brunes du Weald fournissent, tantôt isolément, tantôt simultanément (suivant les éboulements qui ont eu lieu et la direction des courants), les matériaux
qui contiennent peut-être pêle-mêle quelques anciens fossiles de ces
trois formations distinctes, avec les dépouilles d'animaux qui vivent
encore dans la Manche.

D'une autre part, vis-à-vis de ce même point, débouche un grand
fleuve qui, après avoir baigné et arrosé de vastes contrées, vient
apporter son tribut à la mer. Ses eaux douces, ordinairement
limpides, deviennent parfois bourbeuses ; elles charrient, lors de
leur crue, et avec plus ou moins d'impétuosité, des terres, des
limons, des sables ; elles entraînent des bois, des cadavres flottants,
des mollusques terrestres et d'eau douce, vivants ou morts ; elles
tiennent en dissolution des sels de différente nature. Elles déposent
une partie de ces corps étrangers sur leur route, mais elles en
portent bien plus encore au delà de l'embouchure, puisque dans les
grands débordements, les eaux colorées du fleuve se distinguent
des eaux marines, souvent jusqu'au milieu du canal. Que conclure
de ces faits, si ce n'est que la Seine transporte dans la mer des matières terrestres et fluviatiles, qu'elle dispose en couches alternatives, dans le même moment que sur la rive opposée de l'Angleterre
des couches marines se forment? Et ne peut-on pas, de cette simultanéité de dépôts différents, déduire la conséquence, qu'au centre
de l'espace les deux dépôts doivent se confondre, se mêler ; que
leurs couches peuvent alterner, s'enlacer, etc., etc.

Sans pousser plus loin ces observations, on peut, d'après ce seul
exemple, présumer ce que produisent dans le même temps les
autres affluents qui descendent dans le même bassin, en traversant
d'autres pays, comme l'Orne, la Vire, etc.

On peut concevoir aussi comment les éboulements des falaises
de Dives, qui sont argileuses, doivent donner lieu à des dépôts
différents de ceux que produisent les éboulements des falaises de
craie de l'Angleterre, etc.

Un autre fait que les mêmes études peuvent élucider, c'est le synchronisme de formations voisines et différentes. Ce cas se présente souvent. Par exemple, les épaisses couches de calcaire lacustre de Provins paraissent s'être déposées en même temps que les assises marines de calcaire grossier de Nanterre. La Manche montre encore à Constant Prévost comment un résultat du même genre pourrait facilement se produire sous nos yeux mêmes. Vis-à-vis de Calais et de Douvres (voy. fig. 2), existe une digue sous-marine distante de la

Fig. 2. — Existence dans la Manche de digues sous-marines qui, à la suite d'un exhaussement du sol, délimiteraient un lac entre deux isthmes.

surface de vingt brasses. Vers la mer du Nord, la profondeur augmente graduellement par une pente douce ; du côté du canal, la profondeur va jusqu'à trente-six brasses entre Étaples, en France, et Hastings, en Angleterre ; puis le fond se relève, de manière qu'entre Dieppe et Beachy-Head, la sonde ne descend plus qu'à vingt-cinq brasses ; au delà la pente augmente graduellement jusqu'à ce qu'elle trouve quarante-cinq brasses vis-à-vis de la Hogue et soixante-cinq environ à l'entrée du canal.

Il existe, d'après cette disposition, une digue sous-marine entre la mer du Nord et la Manche, vis-à-vis de Calais, et une autre digue un peu plus loin, vis-à-vis de Dieppe ; de telle sorte que le bassin sous-marin de la Manche est sous-divisé en deux plus petits bassins, et que par supposition, si un abaissement successif de vingt et vingt-cinq brasses survenait dans le niveau actuel des eaux, la mer du

Nord serait d'abord séparée du canal de la Manche par la mise à sec d'une langue de terre qui réunirait la France et l'Angleterre entre Calais et Douvres, et qu'ensuite il s'établirait une nouvelle communication entre les deux pays de Dieppe à Beachy-Head : de manière que les eaux comprises entre les deux isthmes seraient enfermées de toutes parts.

Ainsi, en définitive, un premier abaissement de vingt brasses changerait le détroit actuel en deux golfes, et un abaissement de vingt-cinq brasses le transformerait en deux golfes séparés par un lac qui se trouverait entre les deux mers.

Cet aperçu doit suffire pour faire voir combien les circonstances peuvent varier dans un même lieu par suite d'un événement simple en lui-même, et comment par conséquent des dépôts superposés pourront être différents en raison de ces circonstances diverses, si, comme il n'est pas permis d'en douter, les unes influent sur le mode de formation des autres.

Constant Prévost a appliqué ses observations à la formation des terrains de Paris, et en a conclu une explication synthétique, et nous verrons qu'en effet sa méthode peut servir dans beaucoup de cas.

Pour le moment nous nous bornerons à un seul exemple essentiellement parisien et dont l'intérêt est particulièrement frappant.

On sait les conséquences tirées de l'examen des *roches plissées*, si abondantes surtout dans les terrains anciens, et qui manifestent si souvent l'exercice des actions métamorphiques. Or, dans Paris même et contre toute attente, on rencontre des couches ayant le même caractère de plissement. Telle couche de gypse, comme celles de la rue de Puebla, par exemple, présente les mêmes contournements que le calcaire granitique des Pyrénées. Faut-il recourir toutefois pour les couches parisiennes aux explications dynamiques si convenables pour les pays de montagnes ? Quoique des géologues de la plus grande valeur se rangent à cette opinion, elle peut paraître peu vraisemblable. Constant Prévost, et avec lui M. de Wegmann, M. Rozet, etc., sont d'un avis différent. Ils admettent que des érosions avaient ondulé le support de gypse qui, en se reposant, a moulé toutes les inégalités du sol.

Ce qui donne beaucoup de poids à cette conclusion, c'est que l'expérience la confirme. Voici comment M. de Wegmann opère (1) :

_____

(1) De **Wegmann**, *Bulletin de la Société géologique*, 2ᵉ série, t. IV, p. 353.

Dans un bassin d'environ 15 mètres cubes (2^m,50 de profondeur), servant à l'arrosement d'un pré, et alimenté par un ruisseau d'eau vive, M. de Wegmann, après avoir mis ce bassin à sec, en détournant momentanément le cours d'eau, fit placer au fond une couche épaisse de plâtre, divisée en compartiments mobiles, et préalablement moulée de telle sorte que ce fond factice représentât en petit les inégalités du sol sous-marin dans ses dépressions et ses protubérances. Les pentes toutefois n'excédaient pas 40 degrés. On ramena alors le ruisseau dans le bassin, et, quand celui-ci fut à demi rempli, on mêla successivement à l'eau courante d'abord du sable fin, puis du charbon en poudre, puis de nouveau sable et de nouveau charbon, alternant cette opération plusieurs fois et laissant à chacun de ces charriages le temps nécessaire pour se déposer tranquillement, avant de charger le ruisseau d'un nouveau transport de matières. Entre chaque dépôt, et pour ne pas troubler les précédents, le bassin était à demi vidé au moyen d'un siphon effilé. Après que cette opération eut été répétée cinq ou six fois, le réservoir fut mis à sec, les compartiments de plâtre furent asséchés et disjoints, et l'on put s'assurer que des couches alternantes, parfaitement distinctes l'une de l'autre par la nature des matériaux et leur couleur, s'étaient régulièrement moulées sur le fond ondulé du bassin.

De ces faits, M. de Wegmann arrive à conclure, par analogie : 1° Que des couches sédimentaires, lacustres et marines, ont pu se superposer sur des plans inclinés toutes les fois que la pente n'excédait pas 40 degrés, cette pente étant, comme on sait, l'inclinaison maximum qu'affectent les éboulis de montagnes, et en général toutes les matières mobiles, le blé, par exemple, quand elles s'accumulent en tombant sur une face plane. 2° Qu'il pourrait, par conséquent, n'être pas toujours nécessaire de recourir à des soulèvements ou affaissements violents, à des plissements, à des refoulements du sol, conséquence d'une action souterraine postérieure, pour expliquer l'inclinaison de certaines couches s'appuyant sur d'autres en stratification discordante, ces couches inclinées ayant pu se mouler paisiblement, au sein des eaux, sur les premières boursouflures du sol, résultant de la solidité intumescente de l'écorce terrestre, dont elles reproduiraient ainsi le relief ébauché. 3° Enfin, qu'on pourrait déduire de ce mode de sédimentation par couches inclinées la contemporanéité de faunes placées à des niveaux différents.

Ainsi donc, et, à moins que des traces de rupture ou autres signes de dislocation ne s'y opposent, on pourrait ne pas toujours affirmer que, lorsque des couches viennent se relever contre un massif cris-tallin, par exemple, ce massif fût nécessairement postérieur; le contraire pourrait être vrai dans plusieurs cas, où les causes ordi-naires suffisent pour expliquer les faits, sans recourir partout à des forces anormales et gigantesques pour expliquer des phéno-mènes possibles à moins de frais.

M. de Wegmann ajoute, en terminant, qu'on pourrait même distinguer, par le degré d'inclinaison des couches, celles qui se sont déposées sur des plans déjà inclinés de celles qui, bien que légèrement inclinées d'elles-mêmes, ne s'en seraient pas moins déposées sur un fond plat. Celles-ci seraient naturellement celles qui affectent une pente peu sensible, attendu que leur décli-vité n'est la suite que de la différence de pesanteur spécifique, ou du plus ou moins d'abondance des matières déposées, à mesure que le dépôt s'éloigne du point où les affluents transporteurs débouchaient dans le bassin où la précipitation s'effectuait. M. de Wegmann appuie cette considération sur un fait qu'il tient du pre-mier ministre de France au Texas, avant l'annexion de cette pro-vince à la grande Confédération américaine. La mer, devant Gal-veston, repose en effet sur un fond dont la pente légère affecte une régularité si constante, qu'elle sert aux marins de moyen d'estime pour calculer, à plusieurs lieues au large, l'éloignement où ils sont du rivage. En jetant, en effet, la sonde sur deux points, à une distance déterminée l'un de l'autre, on voit que le rapport de cette distance à la différence des deux lignes de sonde représente la tangente de l'angle à la côte, et que cet angle, une fois connu, donne, au moyen d'un second triangle rectangle, la distance du navire au rivage.

Ici donc se forme sous nos yeux, par l'action lente et incessante des causes ordinaires, un vaste plateau sous-marin légèrement incliné, dont l'émersion future, si elle a lieu, présentera un jour les feuillets ou les couches comme les témoins muets d'une sédi-mentation paisible et régulière.

AUTONOMIE GÉOLOGIQUE DU BASSIN DE PARIS. — Ce que nous ve-nons de dire suffit, je pense, pour montrer la place que tient la géologie parisienne dans l'histoire de la science. Il faut ajouter qu'elle a une existence propre. Les environs de Paris ne sont pas une région quelconque, mais bien une *région géologique*.

Un coup d'œil jeté sur la carte de France suffit pour s'en assurer. Dufrénoy et Élie de Beaumont ont signalé sur cette carte la disposition remarquable du terrain jurassique (fig. 3), qui, suivant

FIG. 3. — Situation du bassin de Paris dans la constitution géologique de la France.

leurs expressions, forme comme une large écharpe qui traverse obliquement la partie centrale de la France des environs de Paris aux environs de Metz et de Longwy. « Cette écharpe, disent-ils (1), se recourbe, d'une part, vers le haut, du côté de Mézières et d'Hirson, et, de l'autre, vers le bas, du côté de Cahors et de Milhau ; mais en même temps il s'en détache deux branches, dont l'une, se repliant au nord-ouest, se dirige sur Alençon et Caen, tandis que l'autre, descendant au midi, suit d'abord la Saône, et ensuite le Rhône, depuis Lyon jusqu'au delà de. Privas, et tourne autour des Cévennes

(1) *Description de la Carte géologique de France*, t. I, p. 15.

jusqu'au delà de Montpellier, pour aller rejoindre la première branche dans le département de l'Aveyron.

» Ces bandes, recourbées, présentent en outre, dans différentes
directions, des appendices irréguliers; mais ce qu'elles présentent
de plus remarquable, c'est qu'en faisant abstraction de ces irrégularités, et en les réduisant par la pensée à leur plus simple expression, on voit ces bandes former deux espèces de boucles, qui dessinent sur la surface de la France une figure qui approche de celle
d'un x placé sur le côté ($\aleph$); et même, si l'on observe que la boucle
inférieure est presque fermée et ne présente que des lacunes apparentes, dues à des dépôts superficiels qui cachent le terrain jurassique, on pourra comparer la disposition de ces bandes à la forme
générale d'un 8 ouvert par en haut.

» Ces assises de calcaire jurassique, qui nous présentent l'immense
avantage de pouvoir être poursuivies à découvert, d'une manière
sensiblement continue, d'un bout de la France à l'autre, suivant les
contours variés qui en touchent presque toutes les parties, se prolongent souterrainement dans des espaces beaucoup plus étendus
que ceux où elles forment la surface; mais la manière dont elles
s'enfoncent pour s'étendre ainsi par-dessous terre, n'est pas la
même dans toutes les parties de leur contour apparent.

» Si les deux boucles supérieure et inférieure que présente la
figure analogue à celle d'un 8, qu'elles dessinent sur la surface, ont
entre elles une sorte de correspondance, elles présentent en même
temps une opposition complète dans la manière dont les couches
jurassiques y sont disposées relativement aux masses qui occupent
les deux espaces qu'elles entourent vers le nord et vers le sud : en
effet, la boucle inférieure ou méridionale circonscrit un massif
proéminent, en grande partie colorié en rose (1) et formé principalement de terrain granitique. C'est le massif montagneux de la
France centrale, couronné par les roches volcaniques du Cantal,
du mont Dore et du Mezenc.

» Cette boucle méridionale est ainsi moins élevée que l'espace
qu'elle entoure, tandis que la boucle supérieure ou septentrionale,
qui forme le contour d'un bassin dont Paris occupe le centre, est,
en grande partie, plus élevée que le remplissage central de ce
bassin.

» L'intérieur de ce bassin est occupé par une succession d'assises

(1) Sur la carte géologique de France.

à peu près concentriques, comparables à une série de vases semblables entre eux, qu'on fait entrer l'un dans l'autre pour occuper moins d'espace.

» La différence la plus essentielle des deux boucles opposées de notre 8 est que l'une recouvre et que l'autre supporte les masses minérales qui occupent l'espace qu'elle entoure. La boucle inférieure et méridionale est formée par des couches qui s'appuient sur le bord du massif granitique qui leur sert de centre, et, en quelque sorte, de noyau ; la boucle supérieure et la plus septentrionale est formée, au contraire, par des couches qui s'enfoncent de toutes parts sous un remplissage central auquel elles servent de support, de bassin, de récipient, et dont elles excèdent généralement la hauteur.

» Les deux parties principales du sol de la France, le dôme de l'Auvergne et le bassin de Paris, quoique circulaires l'une et l'autre, présentent, comme on vient de le voir, des structures diamétralement contraires. Dans chacune d'elles les parties sont coordonnées à un centre, mais ce centre joue dans l'une et dans l'autre un rôle complétement différent.

» Ces deux pôles de notre sol, s'ils ne sont pas situés aux deux extrémités d'un même diamètre, exercent en revanche autour d'eux des influences exactement contraires : l'un est en creux et attractif; l'autre, en relief, est répulsif.

» Le pôle en creux vers lequel tout converge, c'est Paris, centre de population et de civilisation. Le Cantal, placé vers le centre de la partie méridionale, représente assez bien le pôle saillant et répulsif. Tout semble fuir en divergeant de ce centre élevé, qui ne reçoit du ciel qui le surmonte que la neige qui le couvre pendant plusieurs mois de l'année. Il domine tout ce qui l'entoure, et ses vallées divergentes versent les eaux dans toutes les directions. Les routes s'en échappent en rayonnant comme les rivières qui y prennent leurs sources. Il repousse jusqu'à ses habitants, qui, pendant une partie de l'année, émigrent vers des climats moins sévères.

» L'un de nos deux pôles est devenu la capitale de la France et du monde civilisé ; l'autre est resté un pays pauvre et presque désert. Comme Athènes et Sparte dans la Grèce, l'un réunit autour de lui les richesses de la nature, de l'industrie et de la pensée; l'autre, fier et sauvage, au milieu de son âpre cortége, est resté le centre des vertus simples et antiques, et, fécond malgré sa pauvreté, il renouvelle sans cesse la population des plaines par des essaims vigoureux et fortement empreints de notre ancien caractère national. »

Remarquons d'ailleurs que la position même de Paris a été déterminée par cette structure de la France. C'est encore à Elie de Beaumont et Dufrénoy que nous empruntons ce qui a trait aux circonvallations géologiques ou crêtes qui environnent notre capitale. Ces crêtes tournent parallèlement les unes aux autres autour de Paris, qui est leur centre commun :

« Les rivières qui, comme l'Yonne, la Seine, la Marne, l'Aisne, l'Oise, convergent vers le centre du bassin parisien, traversent les crêtes successives dans des défilés que les révolutions du globe ont ouverts pour elles. Ces mêmes crêtes forment les lignes naturelles de défense de notre territoire, et les opérations stratégiques de toutes les armées qui l'ont attaqué ou défendu, s'y sont toujours coordonnées par la force même des choses.

» Jamais cette vérité n'a été mise plus vivement en lumière que dans la mémorable campagne de 1814. Sur la crête la plus intérieure formée par le terrain tertiaire, ou tout près d'elle, se trouvent les champs de bataille de Montereau, de Nogent, de Sezanne, de Vauchamps, de Montmirail, de Champaubert, d'Épernay, de Craonne et Laon.

» Sur la deuxième, formée par la craie, se trouvent Troyes, Brienne, Vitry-le-François, Sainte-Menehould. Là aussi se trouve Valmy !

» La troisième crête, beaucoup moins prononcée et plus inégale, présente cependant les défilés de l'Argonne.

» Près de la quatrième ligne saillante, qui déjà appartient au terrain jurassique, se trouvent Bar-sur-Seine, Bar-sur-Aube, Bar-le-Duc, Ligny.

» Près de la cinquième, qui est également jurassique, sont Châtillon-sur-Seine, Chaumont, Toul, Verdun.

» La sixième, déjà un peu excentrique, est formée par les coteaux élevés qui dominent Nancy et Metz, et qui s'étendent sans interruption depuis Langres jusqu'à Longwy, Montmédy, et jusqu'aux environs de Mézières.

» Paris est placé au milieu de cette sextuple circonvallation opposée aux incursions de l'Europe, et traversée par les vallées convergentes des rivières principales.

» Vers le nord-est, la branche orientale du grand 8 jurassique ne se rencontre que souterrainement et cesse de saillir à la surface ;

aussi ne trouve-t-on plus dans cette direction les mêmes lignes *naturelles* de défense. Mais depuis longtemps on a senti la nécessité d'y suppléer par des *moyens artificiels*, et l'on a renforcé par une triple ligne de places fortes cette partie faible de nos frontières.

» On voit donc que l'emplacement de Paris avait été préparé par la nature, et que son rôle politique n'est, pour ainsi dire, qu'une conséquence de sa position. Les principaux cours d'eau de la partie septentrionale de la France convergent vers la contrée qu'il occupe, d'une manière qui nous paraîtrait bizarre, si elle nous était moins utile et si nous y étions moins habitués. Enfin la nature, prodigue pour cette même partie de la France, l'a dotée d'un sol fertile et d'excellents matériaux de construction. Environnée de contrées beaucoup moins favorisées, telles que la Champagne, la Sologne, le Perche, elle forme au milieu d'elles comme une oasis. L'instinct qui a dicté à nos ancêtres le nom d'*Ile-de-France*, pour la province dont Paris était la capitale, résume d'une manière assez heureuse les circonstances géologiques de sa position.

» Ce n'est donc ni au hasard ni à un caprice de la fortune que Paris doit sa splendeur, et ceux qui se sont étonnés de ne pas trouver la capitale de la France à Bourges ont montré qu'ils n'avaient étudié que d'une manière superficielle la structure de leur pays. Cette capitale n'a pris naissance et surtout n'a grandi, là où elle se trouve, que par l'effet de circonstances naturelles résultant, en principe, de la structure intérieure de notre sol. On en trouve le reflet dans le groupement des intérêts et des populations, de même qu'on voit la différence des climats influer sur les lois des différents peuples.

» On peut même remarquer encore, à ce sujet, que les circonstances géologiques qui font, du lieu où se trouve Paris, l'emplacement naturel de la capitale de la France, ont en même temps favorisé l'extension de son influence en Europe. Comme, du côté du nord-est, la France, n'a pas de frontières nettement déterminées, rien, de ce côté, ne limite complétement l'influence de Paris, et cette grande ville se trouve être, de fait, la capitale intellectuelle de vastes contrées qui s'étendent au loin vers le nord-est. Paris, placé vers le nord de la France, se trouve, autant que possible, au centre de son influence morale, qui est bien plus grande à Berlin qu'elle ne l'est au delà des Pyrénées. »

En résumé, Paris occupe le centre de l'ensemble d'une série de cuvettes emboîtées. Les coupes générales de la France du nord au

sud (fig. 4) et de l'ouest à l'est (fig. 5) le font bien comprendre ; et
ce qui le confirme, au moins dans une large mesure, c'est le résultat
de tous les forages qui, comme ceux de Grenelle et de Passy, après
avoir traversé toutes les couches tertiaires, coupent successivement
toutes les assises crétacées. Nul doute que plus bas on ne trouve
le terrain jurassique, et après la série stratifiée, le soubassement
granitique.

Cette disposition en cuvette justifierait pleinement l'expression
de *bassin* de Paris si souvent employée. Toutefois ce bassin, devant

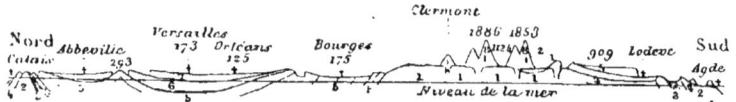

Fig. 4. — Section générale de la France du nord au sud.

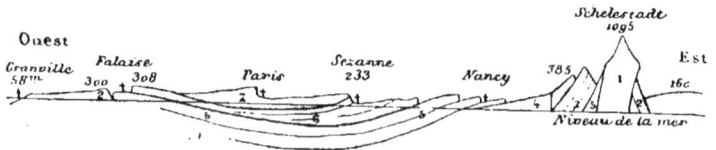

Fig. 5. — Section générale de la France de l'ouest à l'est.

7. Terrain tertiaire. — 6. Terrain crétacé. — 5. Terrain jurassique. — 4. Trias. — 3. Terrain
houiller. — 2. Terrain de transition. — 1. Terrain primitif.

avant tout se coordonner par rapport au bassin de la Seine, il en
résulte, dès qu'on veut en préciser les limites, d'extrêmes difficultés.
Brongniart lui donne les frontières suivantes. « Le bassin de la
Seine, dit-il (1), est séparé, pendant un assez grand espace, de celui
de la Loire par une vaste plaine élevée dont la plus grande partie
porte vulgairement le nom de Beauce, et dont la portion moyenne,
et la plus sèche, s'étend du nord-ouest au sud-est, sur un espace
de plus de quarante lieues, depuis Courvelle jusqu'à Montargis.

» Cette plaine s'appuie vers le nord-ouest à un pays plus élevé
qu'elle, et surtout beaucoup plus coupé, dont les rivières d'Eure,
d'Aure, d'Iton, de Rille, d'Orne, de Mayenne, de Sarthe, d'Huisne et
du Loir tirent leurs sources. Ce pays, dont la partie la plus élevée,
qui est entre Séez et Mortagne, formait autrefois la province du
Perche et une partie de la basse Normandie, appartient aujourd'hui
au département de l'Orne.

(1) Cuvier et Brongniart, *Description géologique des environs de Paris*, p. 19,
1835 (3e édition).

» La ligne de séparation physique de la Beauce et du Perche passe à peu près par les villes de Bonneval, Allaye, Illiers, Courville, Pontgouin et Verneuil.

» De tous les autres côtés, la plaine de Beauce domine ce qui l'entoure.

» Sa chute du côté de la Loire ne nous intéresse pas pour notre objet.

» Celle qui est du côté de la Seine se fait par deux lignes, dont l'une, à l'occident, regarde l'Eure, et l'autre, à l'orient, regarde immédiatement la Seine.

» La première va de Dreux vers Mantes. L'autre part d'auprès de Mantes, passe par Marly, Meudon, Palaiseau, Marcoussis, la Ferté-Alais, Fontainebleau, Nemours, etc.

» Mais il ne faut pas se représenter ces deux lignes comme droites ou uniformes : elles sont au contraire sans cesse inégales, déchirées ; de manière que si cette vaste plaine était entourée d'eau, ses bords offriraient des golfes, des caps, des détroits, et seraient partout environnés d'îles et d'îlots.

» Ainsi, dans nos environs, la longue montagne où sont les bois de Saint-Cloud, de Ville-d'Avray, de Marly et des Alluets, et qui s'étend depuis Saint-Cloud jusqu'au confluent de la rivière de Mauldre dans la Seine, ferait une île séparée du reste par le détroit où est aujourd'hui Versailles, par la petite vallée de Sèvres et par la grande vallée du parc de Versailles.

» L'autre montagne, en forme de feuille de figuier, qui porte Bellevue, Meudon, les bois de Verrières, ceux de Châville, formerait une seconde île séparée du continent par la vallée de Bièvre et par celle des coteaux de Jouy.

» Mais ensuite, depuis Saint-Cyr jusqu'à Orléans, il n'y a plus d'interruption complète, quoique les vallées où coulent les rivières de Bièvre, d'Yvette, d'Orge, d'Etampes, d'Essonne et de Loing entament profondément le continent du côté de l'ouest.

» La partie de la côte la plus déchirée, celle qui présenterait le plus d'écueils et d'îlots, est celle qui porte vulgairement le nom de Gâtinais français, et surtout sa portion qui comprend la forêt de Fontainebleau.

» Les pentes de cet immense plateau sont en général assez rapides, et tous les escarpements qu'on y voit, ainsi que ceux des vallées, et les puits que l'on creuse dans le haut pays, montrent que sa nature physique est la même partout, et qu'elle est formée d'une

masse prodigieuse de sable fin qui recouvre toute cette surface, passant sur tous les autres terrains ou plateaux inférieurs sur lesquels cette grande plaine domine.

» Sa côte qui regarde la Seine depuis la Mauldre jusqu'à Nemours formera donc la limite naturelle du bassin que nous avons à examiner.

» De dessous ses deux extrémités, c'est-à-dire vers la Mauldre et un peu au delà de Nemours, sortent immédiatement deux portions d'un plateau de craie qui s'étend en tous sens et à une grande distance pour former toute la haute Normandie, la Picardie et la Champagne.

» Les bords intérieurs de cette grande ceinture, lesquels passent du côté de l'est par Montereau, Sézanne, Épernay, de celui de l'ouest par Montfort, Mantes, Gisors, Chaumont, pour se rapprocher de Compiègne, et qui font au nord-est un angle considérable qui embrasse tout le Laonnais, complètent, avec la côte sableuse que nous venons de décrire, la limite naturelle de notre bassin. »

Mais la limitation proposée par Brongniart offre de très-graves inconvénients. Il paraît très-préférable de faire usage de l'expression des *environs de Paris*, dont le principal mérite est justement d'être vague.

CONSTITUTION GÉNÉRALE DES ENVIRONS DE PARIS. — Quoi qu'il en soit, la région dont nous allons décrire la constitution géologique, offre une structure générale assez simple. La Seine la traverse de l'est à l'ouest, et sa large vallée reçoit sur ses deux rives un grand nombre d'affluents. Il en résulte beaucoup de chaînes de collines plus ou moins élevées, où dominent certaines directions en rapport, comme nous le reconnaîtrons plus loin, avec le mouvement des eaux superficielles à l'époque présente.

Ces collines, ainsi que le fond de la vallée qu'elles bordent, sont formées de couches lenticulaires en général minces et sensiblement horizontales. Sur divers points cependant, certaines couches sont plus ou moins redressées ou élevées, ce qui tient à l'existence de failles au sujet desquelles nous aurons de nombreuses remarques à faire et qu'il est impossible de ne pas mentionner dès le début de nos études.

On a un premier exemple d'un pareil accident géologique à Meudon (fig. 6), où la craie a subi un relèvement considérable. L'horizontalité des couches superposées n'a pas été troublée dans cette localité, mais la faille n'en a pas moins joué là un très-grand rôle.

Elle a manifestement déterminé la direction du fleuve, et c'est à elle qu'il faut attribuer les différences que présente la géologie de Meudon par rapport à d'autres localités où se montrent les mêmes formations. Ainsi le calcaire pisolithique qui surmonte la craie y est tout à fait rudimentaire, tandis que loin de la faille, sur les bords du bassin, à Vigny par exemple, cet étage est très-développé. On peut en dire autant des sables inférieurs, réduits à presque rien à Meudon et très-épais au contraire dans tout le voisinage. Cette influence sur des couches d'âge reculé montre que le relèvement de la craie de Meudon est fort ancien.

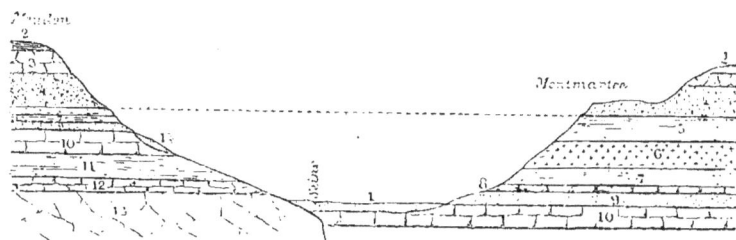

Fig. 6. — Coupe de Meudon à Montmartre, montrant l'horizontalité des couches et le relèvement de la craie sur la rive gauche de la Seine.

13. Craie. — 12. Calcaire pisolithique. — 11. Argile plastique. — 10. Calcaire grossier. — 9. Sables de Beauchamp. — 8. Travertin de Saint-Ouen. — 7. Marnes inférieures au gypse. — 6. Gypse. — 5. Marnes supérieures au gypse. — 4. Sables de Fontainebleau. — 3. Meulière supérieure. — 2. Limon des plateaux. — 1. Dépôt caillouteux de la Seine. — 14. Loess.

Sur d'autres points, nous aurons à signaler des failles très-analogues, mais beaucoup plus récentes. Par exemple, le long de la vallée de la Mauldre, non loin de Saint-Cyr, à la Chapelle, on observe une faille qui est postérieure au dépôt du calcaire grossier et antérieure à celui des sables de Fontainebleau. Age fixé sans hésitation, puisque la première de ces formations a été fortement redressée, tandis que l'autre est parfaitement horizontale. Voici la coupe de la tranchée du chemin de fer (fig. 7), dont l'aspect général rappelle, n'est-il pas vrai, l'allure des couches dans les pays de montagnes. On pourrait croire à des couches très-anciennes, et cependant elles diffèrent de celles-ci par leur état physique rigoureusement semblable à celui des couches voisines restées en place depuis leur dépôt. Cet exemple est tout à fait exceptionnel, les autres inclinaisons de couches que nous signalons, d'ailleurs peu nombreuses, étant beaucoup moins accentuées que celui-ci.

Un fait très-important par ses conséquences au point de vue de la formation même du bassin de Paris, est la correspondance des couches du sol d'une colline à l'autre des deux côtés d'une vallée. C'est ce que montre bien la coupe prise de Meudon à Montmartre, qui vient de nous occuper déjà. On y voit les diverses formations s'y succéder dans le même ordre, quoique avec des épaisseurs différentes, et la figure fait comprendre comment, par suite de cette variation d'épaisseur, qui peut aller jusqu'à zéro, certaines formations manquent tout à fait, et permettent ainsi le contact mutuel des couches que, normalement, elles devraient séparer. On voit aussi comment la constitution du sol varie avec l'altitude, puisque Montmartre, n'atteignant qu'au niveau des sables de Fontainebleau, ne peut pas offrir les couches de la Beauce.

N.N.E.   S.S.O.

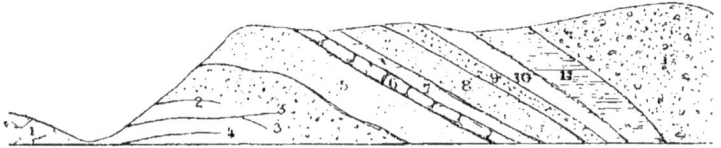

FIG. 7. — Coupe de la tranchée du chemin de fer de l'Ouest à la Chapelle, entre Saint-Cyr et Dreux, montrant la forte inclinaison des couches du calcaire grossier.

12. Caillasses se prolongeant jusqu'à la fin de la tranchée.
11. Alternats de marne et calcaire lacustre à *Cerithium lapidum* lisse, *Cyclostoma Mumia*.
10. Marne à *Cerithium lapidum* à côtes.
9. Sable calcaire blanc à *Cerithium echinoides*.
8. Sable calcaire gris à *Lucina saxorum, Cerithium echinoides*.
7. Marne à *Turritella fasciata, Cerithium denticulatum*.
6. Banc vert (banc du calcaire grossier supérieur).
5. Sables calcaires blancs à *Orbitolites complanata*.
4.) Sables du cal- (4. Petit cordon à *Cerithium serratum*.
3.) caire grossier   (3. Cordon avec *Cerith. giganteum,Voluta cythara* se dédoublant çà et là.
2.) inférieur.   (2. Cordon à Pétoncle.
1. Craie à *Ananchytes gibba*.

Remarquons bien toutefois que cette correspondance ne doit pas être cherchée sur une surface trop grande. Suivant une expression que nous avons entendu répéter à Elie de Beaumont, le terrain de Paris est construit à très-petits points, de sorte que si l'on se déplace dans le sens horizontal, on passe d'une formation à une autre. Le parallèle que nous établissons entre Meudon et Montmartre n'existerait pas entre deux collines, voisines l'une de l'autre, prises à dix lieues de Paris. Ou plutôt le même fait se manifesterait encore d'une correspondance parfaite, mais les terrains qui s'offriraient à nos études appartiendraient à d'autres niveaux de la série stratigraphique.

En restant donc dans un champ d'exploration peu étendu, on arrive, et cela même, sans étude géologique directe, à apprécier la régularité de cette disposition à cause du faciès spécial de la végétation sur certaines formations. Ainsi, le niveau des marnes vertes supérieures au gypse est tracé, le long de maints coteaux, par les peupliers et les saules qui trouvent, dans sa substance humide, les conditions favorables à leur développement. Ce niveau contraste nettement avec les terrains calcaires situés plus bas et les sables des sommets : les premiers portent les champs et les vignes; les autres sont en général couverts de bois.

Pourvu qu'on n'examine pas une région trop vaste, la cote des différents points se maintient la même dans les mêmes formations géologiques, et cela tient à l'horizontalité des couches. C'est ainsi qu'à 50 mètres d'altitude on a le calcaire grossier, à 170 les meulières supérieures, etc.

Cependant l'inspection de la carte montre aussi que des régions différentes au point de vue géologique sont juxtaposées, sans qu'on trouve la cause de leurs différences dans de simples différences d'altitudes. La Brie, la Beauce, le Vexin, se reconnaissent de loin sur la carte à la teinte géologique qui leur est affectée, et c'est une occasion de remarquer que, bien souvent, la limite de nos anciennes provinces était tirée de la nature même de leur sol.

Nous citerons encore un exemple, très-voisin de Paris, de formations très-différentes, quoique occupant le même niveau. C'est ce que présentent les deux rives de la Marne devant le fort de Nogent. Sur la rive droite se développe tout le système du gypse avec les caractères ordinaires qu'il présente partout; sur la rive gauche, au contraire, au-dessus de Petit-Bry, ce système est remplacé par les couches, absolument différentes, du travertin calcaire ou siliceux dit de Champigny.

Ces faits, que nous devions mentionner dès le début, et d'autres que nous rencontrerons par la suite, s'éclairciront comme d'eux-mêmes par nos études ultérieures.

CLASSIFICATION DES TERRAINS PARISIENS. — Les terrains que nous allons avoir à décrire occupent une large place dans la série stratigraphique. Ils sont, les uns secondaires, la plupart tertiaires, et quelques-uns quaternaires.

Les couches secondaires appartiennent à la partie supérieure du terrain crétacé : ce sont surtout la craie blanche et le calcaire pisolithique, les étages senonien et danien d'Alcide d'Orbigny. Ils constituent comme le fond du bassin dans lequel les autres sont venus successivement se déposer.

Les terrains tertiaires appartiennent surtout à l'éocène. De bas en haut on y distingue trois grands systèmes successifs caractérisés, le premier par l'argile plastique et les sables inférieurs, le second par le calcaire grossier ou pierre à bâtir, et le plus supérieur par le gypse ou pierre à plâtre. Les étages et les groupes de couches qu'on y peut distinguer sont très-nombreux et très-variés.

Au-dessus vient un terrain que, sous le nom de *sables de Fontainebleau*, beaucoup de géologues regardent comme la base du terrain miocène; tandis que d'autres, préoccupés surtout du point de vue paléontologique, considèrent comme le couronnement de l'éocène. Il faudra, plus loin, que nous examinions cette question qui offre un certain intérêt. Quoi qu'il en soit, le *terrain de Beauce* qui vient au-dessus, est franchement miocène, du consentement de tout le monde. Enfin, dans le domaine géographique où nous allons nous mouvoir, apparaît, en un point situé auprès de Chartres, un gisement de sable que les fossiles qu'il contient font attribuer par beaucoup de géologues à la période tertiaire supérieure ou pliocène.

Le terrain quaternaire est à son tour très-développé dans nos environs, et comprend des formations très-diverses les unes des autres. Ce qui domine, ce sont des assises puissantes de sables ou de limon qui, sous le nom très-impropre de *diluvium*, se rattachent d'une manière tout à fait insensible aux alluvions actuelles des cours d'eau. Il faut rapporter à la même période les couches les plus inférieures des tourbières et les conglomérats qui remplissent un grand nombre de cavernes.

On peut voir, dans le tableau ci-joint, le résumé de ces divers faits (fig. 8), et reconnaître que chaque terrain est à la fois caractérisé par la nature pétrographique des roches qui le composent et par la flore et la faune fossiles qu'on en extrait. Nous verrons en outre que l'extension géographique varie d'un terrain à l'autre.

Ces quelques mots de généralités nous paraissent suffisants; nous allons aborder l'examen successif des diverses formations géologiques qui nous entourent.

Désignation des terrains

Terrain actuel	T. des alluvions fluviatiles	Tourb. (vallée d'l..... ...) Limon (lits de la Marne, de la Seine etc.) Sable gravier et galets de la Seine etc.
Terr. quaternaire	Diluvium	Limon avec os d'éléphant (Sevran) Dépôt détritique (plaine de Boulogne)
Terrain tertiaire	T. du travertin sup. Beauce.	Calcaire à helix (Ramont, Pithiviers) Argile à meulières supérieures (Meudon) Calcaire a Lymnéa planorbis (Fontainebleau)
	T. des Sables et grès de Fontainebleau	Hydrate de fer sablonneuse Grès avec ou sans coquilles (Montmartre, Fontainebleau) Grès manganésifère (Orsay) Sables souvent ferrugineux (Meudon M. Valérien) Coquilles marines (Lorrez et Buteux)
	T. du travertin moyen Brie	Marne marine avec huîtres (Montmartre) Calcaire marin ou marne à milliolithes (Provins) Calcaire d'eau douce et meulière de Brie (Melun, Pantin) Marne marine à cythérea (Montmartre)
	Marnes supérieures	Marne d'eau douce souvent ocre (Pantin) Strontiane Lignite
	T. Gypseux	1re Masse de Gypse avec mammifère (Montmartre) 2e Masse avec marne (pierre à détacher) 3e Masse avec marne à coquilles marines
	T. du travertin inf. St Ouen.	Meulières (Montereau) Silex resinite et augnesite Graines et tiges de Chara Lymnéa, planorbis Palaeotherium, Anoplotherium } Monceau
	Sables de Beauchamp	Coquilles marine quelque fois d'eau douce (Beauchamp)
	Caillasses	Quartz grenu carié } Nanterre Calcaire fibreux. Tripoli } Gentilly Coquilles marines et d'eau douce
	Calcaire grossier	Calcaire dit Roche avec Lophiodon Anoplotherium et Palaeotherium (Nanterre) Liquites (Hauquerel) Lignite avec coquilles d'eau douce (ul) Calcaire à milliolithes (Lambourde etc.) Calcaire chloritée (Gentilly, Pas...?)
	Sables glauconifères	(Valmondois, Passy) Lignite (Gentilly, Marnes, Marly) Hydroxyde de fer (Montereau)
	Argile plastique	Sables grès et pudingues (Nemours) Globules de carbonate de fer (Vanves) Argile plastique avec pyrite (Vanves, Montereau) Lignite coquiller gypse pyrite (Meudon) Conglomerat avec os de mammifères
	Calcaire pisolithique	Plus de 80 espèces de coquilles comparables à celles du calcaire grossier (Sens?)
Terrain secondaire	Craie	Craie dure Jaune à Baculites (Meudon) Craie blanche ord.re avec silex pyromaque et coquilles marines

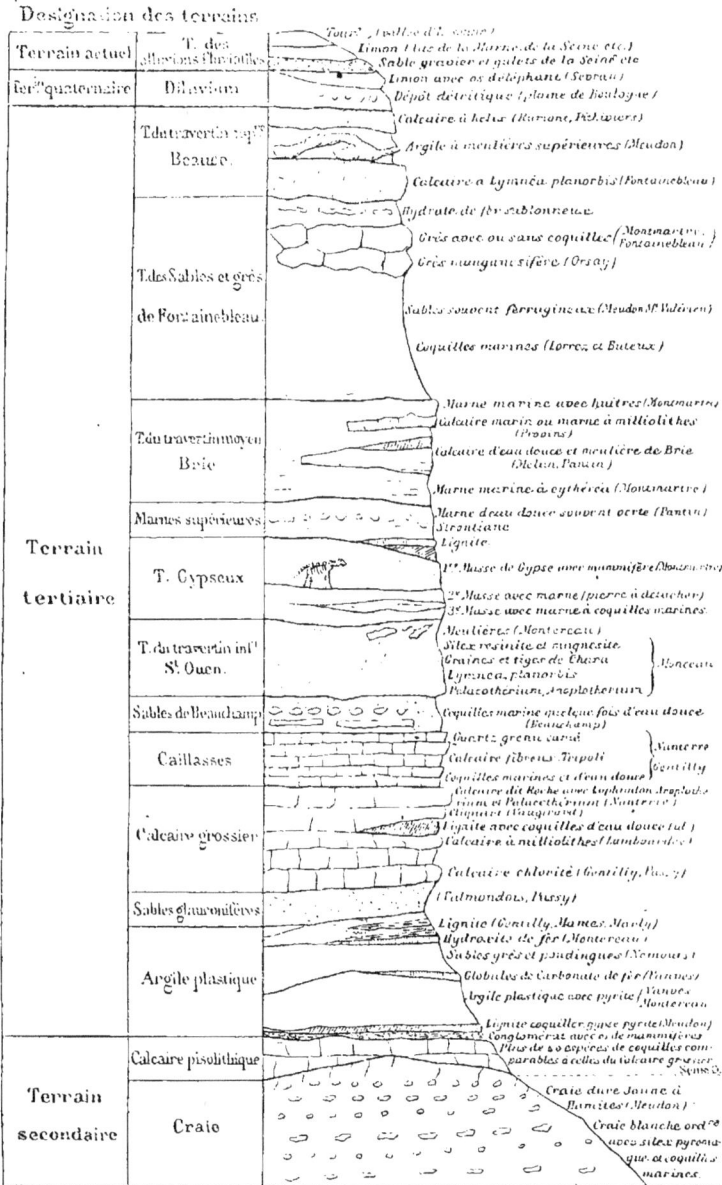

FIG. 8. — Tableau général des terrains parisiens.

TERRAINS SECONDAIRES

I

LA CRAIE

Comme nous le disions tout à l'heure, les couches les plus anciennes qui viennent affleurer autour de Paris appartiennent au terrain de craie. Il faut remarquer cependant que l'on doit considérer
comme appartenant aussi à nos environs les couches plus anciennes
que traversent les sondages profonds. Ces couches, éloignées de
nous seulement de quelques centaines de mètres, auraient tous les
droits possibles à être comprises dans notre description, si nos renseignements à leur égard étaient plus complets. Mais, connues seulement par les *carottes* extraites des trous de sonde, on ne peut les
étudier qu'en les retrouvant dans les points où elles affleurent, et cela
nous ferait sortir de notre cadre. Nous nous bornerons donc à les
mentionner, et le mieux pour cela est de mettre sous les yeux du
lecteur la coupe des couches traversées par le sondage du puits
artésien de Grenelle (fig. 9). On verra au Muséum la série des
couches traversées par ce sondage et données par l'auteur du travail, M. Mulot. En voici l'énumération :

N°s des couches.	Profondeur des couches.		Épaisseur des couches.
1.	Au sol.	Terrain d'atterrissement composé de sables et de cailloux roulés	m 9,65
2.	A 9,65	Calcaire chlorité avec coquilles.	0,85
3.	10,50	Argile sableuse d'une couleur bleuâtre	0,30
4.	10,80	Lignites.	0,51
5.	11,31	Argile bleue feuilletée avec veines de sable blanc	0,41
6.	11,71	Argile bleue sableuse avec pyrites de fer	0,81

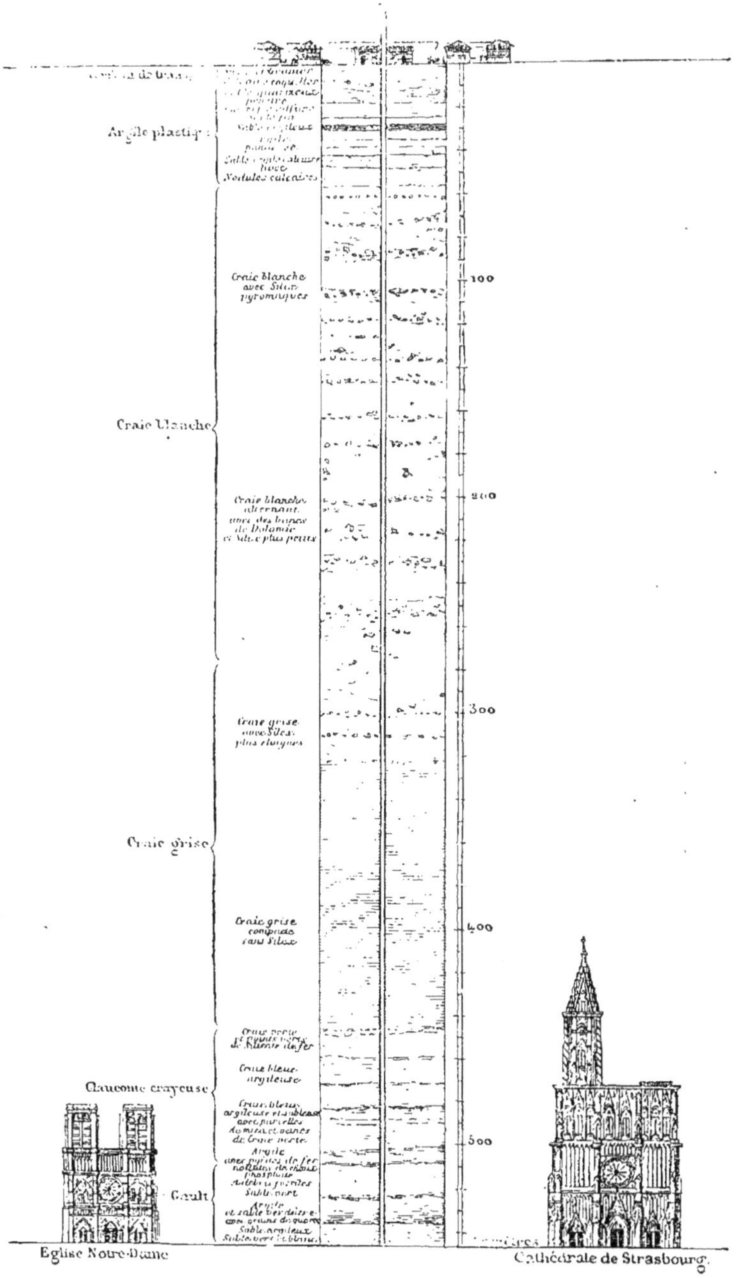

FIG. 9. — Coupe du puits artésien de l'abattoir de Grenelle. Comparaison de sa profondeur avec la hauteur de la cathédrale de Strasbourg et celle de Notre-Dame de Paris.

N°s des couches.	Profondeur des couches. m		Épaisseur des couches. m
7.	A 13,52	Lignites et pyrites de fer....................	0,65
8.	13,17	Argile bleue, avec pyrites de fer et bois pyriteux...............................	8,01
9.	21,18	Sable quartzeux à gros grains et fer sulfuré...	4,15
10.	25,33	Argile sableuse avec paillettes de mica.......	1
11.	26,33	Argile bleue pure......................	1,17
12.	27,50	Argile panachée......................	2,20
13.	29,70	Argile crayeuse jaune.................	0,83
14.	30,53	Marne sableuse blanche et grise...........	5,20
15.	35,73	Argile jaune empâtant des nodules de calcaire.	4,90
16.	40,63	Sable argilo-calcaire..................	0,46
17.	41,09	Argile avec lignites...................	0,14
18.	41,23	Caillasses (conglomérat ?)...............	0,31
19.	41,54	Craie blanche.......................	0,27
20.	41,81	Silex pyromaques en rognons.............	0,14
21.	41,95	Craie blanche alternant avec des silex en bancs horizontaux.........................	116,31
22.	158,36	Craie grise très-dure, alternant avec des bancs de dolomie et des bancs de silex..........	62,62
23.	221	Craie blanche compacte, alternant avec des silex très-durs en bancs solides..............	57,00
24.	271	Craie blanchâtre alternant avec des silex plus blonds, très-durs et très-rapprochés.......	42,55
25.	320,55	Craie blanche avec quelques silex blonds épars.	18,31
26.	338,86	Craie grisâtre sans silex.................	30,73
27.	369,59	Craie grise très-dure par places...........	96,51
28.	465,10	Craie bleuâtre.......................	5,26
29.	471,36	Craie bleue argileuse et dure.............	15,66
30.	487,02	Craie argileuse d'un gris bleu.............	7,70
31.	494,74	Craie verte chloritée..................	7,33
32.	502,07	Craie argileuse d'un gris foncé............	25,91
33.	527,08	Argile brune sableuse avec paillettes de mica..	3,82
34.	530,90	Argile brune renfermant des corps organisés fossiles, tels que : *Ammonites Bucklandi*, *Pecten quinquecostatus*, *Hamites rotundus*, *Venericardia*, *Mytiloïde*, etc., etc........	10,06
35.	543,83	Argile brune compacte..................	1,87
36.	542,83	Sable vert argileux....................	1,24
37.	544,07	Argile sableuse avec points noirs de silicate de fer renfermant des pyrites de fer et des nodules de chaux phosphatée..................	2,44
38.	546,51	Sable vert..........................	1,29
39.	547,80	Sable quartzeux de moyenne grosseur.......	0,20
40.	548	Gros sable quartzeux dans lequel est l'eau. (On a trouvé dans ce sable des dents de squale, des gryphées, *l'Ostrea gregarea*.)	

Comme on le voit par la coupe de Grenelle, les assises qu'on peut distinguer dans le terrain de craie sont très-nombreuses, et, pour les coupures générales, il ne paraît pas qu'on ait fait mieux que Brongniart, pour qui les couches inférieures sont réunies sous le nom de *craie glauconieuse*, les moyennes sous celui de *craie marneuse* et les inférieures sous celui de *craie blanche*.

M. Hébert, à qui l'on doit d'importantes études sur ce terrain a proposé diverses subdivisions dans ces grands groupes, et ses résultats principaux sont résumés dans le tableau ci-joint (1) :

Craie blanche ou à *B. mucronata*.
- 2° Assise à *B. mucronata*, *Micraster Brongniarti* (craie de Meudon).
- 1° Assise à *B. quadrata* et à *B. mucronata* (craie de Reims).

Craie marneuse ou à *Spondylus spinosus*.
- 4° Craie à *Micraster cor anguinum* (Klein).
- 3° Craie à *Micraster cor testudinarium* (Goldf.)
- 2° Craie de Touraine.
  - *a.* Craie de Villedieu.
  - *b.* Craie à *Ostrea columba* (var. *gigas*)
  - *c.* Craie micacée à *A. papalis*.
- 1° Assise à *Inoceramus labiatus* et *Echinoconus rotundus*.

Craie glauconieuse.
- 2° Grès vert du Maine.
- 1° Craie de Rouen.

CHAPITRE PREMIER

CRAIE A *MICRASTER COR ANGUINUM*.

De toutes ces subdivisions, la plus ancienne dont nous ayons à traiter ici avec quelque détail, est la craie à *Micraster cor anguinum*, que l'on peut étudier par exemple avec beaucoup de profit à Beynes, sur les bords de la Mauldre.

CRAIE DE BEYNES. — Dans cette localité, cette craie se présente sous la forme d'une roche grisâtre friable et, par places, meuble, renfermant des rognons de silex très-branchus, rarement disposés en lits. Les couches y sont très-nettes et paraissent inclinées. Cette disposition est en rapport avec la situation très-élevée de ce terrain, qui atteint 120 mètres, tandis que la craie supérieure de Meudon ne

(1) *Bulletin de la Société géologique de France*, 2ᵉ série, 1863, t. XX, p. 626.

dépasse pas 45 mètres, et l'on doit attribuer cette altitude, ainsi que
nous l'avons déjà indiqué, à une faille qui a disloqué le sol. Ce qui
confirme cette opinion, c'est d'abord que la craie de Beynes est immédiatement recouverte par le calcaire grossier supérieur, sans
trace de toutes les formations intermédiaires. C'est aussi, comme
M. Hébert l'a fait remarquer (1), une sorte de renversement de toutes
les assises superposées. En effet, d'après ce géologue, les couches
de craie plongent rapidement au nord-est, et il en résulte qu'à la
ferme de l'Orme, le calcaire grossier supérieur n'est plus qu'à
108 mètres; à un kilomètre au sud-ouest, les marnes vertes ne sont
qu'à 97 mètres d'altitude, et enfin les marnes à huîtres qu'on rencontre un peu plus loin n'atteignent pas 100 mètres. Il y a là manifestement un relèvement qu'on s'accorde généralement pour
rapprocher de la grande faille qui, de Rouen à Bicêtre, suit le cours
de la Seine.

Les fossiles caractéristiques du terrain qui nous occupe sont
assez nombreux. En première ligne il faut citer le *Micraster cor anguinum*, qui est très-rare, mais dont la présence, une fois constatée.

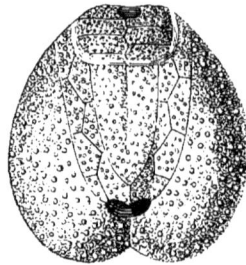

FIG. 10. — *Micraster cor anguinum*.

suffit pour déterminer l'âge de la couche qui le renferme. C'est un
oursin (fig. 10) dont la coquille est cordiforme, aussi longue ou un
peu plus longue que large, renflée plus ou moins, suivant les échantillons et les localités, élargie et sinueuse en avant, rétrécie en arrière, dont la hauteur, suivant les mesures d'Alcide d'Orbigny (2),
varie de 62 à 85 centimètres de sa longueur, mais dont le grand
diamètre transversal est toujours au tiers antérieur. Le dessus est
arrondi en avant, et, de là, décrit une courbe régulière jusqu'à

(1) Hébert, *Bull. de la Soc. géologique*, 2e série, t. XX, p. 605.
(2) Alcide d'Orbigny, *Paléontologie française*, Terrain crétacé, t. VI, p. 21.
1853-1855.

l'*area* anale, tronquée et évidée de manière que la pointe la plus
saillante soit en haut de l'area. Le sommet est à peine excentrique un peu en avant, et la partie la plus haute est généralement
au sommet. Le dessous est un peu convexe, surtout en arrière. Le
sillon antérieur est également creusé du sommet à la bouche, qui
est bilobée et généralement placée au cinquième antérieur. L'anus
est ovale, longitudinal, placé au sommet d'une area évidée et très-
prononcée. L'ambulacre impair, aussi large et aussi profond que
les autres, est peu creusé, droit, formé de zones étroites, de pores
ovales transverses, séparés par un bourrelet et conjugués. Les
ambulacres pairs sont inégaux, les plus longs étant à l'avant ; tous

Fig. 11. — *Ananchytes gibba*.

sont d'ailleurs peu excavés, droits et élargis près du sommet. Ils
sont formés de zones égales dont l'intervalle, plus large que les
zones, est remarquable par les deux bourrelets rugueux qu'ils forment au-dessous des zones. Les pores sont égaux, obliques et
ovales, fortement conjugués entre eux, et pourvus d'une ligne de
granules en dessus. Les tubercules sont inégaux, plus gros en dessous et séparés par beaucoup de granules. Le fasciole, très-large et
très-visible, forme comme un carré long transverse.

D'autres radiaires existent dans la même assise. Nous citerons
surtout l'*Ananchytes gibba*, représenté par la figure 11, qui constitue,
d'après M. Hébert, une espèce distincte de l'*Ananchites ovata*, que
nous verrons abonder dans la craie de Meudon. La plupart des paléon-

tologistes cependant n'en font qu'une variété de l'*Ananchytes ovata*, ou plus exactement de l'*Echinocorys vulgaris* de Bruguières. C'est une coquille ovale, arrondie en avant, un peu rétrécie et presque acuminée en arrière ; sa hauteur est à sa largeur, d'après les mesures d'Alcide d'Orbigny, comme les nombres 73 et 86. C'est donc une coquille de forme très-élevée. Son grand diamètre est situé en avant de la moitié, et la coquille est formée de plaques lisses non convexes. Le pourtour, situé tout à fait à la base, présente en général un angle qui sépare brusquement la surface courbe du dessus d'avec le plan presque géométrique du dessous. La bouche, identique à celle de tous les *Ananchytes*, est transversale, à lèvre postérieure saillante, placée en avant du quart de la longueur. L'anus, ovale, à bords relevés et saillants, est placé sur le bord postérieur, mais tout à fait inférieur, sans *area*. Les am-

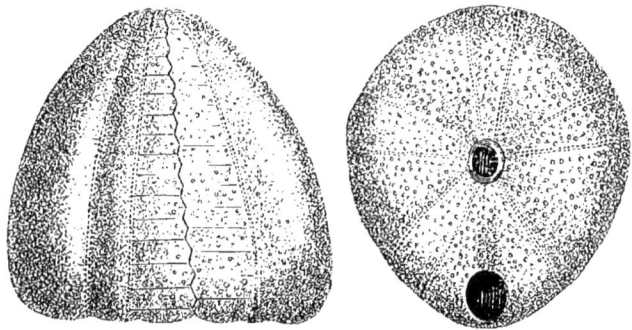

Fig. 12. — *Galerites albogalerus*.

bulacres sont très-visibles partout, et absolument semblables les uns aux autres, tous formés de zones prolifères égales, dont les pores, parfaitement égaux, sont ovales ; d'abord par paires presque transversales près du sommet, mais ensuite par paires très-obliques en sens inverse à chaque zone. L'appareil génital est très-prononcé. Seulement les plaques ocellaires sont plus petites que les plaques génitales. On voit parfaitement les quatre pores génitaux et les cinq pores ocellaires. Les tubercules sont égaux, également espacés partout, au milieu de granules espacés et saillants.

Il faut mentionner aussi le *Galerites albogalerus* (fig. 12), que l'on rencontre dans les mêmes couches et que l'on pourra recueillir à Beynes même, soit en place, soit dans la couche remaniée que nous décrirons plus loin sous le nom d'argile à silex.

On trouve beaucoup de mollusques dans la craie de Beynes. Le *Pecten (Janira) quinquecostatus* (fig. 13) présente une coquille dont les valves sont très-inégales, l'une étant très-bombée et profonde, tandis que l'autre est plane ou même un peu concave extérieurement. C'est cette circonstance qui a fait séparer les *Janira* du genre *Pecten*, avec lequel elles étaient autrefois confondues. La coquille est d'ailleurs auriculée comme celle des Peignes véritables, et ce qui distingue l'espèce qui nous occupe, c'est l'existence de cinq côtes fortement marquées.

L'*Ostrea vesicularis*, Goldf., est moins caractéristique, puisque nous le retrouverons dans la craie supérieure. Il est remarquable par l'inégalité de ses valves, dont l'une est très-profonde. La

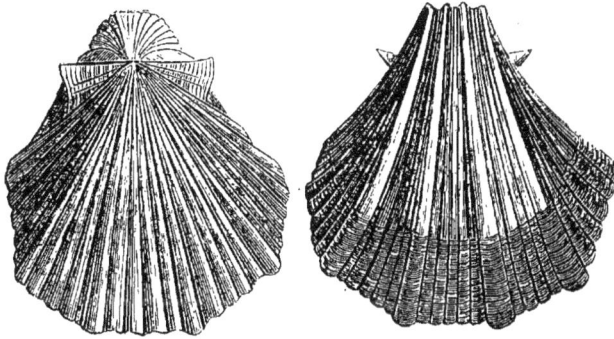

FIG. 13. *Janira quinquecostata.*

coquille est extérieurement très-lisse et montre des feuillets d'accroissement peu prononcés et très-écartés. Les crochets sont très-courts, contrairement à ce que montrent les gryphées, et ne dépassent pas le bord cardinal.

Beaucoup d'animaux inférieurs accompagnent les précédents. Parmi les bryozoaires, il faut citer le *Berenicea* et le *Cellepora*. Le premier appartient au groupe des Diastopores encroûtants, à cellules sur un seul rang; l'autre est une Eschare composée de cellules distribuées en une couche continue à la surface des corps sous-marins.

On recueille aussi dans la craie de Beynes des spongiaires, dont la forme n'a rien de très-caractéristique, mais qui renferment dans la matière pulvérulente de leur intérieur des spicules admirables de conservation, et que révèle l'examen microscopique. Nous

citerons spécialement le *Siphonia ficus* (fig. 14). On rencontre au
même niveau *Cephalites campanulatus* (fig. 15), *Hallirhoa costata*
(fig. 16), *Coscinospora cupuliformis* (fig. 17), etc.

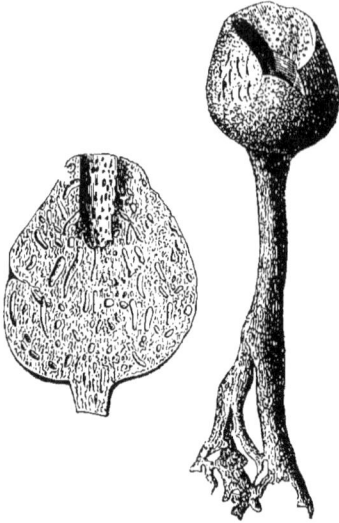

FIG. 14. — *Siphonia ficus.*　　　　FIG. 15. -- *Cephalites campanulatus.*

FIG. 16. — *Hallirhoa costata.*　　　FIG. 17. — *Coscinospora cupuliformis.*

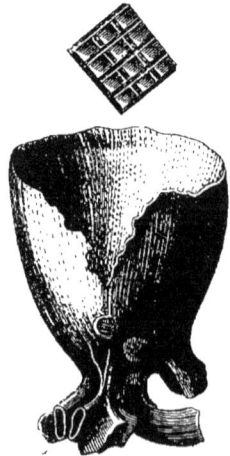

Une particularité très-intéressante de la craie de Beynes est d'être
par places très-magnésienne. Elle tient ordinairement de 2 à 7 pour 100
de carbonate de magnésie ; on a même annoncé jusqu'à 20 pour 100
de magnésie.

Nous verrons des accidents magnésiens du même genre à d'autres niveaux, et tout spécialement dans le calcaire grossier de Pont-Sainte-Maxence (Oise). Ils ont donc un certain intérêt.

A Beynes, ils se sont développés, selon toute apparence, immédiatement après le dépôt de la craie que nous venons de décrire, au commencement de l'époque où se formait la craie dite de Reims, caractérisée par le *Belemnitella quadrata,* et qui lui est, dans l'Est, immédiatement superposée.

Ces accidents ne sont d'ailleurs pas localisés exclusivement dans le point que nous venons de citer. Dans l'Aisne, d'Archiac signale (1) les mêmes faits et décrit des bancs durs et jaunâtres imprégnés de magnésie au milieu de la craie blanche. On peut en voir, par exemple, entre Rue d'Elva et Ollezy. Sous le bois de Saint-Simon on peut y remarquer des nodules de calcaire. Souvent cette craie renferme des infiltrations siliceuses donnant lieu à des géodes de quartz laiteux. Sa cassure est parfois sublamellaire et d'un éclat dolomitique. C'est évidemment, là comme ailleurs, une modification locale de la craie blanche.

Dans la Somme, M. Buteux donne le nom de craie marmorescente à une roche toute semblable à la craie magnésienne de Beynes et qui est du même âge (2). Elle se représente en masses subordonnées à la craie blanche. Sa couleur varie du jaune au gris, et dans quelques parties sa structure devient bréchoïde.

Enfin, dans le département de l'Oise, Graves a depuis longtemps retrouvé la même craie magnésienne à Bimont, sur tout le versant nord-ouest du plateau qui sépare la vallée de l'Oise de celle de la Somme. C'est une simple modification de la craie blanche, et elle se présente en rognons souvent sphéroïdaux à couches concentriques et à cassure lamelleuse.

Quant à l'origine de ces accidents magnésiens, elle paraît devoir être attribuée sans hésitation à l'arrivée de sources minérales. C'est ce qui ressort tout particulièrement de l'examen des carrières de Bimont (Oise) (fig. 18).

On y voit une colline ovalaire, dominée à l'ouest et au nord par la craie à *Micraster cor anguinum.* Les bords de la colline sont de craie dure renfermant le même fossile, et l'on remarque que les couches successives plongent toutes vers le point central.

(1) D'Archiac, *Histoire des progrès de la géologie,* t. IV (1851), p. 218.
(2) Buteux, *Esquisse géologique du département de la Somme.* In-8°, Amiens, 1843; — 2ᵉ édit., Paris, 1849.

Dans le voisinage de celui-ci, la craie passe à l'état de calcaire magnésien très-dur, jaune et légèrement spathique. Les bancs sont de plus en plus corrodés. Entre les joints de stratification se montre une terre dolomitique, qui finit au centre par former une masse épaisse où sont noyés des rognons calcaires. Cette terre remplit plusieurs cheminées de profondeur inconnue, et dans le voisinage desquelles la dolomitisation est le plus intense (1).

Si l'on joint à ces faits que les rognons de silex sont eux-mêmes (à Beynes et ailleurs) profondément altérés, comme corrodés et pourris, au point qu'ils se fondent pour ainsi dire par places dans la

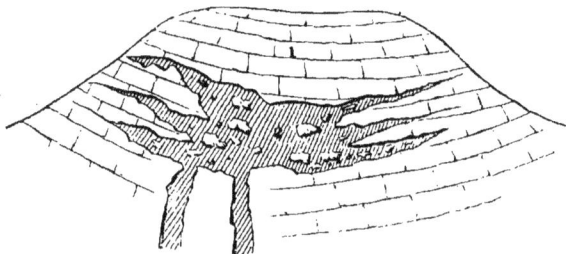

Fig. 18. — Coupe de la colline de Bimont (Oise).

1. Craie à *Micraster cor anguinum.* — 2. Craie magnésienne contenant des fragments de calcaire dur.

craie elle-même, on restera convaincu que cette dolomitisation est due à l'arrivée de sources chargées de substances riches à la fois en acides et en magnésie.

Nous verrons d'autres observations confirmer cette manière de voir.

CHAPITRE II

CRAIE A *BELEMNITELLA MUCRONATA.*

C'est au-dessus de la craie à *Micraster cor anguinum* que vient, dans nos environs immédiats, la craie à *Belemnitella mucronata.*

Elle est représentée avec tous ses caractères à Meudon, à Bougival, à Port-Marly, etc.

(1) Voy. à cette occasion une note de M. de Mercey dans le *Bull. de la Soc. géologique.* 2ᵉ série, t. XX, p. 633, 1863.

Ses limites géographiques sont tracées par une ligne qui, partant d'Amiens, vient toucher le pays de Bray, un peu à l'ouest de Beauvais; contourne la pointe de cette région, passe au nord de Gisors, puis se dirige presque exactement vers Nemours; coupe l'Yonne un peu au-dessus de Sens, la Seine vers Méry-sur-Seine, la Marne au-dessous de Châlons, et, contournant à distance le bord du terrain tertiaire, sort du bassin de Paris vers Saint-Quentin (1).

C'est, comme on voit, le bord d'une cuvette offrant une inflexion vers le nord, entre Compiègne et la Fère, c'est-à-dire dans la région précise où le terrain tertiaire s'éloigne le plus du centre du bassin, et qui paraît avoir été le canal par où la mer tertiaire pénétra dans le golfe parisien.

On retrouve la craie de Meudon à Norwich, en Angleterre, et à Ciply, en Belgique. Mais, d'après les recherches de M. Hébert, elle est beaucoup moins étendue qu'on n'avait cru tout d'abord. Les couches de Gravesend, de Dieppe, etc., qu'on y avait rapportées, sont plus anciennes, et se rapportent, au moins en partie, comme la craie de Reims, à la zone du *Belemnitella quadrata*.

Ces deux bélemnitelles se ressemblent beaucoup et ont été souvent confondues; il convient de les décrire tout de suite.

Le *B. mucronata*, d'Orb. (fig. 19), offre un rostre allongé, quelquefois un peu comprimé, cylindrique sur sa moitié antérieure, de là acuminé jusqu'à l'extrémité très-obtuse, au milieu de laquelle est une pointe souvent allongée; les deux impressions dorsales sont très-marquées, larges, et il en part de petits sillons ramifiés et réticulés qui viennent joindre la partie inférieure. La *scissure* est longue et occupe la moitié de la cavité. La *cavité* est ronde, très-longue, conique, occupant les deux cinquièmes de la longueur, pourvue en dessus d'un sillon creux longitudinal; les alvéoles ont des cloisons séparées, dont les traces se montrent encore dans la cavité. On remarque que les individus jeunes ont une forme plus conique et légèrement comprimée.

Le *B. quadrata*, d'Orb., a le rostre allongé, subcylindrique, un peu comprimé, acuminé d'abord, puis s'atténuant tout à coup, pour se terminer par une pointe aiguë, grêle. La surface est couverte de granulations assez régulières, formant souvent des espèces de stries vers l'extrémité, interrompues seulement par les sillons supé-

(1) Voyez une note de M. Hébert dans le *Bullet. de la Soc. de géologie*, 2° série, 1863, t. XX, p. 630.

rieurs qui sont profonds et doublement impressionnés. La *scissure*
est peu prolongée. La *cavité* est quadrangulaire, courte, occupant
un peu plus du quart de la longueur; stries en long en dessous, et
en travers en dessus. Les bords supérieurs sont obliques, festonnés
en quatre lobes, dont les supérieurs sont un peu onduleux. A l'état
jeune, le *Belemnitella quadrata* est plus allongé qu'à l'âge adulte, et
son extrémité est plus acuminée.

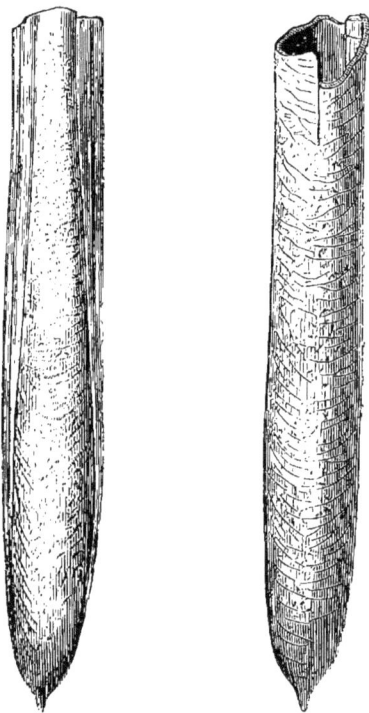

FIG. 19. — *Belemnitella mucronata.*

Comme on voit, la différence entre ces deux bélemnitelles est
très-faible. Le *B. quadrata* diffère du *B. mucronata* par sa surface
granuleuse, par le manque de rides, par sa cavité plus courte et
quadrangulaire. Ce dernier caractère surtout le fait reconnaître au
premier aperçu. D'ailleurs, dans nos environs il est très-rare et à
Meudon on ne le rencontre pas. Dans toute la partie occidentale du
bassin, les deux bélemnitelles disparaissent également. Nulle part
ne se trouve même la craie de Meudon, et dès qu'on sort du terrain
tertiaire, on tombe, à Maintenon comme à Chartres, sur la craie à
Micraster cor anguinum, que nous décrivions tout à l'heure.

CRAIE DE MEUDON. — Telle qu'on l'observe à Meudon, cette formation offre 20 mètres d'épaisseur de craie très-blanche.

On y observe des lits parallèles constitués sur des rogons irrégulièrement tuberculeux de silex pyromaque. Ces lits sont normalement distants les uns des autres de 2 mètres environ. A Bougival, où la même disposition se reproduit, l'écartement des lits est un peu plus grand. Vers le bas, les silex deviennent de plus en plus rares et finissent par disparaître.

La craie de Meudon est coupée en diverses directions par des failles dont les parois sont polies comme par l'effet d'une friction énergique.

Souvent ces failles traversent des rogons de silex qui sont alors brisés, et dont la fracture offre des accidents minéralogiques sur lesquels nous reviendrons.

Vers le haut, la craie de Meudon change d'aspect. Elle devient jaune, dure, non traçante, et présente en tous sens des tubulures diversement ramifiées.

Ces tubulures, qui manquent absolument dans la craie blanche, paraissent dues à l'écoulement des eaux ou à des émanations gazeuses témoignant de l'émersion et de la dénudation de la craie antérieurement au dépôt des couches plus récentes. En effet, on en retrouve d'analogues à beaucoup d'égards, chez les roches qui, à l'époque actuelle, sont soumises à des influences de ce genre.

ORIGINE DE LA CRAIE. — La constance des caractères de la craie sur les surfaces immenses où l'on peut l'observer, donne un intérêt spécial à l'étude de son origine.

Ce n'est pas un produit pur et simple de la démolition d'une roche antérieure. Sa structure, en grande partie organique, rend cette supposition insoutenable, en même temps qu'elle écarte aussi l'idée d'une formation due à des sources incrustantes.

M. Darwin a publié à cet égard de très-curieuses observations (1) dont il est impossible de ne pas dire un mot ici. Il s'agit de la formation contemporaine de véritables sédiments crayeux autour des attols ou îles madréporiques des mers tropicales. M. Lyell, défenseur ardent de la théorie des causes actuelles, a tiré de ces observations un grand parti pour l'explication des dépôts d'âge crétacé.

Les îles madréporiques sont formées de coraux et autres polypiers qui appartiennent à des groupes assez divers. Ces îles offrent des

(1) Darwin, *The Structure and distribution of Coral reefs*. London, 1842.

formes variées dont la plus remarquable est celle de couronne analogue à ce que montre la figure 20 (1). Dans ce cas, les îles portent le
nom d'*attols*. Elles sont formées de roches calcaires résultant de
l'agglutination des coquilles et de polypiers brisés. La roche est
tantôt meuble, tantôt dure, compacte et susceptible de poli; et ses
diverses variétés sont associées sans aucun ordre de superposition.
Le fond du bassin au milieu duquel se trouvent les îles, consiste
en bancs de coraux, qui n'affleurent au-dessus de la basse mer que
dans des marées exceptionnelles, et en sable calcaire associé à du
calcaire crayeux, analogue à celui qui forme la roche des îles.
D'après M. Nelson, qui a étudié les îles madréporiques des Bermudes,
la surface ondulée de ces îles paraît être le résultat du passage de
grandes masses d'eau ; mais les petites chaînes d'îlots, dont les
couches sont presque toujours horizontales, ne seraient pas dues
au même phénomène, et leurs couches ne s'étendraient pas dans
le passé au delà de l'espace qu'elles occupent actuellement.

Autour de ces îles, vit toute une population d'animaux corallo-
phages qui broutent les zoophytes comme les moutons paissent
l'herbe. Ce sont divers poissons et des mollusques, parmi lesquels
le strombe géant doit être spécialement cité. Le produit de la
digestion de ces polypiers va constamment s'accumuler autour
des attols, où il ne tarde pas à former des couches épaisses. Or,
on retrouve dans ces couches tous les caractères de la craie.

« La désintégration des récifs de polypiers qui forment les îles
et entourent les côtes produit sur une grande étendue une boue
calcaire pure qui, lorsqu'elle est sèche, ressemble à la craie. Les
excréments de certains poissons du genre spare, et d'autres animaux
de classes inférieures qui se nourrissent de polypes coralligènes,
sont aussi composés de craie impure. On voit un grand nombre de
ces poissons se nourrissant complètement de coraux vivants,
comme un troupeau d'herbivores pâture une prairie, et lorsqu'on
vient à les ouvrir, on trouve leurs intestins remplis d'une boue
semblable (2). »

De son côté, dans des études sur la géologie des îles Bermudes (3),
M. Nelson n'hésite pas à attribuer, à ce qu'il nomme la *craie des*

---

(1) Cette figure est empruntée aux *Éléments de Géologie* de Contejean.
(2) D'Archiac, *Histoire des progrès de la géologie*, t. I (1847), p. 363.
(3) Nelson, *Transactions of the Royal Geological Society of London*, 1840, t. V,
p. 103.

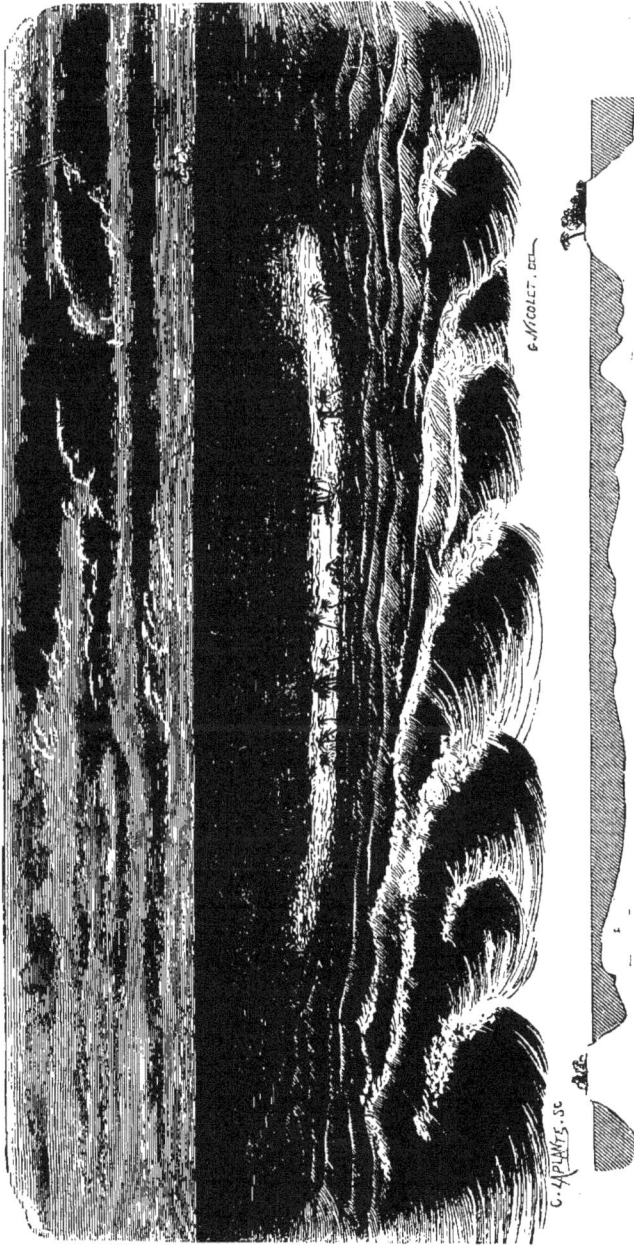

Fig. 20. — Attol.

Bermudes, la même origine qu'aux divers bancs de pierre plus ou moins solides qui constituent les îles elles-mêmes. Seulement ceux-ci résultent de l'accumulation des fragments brisés mécaniquement, tandis que la roche ou pâte crayeuse est due à la destruction par une longue submersion du tissu membraneux qui pénétrait toute la masse et qui abandonne alors la matière calcaire retenue dans ses mailles. Celle-ci, en se précipitant, forme cette substance blanche et tendre, analogue à la craie, qui se trouve au fond des anses et des golfes, mélangée de sables coquilliers, de beaucoup de polypiers, de coquilles bien conservées et de masses considérables de méandrines et d'astrées. Ces masses, soit encore intactes, soit dans un état de décomposition plus ou moins avancé, ont certainement vécu, puis sont mortes sur les lieux mêmes.

De tous ces faits résultent évidemment de fortes présomptions pour faire penser qu'à la formation de la craie ont pu présider des actions analogues à celles qui s'exercent aujourd'hui autour des îles madréporiques. L'existence des bancs de polypiers au-dessus et au-dessous de la craie proprement dite, dans le terrain jurassique (corallien) et dans le calcaire pisolithique, rend cette opinion plus vraisemblable encore. Aussi, sans adopter complétement les idées de M. Darwin et de M. Lyell, devons-nous remarquer qu'elles doivent être prises en très-sérieuses considérations, malgré les objections faites à une trop grande extension de ce mode de formation.

Constant Prévost, dans un ordre de vues analogue, insiste sur ce fait que la craie parisienne présente d'autant plus les caractères des couches pélagiennes, c'est-à-dire formées dans une mer profonde, qu'on l'examine plus près du centre du bassin.

« La blancheur, dit-il (1), l'homogénéité de ce carbonate calcaire, la grande épaisseur et l'horizontalité de ses couches parallèles, sans aucune interposition de dépôts de matière différente et grossière, sont des indices dénotant le dernier sédiment abandonné par des eaux qui, déjà dans un long trajet, avaient laissé déposer les particules grossières et pesantes qu'elles avaient délayées ou qu'elles tenaient en suspension ; ils annoncent aussi que le lieu où se formait le dépôt était à l'abri de toute grande agitation, et qu'il n'éprouvait pas les influences perturbatrices des courants, des tempêtes qui changent et bouleversent sans cesse les sédiments formés près des rivages et sous des eaux peu profondes.

_____

(1) Constant Prévost, *loc. cit.*, p. 108 et suiv.

» Une semblable conséquence peut être déduite du petit nombre de fossiles que contient la craie parisienne, ainsi que des espèces qui lui sont propres. On sait qu'elle ne renferme presque jamais de coquilles univalves, dont les animaux habitent de préférence les fonds éclairés et peu immergés, sur lesquels ils doivent ramper pour chercher leur nourriture, ou bien les individus de leur espèce avec lesquels ils ont besoin de s'accoupler pour que leur reproduction ait lieu. Quelques coquilles univalves, portées par accident loin de leur demeure habituelle (*Trochus Basteroti*), prouvent, en effet, qu'aucune cause chimique n'a détruit dans la craie blanche celles qui auraient pu y exister, ainsi que plusieurs naturalistes ont pu le croire et le proposer pour expliquer leur absence. Les fossiles de notre craie sont presque exclusivement des débris de grandes coquilles bivalves qui n'ont pas d'analogues, même de genre, sur nos rivages (*Catillus*) ; des térébratules, coquilles légères et flottantes après la mort de l'animal, qui pendant sa vie se tenait fixé sur les roches des profondeurs ; des oursins (ananchytes, galérites, spatangues), dont le test léger peut, comme on le sait, flotter longtemps sur les eaux, lorsqu'il est vide après la mort de l'animal, circonstance que prouve l'absence des baguettes dont ces fossiles sont presque toujours privés, ainsi que l'existence de serpules, polypiers fixés sur le test même. Avec ces divers débris se trouvent encore des bélemnitelles (*B. mucronata*), qui proviennent de mollusques céphalopodes dont les espèces, comme on le sait, nagent et s'aventurent dans les hautes mers ; quelques morceaux de bois de petite dimension, et enfin des masses siliceuses irrégulières qui coupent l'uniformité des bancs. On aperçoit souvent les traces d'organisation qui rappellent ces légions immenses et variées d'êtres mous et gélatineux qui couvrent encore parfois la surface des mers équatoriales, et qui, par des circonstances dont les causes sont peu connues, semblent à certaines époques disparaître, lorsqu'elles se précipitent sur leur fond. »

Constant Prévost complète ce tableau en cherchant à montrer que synchroniquement, il se faisait sur le pourtour du bassin des couches de craie littorale, à laquelle il rapporte la craie tuffeau et la craie chloritée, tout en reconnaissant que sur d'autres points ces formations sont plus anciennes, comme on l'admet généralement. Voici comment il s'exprime à ce sujet : « Pendant qu'autour du point où se trouve maintenant Paris, se formaient les couches de la craie pélagienne, il devait se déposer des couches de craie, que j'appellerai littorale, dans les points du bassin qui étaient plus rapprochés des rivages ou sur lesquels les eaux avaient moins de hauteur : c'est effectivement ce que démontrent les caractères de la craie tuffacée et de la craie chloritée, comparés à ceux de la craie blanche, comme la carte coloriée l'indique dans tout le pourtour du bassin, tant en France qu'en Angleterre, dans une position relative supérieure à la craie blanche. Je puis paraître ici commettre une erreur et ne pas connaître les rapports d'âge que l'on attribue aux trois variétés de craie que je viens de nommer; je sais cependant bien que l'on regarde la craie blanche comme supérieure aux deux autres, et par conséquent comme formée après elles; mais des observations m'ont presque démontré qu'il fallait distinguer la glauconie inférieure à la craie blanche de la glauconie littorale qui est contemporaine. »

FORMATIONS DES ROGNONS DE SILEX. — La formation des rognons de silex renfermés dans la craie en si grande abondance constitue un problème intéressant qui se représentera plusieurs fois devant nous dans la revue que nous entreprenons des terrains de Paris, car de pareilles concrétions se retrouvent à des niveaux très-différents.

Ces rognons sont de formes essentiellement tuberculaires, et l'on remarque que très-souvent ils empâtent des fossiles. Disons, en passant que cette dernière circonstance elle-même se présente pour des rognons de formation d'âge différent, et, par exemple, pour ceux que nous aurons à signaler dans le calcaire grossier moyen, à Pierre-laye et ailleurs.

Il suffit d'un coup d'œil jeté sur ces rognons pour reconnaître qu'on ne peut les attribuer qu'à une concentration progressive, molécule à molécule, de la silice tenue d'abord en dissolution dans le liquide où la roche empâtante s'est déposée.

Une expérience décrite par M. Marc Seguin (1) rend sensible une formation artificielle de même genre. Le savant physicien gâche de l'argile avec de l'eau fortement salée ; puis, après en avoir fait des boules dures, il les abandonne à la dessiccation. Si, après dessiccation complète, on vient à les briser, on y trouve des cristaux parfois volumineux de sel, ce qui suppose un mouvement intermoléculaire des particules salines et permet d'en admettre un tout à fait pareil pour les éléments siliceux de la craie.

_____

(1) *Corrélation des forces physiques* (traduit de Grove, avec des notes, par M. Seguin aîné, p. 18).

Pour ce qui est des rognons de silex, il faut remarquer toutefois qu'une difficulté très-grande résulte de leur état anhydre. Il est plus commode, en effet, de comprendre la production des rognons hydratés, tels que ceux que nous mentionnerons plus loin sous le nom d'opale ménilite ; car jusqu'ici nous ne savons pas comment la silice hydratée peut devenir anhydre sans avoir subi un échauffement évidemment incompatible avec les conditions qui ont présidé au dépôt de la plupart des terrains stratifiés. Cependant nous assistons parfois à des déshydratations analogues dont l'observation est instructive à notre point de vue. C'est, par exemple, ce qui a lieu pour la matière colorante ferrugineuse de certains grès exposés à l'air, et qui, de l'état de limonite, passe progressivement à celui de gœthite et peut-être même d'hématite. Nous avons nous-même publié un fait de ce genre. Il s'agit de blocs de grès quartzeux colorés en jaune par l'hydrate de fer, et qui, soumis longtemps aux intempéries sur le plateau de Villeneuve-Saint-Georges (Seine-et-Oise), acquièrent progressivement une croûte mince mais continue, dont la matière colorante est de l'oxyde rouge de fer (1). Ce n'est pas ici le lieu de tirer de ce fait toutes les conséquences qu'il comporte, mais nous pouvons admettre que, les circonstances étant favorables, ce qui se passe pour l'oxyde de fer peut avoir lieu pour la silice.

Minéraux disséminés dans la craie. — Le silex en rognon n'est pas la seule substance minéralogique contenue dans la craie blanche.

L'une des plus visibles est la pyrite, ou bisulfure de fer, qui constitue ordinairement des boules ou des amas cylindroïdes dont la structure éminemment cristalline est radiée autour du centre. Comme le silex, la pyrite empâte fréquemment des fossiles.

Souvent elle est altérée à la surface et transformée superficiellement en gœthite ou même en limonite. On connaît même de beaux échantillons de ces oxydes de fer constituant des pseudomorphes de la pyrite ; offrant, par exemple, des cubes pourvus de tout le système de stries caractéristiques du sous-système du dodécaèdre pentagonal. Ces formes cristallines n'appartiennent jamais à la gœthite ni à la limonite, et prouvent bien que ces matières sont venues remplacer le sulfure de fer, comme la silice remplace le tissu organique d'un bois qui se pétrifie.

(1) *Comptes rendus de l'Académie des sciences* 1872, t. LXXV, p. 890. — Voyez aussi : Stanislas Meunier, *Cours de géologie comparée professé au Muséum*, 1874, p. 248.

Dans certaines régions crayeuses où la pyrite est très-abondante, ses caractères si différents de ceux de la craie sur laquelle on la ramasse ont conduit les populations à la regarder comme d'origine extraordinaire. C'est ainsi qu'en Champagne on lui attribue une origine météoritique, et on lui donne le nom de *pierre de foudre* ou pierre de tonnerre. On lui a même, dans une foule de cas, attribué des propriétés fantastiques, tirées justement de cette origine céleste qu'on lui supposait. Il est remarquable, en présence de ce préjugé, que les météorites, ou pierres qui tombent du ciel, ne renferment précisément pas de pyrite. On y trouve en abondance du sulfure de fer. Mais celui-ci a une composition tout à fait différente et voisine de la pyrite magnétique ; on lui donne le nom spécial de *troïlite* pour le distinguer.

La craie ne contient, en général, la pyrite que d'une manière accidentelle ; ce n'est qu'exceptionnellement que ce minéral peut être recueilli en masse assez grande pour être exploité. On sait qu'il ne constitue pas un minerai de fer, mais un minerai d'acide sulfurique, et qu'à ce point de vue il a une certaine valeur. Les procédés d'extraction en usage ne lui enlèvent d'ailleurs que la quantité de soufre qui excède chez le bisulfure celle qui est compatible avec la formule de la pyrite magnétique. Celle-ci forme le résidu de l'opération et n'est point utilisée.

La craie blanche renferme parfois de la strontiane sulfatée ou *célestine*, sous la forme de petits cristaux très-nets. Ces cristaux appartenant à la variété appelée *apotome* par Haüy, ne se rencontrent que dans les failles que nous signalions tout à l'heure. On ne les trouve guère sur la craie elle-même, mais sur les parois des silex brisés par la dislocation du terrain. La disposition de ces cristaux leur fait naturellement attribuer une origine filonienne, et témoigne par conséquent de l'antique existence, dans les failles aujourd'hui vides, d'eaux, sans doute thermales, venant de la profondeur et chargées de sulfate strontianien. On peut rapprocher l'existence de ces cristaux dans les failles de la craie, de la présence, dans les couches d'argile plastique qui lui sont superposées, de couches calcaires très-fortement imprégnées de strontiane. M. Jannettaz a signalé un fait de ce genre qu'on peut observer tout près du pointement de craie des Moulineaux, et sur lequel nous reviendrons quand le moment sera venu de nous occuper des terrains d'argile plastique.

Les mêmes silex de la craie qui font saillie sur la paroi des failles présentent parfois des cristaux d'une tout autre nature, et dont l'origine est toute différente, on pourrait dire inverse de celle de la célestine.

Les uns sont constitués par du calcaire ou carbonate de chaux. Ils se présentent toujours à la partie supérieure des saillies que forment les silex et peuvent atteindre d'assez fortes dimensions. Ils sont évidemment dus à des infiltrations venant de la partie supérieure. Sans doute des eaux chargées d'acide carbonique auront dissous la craie sur leur passage; puis, dans le vide de la faille, perdant au contact de l'air le gaz qu'elles contenaient, elles auront abandonné peu à peu la matière calcaire, et celle-ci aura cristallisé.

Les autres sont de gypse, c'est-à-dire de sulfate de chaux hydraté. Leur situation est la même que celle des cristaux de calcaire, et leur formation est sans doute très-analogue. On sait, en effet, que le gypse est faiblement soluble dans l'eau, et nous savons déjà qu'au-dessus de la craie se trouvent à divers niveaux des amas de cette substance. Les eaux d'infiltration ont donc pu finalement s'en charger dans beaucoup de cas.

Le gypse cristallisé ne se présente pas seulement sur les silex saillants des parois des failles; il remplit aussi parfois les tubulures de la craie dure. A Meudon, il n'est pas rare de rencontrer des échantillons qui sont dans ce cas, et l'on peut en voir de beaux exemples dans la collection du Muséum d'histoire naturelle.

Relief de la craie autour de Paris. — Autour de Paris, la craie blanche est bien loin d'être horizontale. Tandis qu'à Meudon sa surface ne dépasse pas la cote de 45 mètres, elle atteint sur les bords du bassin :

Au mont Aimé............	210 mètres.
Au mont Août	210
Au bois de la Houppe......	230
A Verzy.................	230 (au moins)
Au mont Berru...........	210 (au moins), etc. (1).

Et, comme dans tous ces points, la craie présente les traces manifestes d'une dénudation énergique, on peut admettre qu'entre l'altitude du centre et sur celle des limites du bassin, il existait antérieurement une différence d'au moins 200 mètres.

D'un autre côté, dans ces diverses localités, la faune est remar-

(1) Hébert, réunion extraordinaire à Épernay (*Bullet. de la Société géologique,* 2e série, 1849, t. VI, p. 720).

quablement uniforme. Les mêmes fossiles se rencontrent partout, et entres autre l'*Ostrea vesicularis* avec ses deux valves.

Il faut donc en conclure que, postérieurement à son dépôt, la craie a subi, de Paris à Reims, un relèvement considérable, conséquence probablement d'oscillations nombreuses.

D'après les recherches de M. Hébert, la date de ce relèvement peut être fixée entre le dépôt de la craie et celui immédiatement postérieur du calcaire pisolithique, car, ainsi que nous le verrons très-prochainement, celui-ci a comblé les dépressions de la craie.

De façon que si l'on veut reconstituer l'histoire de cette époque reculée, on arrive à y reconnaître quatre phases successives qui sont : d'abord l'émersion de la masse crayeuse ; en second lieu, le durcissement de la surface sous l'action des agents atmosphériques et la production des tubulures ; puis exhaussement vers l'est par suite d'un mouvement de bascule, et l'affaissement général du niveau de la craie jusque-là émergée ; enfin, l'inondation de cette craie et le dépôt dans les dépressions ainsi produites des couches de calcaire pisolithique.

Mais la craie n'est pas seulement relevée ; sa surface autour de Paris offre, en outre, des ondulations remarquables. La tranchée de Houdan, située entre Saint-Cyr et Dreux, dont nous avons parlé (page 20, fig. 7), montre que dans cette région la craie décrit des sinuosités considérables (1). Elle forme d'abord une saillie isolée à la Chapelle : c'est celle que représente la figure à laquelle nous venons de renvoyer ; elle en montre une seconde à Houdan, qui appartient à la ceinture crayeuse embrassant de toutes parts, comme nous l'avons dit, le golfe tertiaire parisien.

C'est en rapport avec ces protubérances que se place le relèvement considérable de la craie à *Micraster cor anguinum*, que M. Hébert a signalé dans la même région, aux environs de Beynes (2). Dans cette localité, la craie atteint l'altitude de 120 mètres, et n'est recouverte que par la partie supérieure du calcaire grossier.

Il pourrait même bien, d'après le savant géologue, y avoir là une faille, car les couches plongent rapidement au nord-est, de façon qu'à la ferme de l'Orme, le calcaire grossier supérieur est à 108 mètres, tandis qu'à un kilomètre au sud-ouest, les marnes vertes sont à 97 mètres, et plus près encore, les marnes à *Ostrea*

(1) *Bullet. de la Société géologique*, 2ᵉ série, 1863, t. XX, p. 753.
(2) Hébert, *Bullet. de la Société géologique*, 2ᵉ série, 1872, t. XXIX, p. 446.

cyathula, surmontées d'un peu de sables de Fontainebleau, n'atteignent pas 100 mètres d'altitude.

« Il est donc extrêmement probable, dit-il, qu'une faille vient se placer au sud de la ferme de l'Orme, et elle doit se diriger nord-ouest-sud-est, comme la faille de Vernon. » Nous aurons plus loin l'occasion de revenir plusieurs fois sur celle-ci.

FAUNE DE LA CRAIE DE MEUDON. — La faune de la craie de Meudon est beaucoup moins riche que celle des couches plus anciennes. Cependant l'énumération des animaux qui la composent serait extrêmement longue. Nous donnerons quelques détails sur les plus caractéristiques.

Avant tout, les foraminifères microscopiques jouent un très-grand rôle dans ce terrain (fig. 21). D'après Ehrenberg, la craie est

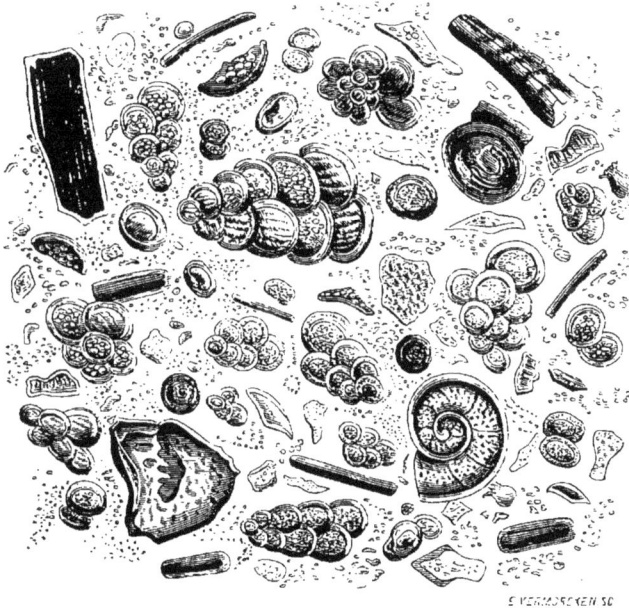

FIG. 21. — Foraminifères de la craie.

formée de deux parties, l'une cristalline et l'autre organisée. Celle-ci résulte de l'accumulation de carapaces de foraminifères, et le savant allemand a calculé qu'il y a plus d'un million de ces carapaces dans 20 centimètres cubes de craie, ou plus de 10 millions dans 500 grammes de cette roche.

Les foraminifères paraissent avoir une organisation anatomique très-simple. Ils ne sont jamais agrégés et ont une existence individuelle distincte. Ils sont composés d'une masse vivante, de consistance glutineuse, tantôt entière, tantôt divisée en segments disposés, soit en ligne, soit en spirale, soit en peloton. Le dernier segment porte des filaments contractiles incolores, très-allongés, qui servent à la reptation et qui peuvent encroûter extérieurement la coquille. Celle-ci est de forme très-variable et se moule sur le corps, étant simple quand celui-ci l'est, et composée de loges lorsque l'animal est formé de plusieurs segments. Elle est percée d'un ou de plusieurs trous pour le passage des filaments.

Ces petits animaux ont longtemps échappé aux recherches et à l'observation des zoologistes, et cependant ils jouent un rôle immense, non-seulement dans la constitution de la craie, comme nous venons de le dire, mais dans celle de beaucoup d'autres roches, et, à l'état vivant dans l'édification de couches importantes de sédiments contemporains. Les restes de ces êtres, en apparence si peu importants, forment souvent, suivant la remarque d'Alc. d'Orbigny, des bancs qui gênent la navigation, obstruent les golfes et les détruisent, comblent les ports et créent, avec les polypes, ces îles qui naissent tous les jours au sein des régions chaudes du grand Océan. Comme M. Pictet nous l'apprend (1), ce ne fut qu'en 1731 que Beccarius les signala pour la première fois dans les sables de l'Adriatique. Ils furent étudiés en 1732 par Breyn, en 1739 par Plancus. Depuis lors, leur histoire a fait peu de progrès jusqu'en 1825, où Alc. d'Orbigny présenta sur cette classe un travail systématique, qui fut suivi en 1835 d'un mémoire important de Dujardin. A partir de cette époque, d'innombrables travaux furent exécutés dans la même voie par Ehrenberg, Cornuel, Czjzek, Reuss, Carpenter, Schulze, etc., et aujourd'hui les connaissances sur ces intéressants animalcules sont très-avancées.

L'étude des coquilles foraminifères de la craie blanche de plusieurs points du bassin de la Seine a conduit Alc. d'Orbigny (2) à quelques considérations que nous exposerons ici. Ces coquilles, dans les divers étages de la formation, dans le nord et le centre de la France, la Belgique, et en Angleterre, ont une grande analogie, et elles se succèdent régulièrement de bas en haut, tandis que dans le sud et dans le sud-ouest de la France les espèces sont tout à fait

_____

(1) Pictet, *Traité de paléontologie*, t. IV (1857), p. 477.
(2) Alcide d'Orbigny, *Mémoires de la Société géologique de France*, 1840, t. IV, p. 1, avec 4 pl.

distinctes, et même il y a des genres différents. En indiquant les résultats auxquels il est arrivé sur la répartition des genres dans ces deux zones crétacées, l'auteur pense que la craie de Tours, de Chavagne et de Vendôme est parallèle à celle de Maestricht et inférieure à la craie blanche; manière de voir peu d'accord, pour le dire en passant, avec les données stratigraphiques et même paléontologiques. Les foraminifères ont augmenté progressivement des couches inférieures aux supérieures. Des formes d'abord très-simples, analogues à celles des dépôts jurassiques, puis plus compliquées et propres aux couches les plus basses de la craie, ont été remplacées dans les plus élevées par des formes plus variées et qui finis· sent par se trouver toutes dans le terrain tertiaire ; quelques-unes même dans les mers actuelles. Les formes spécifiques des foraminifères de la craie offrent dans leur ensemble plus d'analogies avec celles qui vivent aujourd'hui dans l'Adriatique qu'avec toutes les autres.

Alc. d'Orbigny décrit ensuite 54 espèces de la craie blanche des environs de Paris, dont 38 se sont trouvées dans la craie de Meudon, 33 dans celle de Saint-Germain et 28 dans celle de Sens. 9 sont propres à la première localité, 2 à la seconde, 6 à la troisième, et 23, ou près de la moitié, se présentent dans la craie blanche d'Angleterre. trois des espèces précédentes existent dans les grès verts et ferrugineux du département de la Sarthe, 2 dans la craie de Tours, 2 dans celle de Maestricht, enfin 2 dans les dépôts tertiaires de l'Autriche et de l'Italie, et qui vivent encore dans la mer Adriatique (*Dentalina communis* et *Rotalina umbilicata*).

Parmi les radiaires, il faut mentionner tout spécialement plusieurs oursins.

L'*Ananchytes ovata* (fig. 22), tout à fait caractéristique de la craie blanche a été confondu avec l'*Ananchytes gibba*, que nous avons décrit plus haut. D'Orbigny continue à admettre l'identification de ces deux espèces, dont il fait deux variétés. M. Hébert y voit au contraire deux espèces distinctes. Nos figures suffisent pour montrer les différences générales de formes, assez nettes le plus souvent pour conduire à leur distinction.

Le *Micraster Brongniarti* (Héb.) est au *M. cor anguinum* à peu près ce que les deux ananchytes dont nous venons de parler sont l'un par rapport à l'autre : sont-ce deux espèces distinctes, comme le veut M. Hébert? sont-ce simplement deux variétés? Voilà ce que des études nouvelles décideront.

Le *Cidaris serrata* (Desor) est assez rare. C'est un oursin de taille moyenne, médiocrement renflé. Voici, d'après M. Cotteau, ses principaux caractères : Zones porifères très-étroites, déprimées, flexueuses, formées de pores très-petits, arrondis, obliquement disposés, rapprochés les uns des autres, séparés par un renflement granuliforme très-prononcé. Aires ambulacraires étroites, flexueuses, garnies cependant de six rangées de granules; les deux rangées externes se composent de granules plus apparents et nullement mamelonnés; les quatre rangées intermédiaires, plus fines et beaucoup plus irrégulières, disparaissent successivement aux ap-

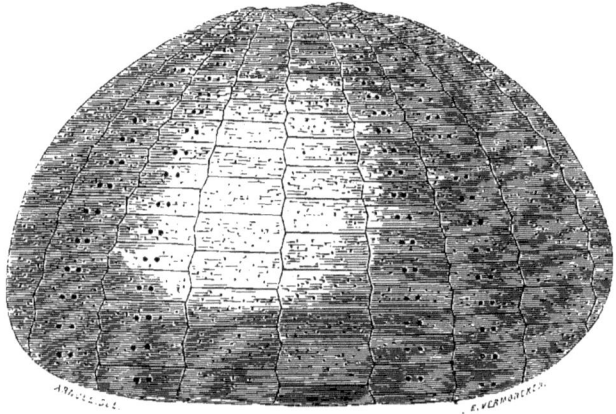

Fig. 22. — *Ananchytes ovata.*

proches du sommet et du péristome. Tubercules interambulacraires fortement développés, à base lisse, surmontés d'un mamelon assez gros et toujours perforé, au nombre de six ou sept par série. Scrobicules médiocrement déprimés, circulaires et un peu espacés à la face supérieure, plus serrés et plus elliptiques dans la région inframarginale et près de la bouche, entourés d'un cercle de granules espacés, mamelonnés et qui se distinguent nettement de ceux qui remplissent la zone miliaire. Les gros tubercules s'élèvent assez près du sommet; cependant, sur chacune des aires interambulacraires, il existe une plaque qui en est dépourvue, et présente, au lieu de tubercule, un simple mamelon perforé et non scrobiculé. Zone miliaire déprimée, assez large vers l'ambitus et à la face supérieure. L'espace intermédiaire entre les tubercules est couvert d'une granulation fine, serrée, abondante, homogène, disposée en séries horizontales régulières, et les granules sont accompagnés çà et là de petites verrues microscopiques, d'autant plus nombreuses qu'elles se rapprochent du bord des plaques. Le radiole, aux caractères duquel est emprunté le nom spécifique, est allongé, cylindrique, plus ou moins grêle, garni d'épines saillantes, acérées, comprimées, subtriangulaires, rangées en séries longitudinales, régulières et espacées. A la base de la tige, les épines sont plus abondantes, mais un peu au-dessus de la collerette elles s'atténuent, se changent en granules et disparaissent. Le nombre des rangées épineuses est très-variable et l'intervalle qui les sépare plus ou moins large. Sur quelques radioles on en compte dix à douze rangées, tandis que d'autres exemplaires plus grêles n'en présentent que six ou sept ; les épines sont alors plus fines, et le radiole prend un aspect prismatique et subcaréné fort remarquable. L'espace intermédiaire entre les rangées épineuses est plat et paraît lisse, mais il est en réalité couvert de stries longitudinales fines, serrées, subgranuleuses, visibles seulement à la loupe et qui recouvrent également la base des épines. La collerette est courte, finement striée. Le bouton est assez fortement développé. Anneau saillant, marqué de stries plus prononcées que celles qui garnissent la collerette.

Le *Cidaris pseudo-hirudo* (Cotteau) n'est connu que par ses radioles, qui ont 40 millimètres environ, et présentent une forme cylindrique, subfusiforme, renflée dans le milieu et légèrement amincie au sommet, qui cependant est tronqué, garni de côtes longitudinales lisses, saillantes, subcomprimées, régulièrement disposées. A la base est une collerette courte, très-distincte et striée. L'anneau est saillant, couvert de stries plus prononcées ; la facette articulaire est lisse.

L'*Holaster pilula* (Goldf.) est moins caractéristique que les précédents, quoique très-fréquent, parce qu'on le rencontre aussi dans des couches plus anciennes. Il présente une coquille ovale très-bombée, un peu conique, tronquée en avant, acuminée et obtuse en arrière, un peu plus longue que large. Dessus très-bombé, relevé d'une manière abrupte en avant jusqu'à la fin de l'ambulacre impair ; puis, presque au même niveau, jusqu'aux ambulacres pairs postérieurs, ce qui place la plus grande hauteur au sommet ambulacraire, puis en pente douce jusqu'à la saillie de l'anus et de l'entrée par l'aire anale. Le pourtour est plus bombé et obtus vers sa base. Dessous convexe, pourtant un peu anguleux sur la ligne médiane, sans partie concave autour de la bouche. Sillon ambulacraire impair à peine sensible en avant de la bouche et nul ailleurs. Bouche petite, presque ronde, placée au quart antérieur de la longueur. Anus peu comprimé, formant un ovale presque rond, placé vers la moitié de la hauteur avec une area plane ou à peine bombée, sans sillons. Ambulacres peu distincts, perdus entre les tubercules, tous formés de pores éloignés les uns des autres, ronds et obliques en sens inverses. Les pores inférieurs sont en demi-lune, avec un tubercule entre deux. Les tubercules sont nombreux partout, même en dessous, sur les côtés, au milieu de granules élevés. Fascioles faisant le tour de la coquille presque sur l'ambitus, sinueuses, surtout sous l'anus.

Les mollusques sont innombrables. Trois brachiopodes sont particulièrement caractéristiques :

Le *Terebratula Heberti* (d'Orb.) présente une coquille ovale bombée, sans area, dont la grande valve est percée d'une ouverture ronde, séparée de la charnière par un deltidium composé de deux pièces. Des stries d'accroissement très-nettes se voient à sa surface.

Le *Rhynchonella octoplicata* (Sow.) est une coquille gibbeuse, sub-ovale et plissée. Son bord inférieur est renflé du côté droit et marqué de huit plis. Il y en a de douze à quatorze sur les bords intérieurs et antérieurs. Le crochet est saillant.

Le *Rhynchonella limbata* (Davidson) est presque circulaire, déprimé et lisse. Ses valves sont également gibbeuses ; son bord inférieur est droit ou légèrement déprimé au milieu, avec une courbure ondulée de chaque côté. Le *R. vespertilio* (fig 23) se rencontre dans les mêmes couches.

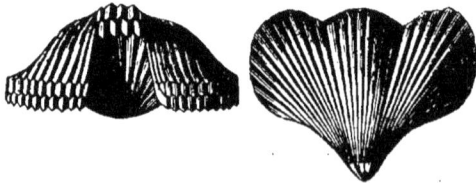

Fig. 23 — *Rhynchonella vespertilio.*

Il faut mentionner le *Magos pumilus* (Sow.), très-fréquent, mais appartenant aussi à des couches plus anciennes et dont l'organisation très-curieuse a été, de la part de M. Davidson, l'objet d'études très-intéressantes. Il offre à peu près le contour de nombreuses térébratules, mais il suffit d'un coup d'œil jeté sur la charnière pour le distinguer. Dans les *Magas*, le crochet est imperforé et droit; le bord cardinal, beaucoup plus long que la charnière, est caractérisé par une grande dépression quadrangulaire, dont deux côtés sont formés par les saillies de la valve plate, en sorte que lorsque les valves sont séparées, cette dépression se change en deux sinus anguleux. Celui de la grande valve forme un angle aigu et est beaucoup plus grand que celui de la petite. Il y a à l'intérieur de la coquille une mince cloison verticale qui s'étend d'une valve à l'autre. La partie supérieure de cette cloison est arquée près de la charnière, avec laquelle elle est perpendiculaire; de chaque côté se tiennent deux appendices cloisonnaires superposés et réunis au sommet par deux faibles prolongements de la charnière. Le *M. pumilus* est la seule espèce connue de ce genre intéressant. C'est Sowerby qui lui a donné son nom, à cause, dit-il, de l'espèce de ressemblance qu'il crut reconnaître entre les cloisons arquées de l'intérieur avec le chevalet d'un violon (1).

Les acéphales sont très-nombreux. L'*Inoceramus Cuvieri* (Sow.) a une coquille gryphoïde à test lamelleux, inéquivalve, mais sub-équilatérale, dont les crochets sont opposés, pointus et fortement recourbés. La charnière est courte, droite, et présente une série de crénelures graduellement plus petites, destinées à recevoir un ligament multiple qui a probablement recouvert toute la facette ligamentaire. Celle-ci est perpendiculaire à la ligne qui, dans chaque valve, forme le crochet et le milieu du bord palléal.

Le *Spondylus æqualis* (Héb.) présente une coquille inéquivalve, adhérente, auriculée, hérissée d'épines, à crochets inégaux, celui de la valve inférieure présentant une facette cardinale externe, aplatie, qui grandit avec l'âge. Le ligament est intérieur et étroit. La charnière a deux fortes dents sur chaque valve.

L'*Ostrea vesicularis* (Lamk) a déjà été cité dans la craie plus ancienne. Il constitue parfois des colonies de dimensions considérables dont les membres, avec les deux valves en position naturelle, ont évidemment vécu là où nous les trouvons aujourd'hui. Cette circonstance, mise à profit par Constant Prévost, a servi à ce savant à préciser quelques-unes des conditions qui ont accompagé la formation de la craie.

(1) Sowerby, *Conchyliologie minéralogique de la Grande-Bretagne*, traduit de l'anglais par Agassiz, p. 173. In-8°, Soleure, 1845.

On rencontre en abondance, dans la craie de Meudon, le *Belemnitella mucronata* déjà décrit.

La craie blanche a fourni des vertébrés, poissons et reptiles dont le nombre est maintenant considérable.

Beaucoup de squales sont représentés par leurs dents. Nous en citerons quatre principaux :

Le *Corax appendiculatus* (Agass.) se rencontre, d'après M. Hébert, non-seulement dans la craie de Meudon, mais aussi dans celle du Cotentin, de Folx-les-Graves et de Maestricht. Il existe aussi dans le calcaire pisolithique des Vertus (Marne).

Les *Lamna* peuvent se distribuer entre plusieurs espèces presque également communes. Celle qu'on rencontre cependant le plus fréquemment à Meudon est *L. acuminata* (Agass.), remarquable, comme son nom l'indique, par la gracilité de sa forme générale.

L'*Otodus latus* (Agass.) est au contraire très-large, et pourrait être confondu avec le *Corcharodon*, si les dentelures n'y faisaient absolument défaut. Cette espèce se trouve non-seulement à Meudon, mais en Normandie, à Lewes, à Strehlen, à Quedlimbourg, etc.

Le *Ptychodus decurrens* (Agass.), provenant de Meudon même, est représenté par des dents palatales anguleuses et presque carrées, la couronne est plus haute que la racine qui est obtuse, tronquée et plus ou moins échancrée dans son milieu. La partie émaillée est étalée par ses bords, et se relève au milieu en un mamelon obtus et sillonné de rides, ou plutôt de gros plis tranchants parallèles, séparés par un sillon peu profond. Les bords sont ornés de granulations et d'un réseau de plis irréguliers et peu saillants.

On pourrait citer beaucoup d'autres poissons cartilagineux.

M. Ch. d'Orbigny a recueilli à Meudon des parties considérables du squelette d'un poisson osseux dont on a fait l'*Enchodus Halocyon*. M. Hébert l'a retrouvé à Bougival, et Graves le cite dans le département de l'Oise. Il paraît avoir été très-commun à l'époque crétacée, puisqu'on en retrouve des vestiges à Lewes, en Angleterre, à Maestricht, en Saxe, en Bohême, etc. C'est un poisson dont les dents, très-écartées et très-acérées, sont très-développées ; leur face interne est bombée, et la face externe, au contraire, est comprimée. Ces dents occupent tout le pourtour des mâchoires, qui portent en outre des dents en brosse sur leurs bords. Cette dentition rappelle celle des *Thyrsites* et des *Lepidopus*, genres actuellement vivants et sans représentants fossiles.

Les reptiles de la craie blanche sont nombreux. Les plus intéres-

sants sont des sauriens de la famille des Mosasauridés, et spécialement le *Mosasaurus* et le *Leïodon*.

On connaît les incidents qui se rattachent au magnifique échantillon de *Mosasaurus Camperi* (Cuv.) possédé par le Muséum, et que
Camper avait d'abord pris pour un cétacé (fig. 24). Plus tard Faujas
de Saint-Fond y vit un crocodile ; mais Camper fils et G. Cuvier ont
démontré que l'espèce est bien plus rapprochée des varans que des

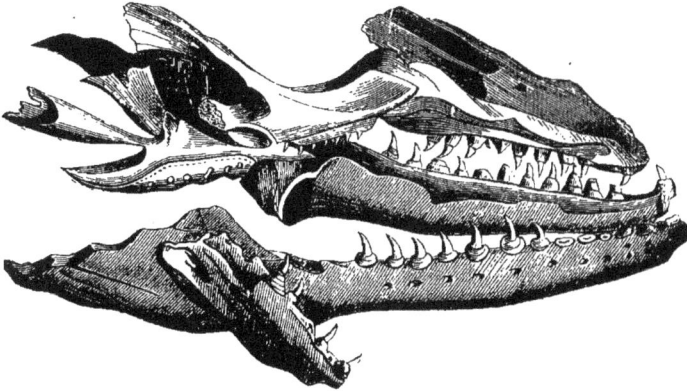

FIG. 24. — Tête de *Mosasaurus Camperi*.

autres animaux. D'ailleurs, malgré des travaux considérables, on
n'est pas encore fixé sur les caractères des membres locomoteurs,
que Cuvier lui-même croit établis sur le type des animaux cétifor-
mes, tandis que M. Owen les rapproche davantage de ceux des reptiles terrestres. Il est très-probable, cependant, que les mosasaures
ont habité les eaux marines.

Le *Leïodon anceps* (Owen) a été longtemps confondu avec le mosasaure. Ses dents, comme le fait voir M. Gervais (1), l'en distinguent
complétement. M. Ch. d'Orbigny en a recueilli à Meudon de beaux
échantillons que l'on peut voir au Muséum. Ces dents sont, comme
celles des mosasaures, enfoncées dans des alvéoles avec lesquels
leur racine se confond par la couche cémenteuse qui l'environne.
Leur couronne est en cône faiblement bicaréné. D'après les
échantillons du Muséum, cinq dents occupent ensemble une longueur de 13 centimètres, ce qui indique une taille inférieure à
celle du mosasaure. Ces dents, cassées vers le collet, appartiennent
à la mâchoire inférieure.

(1) Paul Gervais, *Zoologie et Paléontologie française*, p. 463. In-4°, 1859.

Un troisième mosasauridé doit être cité comme provenant de Meudon . c'est l'*Onchosaurus radicalis*, de M. Paul Gervais. Il n'est connu jusqu'ici que par une seule dent, mais celle-ci offre des caractères des plus remarquables. La couronne, plus courte que la racine, est formée d'ivoire recouvert d'une couche d'émail ; elle est comprimée, à bords antérieur et postérieur inégaux : le premier convexe, plus court, le second plus large, subconcave dans les deux tiers inférieurs. La pointe terminale, à laquelle se réunissaient ces deux bords a été cassée ; ils sont assez tranchants, mais ne sont ni denticulés ni même serratiformes. La racine est en fût élevé, d'abord aussi comprimée que la couronne, mais moins longue d'avant en arrière. Plus bas elle l'est au contraire davantage, et elle se plisse inégalement, de manière à rappeler certains polypiers de la famille des caryophyllées, ou encore la meule d'un bois de cerf qui aurait été allongée et confondue avec la base de la perche.

Fig. 25. — Mâchoire inférieure de l'*Iguanodon Mantelli*.

On a recueilli, à Meudon même, des débris de reptiles dinosauriens, qu'on semble très-autorisé à rapporter à l'*Iguanodon Mantelli* (fig. 25).

CARACTÈRES DISTINCTIFS DE LA FAUNE CRÉTACÉE DE L'HORIZON DE MEUDON. — C'est à M. Hébert qu'est due la distinction nette, au point de vue paléontologique, de la craie de Meudon. Avant ses travaux, elle était confondue avec la craie plus ancienne que nous avons déjà décrite sous le nom de craie à *Micraster cor anguinum*.

Allant plus loin, le savant géologue a même montré que la craie à *Belemnitella*, qui forme un massif de plus de 100 mètres d'épaisseur, doit être subdivisée en deux groupes indiqués au tableau de la page 27, et qui sont :

1° La *zone supérieure*, riche en silex, et contenant l'*Anonchytes ovata* en même temps que le *Belemnitella mucronata*.

Et 2° la *zone inférieure*, pauvre en silex, et contenant l'*Ananchytes gibba*, mêlé à une énorme quantité de *Belemnitella quadrata*.

La première zone est la vraie craie de Meudon ; l'autre peut être désignée sous le nom de *craie de Reims*.

La craie à *Belemnitella*, comprenant, comme on vient de le voir, les deux zones de Meudon et de Reims, se distingue nettement des assises immédiatement antérieures par ses caractères minéralogiques et stratigraphiques, et surtout par sa faune.

A ce dernier égard, la distinction est en effet très-tranchée (1). Ainsi, et conformément à ce que nous avons déjà vu, le *Micraster cor anguinum*, qu'Alcide d'Orbigny regarde comme le fossile le plus caractéristique de son étage sénonien, n'existe réellement pas à Meudon. C'est le *Micraster Brongniarti* qui le remplace. L'*Ananchytes ovata* de Meudon ne doit pas être confondu avec celui qu'on a signalé à Dieppe, à Gravesend, etc., et qui réellement est l'*A. gibba*. Le *Spondylus spinosus*, quoi qu'on en ait dit, ne se trouve pas à Meudon, où le *Spondylus æqualis* (Héb.) avait été confondu avec lui. Le *Rhynchonella plicatilis*, cité par tous les auteurs à Meudon et figuré par Alc. d'Orbigny sous le nom de *R. octoplicata*, n'est autre, d'après M. Hébert, que l'adulte du *R. limbata* (Schloth.), et non le vrai *R. plicatilis*, qu'on trouve, par exemple, aux Andelys. Mais le *R. octoplicata* (Sow.), confondu à tort avec le *R. plicatilis*, est très-caractéristique de Meudon, etc.

APPLICATIONS INDUSTRIELLES DE LA CRAIE.—Au point de vue industriel, la craie blanche est susceptible d'applications, dont les deux principales consistent dans la fabrication du *blanc d'Espagne* (dit aussi *blanc de Meudon*, *blanc de Troyes*, etc.) et dans celle d'un excellent ciment hydraulique.

Le blanc d'Espagne consiste simplement en craie purifiée. On arrive à l'obtenir en broyant la craie dans des moulins spéciaux dont l'axe est en général vertical, et qui est actionné par un cheval. On peut voir de pareils moulins à Meudon, à Montereau, à Troyes, etc. La craie en morceaux y est mise avec de l'eau et agitée constamment dans le liquide. La boue passe successivement dans des réservoirs disposés en séries, et dans lesquels diverses variétés de craie se séparent d'après leur finesse et leur pureté, c'est-à-dire

(1) *Bullet. de la Soc. géologique*, 2ᵉ série, t. XVI, p. 143.

d'après le temps que demande leur dépôt. La craie est déposée ensuite sur des filtres, puis moulée en pains et mise à sécher. C'est
dans le résidu de lavage que le microscope peut faire les trouvailles les plus riches en fait de foraminifères et d'autres petits animaux.

Le ciment hydraulique que l'on fabrique, par exemple, à Meudon,
en grande quantité, consiste dans un mélange intime de craie pul-
vérisée et d'argile plastique, associées en proportion convenable, et
que l'on fait cuire. C'est, comme on voit, une sorte de synthèse
artificielle des chaux hydrauliques de la nature, et le résultat est
comparable, paraît-il, à celui que donne la cuisson des célèbres
pierres à chaux de Portland.

II

LE CALCAIRE PISOLITHIQUE

A la suite de la craie blanche, et conformément à ce qu'on a vu
en passant dans le chapitre précédent, s'est déposé le calcaire pisolithique, subdivision, lui aussi, du terrain crétacé.

DÉCOUVERTE DU CALCAIRE PISOLITHIQUE. — C'est Élie de Beaumont
qui, en 1834, appela l'attention sur le système des couches comprises
entre la craie et l'argile plastique, et qu'il découvrit tout d'abord à
Bougival et à Port-Marly.

Il y constata (fig. 26) trois niveaux parfaitement caractérisés. Le
premier, immédiatement superposé à la craie dure, est formé d'un
calcaire essentiellement oolithique dont les oolithes sont cimentées
par une incrustation calcaire. Le second consiste en une marne
argileuse d'origine lacustre, et le dernier, occupant la situation la
plus élevée, est formé d'un calcaire dur, riche en polypiers et en
milliolites. Élie de Beaumont, comparant ce dépôt aux couches
analogues de Laversines, près de Beauvais, sur lesquelles nous insis-

terons plus loin, en fit immédiatement l'équivalent de la craie supérieure de Maestricht.

ON LE CONSIDÈRE LONGTEMPS COMME TERTIAIRE. — La forme générale des coquilles rencontrées dans ces bancs, l'absence des types crétacés, la discordance de stratification avec la craie, les caractères minéralogiques de ce terrain, qui rappellent ceux du calcaire grossier, portèrent cependant d'Archiac à en faire la base du terrain tertiaire. « Les formes générales des moules de coquilles, dit-il (1), que nous trouvâmes dans le banc du bas Meudon, l'absence d'espèces entièrement crétacées et si abondantes au-dessous, la discontinuité si prononcée de la stratification, et la différence complète des caractères pétrographiques, nous le firent regarder, de même que ses analogues, comme représentant les premiers sédiments tertiaires. »

FIG. 26. — Coupe du calcaire pisolithique à Bougival, d'après Élie de Beaumont.

5. Argile plastique. — 4. Calcaire dur à polypiers. — 3. Marne argileuse. — 2. Couche oolithique. — 1. Craie.

L'opinion de d'Archiac fut partagée successivement par M. Deshayes (2), par M. de Boissy, par M. Ch. d'Orbigny (3) et par d'autres géologues.

Néanmoins Élie de Beaumont (4) resta inébranlable dans son opinion première. Il répondit que ces dépôts contestés marquent les derniers moments de la période secondaire, s'étant formés dans des eaux très-peu profondes ; que les concrétions oolithiques s'étaient

(1) D'Archiac, *Bullet. de la Soc. géologique*, 2° série, 1836, t. VII, p. 272. — *Hist. des progrès de la géologie*, t. IV (1851), p. 239.

(2) Deshayes, *Bullet. de la Soc. géologique*, 2° série, 1836, t. VII, p. 280.

(3) Charles d'Orbigny, *Comptes rendus de l'Académie des sciences*, 1836, t. III, p. 226.

(4) Élie de Beaumont, *Comptes rendus de l'Académie des sciences*, 1836, t. III, p. 291.

accumulées sur les coquilles littorales, lesquelles devaient différer fort peu des coquilles de l'époque tertiaire inférieure qui leur ont immédiatement succédé.

Toutefois, en 1837, M. Ch. d'Orbigny (1) découvrit dans ces dépôts si controversés de Meudon, Port-Marly et Vigny, près de Pontoise, un moule qui parut être celui du *Cerithium giganteum*, coquille qui, comme on le verra, est tout à fait spéciale au calcaire grossier. Cette trouvaille parut d'autant plus décisive, qu'en même temps Constant Prévost (2) arrivait, par des considérations différentes et purement stratigraphiques, à regarder, lui aussi, le calcaire pisolithique comme tertiaire.

L'année suivante, M. Ch. d'Orbigny continuant ses recherches, réunit près de 40 espèces animales qui lui parurent appartenir sans exception à la faune du calcaire grossier (3). C'étaient, d'après les déterminations qui en furent faites alors :

ZOOPHYTES.

Orbitolites plana (polypier caractéristique du calcaire grossier moyen).
Turbinolia elliptica, A. Br.
Flustra.
Eschara.

RADIAIRES.

Spatangus, dont l'analogue se trouve dans le calcaire grossier de Grignon.
Pointes de *Cidaris*.
Articulations d'astérie.

ANNÉLIDES.

Dentalium.
Serpula.

CONCHIFÈRES.

Crassatella tumida var. B., Lamk.
Corbula.
Corbis lamellosa, Lamk.
Lucina grata, Defr.
Lucina contorta, Defr.
Cytherea obliqua, Desh.
Venus obliqua, Lamk.
Corbula gallica, Lamk.
Cardium porulosum, Lamk.

(1) Charles d'Orbigny, *Bullet. de la Soc. géologique*, 2ᵉ série, 1837, t. VIII, p. 240.
(2) Constant Prévost, *Bull. de la Soc. géologique*, 2ᵉ série, 1837, t. VIII, p. 241.
(3) Ch. d'Orbigny, *Notice géologique sur les environs de Paris*, p. 11. In-8°, 1838.

Cardium granulosum, Lamk.
Cardium rugosum, Lamk.
Cardium obliquum, Lamk.
Cucullœa crassatina, Lamk.
Arca biangula, Lamk.
Arca rudis, Desh.
Arca barbatula, Lamk.
Arca filigrana, Desh.
Chama.
Modiola cordata, Lamk.
Lima inflata.
Lima (nouvelle espèce, qui se rapproche du *Lima spatulata*).
Solen.

MOLLUSQUES.

Hipponyx cornucopiæ, Defr.
Calyptræa trochiformis, Lamk.
Natica patula, Desh.
Nerita angiostoma, Desh.
Delphinula ou *Turbo*.
Solarium patulum, Lamk.
Trochus subcarinatus, Lamk.
Turritella imbricataria var. C., Lamk.
Turritella (autre espèce indéterminable).
Cerithium giganteum, Lamk.
Cerithium semicostatum, Desh.
Fusus.
Oliva Branderi, Sow.
Cypræa.
Pleurotomaria concava, Desh.
Nautilus.
Milliolites (très-nombreux).

POISSONS.

Dents de requins.

ALCIDE D'ORBIGNY EN FAIT LE CORRESPONDANT DE LA CRAIE DE MAESTRICHT. — De son côté, M. Hébert recueillit dans diverses localités de nombreux fossiles provenant des mêmes assises, et c'est en étudiant à nouveau l'ensemble de toutes ces trouvailles, qu'Alcide d'Orbigny arriva enfin à y reconnaître une faune essentiellement crétacée, mais présentant, avec celle du calcaire grossier, un air général de ressemblance très-remarquable. Voici les principaux résultats du savant paléontologiste (1).

(1) Alcide d'Orbigny, *Note sur les fossiles de l'étage danien* (*Bullet. de la Soc. géologique*, 2ᵉ série, t. VII, p. 126. 1850).

ANIMAUX MOLLUSQUES.

CÉPHALOPODES ACÉTABULIFÈRES, d'Orb.

BELEMNITELLA, d'Orb., 1839.

1. *mucronata*, d'Orb., 1839. — Suède : Faxoë (d'après M. Lyell).

NAUTILUS, Breynius, 1732.

2. *danicus*, Schlotheim, 1820, *Petref.*, p.117.—Lyell, 1835, *On the Cret.*, p. 250 ; *Trans. Geol. Soc.* — Suède : Faxoë. — Laversines, Vigny près de Beauvais.

3. *Hebertinus*, d'Orb., 1848. Grande espèce globuleuse, très-convexe, lisse, à ombilic très-étroit (dans le moule) ; cloisons peu arquées, non sinueuses ; à siphon placé bien plus près du retour de la spire que du bord externe. — Montereau (Seine-et-Marne), la Falaise, Montainville près de Beynes (Seine-et-Oise).

BACULITES, Lamarck, 1799.

4. *Faujasii*, Lamarck. — Danemark : Faxoë (d'après M. Lyell).

MOLLUSQUES GASTÉROPODES.

TURRITELLA, Lamarck, 1801.

5. *supracretacea*, d'Orb., 1847. Espèce dont l'angle spiral est d'environ 16 degrés ; à tours aplatis, saillants seulement à la partie antérieure, ornés de stries inégales longitudinales, dont une plus forte en avant. —.France : Meudon près de Paris (Seine-et-Oise).

NATICA, Adanson, 1757.

6. *supracretacea*, d'Orb., 1848. Grosse espèce globuleuse, lisse, dont les tours ont un léger méplat près de la suture (sous le nom de *N. patula*). — France : Falaise près de Beynes, Port-Marly près de Saint-Germain, Meudon près de Paris.

TROCHUS, Linné, 1758.

7. *polyphyllus*, d'Orb., 1848. Moyenne espèce, remarquable par ses tours de spire anguleux, pourvus, sur l'angle, de longues expansions foliacées, anguleuses, de deux côtes en dessus et de quatre au-dessous de cette carène. — France : la Falaise près de Beynes.

8. *Gabrielis*, d'Orb., 1847. Espèce petite, conique, à tours étroits, légèrement saillants en toit, les uns sur les autres, ornés d'une série de légères nodosités et de stries fines longitudinales. — France : la Falaise près de Beynes, Vigny près de Gisors (Oise).

SOLARIUM, Lamarck, 1801.

9. *Danae*, d'Orb., 1847. Espèce voisine du *S. granulatum*, mais plus déprimée et presque enroulée horizontalement, à très-large ombilic, carénée extérieurement et munie d'une côte tuberculeuse en dessus. — France : la Falaise près de Beynes, Meudon.

TURBO, Linné, 1758.

10. *Gravesii*, d'Orb., 1848. Espèce conique, élancée, à tours étroits, saillants, ornée de neuf côtes longitudinales tuberculeuses. — France : la Falaise.

PLEUROTOMARIA, Defrance, 1825.

11. *penultima*, d'Orb., 1848. Belle espèce dont l'angle spiral est de 82° d'ou

verture, formée de tours légèrement évidés au milieu, ornés de fines côtes granuleuses, longitudinales, avec lesquelles se croisent des lignes d'accroissement; bande du sinus près de la suture, dont elle est séparée seulement par trois stries; dessous, légèrement ombiliquée. — France : Falaise.

OVULA, Bruguières, 1791.

12. *cretacea*, d'Orb., 1848. Espèce ovale, lisse, prolongée en avant et en arrière, du côté de la bouche; spire conique saillante ; bouche très-étroite, droite (le jeune est donné comme *Oliva Branderi*) — France : la Falaise près de Beynes, Vigny près de Gisors (Oise).

13. *bullaria,* d'Orb., 1847. — *Cypræa bullaria,* Lyell, 1835, *On the Cret.*, p. 250. — *Cyprecites bullaria,* Schloth. — Danemark.

VOLUTA, Linné, 1758.

14. *subfusiformis,* d'Orb., 1848. Espèce fusiforme, un peu voisine du *V. Requieniana,* mais plus allongée et ornée seulement de quatre ou cinq saillies longitudinales. — France : Vigny.

MITRA, Lamarck, 1801.

15. *Vignyensis,* d'Orb., 1848. Petite espèce allongée, subpupoïde, à péristome prononcé, dont le moule intérieur est lisse, avec quatre plis sur la columelle. — France : Vigny près de Gisors.

FUSUS, Bruguières, 1791.

16. *Neptuni,* d'Orb., 1847. Espèce longue de 12 centimètres, allongée, lisse, à tours peu convexes, le dernier très-grand, piriforme, muni d'un assez long canal. — France : la Falaise, Vigny, Royan (Charente-Inférieure).

FASCIOLARIA, Lamarck, 1801.

17. *prima,* d'Orb., 1848. Espèce très-voisine, pour la forme et les côtes, du *Fusus Marotianus,* et qui ne nous a pas montré d'autres caractères distinctifs que ses saillies longitudinales plus espacées, et les deux plis de la columelle. — France : Falaise.

18. *supracretacea,* d'Orb., 1848. Petite espèce fusiforme et même turriculée, à grosses côtes longitudinales, et munie de deux plis sur la columelle. — France : Vigny près de Gisors.

CERITHIUM, Adanson, 1757.

19. *Carolinum,* d'Orb., 1848. Espèce voisine d'aspect du *C. Requienianum,* mais avec des côtes longitudinales plus nombreuses, se correspondant moins exactement d'un tour à l'autre, et ornée, par tour, de sept côtes inégales, transverses. — France : la Falaise (Seine-et-Oise), mont Aimé (Marne), Meudon.

20. *Gea,* d'Orb., 1848. Espèce allongée, lisse dans l'âge adulte, à tours peu saillants, larges, pourvus de varices de distance en distance ; dans le jeune âge il y a des stries inégales, transverses. — France : la Falaise.

21. *dimorphum,* d'Orb., 1848. Espèce longue de 12 centimètres, à tours non saillants, qui deviennent de moins en moins ornés, suivant l'âge : jeunes, ils ont quatre côtes longitudinales noueuses, qui deviennent lisses à la moitié de l'accroissement de la coquille, et disparaissent chez les adultes, entièrement lisses. Le moule montre de distance en distance que la bouche avait trois dents sur le labre et un pli sur la columelle. — France : la Falaise (Seine-et-Oise), Ségur (Oise).

22. *uniplicatum,* d'Orb., 1848. Coquille presque aussi grande que le *C. gigan-*

teum (27 centimètres de longueur), et prise par erreur pour cette espèce, dont elle diffère par ses tours bien plus courts, par son angle spiral de 23° d'ouverture, et enfin par des ornements différents; ses tours étant plans, lisses, marqués de quatre sillons longitudinaux et par un seul pli à la columelle (sous le nom de *Cerithium giganteum*). — France : la Falaise, Vertus (Marne), Vigny près de Gisors, Port-Marly, Meudon.

23. *Hebertianum*, d'Orb., 1848. Espèce longue de 15 centimètres, voisine du *C. uniplicatum*, mais s'en distinguant d'abord par deux plis sur la columelle, par ses tours plans, ornés, à la partie supérieure, d'une légère côte, et à l'inférieure, d'une série de petites nodosités peu saillantes. — France : la Falaise près de Beynes, Vigny près de Gisors.

24. *Urania*, d'Orb., 1847. Espèce voisine du *C. Hebertianum*, mais à tours de spire très-finement triés en long, pourvus d'un sillon au milieu de leur largeur. — France : La Falaise près de Beynes.

INFUNDIBULUM, Montfort, 1810.

25. *supracretacea*, d'Orb., 1848. Petite espèce, citée sous le nom de *Calyptraa trochiformis*, mais dont on ne connaît encore que le moule intérieur. — France : Port-Marly.

CAPULUS, Montfort, 1810.

26. *ornatissimus*, d'Orb., 1848. Espèce voisine, par ses lames concentriques, du *C. spirirostris*, mais s'en distinguant par son sommet non spiral, obtus, et par ses stries longitudinales fines et non inégales. — France : la Falaise, Port-Marly.

27. *consobrinus*, d'Orb., 1848. Espèce voisine du *C. cornu copiæ*, mais plus large, plus courte, ornée de côtes rayonnantes bien plus saillantes, plus larges et régulièrement alternes; des rides concentriques profondes. — France : la Falaise près de Beynes, Vigny près de Gisors.

EMARGINULA, Lamarck, 1801.

28. *cretacea*, d'Orb., 1848. Petite espèce, voisine de l'*E. Sanctæ-Catharinæ*, élevée, étroite, comprimée, ornée de onze grosses côtes rayonnantes, qui en ont chacune trois inégales, intermédiaires. — France : la Falaise, près de Beynes.

HELCION, Montfort, 1810.

29. *Hebertiana* d'Orb., 1840. Grande et belle espèce ovale, à sommet latéral, ornée de quelques rayons indistincts et de quelques rides d'accroissement sur les grands individus. — France : la Falaise, Vigny.

MOLLUSQUES LAMELLIBRANCHES.

CRASSATELLA, Lamarck, 1801.

30. *Hellica*, d'Orb., 1848. Espèce oblongue, également large partout, très-bombée, tronquée et presque carénée sur la région anale, courte du côté opposé, ornée de rides concentriques assez régulières (sous le nom de *Cytherea obliqua*). — France : Meudon (Seine-et-Oise), Vigny.

31. *pisolithica*, d'Orb., 1848. Espèce citée comme le *C. tumida*, Lamarck, mais n'ayant que peu de rapports avec cette espèce. Sa forme est oblongue, bien plus étroite; plus allongée sur la région anale, plus droite sur la région palléale. Son moule diffère complétement, par le manque d'impressions pal-

léales profondes, par ses empreintes musculaires non saillantes, etc., etc. — France : Meudon (Seine-et-Oise).

CARDITA, Bruguières, 1789.

32. *Hebertiana*, d'Orb., 1848. Espèce quadrangulaire, renflée, armée d'environ vingt-six grosses côtes rayonnantes, saillantes, carénées, pourvues dessus d'une série de tubercules, et latéralement d'une saillie longitudinale (sous le nom de *Cardium porulosum*). — France : Vertus (Marne), Port-Marly, Meudon.

LUCINA, Bruguières, 1791.

33. *supracretacea*, d'Orb., 1848. Espèce circulaire, comprimée, ornée de côtes , petites, concentriques, inégales d'accroissement (sous le nom de *Lucina grata*). — France : Meudon (Seine-et-Oise), Port-Marly.

CORBIS, Cuvier, 1817.

34. *multilamellosa*, d'Orb., 1848. Grande espèce ovale, voisine du *C. pectunculus*, mais beaucoup moins bombée ; à côtes concentriques très-rapprochées, à côtes rayonnantes à peine visibles (sous le nom de *Lucina contorta*). — France : Vertus (Marne), Port-Marly, Meudon.

35. *sublamellosa*, d'Orb., 1848. Espèce voisine et confondue avec le *C. lamellosa*, mais plus courte, bien plus bombée ; à côtes concentriques plus espacées, moins régulièrement placées. — France : Vertus (Marne), Meudon, Port-Marly.

CARDIUM, Bruguières, 1791.

36. *pisolithicum*, d'Orb., 1848. Espèce rapportée à tort au *C. granulosum*, dont elle diffère par sa forme plus ovale, moins oblique, tronquée non obliquement sur la région anale, enfin par ses stries, le double plus nombreuses. — France : Meudon, Port-Marly (Seine-et-Oise).

37. *Dutempleanum*, d'Orb., 1848. Espèce rapportée à tort au *C. porulosum*, dont il diffère par ses côtes arrondies, simples, plus rapprochées et non poreuses. — France : Meudon.

ARCA, Linné, 1753.

38. *supracretacea*, d'Orb., 1848. Espèce ovale-oblongue, comprimée, plus longue et plus étroite du côté anal, élargie et courte du côté opposé, subcarénée antérieurement ; ornée de côtes rayonnantes et de côtes concentriques croisées. — France : la Falaise près de Beynes Vigny près de Gisors (Oise).

39. *Merope*, d'Orb., 1848. Espèce voisine de la précédente, mais plus large et plus anguleuse ; sur la région anale, elle est ornée de côtes concentriques et rayonnantes bien plus grosses et plus saillantes. — France : Port-Marly.

40. *Gravesii*, d'Orb., 1848. Espèce voisine de forme de l'*A. Galiennei*, mais plus étroite, plus longue, ornée de côtes concentriques fines, avec lesquelles se croisent des côtes rayonnantes (donnée sous le nom d'*A. rudis*). — France : la Falaise près de Beynes, Meudon, Port-Marly (Seine-et-Oise), Vigny, Laversines (Oise).

MYTILUS, Linné, 1758.

41. *Phædra*, d'Orb., 1847. Espèce voisine, de forme et d'ornements, du *M. lineatus*, mais plus étroite et plus acuminée sur la région buccale, plus large et moins oblique sur la région anale ; ses stries rayonnantes plus interrompues. — France : la Falaise.

LIMA, Bruguières, 1791.

42. *Carolina*, d'Orb., 1848. Petite espèce ovale, ornée de fines stries rayon-nantes et de lignes d'accroissement marquées (fig. 27). — France : Meudon (Seine-et-Oise), Vigny, la Falaise, Port-Marly, Laversines (Oise). C'est un des fossiles les plus caractéristiques.

FIG. 27. — *Lima Carolina.*

SPONDYLUS, Linné, 1758.

43. *Aonis*, d'Orb., 1848. Petite espèce irrégulière, ornée de stries rayonnantes, fines, inégales, avec lesquelles se croisent à peine quelques rares lignes d'ac-croissement. — France : Laversines.

CHAMA, Linné, 1758.

44. *supracretacea*, d'Orb., 1848. Convexe, arrondie, fortement contournée sur elle-même, ornée de très-petites côtes concentriques, marquées de lignes rayonnantes aussi serrées que les côtes. — France : la Falaise, Meudon.

OSTREA, Linné, 1752.

45. *Megœra*, d'Orb., 1848. Petite espèce, obronde, convexe, ornée de cinq grosses côtes rayonnantes peu régulières, très-élargie à la région palléale. — France : la Falaise.

46. *canaliculata*, d'Orb., 1847. — France : la Falaise.

MOLLUSQUES BRACHIOPODES.

RHYNCHONELLA, Fischer.

47. *incurva*, d'Orb., 1848. — *Terebr. incurva*, Schloth., *Cat.*, p. 65, n° 72. — De Buch, *Mém. de la Soc. géol.*, III, p. 207, pl. XIX, fig. 6. — Suède : Faxoë.

48. *danica*, d'Orb., 1848. Espèce presque ronde, plus longue que large, à cro-chet courbé et saillant ; ornée de côtes fines, rayonnantes, dichotomes ; com-missure palléale relevée d'un côté et abaissée de l'autre. — Suède : Faxoë.

TEREBRATULA, Lwyd., 1699.

49. *incisa*, Munst de Buch, *Mém. de la Soc. géol.*, III, p. 204. — Suède : Faxoë,

ANIMAUX RAYONNÉS.

PYRINA, Des Moulins.

50. *Freuchenii*, Desor, Agass., 1847, *Cat. syst.*, p. 92. — Suède : Faxoë.

ECHINOLAMPAS, Gray.

51. *Francii*, Desor, Agass., 1847, *Cat.*, p. 106.—*Clypeaster oviformis*, Defrance. — France : Orglande (Manche).

DIADEMA, Gray.

52. *Heberti*, Desor, Agass., 1847, *Cat. syst.*, p. 45. — France : Orglande, Valo-gnes (Manche).

CIDARIS, Lamarck.

53. *venulosa* Desor, pl. VI. Agass., *Cat.*, 1847, p. 24. — Nord de l'Europe.

54. *Forchhammeri*, Hising., *Leth. suec.*, pl. XX, fig. 2. — Agass., *Cat.*, 1847, p. 24. — France, Vigny, Laversines (Oise). (C'est un des fossiles les plus caractéristiques et sur lequel nous reviendrons.)

ELLIPSOMILIA, d'Orb., 1847.

55. *supracretacea*, d'Orb., 1848. Espèce voisine, de forme, de l'*E. obliqua*, également arquée, mais ayant extérieurement des côtes bien plus saillantes et plus égales. — France : Port-Marly, Meudon, la Falaise (Seine-et-Oise), Vertus (Marne), Laversines, près de Beauvais (Oise).

56. *meudonensis*, d'Orb., 1848. Espèce le double de la précédente, bien plus large et plus comprimée ; les cloisons par groupes, séparées de trois en trois par une bien plus saillante. — France : Meudon.

CALAMOPHYLLIA, Blainville.

57. *Faxoensis*, d'Orb., 1848. — *Caryophyllia faxoensis*, Beck, Lyell, 1847, *Trans. geol. Soc. of London*. — Suède : Faxoë.

ASTRÆA, Lamarck, 1816.

58. *Hebertiana*, d'Orb., 1848. Espèce dont les cellules, très-espacées, sont larges de près de 2 millim., à six doubles cloisons. — France : la Falaise près de Beynes.

59. *Microphyllia*, d'Orb., 1848. Espèce dont les cellules espacées ont un millimètre de diamètre, huit cloisons égales. — France : la Falaise près de Beynes.

PRIONASTRÆA, Edwards et Haime, 1848.

60. *supracretacea*, d'Orb., 1848. Espèces à cellules ovales, comprimées, multilamellées, à columelle poreuse. — France : la Falaise.

PHYLLOCŒNIA, Edwards et Haime, 1848.

61. *Oceani*, d'Orb., 1848. Belle espèce, dont les cellules espacées ont un peu plus de 2 millimètres de diamètre, multilamellées, profondes ; intervalles finement ornés de stries onduleuses. — France : la Falaise près de Beynes.

62. *Neptuni*, d'Orb., 1848. Espèce dont les cellules espacées ont 6 millimètres de diamètre, peu profondes et multilamellées ; intervalle finement strié. — France : la Falaise près de Beynes.

ASTRÆA, Lamarck.

63. *Calipso*, d'Orb., 1848. Espèce dont les cellules rapprochées ont 2 millimètres de diamètre, et sont pourvues de six doubles cloisons ; l'intervalle irrégulier. — France : la Falaise.

POLYTREMACIS, d'Orb., 1849.

64. *supracretacea*, d'Orb., 1848. Espèce dont les cellules sont intermédiaires, pour la taille, entre les *P. macropora* et *Blainvilliana*, les cannelures du pourtour saillantes en lames. — France : la Falaise, Vigny.

EXALLHELIA, d'Orb., 1847.

65. *regularis*, d'Orb., 1848. Espèce à rameaux comprimés, munis latéralement de cellules ; stries extérieures très-régulières. — France : la Falaise près de Beynes.

AMORPHOZOAIRES.

HIPPALIMUS, Lamouroux, 1821.

66. *proliferus*, d'Orb., 1848. — *Anthophyllum proliferum*, Goldf., 1830, *Petref.*, I, p. 46, pl. XIII, fig. 13. — Suède : Faxoë.

A la suite de ces intéressantes déterminations, Alcide d'Orbigny présenta quelques considérations que les progrès ultérieurs ne firent que confirmer, et que nous croyons devoir reproduire à cause de leur intérêt historique : « Des 66 espèces que nous connaissons, dit-il, en y réunissant celles de Faxoë, aucune n'est, comme on l'avait pensé, identique avec les fossiles du calcaire grossier du bassin de Paris, et même nous pouvons affirmer que la faune fossile n'a aucun des caractères généraux des terrains tertiaires. Les espèces prises pour le *Cerithium giganteum* n'ont de rapport que dans la taille, car tous les ornements extérieurs et les plis de la columelle sont différents. Il en est de même des *Corbis lamellosa*, des *Cardium porulosum*, des *Crassatella tumida,* qu'on avait cru y voir ; toutes ces espèces sont totalement distinctes, et ne sont pas réellement tertiaires.

» Considérées comme faune, toutes les espèces constituent, au contraire, un *facies* purement crétacé. On y voit, en effet, des genres jusqu'à présent spéciaux à ces terrains : par exemple, les genres *Belemnitella, Baculites ,Rhynchonella*, etc. Si ces caractères ne suffisaient pas, l'identité de quelques espèces communes avec l'étage sénonien viendrait le prouver jusqu'à la dernière évidence. M. Lyell cite à Faxoë le *Belemnitella mucronata*, spécial partout à cet étage, et le *Baculites Faujasii*, propre à Maestricht. Nous y avons reconnu deux autres espèces crétacées qui sont communes entre l'étage danien et l'étage sénonien : ce sont le *Fusus Neptuni* et l'*Ostrea canaliculata*, qu'on trouve dans l'étage sénonien à Épernay, à Royan, et dans l'étage danien, à la Falaise, à Vigny, etc. Ainsi donc, les espèces comme les genres en font bien une faune des terrains crétacés. D'un autre côté, l'identité à Faxoë comme à Laversines, comme à Vigny, du *Nautilus danicus*, si bien caractérisé par les sinuosités de ses cloisons et sa forme, prouve que tous ces points dépendent d'une seule et même faune contemporaine. En résumé, l'ensemble numérique des espèces se divise ainsi qu'il suit :

Espèces communes aux étages sénonien et danien.........		4
Espèce commune entre la France et la Suède.......	1	
Espèces spéciales à la Suède...................	8	
Espèces spéciales à la France	53	
	62	62
Total égal à l'ensemble........		66 »

On voit qu'Alc. d'Orbigny regarde le calcaire pisolithique comme synchronique de la craie de Maestricht ; ce qui est conforme à l'opinion primitivement mise en avant par Élie de Beaumont.

Quoi qu'il en soit, il importe de signaler d'une manière spéciale ceux des fossiles qui viennent d'être énumérés et dont la présence est particulièrement caractéristique pour faire reconnaître le calcaire pisolithique. Ils sont d'ailleurs en petit nombre ; ce sont :

Le *Trochus Gabrielis*, les *Cerithium Carolinum, dimorphum, uniplicatum*, l'*Infundibulum supracretacea*, le *Capulus consobrinus*, le *Crassatella pisolithica*, les *Corbis multilamellosa* et *sublamellosa*, le *Cardium Dutempleanum*, le *Lima Carolina*, l'*Ostrea canaliculata*, le *Cidaris Forchhammeri*, représenté le plus souvent par ses radioles.

Ce dernier constitue une espèce d'oursin de taille assez grande, circulaire, renflé, à peu près également aplati en dessus et en dessous, et dont nous empruntons la description à M. Cotteau : Zones porifères très-étroites, profondément déprimées, flexueuses, composées de pores petits, peu visibles, disparaissant sous le renflement granuliforme qui les sépare. Aires ambulacraires étroites, déprimées, flexueuses, garnies de deux rangées de granules épais, aplatis, serrés, homogènes, non mamelonnés. A la face inférieure, ces deux rangées se touchent et ne laissent la place à aucun granule intermédiaire ; au-dessus de l'ambitus, deux autres rangées rudimentaires, incomplètes et formées de granules plus petits, se montrent entre les rangées principales, mais elles disparaissent avant d'arriver au sommet. Tubercules interambulacraires très-gros, à base lisse, surmontés d'un mamelon saillant et toujours perforé, au nombre de cinq par série. Scrobicules médiocrement déprimés, circulaires et espacés au-dessus de l'ambitus, plus serrés et subelliptiques en se rapprochant du péristome, entourés de granules épais fortement développés, mamelonnés, espacés et formant un cercle scrobiculaire très-apparent. Zone miliaire assez large, déprimée à la suture des plaques, garnie de granules irréguliers, aplatis, serrés, inégaux, d'autant plus petits qu'ils se rapprochent du bord des plaques. — Radiole très-variable dans sa forme, tantôt grêle, allongé, cylindrique, tantôt épais, renflé, subglandiforme, quelquefois fusiforme et plus ou moins acuminé au sommet, toujours garni de granules épais, arrondis, inégaux, épars ou disposés en séries longitudinales d'autant plus régulières que les radioles sont plus allongés ; l'espace intermédiaire est lisse ou finement chagriné. Souvent les granules sont rangés sans ordre sur un des côtés du radiole, et forment, sur l'autre face, des séries plus distinctes ; à une assez grande distance de la collerette, les granules s'atténuent et disparaissent. Collerette médiocrement développée, finement striée, circonscrite par une ligne peu apparente. Bouton épais; anneau saillant, strié; facette articulaire lisse, fortement excavée.

Opinion de M. Hébert sur l'âge du calcaire pisolithique. — On vient de voir l'âge attribué au calcaire pisolithique par Alcide d'Orbigny et par Élie de Beaumont. Telle n'est cependant pas absolument la manière de voir de M. Hébert (1). Pour lui, le calcaire pisolithique serait un peu plus récent que la craie de Maestricht et correspondrait exactement au calcaire à Baculites de Valognes.

Objections de d'Archiac. — D'Archiac s'éleva contre ces diverses assimilations. « Si, dit-il (2), on a pu conclure trop vite, d'après des moules, l'identité des fossiles du calcaire pisolithique avec des espèces tertiaires, il sera facile de faire voir que de leur non-identité on a prématurément admis un parallélisme qui n'existe pas. Nous prendrons les résultats qui se déduisent du travail de M. Alc. d'Orbigny (3), sans nous préoccuper de la valeur de déterminations faites avec des éléments encore peu nombreux, peu complets et presque tous à l'état de moules ou d'empreintes ; la valeur absolue de telles déterminations doit toujours être une *question réservée*. Nous aurons soin aussi d'écarter de la liste les espèces qui ne se trouvent point dans le bassin de la Seine, car, en les y laissant, elles fausseraient le résultat sans résoudre la question, puisqu'elles y introduiraient un élément étranger. C'est ainsi que, pour prouver que cette faune a un facies purement crétacé, M. d'Orbigny dit qu'on y voit les genres spéciaux à ce terrain, tels que les *Belemnitella, Baculites, Rhynchonella*, etc. Or, ces trois genres précisément n'ont pas encore été vus dans le calcaire pisolithique du bassin de la Seine, et il importe tout aussi peu à la question que des espèces de ce genre soient communes à la craie de Maestricht et à celle de Faxoë; autrement on prendrait pour démontré précisément le parallélisme qui reste à prouver. En outre, l'*Ostrea canaliculata* (d'Orb.) ou *lateralis* (Nils.), signalé dans la craie de Royan et dans tant d'autres localités d'un niveau parallèle ou inférieur, nous a paru ne pouvoir être séparé

(1) Hébert, *Bullet. de la Soc. géologique*, 2e série, 1849, t. VII, p. 720.
(2) D'Archiac, *Hist. des progrès de la géologie*, 1851, t. IV, p. 243.
(3) Voyez plus haut, page 61.

d'une huître assez commune dans la formation nummulitique des Pyrénées. Le *Fusus Neptuni* (d'Orb.), que nous avons cherché en vain dans la *Paléontologie française*, et qui dans le *Prodrome de paléontologie universelle* se trouve indiqué sous deux noms (*F. Nereis* dans l'étage sénonien de l'auteur et *F. Neptuni* dans son étage danien), nous est inconnu et est sans doute encore à l'état de moule. Cette espèce, ni figurée ni décrite, car la phrase de l'auteur n'est pas une description, serait la seule d'une certaine importance, puisque c'est la seule qui rattache le calcaire pisolithique à la craie de France. Quant à ses rapports avec la craie supérieure de Faxoë, ils sont établis sur deux espèces, le *Nautilus danicus*, (Schloth.) et le *Cidaris Forchhammeri*. M. Alcide d'Orbigny, qui cite cette dernière à Vigny et à Laversines, ne la mentionne en Suède que dans son *Prodrome*, où il reproduit la fausse indication synonymique de MM. Agassiz et Desor. »

Caractères stratigraphiques généraux du calcaire pisolithique. — Cette question d'âge du calcaire pisolithique une fois écartée, voyons les caractères de cette formation dans les principales localités où on l'a observée. Nous disions tout à l'heure que le dépôt de la craie blanche a été suivi d'une émersion, puis d'une dénudation. Ces phénomènes ont pu être successifs ou simultanés ; mais, dans tous les cas, ils ont produit des inégalités, comme des ondulations à la surface de la craie.

C'est alors que, suivant les résultats de M. Hébert, la surface de la craie a été de nouveau envahie par les eaux de la mer, qui toutefois n'était point suffisamment profonde pour la recouvrir complétement : le centre du bassin pisolithique fut seul submergé et les bords restèrent à sec. Ainsi s'explique l'allure variée de la formation qui nous occupe dans les divers points où elle se présente.

Mais le point sur lequel il faut insister dès maintenant, c'est qu'entre le dépôt des dernières couches de craie et celui des premières couches de calcaire pisolithique, il s'est produit deux oscillations, l'une de bas en haut, l'autre inverse, et que ces mouvements ont peut-être même, si l'on admet les conclusions développées tout à l'heure, été séparés par le temps très-long auquel répond la formation de la craie de Maestricht.

D'ailleurs, ces oscillations ont été peu intenses et l'on peut croire qu'elles ont été lentes ; car nulle part ne se présente à la base du calcaire pisolithique de puissantes assises de galets ou de matériaux de transport. On y voit bien en certains points des silex de la craie, mais tout porte à penser qu'ils y ont été amenés peu à peu durant une longue période.

Les circonstances qui ont accompagné le dépôt du calcaire piso-lithique sont résumées dans la coupe idéale suivante de Vertus à Montainville, par Meudon, supposée prise avant les déplacements que le calcaire pisolithique a subis à diverses reprises depuis l'époque

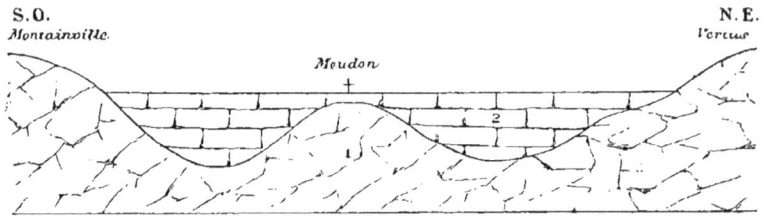

FIG. 28. — Coupe de Montainville à Vertus, montrant la situation primitive du calcaire pisolithique par rapport à la craie dénudée.

de sa formation (fig. 28). On comprend, à la vue de cette figure, comment partout, sur les bords du bassin, le calcaire pisolithique est adossé à la craie, tandis que dans le centre, à Meudon, il est en stratification concordante avec elle (1).

Suivant une expression très-juste, c'est un dépôt essentiellement démantelé, d'autant plus puissant que les inégalités qu'il a com-blées étaient plus profondes.

L'étude de l'extension géographique du calcaire pisolithique montre que les eaux qui l'ont déposé pénétraient dans le bassin crayeux de Paris par une embouchure étroite resserrée entre le pays de Bray et les Ardennes. Cette remarque est d'autant plus in-téressante, qu'elle permet d'estimer, au moins dans une certaine mesure, l'âge du soulèvement du Bray, et de le rapporter à l'époque qui s'est écoulée entre le dépôt de la craie et celle du calcaire piso-lithique (2).

Au point de vue géologique, le pays de Bray se présente comme une exception très-remarquable, et qui saute aux yeux à la simple inspection de la carte géologique de France. Les couches relati-vement anciennes du terrain crétacé inférieur s'y soulèvent, en effet, comme par une sorte de boutonnière à travers la craie forte-

(1) *Bullet. de la Soc. géologique*, 2ᵉ série, 1849, t. VI, p. 722.
(2) *Ibid.*, 2ᵉ série, 1855, t. XII, p. 1279.

ment relevée. Cette constitution prend d'autant plus d'intérêt, que l'on constate les rapports de la direction suivant lesquels le soulèvement a eu lieu avec la direction d'autres phénomènes géologiques indiquée, par exemple, dans une région toute voisine, par le cours de la Seine.

Mais revenons au mode de dépôt du calcaire pisolithique. Une barre sous-marine (1) garantissait le golfe de l'action des marées; car, autrement on ne comprendrait pas l'absence des galets, la richesse extrême de la faune pisolithique, et l'absence, dans cette faune, des espèces pélagiennes ou de haute mer. Ce golfe, très-semblable à celui qui plus tard enferma la mer du calcaire grossier, recevait au moins un affluent d'eau douce, révélé à l'est par les débris de poissons du mont Aimé (Marne), localité qui présente des sables et des argiles fluviatiles riches en végétaux, comme on le verra tout à l'heure.

En résumé, on reconnaît à la fois une discordance indiscutable de stratification entre la craie et le calcaire pisolithique, et une communauté d'histoire géologique de ces deux formations. Les changements dans la forme du littoral sont, en effet, très-progressifs et ne peuvent dériver que de mouvements lents et faibles. Cette circonstance s'ajoute à d'autres pour faire maintenir le calcaire pisolithique dans le terrain crétacé. On verra plus loin comment, dans nos environs, la limite entre les terrains secondaires et les terrains tertiaires est au contraire marquée nettement par des mouvements d'ensemble et des érosions considérables, après lesquels la discordance de stratification est des plus nettes.

CALCAIRE PISOLITHIQUE DE MEUDON. — Dans un très-grand nombre de localités, le calcaire pisolithique accompagne la craie dont il semble parfois n'être qu'un accident. C'est, par exemple, ce qu'on observe à Meudon, où, comme nous l'avons déjà dit, le calcaire pisolithique est réduit à des couches peu épaisses parallèles à celles de la craie (2).

Dans cette localité, la formation qui nous occupe est surmontée de marnes blanchâtres enveloppant des fragments calcaires et que M. Ch. d'Orbigny regarde aujourd'hui comme crétacées. Au contraire M. Hébert les rapporte au conglomérat de l'argile plastique.

(1) Voyez une note de M. Hébert à ce sujet dans le *Bullet. de la Soc. géologique*, 2ᵉ série, 1852, t. X, p. 178.

(2) *Bullet. de la Soc. géologique*, 2ᵉ série, 1855, t. XII, p. 1274.

En tout cas, ces marnes sont encore plus développées à Bougival et à Port-Marly, où elles atteignent 8 et 10 mètres.

CALCAIRE PISOLITHIQUE DE VIGNY. — A Vigny, dans le département de Seine-et-Oise, le calcaire pisolithique atteint 25 mètres de puissance (1). C'est une sorte de tuf cimenté après coup par un calcaire concrétionné, abondant principalement dans les couches supérieures. Les fossiles y sont eux-mêmes enveloppés d'une croûte calcaire et rarement entiers. Les baguettes de *Cidaris Forchhammeri* y sont fréquentes, ainsi que de très-beaux exemplaires de *polypiers*. Les moules de fossiles sont pour la plupart très-reconnaissables. M. Hébert a recueilli, principalement dans la partie supérieure, les mêmes espèces que dans le calcaire pisolithique de Meudon. Il n'y a trouvé, bien entendu, aucune coquille tertiaire, et en décrivant ses trouvailles, il insista beaucoup sur ce point, que des six espèces de grands cérites qu'il a trouvés à Vigny, aucune n'est le *Cerithium giganteum* que M. Ch. d'Orbigny avait cru trouver dans le calcaire pisolithique. A Vigny, le calcaire pisolithique est adossé au nord contre la craie blanche, sans interposition visible d'aucune couche. Cette disposition est identique à celle qu'on observe à Laversines.

CALCAIRE PISOLITHIQUE DE MONTAINVILLE. — On observe le long de la Mauldre, à Montainville et à Falaise, un beau lambeau de calcaire pisolithique dont l'étude est particulièrement commode pour les géologues parisiens. Il a 25 mètres d'épaisseur, et offre des caractères très-analogues à ceux que nous venons d'indiquer pour la pierre de Vigny. On y trouve les mêmes fossiles, particulièrement le moule d'un grand Cérite, des empreintes d'autres espèces de ce genre, puis des Nérinées, un *Hemiaster*, un Pleurotomaire qui aurait son analogue dans la craie du Cotentin, des polypiers qui auraient les leurs dans celle de Maestricht, etc. Sur la rive gauche de la Mauldre, une bonne coupe de ces assises est mise à découvert dans le chemin qui conduit de la grande route à Montainville. M. Hébert n'hésite pas à regarder ces lambeaux comme parallèles à ceux des environs immédiats de Paris, et il adopte l'opinion d'Élie de Beaumont pour les placer tous à la partie supérieure de la formation crétacée.

CALCAIRE PISOLITHIQUE D'AMBLEVILLE. — A l'extrémité du parc d'Ambleville, à 8 kilomètres ouest de Magny (Seine-et-Oise), le calcaire pisolithique est exploité depuis longtemps comme pierre de con-

(1) *Bullet. de la Soc. géologique*, 2ᵉ série, 1855, t. XII, p. 1321.

struction. La roche est friable, d'un beau blanc, durcit à l'air et ressemble à la *pierre de Falaise* qu'on exploite au mont Aimé. Elle est surmontée d'argiles qui la séparent du calcaire grossier inférieur et qui appartiennent à l'horizon des lignites (1).

Calcaire pisolithique de Flins. — M. Hébert signale la même formation (2) dans le village même de Flins-sur-Seine, canton de Meulan. On y voit deux bancs durs qui rappellent tout à fait l'aspect du banc supérieur de Vigny et du mamelon situé sur la rive droite de la Mauldre, en face de Montainville. On y voit le petit *Lima Carolina* et les autres fossiles ordinaires du calcaire pisolithique.

Calcaire pisolithique de Montereau. — Dans le département de Seine-et-Marne, à Montereau, M. Ch. d'Orbigny a signalé dès 1837 plusieurs carrières où le calcaire pisolithique est exploité sur 3 et 4 mètres d'épaisseur, sans que rien indique que là s'arrête sa puissance. On n'observe pas de superposition à la craie blanche, et il est recouvert par une couche de sable tertiaire de 2 mètres, avec de petits lits de silex. Les fossiles, à l'état de moules ou d'empreintes, sont peu nombreux, et ont été rapprochés tout d'abord, comme ceux de Bougival et de Meudon, des espèces du calcaire grossier. On retrouve le calcaire pisolithique très-puissant à Esmans, à 5 kilomètres au sud de Montereau, où l'on exploite une série de bancs horizontaux de calcaire blanc compacte, homogène, de 9 à 10 mètres d'épaisseur totale, très-dur vers le bas et reposant sans intermédiaire sur la craie. M. Hébert n'y a trouvé qu'un moule de grand nautile qu'il compare à celui de la craie supérieure de Maestricht. Nous-même y avons recueilli un bel oursin qui nous paraît avoir tous les caractères du *Cidaris Forchhammeri*.

Calcaire pisolithique de Laversines. — Graves (3) a signalé en 1831 à Laversines, près de Beauvais, des couches reposant sur la craie, à laquelle elles sont en même temps adossées et dont les sépare un mince lit de marne.

Ces couches s'élèvent sous la forme d'un escarpement de 10 à 12 mètres sur 100 mètres de longueur et 10 de large.

Vers le haut, elles consistent en un calcaire plus ou moins jaunâtre, friable et celluleux composé presque exclusivement de fossiles

(1) Hébert, *Bullet. de la Soc. géologique*, 2ᵉ série, 1850, t. VII, p. 135.
(2) Hébert, *ibid.*, 1852, t. X, p. 185.
(3) *Essai sur la topographie géognostique du département de l'Oise*, p. 166. In-8°, Beauvais, 1847.

brisés. On y trouve quelques silex cornés, grisâtres, se fondant dans la masse, et dont l'aspect est tout à fait caractéristique du terrain de calcaire pisolithique. Dans le bas, le calcaire de Laversines est plus dur et plus solide.

Pendant longtemps, l'âge du calcaire de Laversines est resté un sujet de discussion. M. Ch. d'Orbigny et d'autres géologues le rapportèrent au terrain tertiaire inférieur.

Mais divers observateurs, frappés de son analogie d'aspect avec la craie de Maestricht et la craie de Valognes, le considérèrent comme crétacé.

Graves leva tous les doutes par l'étude des espèces que renferme la pierre de Laversines en abondance et qui sont toutes crétacées. Sur plus de 60 de ces fossiles, 51 ont été rapportés à des espèces déjà connues dont 23, principalement des polypiers, se retrouveraient, d'après l'auteur, dans la craie de Maestricht, 3 ou 4 dans celle des environs de Valognes, 12 dans le groupe de la craie tuffeau, quelques-uns dans la craie blanche et dans la craie supérieure de Scanie, entre autres le *Cidaris Forchhammeri*. Les bélemnites, comme les céphalopodes à cloisons percillées, y manquent complétement. Il est remarquable qu'on y ait trouvé si peu d'espèces de la craie blanche, avec laquelle ce lambeau est en contact, tandis qu'il y en a un assez grand nombre qui sont identiques avec celles de pays fort éloignés et avec celles de la craie tuffeau. Les résultats paléontologiques diffèrent d'ailleurs presque complétement de ceux que nous avons vus déduits de l'ensemble de la faune du calcaire pisolithique de localités plus voisines de Paris, calcaire dont le lambeau de Laversines doit être néanmoins considéré comme faisant partie.

CALCAIRE PISOLITHIQUE DU MONT AIMÉ. — Pour terminer cette revue géographique de quelques-unes des localités où se présente le calcaire pisolithique, citons le département de la Marne, où, comme nous l'avons déjà dit en passant, cette formation est très-développée.

La coupe suivante montre sa disposition d'Avize au mont Aimé (fig. 29).

Au mont Aimé, le calcaire pisolithique est exploité sur 20 mètres d'épaisseur. Sa puissance totale est de 25 mètres. Les bancs supé-

_____

(1) *Bullet. de la Soc. géologique*, 2ᵉ série, 1848, t. V, p. 389. — Voyez aussi sur cette localité, le même *Recueil*, 1848, t. IV, p. 517 ; 1849, t. VI, p. 701, et 1852, t. X, p. 178.

rieurs sont délités et impropres à la taille, mais plus bas se trouvent
d'excellents matériaux.

. Les couches moyennes sont littéralement pétries de fossiles.

On y trouve ces silex qui se fondent dans la roche, déjà signalés
à Laversines, et qui constituent le corps le plus constant du calcaire
pisolithique.

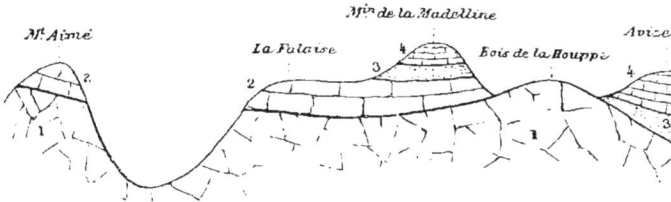

FIG. 29. — Coupe du mont Aimé à Avize (Marne).
4. Travertin de la Brie. — 3. Sable de l'argile plastique. — 2. Calcaire pisolithique. — 1. Craie.

En choisissant les échantillons, on peut passer du silex pyromaque proprement dit au calcaire légèrement siliceux. A mesure
qu'on étudie des couches plus inférieures, on constate que les silex
deviennent plus abondants et plus semblables en même temps aux
silex de la craie. On en voit même du mont Aimé un lit de 30 à 40
centimètres qui sont identiques avec ces derniers.

Dès 1838, Viquesnel a fait connaître (1) cette intéressante formation et en a donné la coupe suivante, qui va de haut en bas.

10. Calcaire compacte d'un blanc sale, mélangé de sable par places, et renfermant des corps cylindriques..........	
9. Calcaire blanc jaunâtre celluleux, composé de moules de coquilles réunis par un ciment de même nature peu abondant. Ce banc épais forme le haut de l'escarpement. Le calcaire n° 10, qui le couronne par places n'existe pas partout..	15 m. env.
8. Calcaire exploité semblable au n° 20.................	
7. Marne blanchâtre...................................	
6. Calcaire compacte gris jaunâtre, poudingue faux rempli de débris de corps organisés et de nodules de calcaire blanc friable..	0,70
5. Marne gris jaunâtre sans fossiles........................	0,70
4. Marne calcaire	0,25
3. Marne et calcaire marneux feuilletés alternant ; traces de végétaux carbonisés.......................................	2,00
2. Marne gris bleuâtre, exploitée pour amender les terres........	0,70
1. Marne argileuse noirâtre................................	1,00
Environ.......	20 mètres.

(1) Viquesnel, *Bullet. de la Soc. géologique*, 1838, t. IX, p. 296.

Au mont Aimé, on a recueilli successivement de très-nombreux fossiles pisolithiques. Dans le nombre, nous citerons tout d'abord des végétaux qui ont été étudiés par M. Pomel d'une manière spéciale (1). Le genre *Marchantia* s'y trouverait représenté pour la première fois à l'état fossile, avec un *Asplenium*, un *Aspidium*, un *Sphenopteris*, des feuilles voisines de celles du châtaignier, du *Corylus* et du *Caprifolium;* mais il n'y a point de palmiers ni de conifères. Comme on voit, ces végétaux montrent une grande différence avec ceux des dépôts plus anciens et des dépôts plus récents, en se rapprochant toutefois des formes secondaires, pour s'écarter des formes tertiaires.

A côté de ces plantes, les animaux sont très-nombreux, et il est indispensable d'en citer quelques-uns.

Les poissons sont représentés par de nombreuses dents de squales et même par des empreintes complètes provenant d'une mince couche d'argile d'origine fluviatile, mentionnée déjà plus haut et qui contient en même temps des végétaux.

Comme reptiles pisolithiques, il faut citer en première ligne le *Gavialis macrorhynchus*, dont on possède de beaux échantillons. C'est une espèce de crocodiliens ayant le museau allongé des gavials, la forme concavo-convexe de leurs vertèbres, à peu près la même disposition dentaire, et paraissant ne se distinguer de l'espèce actuelle que par quelques modifications dans la disposition des sutures crâniennes et par quelques légères différences de formes. On peut en voir au Muséum des échantillons décrits par de Blainville. M. Hébert en a rapporté du terrain crétacé de Maestricht qui, comme on a vu, offrent avec le calcaire pisolithique de très-apparentes analogies.

M. de Brimont a découvert au mont Aimé une belle carapace de tortue. D'après M. Paul Gervais, elle provient d'un animal voisin des *Trionyx* ou des Chélonées, mais différant certainement, comme genre, des espèces citées précédemment. « C'est, dit-il, un fossile à rechercher, et dont la description offrira un intérêt incontestable (2). »

Un peu au nord du mont Aimé, le calcaire pisolithique forme la falaise qui domine Vertus et que représente la figure. Depuis un

---

(1) *Supplément à la Bibliothèque universelle de Genève, Archives des sciences physiques et naturelles,* 1847, t. V, p. 301.

(2) P. Gervais, *Zoologie et Paléontologie françaises,* p. 440, In-4°. 1859.

temps immémorial, de vastes carrières sont ouvertes dans cette roche, connue dans la pratique sous le nom de *pierre de Falaise*. Sur la façade extérieure elle est dure et offre des indices de stratification ; mais à l'intérieur elle est fort tendre, friable même, presque en masse et d'un blanc de lait.

Malgré sa friabilité crayeuse, on la travaille en pierre de taille, car elle durcit promptement à l'air et est fort durable. D'anciens édifices de la contrée en sont construits.

TERRAINS TERTIAIRES

NOTIONS GÉNÉRALES

Le calcaire pisolithique marque aux environs de Paris la fin de l'époque secondaire. A sa suite a commencé la longue série tertiaire. Celle-ci, composée de termes liés intimement entre eux, se distingue absolument de la période crétacée, non-seulement par l'extension géographique de ses divers dépôts, mais encore et surtout par sa faune innombrable, dont aucun membre n'existait lors de la période antérieure. Comme M. Deshayes le fait remarquer à ce sujet (1), « à mesure que les études se sont agrandies et perfectionnées sur les fossiles des terrains nummulitiques, on a vu disparaître peu à peu les erreurs de détermination qui avaient fait croire à un assez grand nombre d'espèces analogues entre les terrains tertiaire et crétacé. Quelques espèces restent encore obscures et incertaines, et l'on concevra la difficulté de décider à leur égard, lorsque l'on saura qu'elles appartiennent à ce genre si difficile des huîtres, dans lequel, ainsi que le savent tous les observateurs, les formes extérieures sont excessivement variables et les caractères spécifiques quelquefois presque insaisissables. » — « Nous pouvons répéter sans crainte aujourd'hui, dit plus loin le même auteur, ce que nous disions en 1831, à savoir, que la faune du terrain crétacé ne présente aucune espèce identique avec celles des terrains tertiaires; et, quand même on viendrait à prouver irrévocablement qu'il existe un petit nombre d'espèces communes aux deux terrains, il n'en serait pas moins vrai qu'ils sont profondément séparés par l'ensemble de tous les êtres qui ont vécu aux deux époques : car,

(1) **Deshayes,** *Description des animaux sans vertèbres découverts dans le bassin de Paris, pour servir de complément à la Description des coquilles fossiles des environs de Paris,* t. I, p. 34. In-4°, 1864.

il faut le dire, cette règle générale ne s'applique pas seulement aux mollusques; les autres classes d'animaux ont éprouvé les mêmes vicissitudes, et il en est de même aussi de ce qui regarde le règne végétal, la flore crétacée ne présentant jusqu'ici aucune espèce identique avec celle des terrains tertiaires. Cette extinction totale de tous les êtres à un moment géologique déterminé est certainement un des phénomènes les plus étonnants que présentent les lois de la création; d'autant plus que les terrains, dans leur dépôt, ne semblent accuser aucun de ces grands phénomènes qui, à d'autres époques, ont troublé la surface de notre globe. Mais, combien ne sera-t-on pas étonné davantage lorsqu'on aura la preuve que ce phénomène de destruction et de création nouvelle s'est répété jusqu'à cinq fois, et à des distances probablement inégales dans l'incommensurable série des temps, depuis la première apparition des êtres organisés jusqu'à l'époque dont l'homme est devenu le témoin. »

Le terrain tertiaire de Paris n'est nettement limité que vers l'est par le terrain crétacé, sur lequel il repose. Au nord, il se lie intimement à celui de la Belgique, tandis qu'au sud il se fond avec celui du bassin de la Loire. Vers l'ouest, il descend jusqu'à la mer, et en Bretagne il est représenté par une série de lambeaux disséminés à la surface des terrains de transition. Suivant la remarque de d'Archiac, les formations tertiaires révèlent dans le bassin de Paris une succession de phénomènes dont le nombre, la variété et la symétrie ne se rencontrent nulle part au même degré. En effet, « dans le nord de la France, dit-il (1), soit que l'on considère les couches tertiaires sous le rapport de leur origine marine ou d'eau douce, soit qu'on les envisage sous celui de leurs caractères minéralogiques, argileux, marneux, calcaire, gypseux ou siliceux, à l'état solide ou à l'état meuble, ou enfin relativement à la distribution des corps organisés fossiles par faunes distinctes, à des niveaux déterminés et constants, on trouve partout une régularité et une symétrie remarquables, qui appellent l'attention sur les causes variées qui ont dû présider à cet arrangement. Mais, hâtons-nous de le dire, ce serait une erreur profonde que d'y voir un type auquel doivent être comparées les autres formations tertiaires. Ces alternances répétées d'assises de nature et d'origine différentes, cependant con-

(1) D'Archiac, *Histoire des progrès de la géologie de* 1834 *à* 1845, t. II, 1849. p. 506.

tinues et conservant les mêmes caractères sur des études compa-rables, sont le résultat de circonstances exceptionnelles qu'il serait imprudent de vouloir retrouver ailleurs reproduites dans le même ordre. »

Nous rappellerons que l'on divise d'une manière générale le terrain tertiaire en *inférieur* ou *éocène*, *moyen* ou *miocène* et *supé-rieur* ou *pliocène*. Ces trois noms, dérivés du grec par M. Lyell, ont une étymologie bien connue. Le premier, qui vient de ἕως, aurore, et καινός, récent, signifie que, dans le terrain éocène, on assiste à la première apparition des espèces animales actuelles. Le nom de *pliocène* (πλεῖον, plus), donné à l'étage supérieur, signifie qu'il contient proportionnellement plus d'espèces vivantes que le moyen ou *miocène* (μεῖον, moins).

C'est presque exclusivement de la division inférieure, de l'éocène, que nous aurons ici à nous occuper. Les deux autres sont cepen-dant représentées par quelques assises.

La classification à établir parmi les couches tertiaires du terrain de Paris ne pourra être bien saisie qu'après la description de ces couches. Cependant il est indispensable de la présenter ici d'une manière synoptique, afin de guider le lecteur dans ses études ulté-rieures. Cuvier et Brongniart y distinguaient simplement trois ter-rains d'eau douce régulièrement séparés par deux terrains ma-rins (1). Cette classification, qui ne présente plus qu'un intérêt purement historique, doit cependant être rappelée. La voici :

5. Troisième et dernier terrain d'eau douce..................	7. { Marnes d'eau douce supérieures. / Meulières coquillières. / Meulières non coquillières.
4. Deuxième terrain marin........	6. Calcaires et marnes marins supérieurs / 5. { Troisième grès et sable marin. / Marnes gypseuses marines.
3. Deuxième terrain d'eau douce...	4. Marnes d'eau douce. / 3. { Gypse à ossements. / Calcaire siliceux.
2. Premier terrain marin.........	2. { Calcaire grossier et le grès qu'il con-tient souvent.
1. Premier terrain d'eau douce.....	1. { Premier grès. / Lignites. / Argiles plastiques.

Les progrès de la science ont successivement apporté de profonds

(1) *Description géologique des environs de Paris*, 3ᵉ édit., 1835, p. 26.

CLASSIFICATION DU TERRAIN TERTIAIRE DE LA FRANCE SEPTENTRIONALE

TERRAIN TERTIAIRE.	ÉTAGES.		ASSISES.
SUPÉRIEUR ou PLIOCÈNE.	SUPÉRIEUR..............		2. Alluvions de Saint-Prest.
			1. Conglomérat ponceux de Perrier.
	INFÉRIEUR..............		Crag du Cotentin.
MOYEN ou MIOCÈNE.	SUPÉRIEUR..............		Mollasse d'eau douce supérieure (horizon d'Œningen ou des lignites du Rhin).
	MOYEN.................		Faluns de Touraine, sables de la Sologne, sables de l'Orléanais.
	INFÉRIEUR.	Groupe supérieur.	Calcaire de Beauce et meulière de Meudon.
		Groupe inférieur.	5. Sables d'Ormoy.
			4. Sables et grès de Fontainebleau.
			3. Meulières et calcaires de Brie.
		Sables de Fontainebleau.	2. Marnes vertes.
			1. Marnes à *Cyrena convexa*.
INFÉRIEUR ou ÉOCÈNE.	SUPÉRIEUR..............		2. Marnes à limnées de Pantin.
			1. Gypses et marnes à *Palæotherium*. Travertin de Champigny.
	MOYEN.	Groupe supérieur.	3. Marnes et calcaires à *Pholadomya ludensis*.
		Sables de Beauchamp.	2. Calcaire siliceux de M. Owen.
			1. Sables et grès de Beauchamp.
		Groupe inférieur.	2. Calcaire grossier supérieur, ou calcaire à cérites.
		Calcaire grossier.	1. Calcaire grossier inférieur.
	INFÉRIEUR.	Groupe supérieur.	Sables de Cuise à *Nummulites planulata* et sables quartzeux sans fossiles.
		Groupe moyen.	2. Lignites du Soissonnais et grès à végétaux, fausses glaises et sables d'Auteuil (Paris).
			1. Argile plastique de Meudon.
		Groupe inférieur.	4. Conglomérat à *Coryphodon*; sables de Bracheux.
			3. Calcaire de Rilly à *Physa gigantea* et calcaire à végétaux de Sézanne.
			2. Sables de Rilly.
			1. Poudingue de Nemours et cailloux de Rilly, etc. (cordon littoral).

changements à cette classification, dont on retrouve cependant des
vestiges dans les travaux les plus récents. Aujourd'hui la classification en série linéaire des couches qui vont nous occuper est plus
difficile que jamais. Nous nous rendrons compte facilement de cette
circonstance dans l'étude de chacune d'elles, et l'on comprendra
comment la classification, vraie dans un point, peut être en défaut
dans une localité même voisine : source de discussions passionnées
souvent très-longues auxquelles la plupart des terrains ont donné
lieu.

Le tableau qui précède résume la classification admise par M. Hébert (1) ; mais nous ne dissimulons pas qu'elle est elle-même
sujette à contestation dans plusieurs de ses parties, sur lesquelles
nous insisterons à mesure que nos études nous les ferons rencontrer.

Répétons, après avoir donné ce tableau, que le nom de son auteur, nous a engagé à reproduire que nous ne nous croyons aucune-
ment lié à le suivre dans tous ses détails, et que dans plusieurs circonstances nous croirons même devoir modifier un peu l'ordre
adopté par le savant professeur de la Faculté des sciences.

L'ARGILE A SILEX

Avant de commencer à décrire les formations tertiaires, il faut
éliminer, pour ainsi dire, un terrain dont l'âge est encore incertain,
mais que diverses considérations portent néanmoins, comme on va
le voir, à faire considérer comme répondant à l'aurore des temps
tertiaires.

C'est l'*argile à silex*, désignée aussi sous le nom de *terrain superficiel de la craie*. On peut l'observer, par exemple, tout près de
Paris, dans cette localité déjà citée de Beynes, sur les bords de la
Mauldre, où elle se présente sous l'aspect d'une terre rouge toute
remplie de silex et de fossiles crétacés. Elle n'est pas disposée en
couche régulière, et l'on remarque que presque toujours la surface
supérieure de la roche sous-jacente est très-éloignée d'être horizontale. On y voit des excavations parfois si profondes, qu'on n'en
trouve pas la fin, et disposées sensiblement dans une direction ver-

---

(1) Addition à Lyell, *l'Ancienneté de l'homme*, p. 9. Paris, 1870.

ticale. Elles sont remplies par l'argile à silex dont l'épaisseur varie, par conséquent, d'une place à une autre dans la mesure la plus large.

Argile a silex de la Touraine et de l'Anjou. — L'argile à silex a été d'abord signalée, par MM. Dujardin et Triger, dans la Touraine et dans l'Anjou, où elle se présente intercalée entre le terrain crétacé et le calcaire d'eau douce. On doit lui rapporter sans doute un dépôt de silex que M. de Cazanove a signalé au mont Août, dans le département de la Marne (1). Ces silex, qui sont exploités, ont été longtemps rapportés à l'étage des meulières; mais ils contiennent les fossiles les plus caractéristiques de la craie, comme *Ostrea vesicularis, Magas pumilus, Terebratula carnea, Rhynchonella octoplicata, Janira Dutemplei*, etc. Immédiatement au-dessus de cette couche de silex se présente la craie jaunâtre, à peine traçante et renfermant le *Belemnitella mucronata*.

Argile a silex de l'Eure et d'Eure-et-Loir. — C'est dans l'Eure et dans l'Eure-et-Loir qu'elle occupe les plus vastes surfaces. Elle a été successivement étudiée dans ces diverses localités par MM. Desnoyers, Laugel (2), Hébert, etc. Dans l'Eure-et-Loir, elle contient des blocs d'un grès remanié dépendant, suivant quelques géologues, du terrain crétacé, et que dans le pays on appelle *ladère*. Ce sont des blocs d'un grès à gros grains anguleux, cimentés par de la silice. La plupart des plus volumineux de ces blocs ont servi aux cérémonies druidiques dans le temps où la ville de Chartres était le centre religieux le plus important de la Gaule. C'est pourquoi M. J. Desnoyers désigna le grès en question sous le nom de *grès druidique*, qu'il porte aussi en Angleterre. A ce sujet, il y a lieu de regretter que, malgré leur intérêt historique, beaucoup de ces blocs soient exploités comme matériaux de construction, et il faut espérer que, par une mesure analogue à celle qui assure désormais la conservation des blocs erratiques de la Suisse, on préviendra la destruction totale de ces monuments intéressants.

Si l'on étudie la constitution du sol du côté de Châteaudun on retrouve les grès ladères, non plus à l'état de blocs isolés, mais en couches continues. M. Laugel leur attribue l'âge du calcaire de Beauce, ce qui donnerait à l'argile à silex de ces régions une date

(1) De Cazanove, *Bullet. de la Soc. géologique*, 2e série, 1853, t. X, p. 240.
(2) Laugel, *Bullet. de la Soc. géologique*, 2e série, t. XIX, p. 153.

très-récente; mais il paraît plus exact d'y voir, comme nous le disions tout à l'heure, des grès crétacés, associés aux silex de la craie par suite du remaniement qui a précédé le commencement de la période tertiaire.

Il faut d'ailleurs dire tout de suite que l'argile à silex a, dans maintes localités, été remaniée de nouveau par le phénomène diluvien, de façon que souvent elle offre à l'observateur l'ensemble de deux assises superposées, analogues pour l'aspect et la composition, mais dont la formation appartient à des âges géologiques très-écartés l'un de l'autre.

AGE DE L'ARGILE A SILEX. — Le même nom d'argile à silex a été donné par différents géologues à des formations qui sont loin d'être identiques entre elles pour la composition, pour l'origine et pour l'âge.

Dans certaines localités cette argile supporte toute la série tertiaire : son âge est alors évident et son étude spécialement instructive. Nous allons y revenir.

Ailleurs, et spécialement en Picardie, elle est peut-être le résidu de l'érosion subie par les argiles à lignites et les sables qui l'accompagnent. Aussi, M. de Mercey (1), dans un mémoire intéressant sur cette question, écrit: « Il nous paraît probable que l'argile à silex (considérée comme antérieure au calcaire grossier par MM. Hébert et Triger qui l'ont spécialement étudiée) a été déposée à la suite du phénomène qui a enlevé les sables et les argiles à lignites d'une manière presque complète, pour n'en laisser pour ainsi dire subsister que de rares témoins sur les points élevés. »

D'après le même géologue (2), l'argile à silex que nous citions tout à l'heure à Beynes daterait de l'époque du calcaire grossier, lequel repose comme elle sans intermédiaire sur la craie. Autour de Saint-Quentin, dans le département de l'Aisne, l'argile à silex empâte des fragments de calcaire grossier nummulitique, et doit par conséquent être considérée comme plus récente que lui. Suivant la remarque de M. de Lapparent, elle serait post-miocène sur les plateaux des environs d'Évreux, où elle se soude intimement avec l'argile à meulières supérieure. Enfin, d'Archiac n'hésitait pas à regarder le terrain qui nous occupe comme appartenant à l'époque quaternaire ou diluvienne.

(1) De Mercey, *Bullet. de la Soc. géologique de France*, 2ᵉ série, t. XXI, p. 48.
(2) Idem, *Ibid.*, 3ᵉ série, 1872, t. I, p. 136.

On comprendra aisément, d'après ce que nous venons de voir, que différents géologues aient déclaré impossible de déterminer l'âge de l'argile à silex, dont l'histoire paraît comprendre toute la période tertiaire. Mais on peut être d'un avis tout différent, et penser que le nom d'argile à silex doit être réservé à la formation très-nettement définie qui l'a portée la première. Dans cette manière de voir, on attribuerait un autre nom aux argiles à silex superficielles du bassin de Paris, et l'on réserverait la dénomination qui nous occupe au dépôt signalé depuis longtemps par MM. Dujardin et Triger entre le terrain crétacé et le calcaire d'eau douce de la Touraine et de l'Anjou (1). C'est de lui exclusivement et de ceux qui ont le même âge que nous allons nous occuper ici.

Dans le cours de longues études relatives à l'argile à silex, M. Hébert, qui avait d'abord pensé qu'elle était contemporaine de l'argile plastique, a modifié sa première opinion (2).

En suivant l'argile à silex depuis Courville, près de Chartres, jusque dans la forêt de Dreux par Châteauneuf en Thymerais, l'auteur a constaté qu'elle est antérieure non-seulement à l'argile plastique exploitée dans cette région classique, mais aux sables qui supportent cette argile.

L'argile à silex, visible à Courville sur 4 mètres d'épaisseur, à une altitude de 175 mètres environ, a 34 mètres d'épaisseur à Saint-Arnault, où elle atteint 200 mètres d'altitude, et 240 à Favières, où elle est recouverte par du sable tertiaire qui appartient aux sables inférieurs.

A la Picotière, un peu avant Châteauneuf, elle apparaît toujours sous le sable tertiaire et renfermant de gros poudingues de silex noirs roulés à ciment siliceux. Il en est de même à Saint-Jean à 4 kilomètres au nord de Châteauneuf. L'argile à silex, épaisse de 24 mètres et recouverte par 2m,50 de sable blanc, y repose, comme dans la plupart des points précédents, sur la craie à *Inoceramus labiatus.* Ici l'altitude est moindre ; elle ne dépasse guère 160 mètres ; les couches plongent au nord depuis Favières.

On retrouve l'argile à silex sur le plateau de la forêt de Dreux, et

(1) Voyez, à ce sujet, diverses communications de M. Hébert dans le *Bullet. de la Soc. géologique*, 2e série, t. XIX, p. 445 ; t. XXI, p. 69, et surtout 1872, t. XXIX, p. 334.

(2) Hébert, *Bullet. de la Soc. géologique*, 1863, 2e série, t. XXI, p. 69.

toujours au-dessous du même sable blanc fin que l'on suit depuis Courville. Les extractions d'argile plastique permettent de constater que ce sable est inférieur à l'argile ; celle-ci est recouverte par une autre assise de sable qui est gros et grossier, et se distingue aisément de l'autre.

L'argile plastique d'Abondant est donc, comme celle des environs immédiats de Paris, comprise entre deux assises siliceuses. Le sable inférieur appartient à la série des sables de Bracheux, et l'argile à silex est toujours au-dessous.

Ces superpositions ne sont pas, il est vrai, très-faciles à constater pour l'observateur qui ne fait que passer. Aussi M. Hébert indique-t-il avec beaucoup de soin un point où elles sont visibles à ciel ouvert.

Sur le bord méridional de la forêt du côté de Dreux et au hameau de Fremincourt, un ravin qui descend de la route perpendiculairement à l'Eure montre la coupe suivante (fig. 30), par suite du glissement de la partie supérieure du coteau.

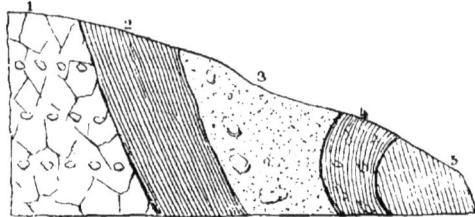

Fig. 30. — Coupe de l'argile à silex à Fremincourt, dans la forêt de Dreux.

5. Argile plastique noire. — 4. Argile jaune. — 3. Sable blanc. — 2. Argile à silex. — 1. Craie.

ORIGINE DE L'ARGILE A SILEX. — L'origine de l'argile à silex est extrêmement embarrassante. Elle offre tant d'analogie avec l'argile qui enveloppe les meulières de la Brie et celle de la Beauce, qui, comme nous y reviendrons, se présentent comme des produits d'action thermale, que l'on est presque involontairement porté à rechercher pour l'argile à silex le même mode d'explication.

Sa formation se trouve d'ailleurs éclairée à ce point de vue par le travail déjà cité de MM. Potier et Douvillé qui ont montré les sables granitiques et les argiles bariolées du plateau de Vernon pénétrant en filon à travers la craie et les terrains tertiaires, y compris le sable de Fontainebleau. Cette issue, qui a servi au passage des argiles à meulière, est évidemment propre à celui de l'argile à silex, et l'on peut supposer que de nouvelles études viendront contrôler cette hypothèse.

Quoique nous ayons plus tard à revenir sur ce sujet à l'occasion du diluvium rouge, remarquons que la craie sur laquelle l'argile à silex est épandue offre des ravinements profonds, identiques avec ceux des roches sur lesquelles repose la formation diluvienne. Il n'y a pas dans toute la série géologique une récurrence plus frappante des mêmes phénomènes ; au point que M. Hébert a pu dire que la théorie, à trouver, qui expliquera l'une des formations, rendra compte également de l'autre. Les eaux, dit-il, qui à ces époques si éloignées l'une de l'autre, ont couvert les plateaux du nord et du nord-ouest de la France, devaient être animées de bien nombreux et bien singuliers tourbillons.

Nous verrons si l'on ne peut pas à cet égard faire une autre supposition.

I

TERRAIN ÉOCÈNE

Après avoir éliminé, pour n'y plus revenir, la singulière formation désignée sous le nom d'*argile à silex*, nous abordons les terrains parisiens franchement tertiaires. L'*éocène*, le plus important de tous, va nous occuper tout d'abord.

M. Paul Gervais, préoccupé surtout de l'étude des mammifères fossiles, le répartit en trois grandes divisions, dont la plus ancienne est l'*orthrocène*, la moyenne l'*éocène proprement dit*, et la plus récente le *proïcène*. Ces trois divisions, très-bien caractérisées au point de vue paléontologique, le sont aussi, comme on va voir, par leur composition lithologique. Chacune renferme en effet un minéral très-caractéristique qui peut servir à la désigner. A l'orthrocène correspond la formation de l'*argile plastique ;* à l'éocène proprement dit, la formation du *calcaire grossier ;* enfin au proïcène, la formation du *gypse*.

Examinons-les successivement.

I

ORTHROCÈNE

L'ensemble des couches comprises entre le calcaire pisolithique et le calcaire grossier est le plus compliqué de tous ceux que nous aurons à étudier. Il serait même impossible de s'en faire une idée par une étude abstraite ; le seul moyen de le comprendre est de voir comment il se présente dans plusieurs localités différentes, qu'il faudra ensuite comparer entre elles.

CHAPITRE PREMIER

RÉGION SUD DE PARIS

La région sud de Paris nous occupera tout d'abord, et nous pourrons nous la représenter exactement par ce que montre la colline si célèbre de Meudon.

Dans cette localité, on observe entre le calcaire pisolithique et le calcaire grossier les quatre groupes de couches indiquées ici :

4. Fausses glaises.
3. Sables quartzeux.
2. Argile plastique.
1. Conglomérat ossifère.

§ 1. — **Conglomérat ossifère.**

CONGLOMÉRAT DE MEUDON. — C'est en 1836 que M. Ch. d'Orbigny signala le conglomérat de Meudon et décrivit un certain nombre des fossiles qu'il renferme. « Une tranchée, disait-il, ouverte depuis peu au bas Meudon, au lieu dit les Montalets (500 ou 600 mètres à l'ouest des Moulineaux), permet d'observer, immédiatement au-dessus du calcaire pisolithique plusieurs couches fort intéressantes dont personne n'avait encore fait mention jusqu'ici. »

Ainsi que le montre la coupe ci-jointe, le conglomérat présente à Meudon trois couches parfaitement distinctes, dont l'inférieure, épaisse à peu près de 45 centimètres, est la plus intéressante. Elle repose immédiatement sur le calcaire pisolithique, et consiste en argile plastique et marnes feuilletées enveloppant ordinairement de nombreux rognons ou fragments de craie et de calcaire pisolithique arrachés aux terrains inférieurs, et qui constituent un véritable conglomérat. A la base de cette couche sont des rognons quelquefois plus gros que la tête, composés de calcaire pisolithique endurci,

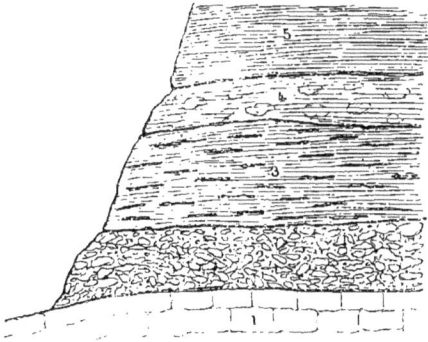

Fig. 31. — Conglomérat ossifère de Meudon.

5. Argile plastique. — 4. Marne blanche à rognons calcaires. — 3. Argile feuilletée à lignites. — 2. Conglomérat. — 1. Calcaire pisolithique.

avec milliolites et quelques nodules de strontiane sulfatée fibreuse. On y voit aussi quelques rognons de silex de la craie. La puissance et la nature de ce banc de conglomérat varient beaucoup. Tantôt les rognons, plus ou moins nombreux, n'ont pas été réunis par un ciment, tantôt au contraire ils sont parfaitement cimentés, soit par de l'argile plastique presque pure, soit par de la marne mêlées de végétaux et de cristaux de gypse lenticulaire et fibro-laminaire.

Dès ses premières recherches, M. Ch. d'Orbigny retira de ce banc inférieur des fossiles dont il importe de reproduire ici la liste, beaucoup augmentée depuis :

A. RADIAIRES ET COQUILLES MARINES PROVENANT DE LA CRAIE.

Ananchytes ovata.
Catillus Cuvieri.
Ostrea vesicularis.
Belemnites mucronatus (Belemnitella mucronata).

B. Coquilles d'eau douce contemporaines du conglomérat.

Anodonta Cordieri, Ch. d'Orb.
A. antiqua, id.
Cyclas (espèce indéterminable).
Paludina lenta (grosse espèce qui se trouve dans les lignites du Soissonnais).
Planorbis.

C. Poissons.

Divers os de poissons indéterminables.

D. Reptiles présumés fluviatiles et terrestres,
déterminés par de Blainville et Laurillard.

Crocodile. Plusieurs dents et un fragment de mâchoire.

Tortues. { Plusieurs os de *Trionyx*.
{ Plusieurs os d'*Emys*.

Mosasaurus. { Trois dents et une tête ou partie supérieure d'humérus d'un grand
{ saurien, très-voisin du *Mosasaurus* ou *Monitor* de la craie de
{ Maestricht.

Coprolithe provenant probablement d'un des reptiles cités et renfermant de petits fragments de poissons.

E. Mammifères terrestres.

PACHYDERMES.	*Anthracotherium* (grande espèce).	Deux dents molaires inférieures postérieures.
		Deux dents molaires inférieures antérieures.
		Une dent molaire supérieure antérieure.
		Dent canine.
	Anthracotherium (petite espèce).	Cinq dents incisives latérales.
		Dent molaire supérieure.
		Dent incisive.
	Lophiodon.	Dent molaire inférieure.
		Dent canine inférieure gauche.
		Tête supérieure d'une côte.
CARNASSIERS.	*Loutre*.	Une seule dent molaire inférieure carnassière.
	Renard.	Dent incisive latérale supérieure gauche.
		Dent molaire postérieure.
	Civette ?	Dent molaire supérieure antérieure.
	Carnassier indéterminable.	Portion supérieure de métacarpien et humérus.
RONGEURS.	*Écureuil ?*	Dent incisive supérieure.
	Rongeur indéterminable.	Dent incisive.

En publiant cette liste, l'auteur la fit suivre (1) de quelques remarques que nous devons reproduire tout de suite, et dont on

(1) Ch. d'Orbigny, *Comptes rendus de l'Académie des sciences*, août 1836.

appréciera plus bas toute la justesse. « En examinant attentivement ces fossiles, dit-il, de nature et d'origine différentes, il me semble qu'on peut expliquer assez naturellement leur réunion, qui peut paraître étrange au premier abord ; et cette explication nous est fournie non-seulement par la théorie des affluents due à M. Constant Prévost, et à l'aide de laquelle il a expliqué si clairement l'origine d'autres dépôts du bassin parisien, mais encore par l'explication que M. Desnoyers a donnée de l'existence d'ossements de mammifères terrestres dans les faluns marins de la Loire. On voit, en effet, réunis dans le conglomérat, des corps organisés marins, fluviatiles et terrestres. On est d'abord conduit à se demander si l'on doit considérer les coquilles marines, qui toutes sont des espèces de la craie, comme ayant été arrachées à ce terrain antérieur ou comme ayant survécu à la catastrophe qui a séparé d'une manière ordinairement si tranchée la formation crayeuse et les terrains tertiaires. Il me semble qu'il faut les considérer comme ayant été arrachées, ainsi qu'une partie des galets qu'elles accompagnent, au terrain crayeux préexistant, traversé par les eaux fluviatiles qui ont formé ce conglomérat. On pourra s'étonner de ne pas retrouver dans ce conglomérat des fossiles du calcaire pisolithique qui lui est inférieur ; mais, indépendamment de ce que des recherches ultérieures pourront en faire découvrir, peut-être ces coquilles ne se sont-elles pas rencontrées sur le trajet du cours d'eau fluviatile. Jusqu'ici je n'y ai trouvé qu'un cérite et un polypier dont l'espèce n'a pas pu être déterminée ; et il m'est impossible de dire s'ils ont été arrachés au calcaire grossier ou à la craie. Quant aux coquilles fluviatiles et aux reptiles probablement de même origine, je ne doute pas qu'ils n'aient vécu dans les eaux douces qui doivent avoir formé ce dépôt. Relativement aux mammifères, ils ont dû nécessairement être entraînés par le courant fluviatile. »

Au-dessus de cette première couche, arrive à Meudon (voyez la figure 31) une argile feuilletée, noirâtre, épaisse de 60 centimètres, et qui renferme en abondance des lignites remplis de cristaux de gypse. Cette argile, légèrement effervescente, est quelquefois mêlée de sables ferrugineux, avec des veines et des nodules d'hydrate de fer friable, de pyrite ordinaire, et enfin de beaucoup d'empreintes végétales indéterminables. Nous y avons recueilli nous-même un sable magnésien d'une blancheur de neige, remplissant de petites poches et remarquable par son identité avec le sable magnésien que présentent parfois les marnes à huîtres de la base des sables supérieurs. L'argile du conglomérat passe sur certains points à un véritable banc de lignite pyritifère contenant parfois des morceaux volumineux de troncs d'arbres, et dont l'épaisseur varie d'un à trois pieds. On y trouve des ossements et des coquilles d'eau douce semblables à celles de la couche précédente, c'est-à-dire des anodontes et de très-grosses paludines souvent pyritisées et comprimées.

Dans l'opinion de M. Hébert (1), c'est cette argile feuilletée noire qui constituerait la couche ossifère par excellence du conglomérat, dont elle serait la partie la plus ténue. Les os longs s'y sont préférablement conservés; elle a fourni des os de sauriens, des dents de *Coryphodon*, et le tibia et le fémur, sur lesquels nous reviendrons dans un moment, du *Gastornis parisiensis*. Le gypse qui imprègne cette couche comme la précédente se trouve souvent en beaux cristaux lenticulaires; il s'est logé aussi dans l'étui médullaire des os longs et des végétaux.

Enfin, à la partie supérieure de cet ensemble et immédiatement au-dessous de l'argile plastique, se montre une couche de 35 centimètres d'une marne blanche à rognons calcaires, qui, comme on le verra par la suite, couronne ordinairement le conglomérat de façon à constituer un excellent et très-précieux caractère de cette formation.

Après cette description des couches dont se compose le conglomérat, revenons avec quelques détails sur les principaux fossiles que son étude a fournis jusqu'à ce jour.

FAUNE DU CONGLOMÉRAT. — C'est, comme nous venons de le dire, dans les couches inférieures de ce triple ensemble qu'ont été trouvés les fossiles sur lesquels nous devons nous arrêter un moment.

Les mollusques d'eau douce sont nombreux.

M. Ch. d'Orbigny a décrit deux espèces d'Anodontes (2). L'*A. Cordieri* (fig. 32) présente une coquille allongée, renflée, presque droite, marquée de légères lignes d'accroissement. La partie antérieure est très-courte, toujours arrondie, n'ayant que près d'un sixième de la longueur totale; au contraire, la partie postérieure est allongée, subanguleuse et légèrement élargie. Les nates sont saillantes; le bord supérieur est presque droit, l'autre est sinueux, jamais arrondi.

---

(1) Hébert, *Bullet. de la Soc. géologique*, 2ᵉ série, 1855, t. XII, p. 1274.

(2) Ch. d'Orbigny, *Mémoire sur diverses couches de terrains nouvellement découvertes aux environs de Paris entre la craie et l'argile plastique*. In-8º.

Comme presque toutes les anodontes qui habitent aujourd'hui les
eaux douces, l'*A. Cordieri* est variable dans ses dimensions comme
dans ses formes. Certains individus montrent une sinuosité inférieure
plus ou moins profonde, et la partie postérieure est également plus
ou moins anguleuse, élargie et arrondie. Mais il est impossible
de le confondre avec l'*Anodonta antiqua*, dont nous allons parler
et qui l'accompagne toujours. L'*A. Cordieri* se rapproche un peu
de l'*Anodonta soleniformis* actuel de l'Amérique du Sud, mais il
est moins comprimé et moins sinueux. Il est si abondant dans
le conglomérat, qu'il forme parfois près du quart de la masse de
certains échantillons.

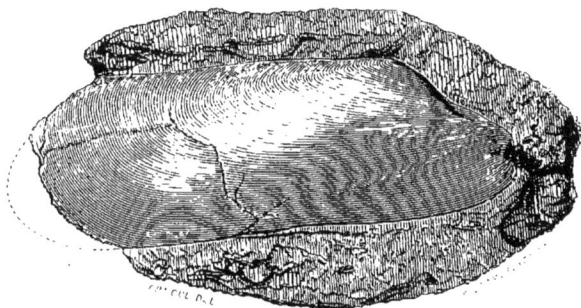

Fig. 32. — *Anodonta Cordieri* (moule interne).

L'*A. antiqua* présente une coquille ovale comprimée, presque
lisse. Sa partie antérieure est courte et arrondie et occupe toujours
plus d'un quart de la longueur totale. La partie postérieure est fortement élargie et anguleuse; le bord supérieur est droit, l'autre est
arrondi et jamais sinueux. Cette espèce enfin est peu variable dans
ses formes. Elle se distingue de la précédente par sa bien plus
grande largeur. « Je n'ai retrouvé aucune forme, dit M. Ch. d'Orbigny, qui soit analogue à celle de cette espèce, parmi les anodontes
d'Europe, et c'est encore avec celles de l'Amérique méridionale que
je lui ai reconnu quelque analogie, sans qu'on puisse les confondre Elle se rapproche surtout des variétés nombreuses de l'*Anodonta latomarginata* de Lea. Il est digne de remarque que les deux
seules espèces vivantes qui aient des rapports avec nos espèces
fossiles proviennent des affluents de la Plata. » L'anodonte antique
se trouve en très-petit nombre disséminée sur les couches du conglomérat.

Le *Paludina lenta* (Sow.) offre 2 à 3 centimètres environ de longueur. Il se compose le plus souvent de cinq tours de spire; Il en offre quelquefois six; ils sont lisses et arrondis. La suture est simple; le sommet est obtus. L'ouverture est arrondie, à peine anguleuse inférieurement; ses bords, sans être marginés, sont épais; le gauche s'applique sur l'avant-dernier tour de manière à cacher l'ombilic.

On trouve des *Cyclas*, reconnaissables à leur coquille mince, ovale ou suborbiculaire, bombée, équivalve. La charnière est composée de dents cardinales très-petites ou rudimentaires. Les crochets sont obtus et peu proéminents. Impressions musculaires peu apparentes, submarginales. Impression palléale simple, parallèle au bord.

M. Hébert a recueilli dans la même localité une belle coquille dont M. Deshayes a fait le *Physa Heberti* (1).

Les vertébrés sont nombreux dans le conglomérat de Meudon. Des poissons ganoïdes sont représentés par des écailles, dont M. Gaston Planté, entre autres, a trouvé de nombreux échantillons. Le genre *Lepidotus* est le plus fréquent, et récemment M. Vasseur a retrouvé en abondance à Neaufles, près de Gisors, des débris que M. P. Gervais rapporte au *Lepidosteus suessionensis* (2). On y ramasse les écailles par centaines, et il y a avec elles des dents ainsi que des pièces osseuses, telles que des plaques céphaliques, des rayons de nageoires, des vertèbres, etc., dont la comparaison avec les mêmes parties prises chez les Lépidostées actuels ne laisse plus aucun doute au sujet de l'assimilation des poissons dont elles proviennent avec ce genre de Ganoïdes, actuellement confiné dans l'Amérique septentrionale.

Parmi les reptiles, nous citerons le *Crocodilus depressifrons* (Blainville), appelé aussi *Cr. Becquereli* en l'honneur du physicien célèbre qui, au début de sa carrière, fit plusieurs découvertes intéressantes au sujet de la géologie parisienne. Cuvier (3) le désigne sous le nom de *Crocodile des lignites d'Auteuil*, et en décrit une dent et une tête supérieure d'humérus. On verra plus loin que de très-belles pièces en ont été recueillies par Graves dans les lignites du Soissonnais. Mais les couches parisiennes ont aussi, à diverses

(1) Deshayes, *Description des animaux sans vertèbres du bassin de Paris*, t. II, 1866, p. 732.

(2) P. Gervais, *Comptes rendus de l'Académie des sciences*, 1874, t. LXXIX, p. 845.

(3) Cuvier, *Ossements fossiles*, t. V, p. 163.

reprises, fourni des trouvailles intéressantes. Ainsi, en 1869, M. Gaston Planté (1) recueillit dans la colline des Brillants, aux Moulineaux, près de Meudon, diverses pièces remarquables qui furent étudiées anatomiquement par M. Alb. Gaudry. La pièce la plus entière est précisément une branche de la mâchoire inférieure d'un crocodile qui paraît se rapporter au *Crocodilus depressifrons* dont nous venons de parler. Elle a 36 centimètres de longueur et porte cinq dents en place; quatre sont indiquées par leurs alvéoles remplis d'argile. Elle était couchée dans un sens à peu près horizontal et isolée, c'est-à-dire qu'aucune autre portion de la tête n'était immédiatement voisine. Mais, un peu plus loin, à une distance de 50 centimètres environ, et sur le même plan, se trouvaient d'autres fragments formant une portion assez considérable de la branche inférieure d'une mâchoire de dimension un peu moindre ayant appartenu à un autre individu. L'une des dents extrêmes y est fixée, et quelques autres sont représentées par leurs alvéoles. Dans ces divers débris, comme dans la mâchoire principale, le tissu osseux de couleur rougeâtre était conservé sans être pénétré de gypse cristallisé; mais il n'avait aucune consistance, non plus que les dents elles-mêmes, qui se détachaient et s'écrasaient sous les doigts. Il a fallu faire couler sur place, à l'intérieur de ces pièces, un vernis épais et siccatif pour pouvoir les enlever sans les réduire en poussière.

On recueille aussi fort souvent des vestiges du *Trionyx vittatus*, grande tortue qui se retrouve, comme on verra, dans les lignites de l'Oise et de l'Aisne, et dont le Muséum d'histoire naturelle doit un magnifique échantillon à Graves.

C'est à la classe des oiseaux que se rapportent les fossiles les plus importants du conglomérat.

Une des découvertes les plus curieuses qu'on ait faites relativement aux oiseaux fossiles, est celle d'un tibia annonçant un oiseau gigantesque qui fut trouvé au bas Meudon, dans le conglomérat inférieur, par M. Gaston Planté, alors préparateur du cours de physique au Conservatoire des arts et métiers et que nous venons de citer. Cet os fut présenté à l'Académie des sciences par Constant Prévost (2)

---

(1) Gaston Planté, *Bullet. de la Soc. géologique*, 2ᵉ série, 1869, t. XXVII, p. 204.

(2) Constant Prévost, *Comptes rendus de l'Académie des sciences*, 1855, t. XL, p. 554.

dans la séance du 12 mars 1855, et la note dans laquelle ce savant géologue en a parlé est suivie d'une double description ostéologique, l'une faite par M. Hébert, l'autre rédigée par M. Lartet. Constant Prévost et ses collaborateurs parlent de l'oiseau du bas Meudon sous le nom de *Gastornis parisiensis*. Le tibia qu'ils en décrivent, quoique incomplet et manquant de la tête supérieure, est néanmoins long de 45 centimètres ; sa largeur est de 8 centimètres à la tête inférieure, de 4 1/2 centimètres à la partie moyenne, et de près de 10 centimètres à la partie supérieure, qui est d'ailleurs écrasée. M. Hébert (1) compare sa forme à celle des tibias de cygnes, d'oies et de canards. Les différences principales consistent, suivant lui, dans la fossette subtrochléenne que n'ont pas les palmipèdes lamellirostres, ainsi que dans la position plus élevée de l'arcade osseuse et de l'attache musculaire externe. Il conclut à la distinction générique du *gastornis*, d'avec tous les genres d'oiseaux connus. M. Lartet (2) ajoute que le grand oiseau orthrocène pourrait bien avoir été moins essentiellement nageur que les anatidés, et qu'il retenait sans doute quelques-unes des habitudes propres aux échassiers qui vivent sur le bord des eaux profondes. M. Valenciennes (3) y voit en même temps une analogie avec les palmipèdes longipennes, et en particulier avec les albatros. Une seconde note de M. Hébert fait connaître un fémur de *gastornis*, trouvé au même lieu que le tibia dont il vient d'être question et dans la même couche géologique. Bien que ce fémur soit privé de sa tête articulaire ainsi que de la deuxième poulie rotulienne, et que son grand trochanter soit écrasé en dessus, son état de conservation est néanmoins suffisant pour donner une idée de sa forme et de ses dimensions. Il est long de 78 centimètres et égale en grandeur celui de l'autruche (4).

Parmi les mammifères, plusieurs pachydermes doivent être mentionnés.

Le *Coryphodon anthracoideum* est un animal de la taille du rhinocéros de Sumatra, dont le genre a été établi d'abord par M. Owen, sur l'examen d'un fragment de mâchoire inférieure qui était encore

---

(1) Hébert, *Comptes rendus de l'Académie des sciences*, t. XL, 1855, p. 579 et 1214.

(2) Lartet, *Comptes rendus de l'Académie des sciences*, 1855, t. XL, p. 583.

(3) Valenciennes, *Comptes rendus de l'Académie des sciences*, 1855, t. XL, p. 583.

(4) P. Gervais, *Zoologie et Paléontologie françaises*, 1859, p. 404.

pourvu de la dernière molaire. Longtemps le *Coryphodon* fut confondu avec le *Lophiodon*, mais il doit en être distingué tout d'abord par sa dentition, qui est nettement différente. Ce sont des dents que l'on rencontre surtout dans le conglomérat ; mais M. Hébert a extrait des lignites du Soissonnais des parties assez considérables du squelette dont l'étude l'a amené à cette conclusion que le *Coryphodon* qui nous occupe vivait de compagnie avec un congénère plus petit, grand à peu près comme le tapir des Indes, et que l'on désigne sous le nom de *Coryphodon Owenii.*

Dans des recherches récentes, M. Planté a découvert une dent provenant d'un pachyderme nouveau de très-petite taille. Cet animal, non décrit jusqu'à présent d'une manière complète et même dépourvu jusqu'ici de nom, se rapproche beaucoup des *Pachynolophus.* Ceux-ci sont des animaux analogues aux *Lophiodons*, mais qui s'en distinguent par leur taille beaucoup plus petite et par diverses particularités de leur dentition.

Les fossiles du conglomérat paraissent devoir être plus abondants qu'à Meudon dans certaines localités voisines. C'est ainsi que dans un sondage exécuté à Issy en 1863, au fond d'une carrière d'argile plastique, on a recueilli des échantillons de conglomérat contenant le *Physa Heberti* et d'autres coquilles en extrême abondance (1). Ce puits a traversé successivement 5 mètres de calcaire grossier, inférieur et glauconifère, 1^m,60 d'argile plastique bleue, 1 mètre de sable noir argileux et 2 mètres environ de sables gris très-compactes, recouvrant une argile plastique bariolée et une argile bleue semblable à celle qui vient d'être citée. C'est alors que se montre la continuation du lit d'argile feuilletée noire de Meudon, plus riche ici en fossiles de toute espèce. M. Dumont, qui a signalé ce gisement, en a tiré le *Physa Heberti,* le *Paludina suessionensis*, des cyclades, des anodontes, des unios, des limnées et des planorbes. Plusieurs dents de crocodile proviennent du puits d'Issy, ainsi qu'un fragment osseux très-compliqué, dont on n'a pas pu faire une étude complète, mais qu'il semble naturel de rapporter à la partie postérieure d'une tête de poisson.

MODE DE FORMATION DU CONGLOMÉRAT. — Le mode de formation du conglomérat est digne d'arrêter notre attention, car cette assise représentant la base de la série tertiaire doit avoir conservé des

(1) *Bullet. de la Société géologique*, 2e série, 1863, t. XXI, p. 87.

traces des actions qui ont présidé à l'inauguration de toute cette période géologique.

Dans un travail qu'il convient de faire connaître ici, M. Hébert a fait ressortir, avec la plus grande sagacité, les allures diverses que peut prendre la formation qui nous occupe, et a su en tirer des données très-positives quant à l'origine même des couches étudiées (1).

« Nous allons, dit-il, reproduire des coupes, qu'un nombre de personnes ont visitées sous la conduite de MM. Élie de Beaumont et Constant Prévost, mais dont l'examen détaillé est ici nécessaire.

Ce sont les coupes des carrières de craie de Bougival. Ainsi, rue de l'Église, on voyait (fig. 33) :

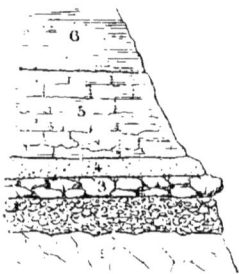

FIG. 33. — Coupe du conglomérat, rue de l'Église à Bougival.

6. Argile plastique. — 5. Marne à concrétions calcaires. — 4. Sable. — 3. Fragments de calcaire pisolithique. — 2. Conglomérat proprement dit. — 1. Craie.

Dans cette coupe il n'y a pas de calcaire pisolithique en place. Mais, pour ce qui est du reste, on voit la plus parfaite conformité avec la coupe de d'Orbigny (voyez ci-dessus, p. 91), avec cette différence que les couches sont remarquablement puissantes à Bougival.

Le conglomérat est le résultat d'une dénudation produite par des eaux fortement agitées ; il ne saurait y avoir le moindre doute à ce sujet ; et l'examen des différentes coupes visibles à Bougival donne l'explication de bien des circonstances qui ont accompagné cette dénudation. Ainsi, dans une carrière située en face de la précédente, à l'ouest, on voit la succession suivante (fig. 34).

Ici seulement le banc supérieur de conglomérat recouvre un lit très-régulier de calcaire pisolithique, dont les surfaces inférieure et supérieure sont fortement corrodées, comme les parois d'un rocher

(1) Hébert, *Bullet. de la Soc. géologique*, 2e série, 1854, t. XI, p. 425.

longtemps battu par les flots. Ce banc dur a évidemment résisté au choc. Dénudé par-dessus, excavé par-dessous, les débris de la dénudation se sont accumulés en dessus et en dessous sans qu'il s'affaissât.

Dans la coupe précédente, au contraire, l'affaissement de ce banc en a disposé les fragments sur une ligne sensiblement horizontale.

Pour que dans la seconde coupe le banc dur de calcaire pisoli-

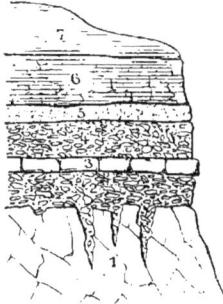

Fig. 34. — Coupe du conglomérat de Bougival. Carrière située en face de la précédente.

7. Argile plastique. — 6. Argile sableuse à concrétions calcaires. — 5. Sable — 4. Conglomérat. — 3. Calcaire pisolithique. — 2. Conglomérat. — 1. Craie.

thique se soit maintenu, il faut que l'excavation ne soit pas très-

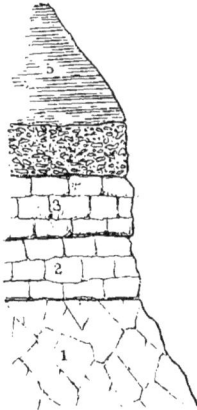

Fig. 35. — Coupe du conglomérat de Bougival, chemin de la Princesse.

5. Argile plastique. — 4. Conglomérat.; — 3. Calcaire pisolithique dur. — 2. Calcaire pisolithique tendre. — 1. Craie.

profonde; et l'on peut en conclure qu'à une très-petite distance on ne trouverait point de conglomérat entre ce banc et la craie, et c'est ce que démontre la coupe du chemin de la Princesse, à deux pas de là, toujours à l'ouest, publiée en 1834 par Élie de Beaumont (fig. 35). Dans cette coupe, le banc dur repose directement

sur des couches plus tendres de calcaire pisolithique, au-dessous
duquel vient la craie sans intermédiaire.

En sorte qu'une coupe idéale qui réunirait ces trois coupes par-
tielles donnerait (fig. 36) :

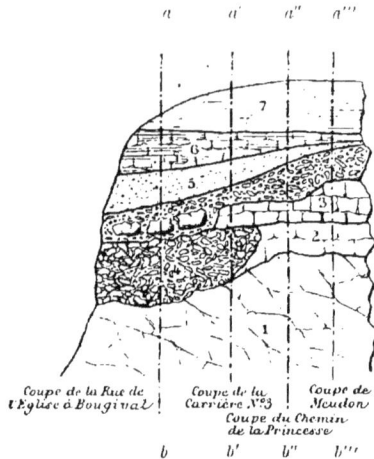

FIG. 36. — Coupe synthétique du conglomérat, rendant compte de l'allure
qu'il présente dans les diverses localités précédemment citées.

7. Argile plastique. — 6. Argile sableuse à concrétions calcaires. — 5. Sable. — 4. Conglomérat proprement dit. — 3. Calcaire pisolithique dur. — 2. Calcaire pisolithique tendre. —
1. Craie.

Sur cette coupe idéale, la première coupe réelle s'obtiendra par
une section suivant ab; la seconde, par une section suivant $a'b'$.
La coupe du chemin de la Princesse, par la section $a''b''$; celle de
Meudon, par $a'''b'''$.

A Port-Marly, où une portion du calcaire pisolithique recouvrant
directement la craie est séparée du banc dur, encore sensiblement
en place, par de la marne calcaire pénétrée de filets argileux et
provenant évidemment du calcaire pisolithique, la coupe est fidèle-
ment représentée par une section $a'b'$ et $a''b''$.

Ces détails jettent une vive lumière sur la manière dont le calcaire
pisolithique et la craie ont été dénudés. Il est impossible d'attribuer
cette dénudation à un phénomène de courte durée; nous sommes
ramenés à l'idée d'un rivage longtemps battu par les flots de la mer,
idée inspirée à Al. Brongniart par la vue des *poudingues de Nemours*.

POUDINGUES INFÉRIEURS DE NEMOURS. — C'est donc sans hésitation
qu'on est porté à considérer comme synchronique du conglomérat
les poudingues *inférieurs* de Nemours, où l'on doit voir le produit
de la cimentation des galets d'une plage antique. Nous disons les

poudingues *inférieurs*, parce que, comme nous y reviendrons, les poudingues de Nemours les plus abondants, les seuls qui fussent connus pendant bien longtemps, sont d'un âge beaucoup plus récent et appartiennent au terrain des sables de Fontainebleau.

Il faut ajouter que les géologues sont loin d'être d'accord sur l'époque de la formation de ces poudingues, et que le synchronisme que nous admettons entre eux et le conglomérat résulte principalement des travaux de M. Hébert.

M. de Roys les croyait d'abord supérieurs à l'argile plastique, mais il reconnut ensuite qu'ils gisent au-dessous (1). Il constata, par exemple, que les exploitations d'argile plastique de Salins et Montereau jusqu'à Nemours sont supérieures aux sables et aux poudingues ; et d'Archiac est arrivé à la même conclusion par l'étude d'une carrière ouverte dans le vallon du Fay (2).

Pour M. Raulin, les poudingues seraient l'équivalent à la fois des sables du Soissonnais, du calcaire grossier et des sables de Beauchamp. Mais, comme le fait remarquer d'Archiac (3), il est bien difficile de concevoir que des circonstances aussi variées que celles qui ont présidé dans le nord à la formation de toutes les couches tertiaires, depuis la craie jusqu'aux sables moyens, variations qui nous sont indiquées tant par la nature minéralogique des couches que par les fossiles, et qui se sont produites en outre pendant un laps de temps très-long, puissent être représentées au sud par un dépôt aussi simple, aussi peu puissant, dépourvu de corps organisés, et dans la faible hauteur duquel rien ne traduit les changements survenus dans le nord.

D'Archiac, laissant évidemment de côté le résultat fourni par le vallon du Fay, voyait dans les poudingues le correspondant du calcaire grossier. Il était conduit à cette manière de voir par des considérations tirées de la stratification générale du bassin (4).

On peut remarquer que cette incertitude est analogue à celle dont nous avons vu entouré l'âge de l'argile à silex. Elle a ici la même cause, savoir qu'on a confondu ensemble des formations diverses. De plus, quand on veut soumettre cette question à une étude minutieuse, on reconnaît à chaque instant que les terrains argileux, en

(1) De Roys, *Bullet. de la Soc. géologique*, 1840, t. XI, p. 272.
(2) D'Archiac, *Ibid.*, 1835, t. VII, p. 31.
(3) Idem, *Hist. des progrès de la géologie*, t. II, 1849, p. 627.
(4) Idem, *Bullet. de la Soc. géologique*, 1838, t. IX, p. 288.

contact desquels sont les poudingues, ont déterminé des éboulements et des glissements de nature à mélanger diverses couches et à intervertir leur ordre naturel de superposition. Ajoutons qu'on ne trouve aucun fossile dans les poudingues de Nemours, car les fossiles crétacés contenus dans les galets de silex dont ils se composent ne peuvent évidemment être d'aucun secours.

En présence de cette question, il semblera indiqué de résumer les recherches publiées par M. Hébert (1). Les coupes relevées par ce savant géologue semblent en effet montrer que la formation des poudingues de Nemours a, au moins dans certains cas, exigé un temps très-considérable, pendant lequel des dépôts variés pouvaient se produire dans d'autres localités.

C'est ainsi, pour nous borner à ce seul exemple, qu'à Souppes, situé à 10 kilomètres au sud de Nemours, les poudingues, reposant directement sur la craie, vont se fondre dans le calcaire de Brie, qui les recouvre de façon à faire penser que leur production s'est continuée pendant le dépôt même du calcaire. Dans cette localité, l'épaisseur des poudingues est de 10 à 12 mètres.

Laissant de côté ces faits exceptionnels, on arrive à reconnaître que la masse principale des poudingues est antérieure au dépôt de

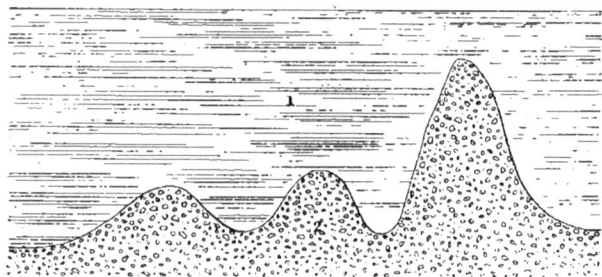

FIG. 37. — Coupe prise entre Fay et Nemours.
1. Argile plastique. — 2. Poudingues.

l'argile plastique, ou du moins qu'elle gît au-dessous de celle-ci. C'est ce que M. Hébert a constaté, par exemple, aux environs de Souppes, où il a pris la coupe de la figure 37. Selon le témoignage des ouvriers glaisiers, dès qu'on arrive aux cailloux, on cesse de creuser, certain de ne pas rencontrer d'argile plus bas. C'est de

_____

(1) *Bullet. de la Soc. géologique*, 2ᵉ série, 1854, t. XI. p. 424. — Voyez aussi un complément d'observations du même auteur modifiant un peu ses premiers résultats, dans le même *Recueil*, 1859, t. XVII, p. 58.

même dans une dépression des poudingues que se trouve l'argile plastique exploitée pour la poterie et la faïence de Montereau.

Quelle que soit d'ailleurs l'opinion adoptée à l'égard des poudingues de Nemours, on peut admettre l'explication suivante, quant à leur origine et au mode de transport des matériaux dont ils se composent (1). Tous les géologues reconnaissent que la partie supérieure du terrain crayeux a été fortement dénudée, sillonnée, ravinée à la fin de la période secondaire, et ce fait est prouvé par les grandes inégalités que revêt partout, comme nous y avons insisté, la surface de ce terrain. M. de Roys regarde même les sables, les poudingues, et jusqu'à l'argile, situés entre Montereau et Nemours, « comme formés par le même cataclysme, et comme constituant le prolongement des argiles à silex de la Normandie » (2). Ne pourrait-on pas admettre aussi, pour expliquer les autres niveaux de poudingues analogues, qu'à diverses époques de la série tertiaire, de nouvelles dénudations de collines crayeuses ont eu lieu, et que les rognons de silex ont été déposés et accumulés dans les vallées à la place qu'ils occupent aujourd'hui ?

La cimentation des galets en poudingue n'a pas eu lieu dans toute l'étendue des couches. D'après M. Ebray (3), c'est seulement aux affleurements qu'on le constate, et ce géologue suppose que les poudingues résultent d'abord d'un lavage qui rapproche les galets, puis d'une cimentation par infiltration qui les réunit.

§ 2. — Argile plastique.

C'est immédiatement au-dessus du conglomérat ossifère que se montre la puissante formation de l'argile plastique.

Elle peut atteindre presque à 50 mètres en présentant des caractères de pureté remarquable. L'argile, en même temps qu'elle est une roche, est presque une espèce minéralogique. Quelques analyses chimiques suffiraient pour montrer combien sa composition est constante, malgré de nécessaires variations.

(1) *Bullet. de la Soc. géologique*, 2ᵉ série, 1859, t. XVII, p. 42.
(1) De Roys, *Ibid.*, 2ᵉ série, 1865, t. XXXIII, p. 183.
(2) Ebray, *Ibid.*, 1860, t. XVII, p. 695.

Voici ce que renferme la variété la plus abondante à Vaugirard :

Silice....................................	51,84
Alumine.................................	26,10
Oxyde de fer	4,91
Chaux...................................	2,25
Magnésie................................	0,23
Eau.....................................	14,58
	99,91

ARGILE PLASTIQUE DE MONTEREAU. — C'est aux environs de Montereau que l'on peut spécialement étudier la formation d'argile plastique avec tous ses caractères (1). Sur la rive droite de la Seine, près de Tavers, à 3 kilomètres environ au-dessous de Montereau, on voit surgir la craie au-dessous du calcaire d'eau douce qui forme tout l'escarpement de la falaise au-dessous de ce point. La craie s'élève d'une manière assez régulière, séparée du calcaire d'eau douce par une assise argileuse d'environ 2 mètres de puissance. Son inclinaison, d'environ 20 degrés à son point de départ, s'atténue en s'élevant, et elle devient à peu près horizontale au-dessus du parc de Courbeton, où elle est exploitée sur une assez grande étendue pour la fabrique de terre de pipe de Montereau ; sur ce point elle est très-blanche, parfaitement pure, ne contient pas un atome de fer, et demeure blanche après la cuisson. Dans le pli de la falaise qui sépare les parcs de Surville, au-dessus de Montereau, et de Courbeton, la même assise est grise, rougit au feu, et est séparée de la craie par une petite épaisseur de sable qui paraît bleuàtre ; mais en le regardant à la loupe, on reconnaît que cette teinte est due à la présence d'une multitude de grains lenticulaires noiràtres qu'on peut reconnaître pour des silex de la craie très-atténués.

De l'autre côté de la Seine, en suivant la route de Montereau à Voulx, après avoir franchi le mamelon du calcaire pisolithique dont la base est recouverte d'un sable que sa teinte bleuàtre fait reconnaître comme identique avec celui de Courbeton, et de quelques blocs de grès, on retrouve l'argile exploitée pour les tuileries de Viltet. Elle est grise ou panachée, et la couleur rouge des briques indique une assez grande quantité de fer disséminé. Elle est recouverte par le calcaire d'eau douce formant la falaise qui sépare la

---

(1) Voyez un mémoire de M. de Roys dans le *Bullet. de la Soc. géologique*, 2ᵉ série, 1865, t. XXIII, p. 183.

Seine de la petite vallée de l'Orvanne. Son affleurement sur les collines du côté droit de cette vallée est accusé par quelques petites sources, notamment celles de Bellefontaine et d'Ouizille. Près de cette dernière localité, elle a été coupée par les berges des fossés du chemin vicinal de grande communication de Dormelle à Ville-Saint-Jacques, et l'on peut voir que l'assise a une épaisseur qui varie de 1 à 2 mètres, et qu'elle repose d'abord sur la craie durcie, puis sur une assise de sables et de cailloux qui l'en sépare. Cette dernière assise atteint près du hameau de la vallée une puissance de 4 à 5 mètres, et, sur quelques points, l'extrême atténuation des silex la fait passer à l'état de sable bleuâtre comme celui déjà signalé. Un peu en arrière des dernières maisons de la vallée, un petit mamelon s'élève abruptement à 2 ou 3 mètres au-dessus du sol, qui est en pente très-douce. Il est formé par quelques blocs de grès assez grossier, mais dont le ciment, au lieu d'être argilo-siliceux comme celui des blocs de grès ou de poudingues qu'on trouve ailleurs dans cette assise, est en fer hydroxydé. L'assise de sable et de cailloux s'abaisse ensuite, toujours couverte par l'argile, que l'on voit encore affleurer dans un ravin au pied de la côte Blanche, au-dessus de Pilliers, où elle se réduit à une épaisseur de 50 centimètres, couvrant une épaisseur égale de sable. Elle se relève un peu vers la Fondoire, immédiatement superposée à la craie dure, s'abaisse de nouveau, et disparaît au fond de la vallée jusqu'à son embouchure dans le Loing, un peu au-dessus de Moret.

Peut-être trouvera-t-on ici avec intérêt la coupe complète de cette falaise à la côte Blanche de Pilliers. Au-dessus de la craie, de ces assises de sable et d'argile, s'élève le calcaire d'eau douce inférieur (le calcaire siliceux d'Al. Brongniart), sur 25 mètres de puissance ; puis une mince couche d'argile qu'on voit affleurer dans un ravin vers le haut de la côte, mais dont on ne peut suivre l'affleurement sur la pente de la falaise ; au-dessus, un second calcaire d'eau douce (le calcaire de Brie de Dufrénoy), puis les sables et grès de Fontainebleau.

Mais, en remontant un peu à la hauteur de ce second calcaire et longeant un petit bois, on trouve à l'angle une excavation d'où l'on a tiré du moellon. Vers les deux tiers de sa hauteur, est une très-mince assise de calcaire marin à cérites et à huîtres, en petites plaquettes que rien ne distingue à l'extérieur des plaquettes du calcaire d'eau douce inférieur et supérieur. C'est en les cassant qu'on peut les reconnaître.

Vis-à-vis du débouché, dans la vallée de l'Orvanne, de la route de Montereau à Voulx, s'étend, sur une assez grande longueur, sur la rive gauche, le village de Ferrottes, entièrement bâti sur la craie. De là jusqu'un peu au delà de Villemer, s'étend une sorte de vallon élevé, large de 2 à 3 kilomètres, long de 10, séparé de l'Orvanne par une chaîne de collines dont le sommet est formé par les sables et grès de Fontainebleau, de Flagy jusqu'à Saint-Ange, borné à gauche par une autre chaîne semblable et parallèle qui s'étend de Ferrottes jusqu'à Treuzy. En s'élevant un peu au-dessus de Ferrottes par la route de Villeflambeau, on se trouve sur l'argile, accusée par une multitude de rognons de grès argilo-siliceux, seul indice, au commencement, de l'assise arénacée. Si l'on se porte plus à droite, dans la direction de Flagy, on trouvera de vastes excavations pratiquées pour exploiter l'argile blanche très-pure.

Le propriétaire du champ, considéré jusque-là comme sans valeur, en a vendu pour 10 000 francs à la fabrique de Montereau. Tout autour, l'argile paraît encore blanche, mais se colore au feu. Puis, en suivant la ligne du milieu du vallon, elle devient grise, s'amincit, et quelques ravins qui la coupent montrent l'assise de sables et de cailloux, au-dessous de l'argile, atteignant une puissance de 5 à 6 mètres. On y voit quelques blocs de poudingues et de grès, mais toujours à la partie supérieure et toujours à ciment argilo-siliceux. L'argile forme le sol des bois, en grande partie défrichés aujourd'hui, sur le territoire des communes de Flagy, Dormelles et Villemaréchal. Dans cette dernière commune, elle a été exploitée depuis longtemps pour des tuileries.

Elle l'est aussi à Bezauler, entre Villemer et Treuzy. Dans cette dernière exploitation, de petits nodules de craie, dont on ne peut parvenir à la débarrasser entièrement, sont une cause de perte pour le fabricant. Un peu avant ce point, les deux petites chaînes de collines dont nous avons parlé s'arrêtent à la même hauteur, et la formation des sables et poudingues, recouverte ou non par l'argile, atteint le bord de l'Orvanne à Villecerf du côté droit, franchit à gauche la petite rivière de Lunain, parallèle à l'Orvanne, dont elle forme les basses falaises, de Névélé jusqu'à son confluent dans le Loing, et s'étend jusqu'à Nemours. Elle remonte la vallée du Loing, où l'on peut l'observer, sur la rive droite au village de Glandelles, cité par Élie de Beaumont, et sur la rive gauche à Lavaux, où le poudingue est formé en grande partie de silex jaspoïdes rouges, que d'Archiac a reconnus comme provenant des étages crétacés qu'il avait observés dans le département de Loir-et-Cher. Un peu au delà de Lavaux, dans une petite dépression, est une tuilerie au village de Fay. En continuant à remonter la vallée du Loing, on voit encore l'assise des sables et poudingues couverte d'une mince couche d'argile, coupée par les berges de la route qui monte de Souppes à Château-Landon. Un peu au delà, elle est coupée par une large vallée marécageuse venant de Courtempierre au Loing.

CARACTÈRES MINÉRALOGIQUES DE L'ARGILE PLASTIQUE. — MINÉRAUX ACCIDENTELS. — Quand elle est pure, l'argile plastique est blanche; elle est alors propre à la fabrication de la porcelaine et activement exploitée pour cet usage. A Montereau, par exemple, les premières qualités sont triées avec soin, débarrassées à la main de toute trace de matières étrangères, et expédiées à grands frais jusqu'à Bordeaux, où elles sont employées comme matières plastiques.

Des traces de substances diverses suffisent pour lui faire perdre sa blancheur, et surtout pour la colorer fortement après la cuisson. Le fer, suivant qu'il est hydraté ou anhydre, lui donne des nuances jaunes et rouges parfois très-foncées. La couleur noire qu'elle offre si souvent est due d'ordinaire à la dissémination de particules charbonneuses, et dans d'autres cas, comme il résulte des travaux du chimiste Ebelmen, à la présence du sulfure de fer à un état extrême de division. C'est à la présence de ce sulfure qu'il faut attribuer la formation, à la surface des coupes que montrent les exploitations, de sous-sulfate de peroxyde de fer, ou *apatélite*, sur lequel nous allons avoir à revenir.

Jusqu'ici l'argile plastique proprement dite n'a pas fourni de fossiles. Au contraire, les minéraux qui s'y trouvent disséminés d'une manière accidentelle sont assez nombreux.

Le *gypse* doit être cité en première ligne, à cause de la beauté de ses cristaux. Ces cristaux sont infiniment plus intéressants à étudier que ceux, parfois bien plus gros, que renferment les couches de l'étage gypseux. Ici ils sont libres de tout groupement, parfois d'une limpidité parfaite et souvent chargés de nombreuses facettes secondaires.

Ce gypse paraît résulter de l'oxydation de la pyrite, qui, transformée en sulfate ferreux, subit de la part des sels de chaux une double décomposition; d'où résulterait à la fois du gypse et de l'oxyde de fer, parfois carbonaté, comme on va voir.

La *pyrite de fer* n'existe pas seulement à cet état de dissémination dont nous parlions il n'y a qu'un instant; on la rencontre aussi en nodules tuberculeux parfois très-gros, mais qui diffèrent complétement de ceux de la craie, n'étant pas à structure radiée. Ces nodules, qui se retrouvent dans les sables supérieurs à l'argile plastique et dans les fausses glaises, résultent toutefois, comme les précédents, d'une concentration lente de la matière minérale, dont l'origine première n'est d'ailleurs pas connue jusqu'ici.

Dans ces derniers temps, M. Jannettaz a signalé la présence, dans l'argile plastique d'Issy, de calcaire très-fortement strontianien (1). D'après la coupe qu'il a publiée, le carbonate de strontiane forme un amas au-dessus duquel gît l'argile plastique grise, et M. Munier-Chalmas, y ayant trouvé le *Cerithium inopinatum* et le *Paludina aspersa* de Rilly, le regarde comme correspondant du calcaire grossier de Mons et des sables de Rilly. Quoi qu'il en soit, voici la composition de cette substance, dont la densité est égale à 2, 8 :

Carbonate de chaux...............	75,0
Carbonate de strontiane...........	20,0
Carbonate de baryte..............	0,5
Argile........................	4,0
Alumine......................	0,6
Eau.........................	0,4
	100,5

En 1837, M. Ch. d'Orbigny a découvert à Vanves, à Vaugirard, à Arcueil et sur d'autres points, une couche subordonnée à l'argile plastique, consistant en petites oolithes de fer carbonaté, ou *sidérose*, cimentées seulement par un peu d'argile. Ce minerai, mêlé d'un peu de silice et de carbonate de magnésie, offre à la loupe une contexture cristalline. Chaque globule, demi-translucide, est composé d'une multitude de petits cristaux accolés. Les globules ont tous le même diamètre et renferment à leur centre un petit noyau mobile et creux lui-même, caractères qui portèrent M. Ch. d'Orbigny à penser que ces corps pourraient bien être des moules imparfaits de corps organisés et spécialement de graines de *Chara*.

L'argile qui contient ce minerai forme à Arcueil une couche de 10 centimètres environ d'épaisseur, placée entre l'argile sableuse et l'argile plastique proprement dit. Lorsqu'on met cette roche dans

(1) Jannettaz, *Bullet. de la Soc. géologique*, 2e série, 1871, t. XXIX, p. 41.

de l'eau, elle se désagrége presque aussitôt, et l'on obtient très-facilement par le lavage les globules métalliques en question parfaitement isolés et dans l'énorme proportion de 45 pour 100 en poids. Ce carbonate de fer pourrait donc être exploité avec beaucoup d'avantage, si le banc dans lequel il se trouve devenait un peu plus puissant (1).

Origine et mode de formation de l'argile plastique. — L'origine et le mode de formation de l'argile plastique ont fortement préoccupé les géologues.

M. de Roys, appliquant à cette assise les mêmes considérations qu'au conglomérat, y voit le produit de la dénudation de roches plus anciennes. Il faut remarquer que cette supposition n'est pas · acceptable, puisque la démolition des roches ne peut rien donner qui ne soit primitivement contenu dans ces roches, et que la craie ne renferme point d'argile. Il faudrait supposer au minimum que l'argile plastique dérive des couches du gault, ce qui n'est guère vraisemblable. Disons cependant que M. de Roys appuie son opinion sur des considérations dont nous avons déjà parlé et qui le portent à regarder l'argile, ainsi que les sables et les grès qui l'accompagnent, sinon comme synchroniques de l'argile à silex, au moins comme dus à l'action du « même cataclysme » (2).

Constant Prévost (3) regarde l'argile plastique comme due aux dépôts de grands fleuves débouchant dans le golfe parisien, et s'appuie sur la comparaison des anciennes formations avec les dépôts fluviatiles que la Seine produit actuellement dans la Manche. « Les caractères minéralogiques ou zoologiques de l'argile plastique, dit-il, m'annoncent le transport violent et rapide, puis successivement plus lent, de matières enlevées à la terre par un cours d'eau continental et déposées par lui sur un fond marin. »

Il paraît plus naturel à M. d'Omalius d'Halloy d'attribuer à l'argile plastique une origine profonde, et de la rapprocher ainsi des volcans boueux.

On sait que ces volcans sont des cônes qui ne diffèrent point, si ce n'est par leurs dimensions, des puissants volcans des Indes ou de Java. Comme ces grandes montagnes, ils secouent le sol et le

---

(1) Voyez, à ce sujet, une note de M. Jannettaz sur le minerai de fer pisolithique des environs de Paris dans le *Bull. de la Soc. géologique*, 2ᵉ série, 1870, t. XXVIII, p. 197.

(2) De Roys, *Bullet. de la Soc. géologique*, 2ᵉ série, 1865, t. XXIII, p. 183.

3) Constant Prévost, *Terrains des environs de Paris*, p. 111.

déchirent pour expulser les matières renfermées ; ils émettent des gaz et des vapeurs en abondance, accroissent leurs talus de leurs propres débris ; se déplacent, changent de cratères, font disparaître leurs sommets dans leurs explosions. Enfin, parmi eux, les uns sont incessamment en travail, tandis que d'autres ont leurs périodes de repos et d'exaspération. Les volcans de boues sont en grand nombre sur la terre, et, comme les volcans de laves, c'est

FIG. 38. — Volcans de Turbaco (1).

principalement à une faible distance de la mer que s'élèvent leurs petits cônes. En Europe, les plus remarquables parmi ces monts qui vomissent la boue sont ceux qui se trouvent aux deux extrémités du Caucase, sur les bords de la mer Caspienne et des deux côtés du détroit de Iénikalé. A l'est, les sources boueuses de Bakou se distinguent surtout par leur association avec des gaz inflammables ; à l'ouest, celles de Taman et de Kertch épanchent pendant toutes les saisons, mais surtout pendant les sécheresses, de grandes quantités d'une fange noirâtre. Un de ces volcans de boues, le *Gorela* ou *Kuku-Oba*, que, du temps de Pallas, on appelait l'Enfer

(1) Figure empruntée aux *Éléments de géologie* de M. Contejean.

ou *Prekla* à cause de ses fréquentes éruptions, n'a pas moins de 75 mètres de hauteur, et de ce cratère parfaitement distinct se sont écoulés des torrents boueux, dont l'un avait 800 mètres de long et une contenance d'environ 650 000 mètres cubes. Les *volcancitos* de Turbaco (fig. 38), décrits par Humboldt, et les *maccalube* de Girgenti, explorées depuis Dolomieu par la plupart des savants européens qui s'occupent des forces souterraines, sont aussi des exemples bien connus des sources de boues, et peuvent servir de type à tous les monticules de même genre. En hiver, après de longues pluies, la plaine des *maccalube* est une surface d'argile et d'eau formant une sorte de pâte bouillonnante d'où la vapeur s'échappe en sifflant; mais la chaleur du printemps et de l'été durcissent cette argile en une croûte épaisse, que les vapeurs percent sur divers points et recouvrent de monticules grandissants. A la pointe de chacun de ces cônes une bulle de gaz gonfle en ampoule la bouillie argileuse, puis la fait crever et l'épanche en une mince nappe sur le talus; le liquide retombe dans le cratère; puis une nouvelle bulle soulève d'autre argile, l'étend sur la première couche déjà durcie, et ce va-et-vient continue incessamment jusqu'à ce que les pluies d'hiver aient de nouveau délayé tous les cônes (1). Tel est dans toute sa simplicité le jeu de ces volcans, dont le produit a, comme on voit, la plus intime analogie avec notre argile plastique.

Quant au point où ces émanations volcaniques se seraient fait jour, on peut le rattacher à la série de failles parallèles à celles que M. Raulin décrit sous le nom de *faille du Sancerrois*, et qui est précisément d'époque tertiaire.

§ 3. — Sables quartzeux.

L'argile plastique est ordinairement surmontée d'une couche de sables quartzeux. A Vaugirard, elle n'a que quelques décimètres d'épaisseur, mais dans d'autres lieux, comme à Montereau, elle atteint de 5 à 8 mètres. Ce sable, souvent très-blanc et très-pur, est alors exploité pour la fabrication du verre, ou, quand il renferme quelque matière étrangère, pour celle des moules de fonderies et pour les autres usages auxquels les sables sont propres.

MINERAI DE FER SUBORDONNÉ. — A Montereau, le sable est cou-

(1) Reclus, *la Terre*, 1868, t. I. p. 679.

ronné de rognons de limonite, si nombreux, qu'on les a anciennement exploités comme minerai de fer; mais en général ces
rognons ne sont qu'un grès quartzeux à ciment d'oxyde de fer et
se refusent à une exploitation productive.

A partir de l'extrémité du parc de Saint-Ange, on trouve sur tous
les chemins, quelquefois même sur le sol, souvent en nombre considérable, des scories encore très-riches en fer, indiquant ces
exploitations très-imparfaites du minerai de fer, partout où on le
trouvait en quantité assez considérable près de grandes forêts, au
moyen de forges à bras. Il y a eu même sans doute, à une époque
plus récente, mais encore assez reculée, une exploitation plus régulière, car les deux moulins de Villecerf portent le nom de la *Forge*
et de la *Fondoire*. On voit dans les bois des excavations assez nombreuses, attribuées par la tradition du pays à la recherche du minerai, et qui se trouvent toutes dans l'argile. Depuis longtemps
toute autre trace de ces exploitations a disparu, mais on trouve encore fréquemment dans l'argile des nodules de fer peroxydé assez
faiblement hydraté, puisque la poussière en est presque rouge. Ils
ne sont pas irrégulièrement disséminés, en général, dans l'étendue
de l'assise, mais ordinairement rapprochés en nombre quelquefois
considérable, et formant une espèce de gerbe. La culture les fait
arriver à la surface du sol, où on les trouve toujours dans un espace
assez circonscrit, tandis que tout autour il y a des espaces qui n'en
présentent aucun. En se dirigeant de Villemer parallèlement au
Lunain, on peut remarquer quelques champs d'une couleur rouge
très-vive. Le grand nombre de scories qu'on voit dans le voisinage
conduit à penser qu'ils ont été le lieu d'une station de forges à bras,
et que leur couleur est due à la poussière produite par la trituration
de ces minerais. Il paraît impossible de ne pas penser que ces
nodules n'aient pas été le produit d'une émission de vapeurs ferrugineuses ayant pénétré ces argiles après leur dépôt. La direction
verticale qu'affectent généralement ces petits amas est surtout sensible dans les cas, assez rares d'ailleurs, où ces vapeurs ont pénétré le calcaire d'eau douce supérieur à l'argile. On en voit des
exemples à Montereau, à Saint-Mamès, dans la rampe qui monte à
la station du chemin de fer, et à Sainte-Ange, surtout dans une
cave creusée dans le roc. On sait que depuis longtemps déjà
M. d'Omalius a attribué le dépôt considérable de minerai de fer
exploité près de Maubeuge à une cause analogue, ainsi que plusieurs
autres. Il en est de même très-probablement des minerais du dé-

partement de l'Orne décrits par M. Blavier, et qui appartiennent à la formation des argiles à silex.

Lorsque ces nodules sont exposés longtemps au contact de l'air, comme cela arrive à ceux que la culture amène à la surface du sol, ils se couvrent d'une croûte jaune friable, pénétrant graduellement dans l'intérieur.

GRÈS DE L'ARGILE PLASTIQUE. — Sur beaucoup de points, les sables de l'argile plastique sont agglomérés en grès par suite d'infiltration calcaire et plus souvent siliceuse. A Bougival, à Auteuil, etc., ces grès acquièrent une certaine épaisseur, mais les blocs qu'ils forment sont plus volumineux encore dans d'autres localités : à Saint-Ange par exemple, où ils ont plusieurs mètres et où on les exploite pour le pavage.

M. Ch. d'Orbigny (1) a signalé une carrière d'argile plastique où la place exacte de ces grès est spécialement nette. Elle est située sur la rive droite du Loing, près de la verrerie de Bagneux, entre Fay et Chaintreauville. Voici ce que donne ce point, où M. Ch. d'Orbigny attribue, comme on va voir, aux poudingues dits de Nemours, une place un peu différente de celle que nous leur avons assignée plus haut.

6. Lœss mélangé à sa partie supérieure de matières végétales............................. 2 mètres.

5. Travertin inférieur ou de Saint-Ouen. Ce calcaire est assez compacte et contient à sa partie supérieure quelques rares galets de silex..... 6 à 8 mètres.

4. Grès de l'argile plastique. Ce banc de grès, très-fortement endurci par un ciment siliceux, est en place et repose sur l'assise de silex..... 2 mètres.

3. Puissante assise très-régulière de galets de silex pyromaques noirâtres provenant de la craie (poudingues de Nemours) .... 4 à 5 mètres.

2. Marne sableuse et sable argileux faisant partie de la formation d'argile plastique......... 1 mètre.

1. Argile plastique proprement dite, grise et panachée de rose, tout à fait semblable à celle de Montereau. Elle est exploitée pour la verrerie de Bagneux .... 1 mètre.

ORIGINE DES SABLES DE L'ARGILE PLASTIQUE. — Evidemment, les sables de l'argile plastique annoncent un transport rapide, par des

(1) Ch. d'Orbigny, *Bull. de la Soc. géologique*, 2ᵉ série, 1859, t. XVII, p. 38.

eaux courantes, de matériaux dus à la dénudation des couches qui formaient le fond du bassin. Ici les objections, valables au sujet de l'argile elle-même, ne s'appliquent plus, car la craie soumise à la dénudation fournit du sable quartzeux par les silex qu'elle renferme. Les galets et les sables si abondants le long de nos falaises crayeuses, à Dieppe par exemple, montrent la reproduction actuelle de ce phénomène, et à l'inverse les galets et les poudingues que nous citions tout à l'heure, dans le terrain d'argile plastique, complètent la ressemblance de cette période antique avec l'époque actuelle.

§ 4. — Fausses glaises.

Enfin, les *fausses glaises* sont superposées aux sables. Elles diffèrent à première vue de l'argile plastique proprement dite par l'abondance des vestiges végétaux qu'elles renferment et qui les rendent souvent si ligniteuses, qu'on les appelle souvent *lignites supérieurs de l'argile plastique*.

A cet égard, remarquons que l'argile plastique se trouve véritablement comprise entre deux assises de lignites, ce qui conduit, pour ainsi dire, naturellement à la considérer comme un simple accident venant interrompre une longue période homogène.

MINÉRAUX DISSÉMINÉS DANS LES FAUSSES GLAISES. — Ordinairement les fausses glaises sont plus ou moins sableuses, et l'inégale répartition des matières étrangères qu'elles contiennent leur communique les bigarrures les plus diverses.

Parmi ces matières étrangères, il faut citer en première ligne le fer à l'état d'oxyde anhydre ou hydraté.

La *pyrite* forme ici des rognons parfois très-volumineux et dans l'intérieur desquels se retrouvent en abondance des empreintes végétales et de véritables lignites. On pourrait croire que ces matières organiques ont déterminé dans bien des cas la concentration de la matière pyriteuse.

Le *succin*, ou ambre, a été signalé par Brongniart dans les fausses glaises d'Auteuil, et étudié avec soin par M. Becquerel. Il se présente en nodules gros comme une amande et au delà, dont la couleur varie du jaune clair au jaune foncé et dont la transparence est très-variable. Les fragments naturels sont recouverts d'une sorte d'écorce d'un rouge de rubis.

Les lignites des fausses glaises renferment quelquefois aussi du succin sous forme de minces plaquettes, et ce n'est pas un des moindres arguments qu'on puisse invoquer en faveur de l'origine végétale de l'ambre.

La *chaux phosphatée* terreuse est disséminée dans les fausses glaises sous forme de nodules. Habituellement, ceux-ci n'ont aucune forme caractéristique, mais dans bien des cas on y peut reconnaître des coprolithes, c'est-à-dire des excréments fossiles. Les collections de Muséum renferment un bel échantillon de ce genre, qui provient des fausses glaises d'Auteuil, où il a été recueilli par M. le docteur Eugène Robert.

La présence de ces coprolithes indique l'existence d'animaux volumineux à l'époque qui nous occupe, et c'est, comme on va voir, ce qui a été vérifié directement.

A la surface des nodules de chaux phosphatée se montrent parfois de petits cristaux bleus consistant en *fer phosphaté* ou *vivianite*. Ils acquièrent quelquefois un volume assez considérable, et ils présentent une grande perfection de forme.

La *célestine*, ou *strontiane sulfatée*, se présente quelquefois en petits cristaux, soit sur le lignite, soit sur les minéraux contenus dans les fausses glaises. Ces cristaux appartiennent à la variété *apotome* de Haüy. Cette forme consiste dans le prisme *e¹* surmonté d'un pointement à quatre faces très-aiguës, placé sur les arêtes horizontales de ce prisme et donné par un décroissement intermédiaire sur le primitif. La disposition symétrique de ce pointement a engagé quelques minéralogistes à proposer de prendre le prisme *e¹* pour forme primitive : « l'avantage de ce système, dit Dufrénoy (1), serait que tous les cristaux en dériveraient par des lois simples » ; mais l'analogie avec la baryte sulfatée, dont seulement un petit nombre de cristaux se rattachent à la forme *e¹* doit faire préférer le prisme adopté par Haüy, qui concorde avec les clivages.

La *webstérite* est constituée par du sous-sulfate d'alumine, et présente une structure grossièrement oolithique. Elle forme une couche assez développée à Auteuil, où M. Dumas a pris les échantillons qu'il a analysés; ils renfermaient :

Alumine.	30
Acide sulfurique	23
Eau	47
	100

(1) Dufrénoy, *Traité de minéralogie*, 1856, t. II, p. 274.

L'*apatélite*, que nous avons déjà mentionnée précédemment, est un sous-sulfate de peroxyde de fer. Elle se présente en concrétions tuberculeuses d'un jaune-serin. On peut en recueillir à Issy, où elle est très-abondante sous la forme d'enduits minces.

FAUNES DES FAUSSES GLAISES. — Les fausses glaises sont extrêmement riches en fossiles.

Les lignites qu'elles contiennent indiquent une végétation abondante. Outre les empreintes de plantes indiscernables, on peut reconnaître des graines, des feuilles et des tiges provenant de conifères qui paraissent avoir eu alors un très-grand développement.

Les coquilles sont très-nombreuses. Exclusivement d'eau douce dans la partie inférieure du terrain, elles se mélangent vers le haut avec des espèces marines. Parmi les principales, nous citerons les suivantes.

Le *Cyrena cuneiformis* (fig. 39) est tout à fait caractéristique. On l'a recueilli à Auteuil dans des sondages, ainsi qu'à Marly. C'est une

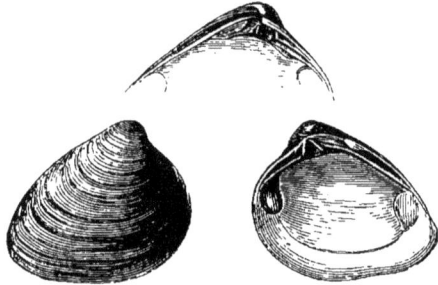

FIG. 39. — *Cyrena cuneiformis.*

coquille épaisse bombée, subtrigone, dont la charnière se compose sur chaque valve de trois dents cardinales presque égales et divergentes et de deux dents latérales lisses ou striées, l'intérieure assez épaisse, courte et rapprochée, la postérieure distante, sublamelleuse.

Une coquille très-voisine et tout aussi abondante est le *Cyrena antiqua*, qui présente à peu près les mêmes caractères, mais est moins bombé, en général, un peu plus grand et beaucoup moins trigone.

Les *Planorbis* sont nombreux et présentent une coquille biconcave discoïde, à spire aplatie, enroulée sur le même plan. L'ouverture en est ovale-transverse oblique, et embrasse la concavité de l'avant-dernier tour.

Un grand *Physa*, très-fragile, présente une coquille oblongue, lisse, dont la spire très-aiguë offre un dernier tour plus grand que tous les autres réunis. Comme dans toutes les Physes, l'ouverture est ovale, rétrécie, supérieure et arrondie en avant.

Le *Limnæa* mêlé avec cette Physe, en diffère à première vue par le sens de sa spire, qui est dextre au lieu d'être sénestre, et par son ouverture très-ample et échancrée sur l'avant-dernier tour.

Un *Melania* offre dans les mêmes couches sa coquille turriculée, dont l'ouverture est entière et oblongue, évasée à la base. La columelle, lisse, est arquée en dessous.

Parmi les espèces marines, il faut mentionner, outre des huîtres qui ne paraissent pas avoir été examinées très-soigneusement dans le sud de Paris, mais que nous allons retrouver en abondance dans le Soissonnais, le *Cerithium variabile*, tout à fait caractéristique des fausses glaises. Nous ne faisons d'ailleurs, que le mentionner ici, parce que nous allons avoir à y revenir avec détail.

Outre les mollusques, la faune comprend des vertébrés, et en particulier des reptiles d'où proviennent les coprolithes d'Auteuil et d'ailleurs, et qui sont représentés par divers ossements assez mal conservés en général.

CHAPITRE II

RÉGION NORD DE PARIS

Si maintenant c'est au nord de Paris que nous étudions les assises comprises entre le terrain crétacé et le calcaire grossier, nous trouvons des faits très-différents de ceux qui viennent d'être décrits. Ces assises sont très-compliquées, et leur étude contient beaucoup de points sur lesquels la discussion est encore pendante. Cependant nous croyons qu'on peut les diviser en quatre groupes, qui sont :

4. Les lignites.
3. Les sables marins de Bracheux.
2. Les marnes à physes.
1. Les sables blancs de Rilly.

Cet ordre de superposition est lui-même très-loin d'être admis par tous les géologues, et M. Melleville, par exemple, va jusqu'à en adopter un qui est à peu près inverse. Nous verrons cependant que beaucoup de faits paraissent le justifier, et nous laissons aux progrès futurs de la stratigraphie le soin d'élucider tous les points de cette étude.

Quoi qu'il en soit, nous allons successivement décrire les quatre assises dont on vient de lire les noms, et nous irons, comme toujours, de la plus ancienne à la plus récente. Nous réunissons cependant les deux premières assises, qui sont absolument inséparables.

§§ 1 et 2. — Sables de Rilly et Marnes à physes.

C'est surtout aux environs de Reims qu'on peut étudier les couches les plus anciennes de la série qui nous occupe, et spécialement à Rilly-la-Montagne.

En 1835, l'attention fut attirée sur la constitution de cette région par M. Drouet (1), qui signala un calcaire d'origine lacustre rempli de fossiles appartenant à de nombreuses espèces. M. Ch. d'Orbigny, étudiant cette localité quelques années plus tard, en donna une bonne coupe, qui montre à partir de la craie (fig. 40) : 1 à 2 mètres

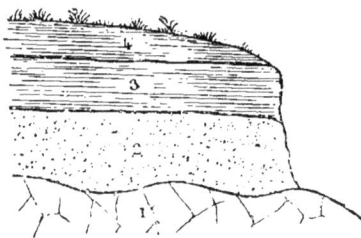

FIG. 40. — Coupe de la colline de Rilly.

4. Couche superficielle. — 3. Marnes a physes. — 2. Sables de Rilly. — 1. Craie.

de sable ferrugineux ou des rognons de grès, 5 mètres de sables quartzeux absolument blancs et purs, un lit de sable jaunâtre ; puis un calcaire marneux jaunâtre de 1 à 3 mètres d'épaisseur, accompagné de glaise et rempli de coquilles fluviatiles et terrestres (2).

(1) Drouet, *Bullet. de la Soc. géologique*, 1835, t. VI, p. 294.
(2) Ch. d'Orbigny, *Bullet. de la Soc. géologique*, 1838, t. IX, p. 321.

Au-dessus, la pente de la colline est occupée par des glaises de l'étage des lignites et le calcaire lacustre moyen.

Les sables découverts à Rilly recouvrent directement la craie sur une partie considérable du bassin de Paris. Ils sont d'une pureté admirable et ne contiennent ni débris organiques, ni cailloux roulés. Leur puissance dépasse 7 mètres. Dans plusieurs localités on les exploite pour les verreries, auxquelles ils apportent une matière première tout à fait exceptionnelle.

Toujours, dans les localités où l'on a pu les observer, les sables de Rilly sont recouverts par l'assise de marne calcaire, renfermant les fossiles lacustres, tels que le *Physa gigantea* que nous venons de mentionner, et sur lesquels nous allons revenir. L'ensemble de ces deux formations offre environ 15 mètres d'épaisseur et occupe à la surface de la craie un emplacement qui, d'après les travaux de M. Hébert (1), diffère complétement de ceux qu'ont ensuite occupés les autres formations tertiaires.

Cet emplacement peut être considéré comme un vaste lac que les eaux de la mer ont plus tard envahi par sa limite nord et ainsi converti en golfe, dans lequel se sont déposés les sables marins dits de Bracheux, sur lesquels nous allons avoir à nous étendre dans un moment.

Origine des sables de Rilly. — Les sables de Rilly ne se présentent pas comme le produit d'un charriage. Leur origine est fort difficile à comprendre, et M. Hébert a cherché à en rendre compte de la manière suivante : « Si l'on me demandait, dit-il (2), à défaut d'une opinion positive, une hypothèse de nature à expliquer ce dépôt si singulier, je dirais que la silice de la craie de Meudon et du calcaire pisolithique me paraît tout aussi difficile à bien comprendre. Ce qui est certain, c'est qu'il arrivait de la silice dans la mer crayeuse, qu'il en arrivait dans celle de la craie supérieure, dont notre calcaire pisolithique est un produit. Pourquoi, lors de l'émission de ce dernier et des dépressions que cette émersion a laissées à la surface du sol, les eaux qui sont restées dans ces dépressions, ou qui s'y sont réunies d'une façon quelconque, ne se seraient-elles point trouvées chargées de silice, résidu peut-être de cette silice crayeuse dont le dépôt aurait affecté la forme que nous voyons dans les sables de Rilly? Ce sable n'est pas cristallisé, soit. Mais nous

---

(1) Hébert, *Bullet. de la Soc. géologique*, 2e série, 1853, t. X, p. 436.
(2) Idem, *ibid.*, p. 446.

ignorons dans quelles conditions il s'est déposé; ces conditions pouvaient s'opposer à l'état cristallin. Là est l'énigme; mais ce que l'ensemble de ce sable ne peut pas de nier, c'est : 1° que la mer n'a jamais eu accès dans la dépression où il s'est déposé ; elle y aurait laissé des traces de sa présence; 2° qu'aucun affluent n'y apportait ses eaux : de la vase résultant du lavage de la craie, des silex, se seraient mêlés au sable, et rien de tout cela n'existe. Combien de temps cet état de choses a-t-il subsisté? Rien ne nous l'indique non plus. Peut-être cet isolement n'a-t-il eu qu'une courte durée? Plus cette période serait longue, plus il serait difficile de la comprendre. »

Pendant le dépôt des sables il ne semble y avoir eu dans le lac aucun être vivant ; à moins toutefois qu'on ne suppose la dissolution postérieure des coquilles, comme cela a eu manifestement lieu à d'autres niveaux de sables. Bientôt des affluents se sont fait jour qui ont apporté les sédiments marneux. Ils ont en outre entraîné dans le lac les coquilles de tous ces animaux, plus abondants dans les points où les eaux étaient plus chargées de calcaire, et qui y ont été cimentées ensemble par la vase qui se déposait en même temps. De là ces marnes calcaires à physes, produit d'une époque qui, eu égard à leur épaisseur et à l'énorme quantité de mollusques dont ces marnes renferment les débris, a pu être d'une durée très-longue.

FAUNE DES SABLES DE RILLY. — Il convient de décrire quelques-unes des coquilles les plus caractéristiques de cet intéressant dépôt.

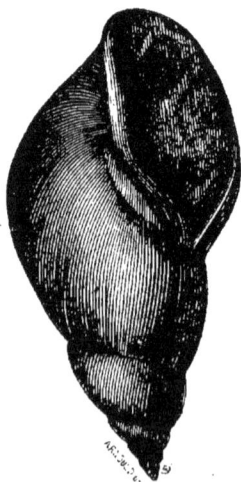

FIG. 41. — *Physa gigantea.*

Le *Physa gigantea* (Michaud) doit être cité en première ligne. C'est une grande et belle coquille (fig. 41) ovale-oblongue, à spire conique, régulière et pointue, à laquelle on compte sept tours; leur accroissement est rapide ; ils sont larges et peu convexes. Le dernier tour est très-grand ; il forme les deux tiers environ de la longueur totale ; il est obliquement ovalaire, sensiblement atténué en avant; souvent il est percé à la base d'une fente ombilicale dont la grandeur varie, et qui, quelquefois, est complétement close.

L'ouverture est ovale, assez étroite; son bord droit est mince et tranchant : la columelle au contraire est épaisse, cylindracée et faiblement contournée en forme d'un gros pli très-obtus. Le bord gauche est épais et renversé en dehors.

Le *Paludina aspersa* (Michaud) est ovale, ventru, subconique, assez court et obtus au sommet. Sa spire est composée de cinq tours et demi, qui sont convexes et séparés par une suture simple. Le dernier tour est très-grand et constitue à lui seul près des deux tiers de la coquille ; il est assez ventru, très-convexe à la base et percé au centre d'une fente ombilicale assez large pour celle d'une paludine ; elle est en partie recouverte par le bord gauche. La surface des premiers tours est lisse ; sur le dernier, dans de rares individus bien conservés, on remarque, à l'aide de la loupe, des stries transverses très-fines, régulières, qui remontent parfois sur l'avant-dernier tour. Il arrive assez souvent que la surface, au lieu des stries transverses dont nous venons de parler, est entièrement recouverte de stries longitudinales rugueuses, peu régulières et serrées. L'ouverture est ovale-obronde, elle se termine en arrière par un angle peu accusé ; son péristome, continu, est épaissi en dehors par un bourrelet profondément strié. Le plan de l'ouverture est assez fortement incliné en arrière sur l'axe longitudinal.

Le *Cyclostoma Arnoudi* (Michaud) est une coquille ovale-oblongue, ventrue dans le milieu, convexe dans tous ses contours. La spire, un peu plus longue que le dernier tour, est pointue au sommet. Au nombre de sept, les tours sont médiocrement convexes ; les premiers sont étroits et s'élargissent lentement, mais l'avant-dernier prend une largeur disproportionnée ; le dernier tour se projette en avant et vient placer l'ouverture dans l'axe longitudinal. Cette ouverture est perpendiculaire, et la partie de l'avant-dernier tour sur laquelle elle s'appuie, présente une dépression notable, comme si, étant molle, on y eût imprimé le doigt. Toute la surface de cette coquille est ornée de nombreux plis obliques, irréguliers ou peu apparents, par suite de leur finesse. L'ouverture est circulaire ; cependant, à la jonction des deux parties du bord, se produit un angle peu marqué. Le péristome est continu ; il est épaissi par un bourrelet extérieur assez fortement évasé.

L'*Helix hemisphærica* (Michaud) est jusqu'ici la plus grosse des hélices fossiles que renferme le bassin de Paris : elle atteint 30 millimètres de diamètre sur 23 de hauteur. Elle est globuleuse, un peu déprimée et assez variable pour la proéminence de la spire. Celle-ci est convexe, très-obtuse au sommet et même un peu mamelonnée; elle se compose de 5 ou 6 tours convexes réunis par une suture profonde; leur accroissement est assez rapide. Le dernier tour est très-grand, disproportionné, très-épais; il est trois fois plus haut que la spire; convexe à la circonférence, il l'est également à la base; mais de ce côté est ouvert un très-large et très-profond ombilic infundibuliforme, dont la circonférence est limitée par un angle fort obtus. Toute la surface est très-élégamment ornée de stries longitudinales serrées, un peu onduleuses et découpées en quadrilatères allongés par des stries transversales distantes et distribuées assez régulièrement. L'ouverture est grande, plus haute que large, ovale, obronde; son plan s'incline sur l'axe sous un angle de 50 degrés; son bord reste mince et tranchant à tous les âges.

Parmi d'autres hélices qu'on recueille au même niveau, nous citerons : *H. Arnoudi* (Mich.), *H. luna* (Mich.), *H. Dumasi* (Boissy), *H. Geslini* (Boissy).

Le *Megaspira exarata* (Desh.) (*Pyramidella exarata*, Mich. ; *Megaspira Rillyensis*, Boissy) est une coquille allongée, turriculée, subcylindracée. La spire est formée de 22 tours; ils sont très-étroits, s'accroissent lentement; leur surface est plane ou à peine convexe, et elle est ornée de très-fines côtes longitudinales qui rendent la suture élégamment crénelée par leur proéminence en ce point. Le dernier tour est court, convexe, proéminent en avant, et ne porte aucune trace de fente ou de perforation ombilicale. L'ouverture, médiocre, est oblongue, semi-ovalaire, plus haute que large; son bord reste mince, et lorsqu'il est entier, il est faiblement évasé en dehors. Une columelle droite porte trois plis égaux et parallèles, et de plus une lame pénétrante, fixée près de la base de la columelle.

Plusieurs *Pupa* pourraient nous arrêter, mais pour la plupart ils sont extrêmement rares. Nous mentionnerons : *P. palangula* (Boissy), *P. Archiaci* (Boissy), *P. inermis* (Desh.), *P. oviformis* (Mich.), *P. sinuata* (Mich.), *P. remiensis* (Boissy), *P. alternans* (Desh.).

Cette intéressante faune a été l'objet de plusieurs travaux, parmi lesquels nous signalerons un mémoire de M. Michaud (1), et de

---

(1) Michaud, *Description de quelques espèces nouvelles de coquilles fossiles de la Champagne (Actes de la Société linnéenne de Bordeaux*, 1838, t. X, p. 153).

longues recherches de M. Saint-Ange de Boissy (1). C'est à ce
dernier que nous empruntons la liste suivante :

Cyclas (Pisidium) nuclea.
— (Pisidium) Denainvilliersi.
— unguiformis.
— Verneuili.
— Rillyensis.
Ancylus Matheroni.
Vitrina Rillyensis.
Helix hemisphærica.
— Droueti.
— luna.
— Arnoudi.
— Dumasi.
— Geslini.
Pupa Rillyensis.
— columellaris.
— sinuata.
— palangula.
— Archiaci.
— remiensis.
— oviformis.

Clausilia contorta.
— Edmundi.
Megaspira Rillyensis.
Bulimus Michaudi.
Achatina Terveri.
— Rillyensis.
— cuspidata.
— similis.
— remiensis.
— Michelini.
— Michaudi.
Cyclostoma conoidea.
— helicinæformis.
— Arnoudi.
Paludina aspersa.
— Nystii.
Physa gigantea.
— parvissima.
Valvata Leopoldi.

MODE DE FORMATION DU DÉPÔT DE RILLY. — M. Hébert a cherché
à déterminer les limites du lac de Rilly (2). Diverses observations le
portent à penser que les bords de ce lac étaient voisins de Sézanne
et de Rilly, où des cours d'eau arrivaient de l'est, et que le lac s'é-
tendait au nord vers Cormicy, à l'ouest vers Dormans (Marne), où
sa profondeur s'augmentait considérablement; par suite, il devait
dépasser Dormans vers l'ouest à peu près autant qu'à l'est, ce qui
donnerait à cet amas d'eau douce, dont la longueur peut être évaluée
à 75 kilomètres au moins, une largeur de 64 kilomètres. Aucune
assise lacustre homogène n'atteint un pareil développement dans
notre bassin.

IMPORTANCE DE LA FORMATION DE RILLY. — Généralement, le niveau des sables de Rilly est compris entre 120 et 150 mètres d'altitude, et comme l'épaisseur de cette assise est d'environ 15 mètres,
on voit que les variations d'altitude se réduisent à peu de chose sur

(1) Boissy, *Description des coquilles fossiles du calcaire lacustre de Rilly-la-Montagne* (*Mémoires de la Société géologique de France*, 2ᵉ série, 1848, t. III, p. 266.
(2) Hébert, *Bullet. de la Soc. géologique*, 2ᵉ série, 1853, t. X, p. 450.

une étendue de 24 kilomètres du nord au sud, d'Hermonville à Rilly. Or, à 34 kilomètres au sud de Rilly, au mont Aimé, le calcaire pisolithique se trouve tout d'un coup porté à 240 mètres d'altitude, 90 mètres de différence. Si cette différence provenait d'un relèvement du sol postérieur au dépôt des sables et des marnes de Rilly, cette assise ne se serait pas maintenue à ce niveau constant, elle plongerait beaucoup plus au nord : à Pévy, l'altitude serait de 95 mètres au lieu de 150. Mais il y a plus. On sait que ce même calcaire lacustre existe à Sézanne, c'est-à-dire à 24 kilomètres au sud du mont Aimé, à une altitude de 170 mètres. Le calcaire pisolithique du mont Aimé se trouve donc à 70 mètres au moins au-dessus du niveau des marnes et calcaires lacustres de Rilly, qui n'en sont éloignés que de 24 kilomètres au sud à Rilly, et de 23 kilomètres au nord à Romery. Il en résulte nécessairement que cette différence de niveau est indépendante des mouvements lents du sol postérieurs au calcaire lacustre de Rilly, et qu'elle existait lors du dépôt de ce calcaire.

Ainsi, après le dépôt de la dernière couche du calcaire pisolithique et avant celui de la première couche des sables de Rilly, il s'est passé des phénomènes, par suite desquels le fond du golfe où s'était déposé le calcaire pisolithique a été considérablement élevé au-dessus de son ancien niveau. L'exhaussement du sol a été en outre accompagné ou suivi d'un ravinement ou d'une dénudation de 100 mètres de profondeur. La dépression qui en a été le résultat a reçu des eaux douces et est devenue un lac encaissé dans la craie, recouverte en partie par le calcaire pisolithique, notamment au mont Aimé et à Vertus, et où, après le dépôt d'une couche de sable de 7 à 8 mètres, a été enfoui un ensemble remarquable de mollusques.

Il y a donc entre le calcaire pisolithique et la formation lacustre de Rilly une discordance de stratification beaucoup plus grande que celle que nous avons remarquée entre la craie et le calcaire pisolithique. Cette dernière peut et doit probablement s'être établie par suite d'un soulèvement lent et dont l'effet total a d'ailleurs été peu considérable. En est-il de même du second ? — Rien n'a pu jusqu'à présent nous l'indiquer. Nous en sommes réduits aux hypothèses ; mais ces hypothèses ne peuvent pas sortir des termes suivants : Si le soulèvement a été long, il correspond à une durée plus longue que celle qui a séparé la craie de Meudon du calcaire pisolithique, et pendant cette époque il a dû se déposer quelque part des couches d'une certaine importance. S'il a été brusque, il a donné naissance à un dépôt de transport assez considérable, dont les éléments devraient être en grande partie le calcaire pisolithique et la craie. Jusqu'à ce jour aucun indice de ce dépôt ne s'est offert à nous, et les restes d'un dépôt de cette nature, qui existent encore à Sézanne par exemple, contiennent des débris roulés du calcaire lacustre de Rilly et attestent par conséquent une nouvelle révolution postérieure à ce dernier dépôt (1).

CALCAIRE DE SÉZANNE. — A Sézanne, au lieu dit la butte des Grottes, les couches lacustres offrent une prodigieuse quantité d'empreintes végétales, étudiées d'abord par M. de Wegmann (2), puis successivement par MM. Ad. Brongniart (3), Pomel (4) et de Saporta (5). Il est résulté de ces divers travaux la connaissance d'une flore des plus intéressantes, riche en dicotylédonées et en fougères, ayant leurs analogues actuelles dans les régions tropicales.

Nous emprunterons à M. de Saporta la liste suivante, qui exprime bien l'état actuel de nos connaissances à l'égard de cette flore intéressante.

Chara minima, Saporta.	Ludoviopsis discerpta, Sap.
Marchantia Sezannensis, Sap.	— geonomæfolia, Sap.
Adiantum aralophyllum, Sap.	Myrica platyphylla, Sap.
Blechnum atavium, Sap.	— subincisa, Sap.
Asplenium subcretaceum, Sap.	— apiculata, Sap.
— Wegmanni, Brongniart.	Alnus cardiophylla, Sap.
— carpophorum, Sap.	— trinerva, Watelet.
Alsophila thelypteroides, Sap.	Betula ostriæfolia, Sap.
— Pomeli, Sap.	— sezannensis, Wat.
— notabilis, Sap.	Dryophyllum subcretaceum, Sap.
Cyatheites debilis, Sap.	— palæo-Castanes, Sap.
— platanæformis, Sap.	— lineare, Sap.
Hemitelites longævus, Sap.	— integrum, Sap.
— proximus, Sap.	Ulmus antiquissima, Sap.
Cyperites Sezannensis, Sap.	— betulacea, Sap.

(1) Hébert, session extraordinaire à Épernay (Bullet. de la Soc. géologique, 2ᵉ série, 1849, t. VI, p. 725).

(2) De Wegmann, Bullet. de la Soc. géologique, 1ʳᵉ série, 1842, t. XIV, p. 70.

(3) Ad. Brongniart, Bullet. de la Soc. géologique, 1ʳᵉ série, 1842, t. XIV, p. 100, et Tableau des genres de fossiles, p. 115.

(4) Recherches résumées sur le tableau ci-dessus cité de M. Brongniart, et Écho du monde savant 1842.

(5) Mém. de la Soc. géologique, 2ᵉ série, 1868, t. VIII. p. 289.

Protoficus crenulata, Saporta.
— sezannensis, Sap.
— insignis, Sap.
— lacera, Sap.
Artocarpoides conocephaloidea, Sap.
— pouroumæformis, Sap.
Populus primigenia, Sap.
Salix stupenda, Sap.
— primæva, Sap.
— socia, Sap.
Monimiopsis amboræfolia, Sap.
— fraterna, Sap.
— abscondita, Sap.
Laurus (Persea?) Delessii, Sap.
— vetusta, Sap.
— tetrantheroidea, Sap.
— assimilis, Sap.
— subprimigenia, Sap.
— neglecta, Sap.
Sassafras primigenium, Sap.
Daphnogene elegans, Wat.
— Raincourti, Sap.
— Sezannensis, Sap.
Echitonium? sezannense, Wat.
Viburnum giganteum, Sap.
Symplocos Bureauana, Sap.
Hedera prisca, Sap.
Aralia (Paratropia?) crenata, Sap.

Aralia venulosa, Sap.
— sezannensis, Sap.
— hederacea, Sap.
— cordifolia, Sap.
Cissus primæva, Sap.
— ampelopsidea, Sap.
Cornus platyphylla, Sap.
Hamamelites fothergilloides, Sap.
Magnolia inæqualis, Sap.
Saurauja? robusta, Sap.
Sterculia variabilis, Sap.
— modesta, Sap.
Pterospermites inæquifolius, Sap.
Grewiopsis credneriæformis, Sap.
— tiliacea, Sap.
— sidæfolia, Sap.
— anisomera, Sap.
— tremulæfolia, Sap.
— orbiculata, Sap.
Celastrinites venulosus, Sap.
— fallax, Sap.
— Hortogianus, Sap.
— legitimus, Sap.
Rhamnus argutidens, Sap.
Zizyphus Raincourti, Sap.
Juglandites peramplus, Sap.
— olmediæformis, Sap.
— cernuus, Sap.

Comme le remarque le savant auteur (1), la flore de Sézanne se relie à celle de la craie supérieure par divers indices : 1° par quelques affinités de forme, dont l'*Asplenium Forsteri* fournit l'exemple le plus frappant ; 2° par la présence commune des Cyathées, des Pandanées et des genres *Myrica, Dryophyllum, Sassafras, Cyssus, Magnolia, Juglans.* Cette énumération, quoique incomplète, est suffisante pour faire admettre que la flore tertiaire de Sézanne a sa racine et sa raison d'être dans un passé plus reculé, encore imparfaitement exploré, dont elle n'est que le prolongement agrandi et développé. Si peu que nous sachions sur l'ensemble de la flore crétacée, on peut entrevoir en elle deux catégories de plantes bien distinctes par leurs éléments constitutifs et leur physionomie caractéristique. L'une de ces catégories comprendrait les protéacées et les types australiens ; l'autre se composerait plutôt de types similaires de

(1) De Saporta, *Mémoires de la Société géologique,* loc. cit., p. 305.

ceux de la zone boréale, et renfermerait par conséquent des genres demeurés depuis indigènes. C'est à cette seconde catégorie que se rattache particulièrement la flore de Sézanne, avec ses ormeaux, ses peupliers, ses lierres, ses cerisiers, ses magnolias, ses lianes et ses cornouillers, ses sassafras et ses noyers, dont les analogues doivent être cherchés bien plutôt dans les régions situées au nord de l'équateur, tandis que c'est au sud de la ligne que se rencontrent maintenant les types végétaux auxquels les types des sables d'Aix-la-Chapelle peuvent être assimilés.

Les points de contact de la flore de Sézanne avec celles qui l'ont suivie dans l'époque tertiaire sont plus nombreux et plus faciles à établir. Ces liens sont de plusieurs sortes. Les uns consistent dans la ressemblance de certaines espèces observées dans quelques dépôts postérieurs avec celle de Sézanne. Il en est ainsi des *Sphenopteris recentior* (Ung.) (1) et *S. eocenica* (Ett.) (2), par rapport à l'*Asplenium Wegmanni* (Brongn.). Plusieurs fougères, rangées dans le genre *Lastraea* par M. Heer, rappellent aussi d'une manière frappante les *Alsophila* de Sézanne. Ce sont là, si l'on peut s'exprimer ainsi, des analogies individuelles. Il en est de plus générales : certains groupes, dont l'existence a été constatée avant l'étage de Rilly et qu'on observe dans cet étage, continuent à se montrer dans les suivants et se maintiennent plus ou moins longtemps. Ainsi le groupe des Pandanées, représenté par les fruits nommés *Nipadites* par Bowerbank, est fréquent dans l'argile de Londres et le calcaire grossier parisien. Dans ce dernier terrain, ces fruits se trouvent accompagnés de feuilles elliptiques oblongues, à nervures longitudinales multipliées et convergentes (*Phyllites multinervum*, Brongn.), qui pourraient être l'indice d'un type de Nipacées à feuilles entières, comme celles de certains *Carludovica* actuels, et bien différents par conséquent de l'unique *Nipa* que nous connaissons. Les Myricées, signalées à plusieurs reprises dans la craie supérieure, représentées à Sézanne sous plusieurs formes, se montrent assurément dans les divers étages de la série tertiaire. M. Watelet a figuré sous plusieurs noms un *Comptonia* des grès de Belleu (3), dont l'attribution ne laisse rien à désirer; une autre espèce, nommée par cet auteur

(1) Unger, *Chlor. protogæ1.* Prag, 124, tab. XXXVII, fig. 5.

(2) Ettingshausen, *Die eviene Flora des Monte Promina.* Wien, p. 9, tab. II, fig. 518.

(3) Watelet, *Plantes foss. du bassin de Paris*, p. 122 et 123, pl. XXXIII, fig. 117.

Dryandroides ovatilobus (1), doit être, selon toute apparence, reportée dans le même genre. Le groupe ne fait ensuite que s'accroître pour atteindre son apogée vers le miocène inférieur, et diminue d'importance après cette époque. Il en est de même du genre *Dryophyllum*, puisque parmi les espèces du grès de Belleu, rangées par M. Watelet dans les genres *Quercus* et *Castanea*, quelques-unes, comme le *Q. parallelinervia* (Wat.) (2), les *Castanea eocenica* (Wat.) et *Saportæ* (Wat.), paraissent se rapprocher beaucoup des *Dryophyllum* de Sézanne ou même se confondre avec eux. Les sassafras, ou plutôt le groupe des laurinées trilobées, en y comprenant aussi les *Benzoin*, après avoir donné à la flore de Sézanne une de ses formes les mieux déterminées, reparaissent successivement dans l'éocène supérieur à Skopau, dans le miocène inférieur à Manosque et à Menat, et jusque dans le tertiaire récent de Sinigaglia et du val d'Arno (3).

Il existe encore à Sézanne une catégorie de types qui se montrent pour la première fois dans ce dépôt, et depuis continuent à paraître avec une sorte de régularité et de constance, qui atteste d'une part leur présence à tous les degrés de la série, et de l'autre prête à leur attribution une certitude plus grande que si on les observait seulement d'une façon isolée et accidentelle. Parmi ces types, les uns, après avoir persisté plus ou moins longtemps, sont devenus étrangers à l'Europe, où on ne les rencontre plus actuellement; les autres, au contraire, se retrouvent encore sur le sol de ce continent, ou même s'y sont développés de manière à constituer le fond même de la végétation que nous avons sous les yeux. Comme exemple des premiers, il faut citer les *Cinnamomum*, *Sterculia*, *Zizyphus*. Il n'y a pas besoin d'insister sur le rôle des *Cinnamomum* dans la flore tertiaire jusqu'à la fin du miocène, époque à laquelle ce rôle était encore considérable. Le type des *Sterculia*, dont il existe encore des traces remarquables à Sézanne, est représenté successivement dans les grès de Belleu par le *S. Duchasteli* (Wat.), assez peu distinct du *S. labrusca* (Ung.), si répandu dans l'éocène supérieur

---

(1) Watelet, *loc. cit.*, p. 198, pl. LII, fig. 15.

(2) Watelet, *loc. cit.*, p. 137, pl. XXXV, fig. 4.

(3) Voyez Heer, *Beitr. zur näheren Kenntniss der Sachsich-Thüring. Braunkohlen Flora (Abhandlungen des naturwissensch. Vereins für Sachsen und Thuringen)*, 8, tab. III, fig. 7, et tab. VII, fig. 12, 13. — Heer, *Flora tertiaria Helvet.* Zurich, 1859, p. 313. — Ch. T. Gaudin, *Contrib. à la flore fossile italienne*, 2ᵉ mém., Val d'Arno. Zurich, 1859, p. 50, pl. X, fig. 8.

(Skopau, monte Bolca, Sotzka); dans les gypses d'Aix par le *S. tenui-loba* (Sap.) (1); dans le miocène enfin par le *S. tenuinervis* (Heer) (2) (Œningen), construit sur le même modèle que les précédents. Après le temps de Sézanne, on retrouve le genre *Zizyphus* dans le calcaire grossier parisien, dans l'éocène supérieur, à monte Bolca et dans les couches de l'île de Wight (*Zizyphus vetusta*, Heer); puis dans les gypses d'Aix et dans tout le tongrien, où l'on observe le *Zizyphus paradisiaca* (Heer) et *Ungeri* (Heer). Ce genre peut encore être suivi à travers toute la mollasse suisse, où il est représenté par les *Zizy-phus tiliæfolia* (Heer). *œningensis* (Heer) (3).

Les genres demeurés depuis européens, dont on constate l'exis-tence dans la flore de Sézanne, sont principalement les suivants : *Alnus, Betula, Ulmus, Populus, Salix, Hedera, Cornus, Juglans.* Ces genres ont laissé plus particulièrement des indices répétés de leur présence à travers les étages dont la succession forme la série tertiaire. Il en est, comme l'*Hedera*, qui n'ont jamais varié que dans de faibles limites et n'ont compté, dans tous les temps, qu'un très-petit nombre de formes à la fois. M. Oswald Heer a signalé l'*H. Mac Clari*, qui, lors du miocène inférieur, faisait partie de la végétation d'Atanekerdluk, dans le Groenland septentrional. L'*Hedera Kargii* (A. Braun) (4) se trouve dans la partie supérieure de la mollasse suisse, et l'*H. Strozzii* (Gaud.), déjà si voisin de l'espèce actuelle, dans le pliocène d'Italie (5). Les autres genres, plus répandus, plus nombreux, plus variés, ont donné lieu à des formes dont il serait trop long de reproduire la liste. Il faut cependant consigner ici cette observation importante, que tous ces genres étaient encore, il y a peu de temps, inconnus dans l'éocène, et qu'on ne les rencontre pas sans étonnement dans la végétation de Sézanne. Ils semblent, après cette époque, s'éclipser, et ce n'est que bien plus tard, vers le tongrien, qu'ils se montrent de nouveau pour ne plus cesser de se développer. Cette lacune intermédiaire est due probablement à l'insuffisance de nos recherches ; peut-être aussi doit-on l'attribuer

---

(1) De Saporta, *Étude sur la végét. tert.*, I, p. 120 (*Ann. des sciences natu-relles*, 4e série, t. XVII, p. 271, pl. X, fig. 2).

(2) Heer, *Flora tertiaria Helvetiæ*. Zurich, 1859, vol. III, p. 75, tab. CIX, fig. 7.

(3) Heer, *Flora tertiaria Helvetiæ* vol. III. p. 85, pl. CXXIII, fig. 1, 8.

(4) *Ibid.*, vol. III, p. 26, tab. CV, fig. 1, 5.

(5) *Mém. sur quelques gisements de feuilles foss. de la Toscane*, par C. Gau-din et le marquis C. Strozzi. Zurich, 1858, p. 37, pl. XII, fig. 1, 2.

à des variations climatiques dont l'influence aurait momentanément retardé l'évolution des genres, en les reléguant sur des points
situés hors de la portée des eaux qui ont agi pour nous conserver
les empreintes de cet âge. D'heureuses découvertes, il faut l'espérer,
la feront disparaître un jour. En l'état actuel, il est seulement possible de constater que la période qui s'étend du suessonien au tongrien semble avoir été favorable au développement des types indo-
australiens et des formes amaigries et coriaces, aux dépens des
formes à limbe foliacé largement étalé, aux dépens aussi des genres
européens actuels, dont les vestiges deviennent rares ou même nuls,
et dont plusieurs ne reparaissent que vers le miocène déjà avancé.

D'ailleurs on retrouve à Sézanne plusieurs fossiles qui, comme
Physa gigantea, *Megaspira Rillyensis*, et *Helix hemisphærica*, sont
caractéristiques des marnes de Rilly.

La disposition générale du calcaire de Sézanne est indiquée par
la coupe ci-jointe (fig. 42). Des coupes de détail montrent que

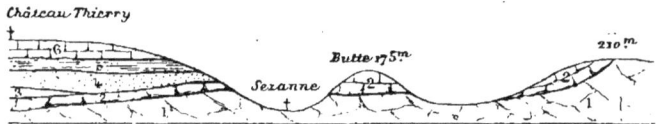

FIG. 42. — Coupe des dépôts de Sézanne.

6. Calcaire de Brie. — 5. Calcaire de Saint-Ouen. — 4. Calcaire grossier. — 3. Lignites. —
2. Calcaire lacustre. — 1. Craie.

dans cette localité, le calcaire à végétaux est superposé à la brèche
que nous venons de citer, et adossé à la craie qui, évidemment
formait les falaises du lac de Rilly (1).

Cette disposition, la manière dont les végétaux remplissent le
calcaire, pêle-mêle, empilés, permettent de penser qu'à l'époque où
ce lac était rempli par les marnes à physes, en partie solidifiées,
un affaissement, d'ailleurs très-faible, du sol a déterminé l'irruption
par le nord des eaux de la mer voisine, et celles-ci ont donné lieu
à des dépôts que nous allons décrire. Il paraît naturel de penser que
les brèches de Sézanne sont dues à ce que ces eaux marines, arrivant brusquement, ont arraché des blocs de craie, de calcaire pisolithique et de marnes à physes pour les accumuler un peu plus loin
et les cimenter tous ensemble. En même temps les vases molles,

(1) *Bullet. de la Soc. géologique*, 2ᵉ série, 1848, t. **V**, p. 395.

entraînées vers le sud, ont englobé des végétaux qui se trouvent maintenant empâtés en désordre dans cette masse jadis boueuse. Une autre explication est difficile à trouver quant au mode de formation des dépôts complexes qui nous occupent (1).

Il est possible, répétons-le, que cette invasion des eaux marines corresponde à un affaissement du sol, affaissement que rien n'annonce avoir dû être très-considérable.

Quoi qu'il en soit, on voit que la période qui vient de nous occuper, depuis la fin du dépôt de la craie blanche jusqu'au commencement des sédiments tertiaires, présente une série de phénomènes qui en fait une des époques les plus importantes des temps géologiques.

§ 3. — **Sables marins de Bracheux, et de Châlons-sur-Vesle.**

CARACTÈRES GÉNÉRAUX DES SABLES DE BRACHEUX. — L'invasion de la mer dans le lac de Rilly a donné lieu au dépôt des sables fossilifères développés, par exemple, à Bracheux (Oise) et à Châlons-sur-Vesle.

Quand on les étudie sur une surface suffisante, on reconnaît que ces sables passent progressivement aux argiles à lignites, qui finissent par leur succéder seules. Longtemps on a hésité quant à l'âge relatif de ces formations, et d'Archiac, par exemple, plaçait, à l'inverse de ce qui vient d'être dit, les lignites sous les sables marins. Mais de nouvelles études semblent avoir rendu évident l'ordre de superposition que nous admettons ici.

Les géologues qui sont d'un avis différent ont été jusqu'à contester que le système de Rilly, c'est-à-dire l'ensemble des sables blancs et des marnes à physes, fût antérieur à celui des sables marins. Mais, dans diverses localités, on reconnaît que ceux-ci recouvrent les marnes à physes. Il suffit d'explorer les environs mêmes de Châlons-sur-Vesle pour s'en convaincre.

Ce qui explique cette divergence d'opinions, c'est que le recouvrement paraît n'être jamais complet, et que souvent les sables marins se trouvent à une altitude inférieure à celle de la série lacustre contre laquelle ils sont adossés. Circonstance d'ailleurs facile à expliquer, en admettant qu'à l'époque des dépôts du sable marin,

(1) Hébert, réunion extraordinaire à Épernay, *Bullet. de la Soc. géologique,* 2ᵉ série, 1849, t. VI, p. 727.

la vallée de la Vesle avait sensiblement la même forme qu'aujour-
d'hui, puisqu'on en conclut aisément que dans les parties basses
seules les sables ont pu atteindre une épaisseur considérable (1).
Quant à la limitation respective des deux séries qui empiètent l'une
sur l'autre, on peut dire que les sables marins, épais de 30 mètres
à Châlons-sur-Vesle, ne dépassent pas Rilly vers le sud-est. A Romery, à Fleury, à Dormans, où, comme nous l'avons dit, se montre
la série lacustre, il n'y a pas de sables marins. Au contraire, dans
le nord, ceux-ci existent depuis Laon jusqu'au pays de Bray sans
qu'on y voie trace des marnes à physes ou des sables blancs. La
coupe que voici exprime les relations de ces formations d'ailleurs
si différentes (fig. 43).

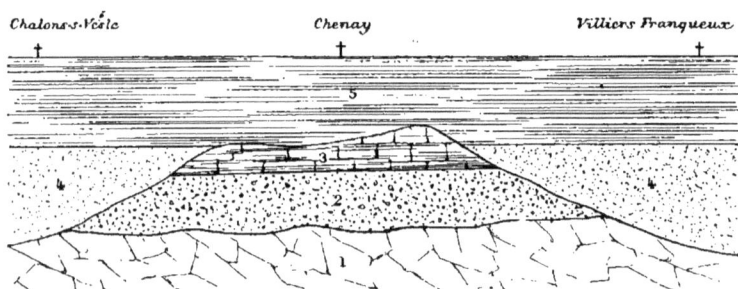

FIG. 43. — Coupe prise entre Châlons-sur-Vesle et Villers-Franqueux.

5. Argile plastique. — 4. Sables marins de Châlons-sur-Vesle. — 3. Marne à physes et calcaire lacustre. — 2. Sables de Rilly. — 1. Craie.

FAUNE DES SABLES DE BRACHEUX. — Si nous examinons la faune
des sables de Bracheux, nous reconnaissons ce fait important, qu'elle
tranche brusquement avec celle de Rilly, tandis qu'elle se fond insensiblement avec celle des lignites.

Un fait analogue est d'ailleurs fourni par l'étude purement stratigraphique des formations qui nous intéressent. Car, si le sable de
Bracheux est adossé à la série lacustre en stratification discordante,
au contraire il est parallèle aux lignites, avec lesquels il se fond
parfois d'une manière ménagée.

Mais, pour en revenir aux vestiges organisés, nous dirons que
dans la partie inférieure du système, on ne trouve que des fossiles
marins, tandis qu'à mesure que l'on s'élève, le nombre des espèces
d'eau douce va toujours en augmentant.

(1) Bullet. de la Soc. géologique, 2ᵉ série, 1849, t. VII, p. 714.

Parmi ces coquilles, nous en citerons quelques-unes comme tout à fait caractéristiques.

Le *Cyprina scutellaria* doit être mentionné en première ligne. Cette coquille est grande, bombée, épaisse, équivalve, inéquilatérale, subcordiforme, close. La charnière, épaisse, est composée sur chaque valve de trois dents cardinales inégales, divergentes. Les crochets sont grands, rapprochés et un peu obliques en avant.

Nous mentionnerons seulement l'*Ostrea bellovacina*, le *Cucullæa crassatina*, le *Crassatella sulcata* et le *Cerithium variabile*, que nous allons retrouver dans la formation des lignites.

Au nombre des fossiles d'eau douce qui apparaissent dans la partie supérieure du terrain, à Châlons-sur-Vesle et à Brimont, par exemple, il faut citer quelques espèces remarquables.

Le *Melanopsis buccinoidea* est à signaler par les nombreuses variations dont il est susceptible. C'est une belle coquille conique, pointue, dont l'ouverture est ovale ; la columelle, calleuse, est arquée ; le bord droit est mince.

Des *Cyclas*, des *Helix*, des *Neritina*, tels que la belle espèce sur laquelle nous aurons à revenir plus loin avec des détails qui nous dispensent d'y insister ici.

Enfin, le *Cyrena cuneiformis*. Tous fossiles que nous retrouverons plus loin comme partie constituante de la faune des lignites.

Ce passage de faune est, rappelons-le, un des arguments les plus décisifs que l'on puisse employer contre les géologues qui, comme d'Archiac, veulent voir dans les sables marins une formation plus récente que les lignites.

D'ailleurs nous verrons en outre que certaines coquilles de la faune de Bracheux et de Châlons-sur-Vesle se retrouvent dans les sables de Cuise-la-Motte, dans le calcaire grossier, et même dans les sables de Beauchamp.

En effet, la faune qui nous occupe se lie :

Aux *lignites* par.........	*Melanopsis buccinoidea.*
Aux *sables de Cuise* par...	*Turritella edita.*
Au *calcaire grossier* par..	*Corbula striata,* Lamk.
—	*Natica labellata,* Lamk.
—	*Turritella imbricataria,* Lamk.
—	*Beloptera belemnitoidea,* Blainv.
—	*Marginella ovulata,* Lamk.
—	*Psammodia rudis,* Desh.

Aux sables de Beauchamp par..... *Psammodia rudis*, Desh.

—   *Corbula striata*, Lamk.

—   *Natica labellata*, Lamk.

—   *Marginella ovulata*, Lamk.

Psammodia rudis a vécu pendant toute la période marine éocène.

A Chàlons-sur-Vesle, c'est-à-dire à la partie supérieure de la formation, la faune n'est pas exclusivement marine. Plusieurs espèces de *Cyrènes*, de *Cyclades*, d'*Helix*, de *Mélanopsides*, de *Néritines* mêlées aux coquilles marines indiquent que les eaux douces affluaient dans le golfe marin.

FLORE DES SABLES DE BRACHEUX. — Cette flore, très-riche, est résumée dans le tableau ci-joint, que nous empruntons au bel ouvrage de M. Watelet (1) :

CRYPTOGAMES VASCULAIRES : 1.	DICOTYLÉDONES ANGIOSPERMES : 9.

CRYPTOGAMES VASCULAIRES : 1.

Fougères..... 1   Tæniopteris... 1

MONOCOTYLÉDONES : 11.

Graminées.... 8 { Bambusium... 1
                  { Poacites 5
                  { Cyperites..... 1

Zingibéracées . 1   Anomophyllum. 1

Palmiers..... 2   Flabellaria ... 2

DICOTYLÉDONES GYMNOSPERMES : 2.

Cupressinées.. 1   Cryptomeria .. 1

Abiétinées..... 1   Pinus 1

DICOTYLÉDONES ANGIOSPERMES : 9.

Apétales : 8.

Myricées..... 1   Myrica 4

Morées 1   Ficus........ 1

Platanées 1   Platanus..... 1

Protéacées ... 2 { Grevillea..... 1
                  { Dryandroides. 1

Polypétales : 1.

Sterculiacées.. 1   Sterculia..... 1

« Ce tableau dit M. Watelet, met en évidence que la flore des sables de Bracheux est complétement isolée. Aucun terrain n'est mis en parallèle, si ce n'est par M. Matheron, qui signale un dépôt de coquilles brisées à la base des lignites de Nans, etc. D'ailleurs aucun végétal n'y est signalé. Ce n'est donc qu'avec la flore des dernières assises de la craie que nous pouvons comparer celle des sables dits de Bracheux. Si l'on rapproche notre liste de celle des dernières assises crétacées, on peut faire les remarques suivantes :

» Apparition dans les sables de Bracheux de quelques familles de Monocotylédones, disparition de la famille des *Cycadées*; apparition des *Morées*, des *Platanées* et des *Protéacées*; absence complète des Monopétales, commencement des Polypétales. »

(1) Watelet, *Description des plantes fossiles du bassin de Paris*, in-4°, 1866, p. 253.

Nous verrons cependant bientôt les cycadées figurer parmi la flore des sables glauconifères. très-postérieurs au terrain qui nous occupe en ce moment.

MODE DE FORMATION DES SABLES DE BRACHEUX. — Suivant la remarque de M. Hébert (1), les sables de Bracheux marquent comme l'aurore de la tranquillité, de la régularité qui depuis lors a présidé au dépôt des couches parisiennes. C'est au point qu'on pourrait se sentir porté à y voir la base même du terrain tertiaire, toute la formation de Rilly restant, comme le calcaire pisolithique, dans la zone crétacée. Et quoique, comme nous l'avons dit, cette opinion paraisse devoir soulever de son côté des objections considérables, nous nous y arrêterons néanmoins un moment. Comme M. Hébert le signale (2), il y a parfaite concordance, au point de vue stratigraphique, soit avec les sables marins (Bracheux) qui sont au-dessous, soit avec les sables tantôt marins, tantôt d'eau douce (Soissonnais), qui les recouvrent, bien que les lignites s'étendent sur une surface bien plus considérable (les sables marins qui ont commencé le nivellement du golfe crétacé ne s'étant avancés que jusque dans la partie la plus septentrionale du bassin de Paris).

Sous le rapport des fossiles, la liaison n'est pas moins intime. Les sables marins inférieurs renferment en effet dans leurs couches supérieures des fossiles d'eau douce que l'on retrouve dans les lignites, et ceux-ci des fossiles marins dans leur partie inférieure. Le même mélange s'observe encore dans les sables du Soissonnais qui recouvrent les lignites. M. Hébert ajoute qu'il a du reste développé l'opinion que le sol parisien n'est pas resté dans un repos absolu pendant le dépôt des diverses assises tertiaires, et notamment à l'époque des lignites ; mais il croit démontré par les faits qu'à partir des sables marins de Bracheux et de Châlons-sur-Vesle, les mouvements se sont réduits à de simples oscillations très-lentes et hors d'état de produire des ravinements et des dénudations.

Constant Prévost a fait observer, à cette occasion, qu'au nombre des faits intéressants signalés par M. Hébert, il en est plusieurs qui viennent de nouveau appuyer l'opinion qu'il a émise sur la formation des terrains des environs de Paris en général, et particu-

(1) Hébert, réunion extraordinaire à Épernay, *Bullet. de la Soc. géologique,* 2ᵉ série, 1849, t. VI, p. 719.

(2) Hébert, *Bullet. de la Soc. géologique,* 1850, t. VII, p. 339.

lièrement sur l'origine et le gisement des argiles à lignites qui entrent dans la composition de ces terrains.

Ainsi, l'existence bien constatée de sables et grès coquilliers marins au-dessous de certains dépôts à lignites, que M. Hébert indique à Brimont et à Châlons-sur-Vesle ; le fait de l'interposition d'argile et de lignites semblables dans et sur les sables glauconieux inférieurs de la *Picardie*, dans le calcaire grossier de Vaugirard ; le mélange de fossiles marins, fluviatiles et terrestres ; et l'alternance de sédiments marins et d'eau douce depuis longtemps reconnus à Sergy, Nanterre, Beauchamps, Dormans, à Montmartre, soit dans la partie inférieure du gypse, soit dans sa partie supérieure, démontrent bien évidemment l'origine différente des matériaux dont le sol parisien a été composé et la simultanéité ou le synchronisme d'action des causes qui les ont apportés, les uns du large ou de la mer, les autres des terres par les affluents, et enfin d'autres encore de l'intérieur du sol par des sources.

§ 4. — **Lignites.**

Caractères généraux des lignites. — On vient de voir que c'est à la suite des sables marins que se sont déposés les lignites (1).

Fig. 44. — Coupe de l'étage des lignites.

3. Lits de glaise mêlée de sable, avec *Ostrea bellovacina*. — 2. Lignites et glaises charbonneuses avec *Cyrènes* et *Cérithes*. — 1. Argile plastique pure.

Ce nouvel étage se recommande avant tout par les substances utiles qu'il contient, et que de nombreuses exploitations y vont puiser pour les besoins de l'industrie et de l'agriculture.

A sa partie inférieure, on voit souvent (fig. 44) une argile assez

(1) Hébert, réunion extraordinaire à Épernay, *Bullet. de la Soc. géologique*, 2ᵉ série, 1849, t. VI, p. 731.

pure, blanche, grise ou panachée, et offrant tous les caractères de l'argile plastique.

Au-dessus viennent des bancs de lignites appelés vulgairement *cendres noires*, et séparés les uns des autres par des lits plus ou moins épais de glaises charbonneuses et de marnes coquillières.

Enfin, à la partie supérieure sont des lits nombreux de glaises alternant avec des sables diversement colorés, et parfois avec des calcaires plus ou moins *bitumineux*.

Dans le département de l'Aisne, on constate fréquemment au-dessus des couches ligniteuses l'existence de bancs de grès souvent pétris de cyrènes, et qu'on a confondus quelquefois à tort avec la formation plus ancienne et déjà décrite de Bracheux et de Châlons-sur-Vesle.

Ces grès plus ou moins durs recouvrent immédiatement les lignites à Mailly, à Urcel, où ils atteignent 2 mètres d'épaisseur, à Vérigny, et dans d'autres localités du département de l'Aisne.

Plus au nord, ils couronnent des buttes sableuses comme à Molinchart, à Montereau-les-Leups, et ailleurs.

Dans l'Oise, ces mêmes grès passent aux poudingues par l'adjonction de nombreux cailloux très-arrondis.

Les amas de lignites sont discontinus, et en général le terrain n'est pas recouvert. C'est ce qu'on observe à chaque pas dans les départements de la Marne, de l'Aisne, de l'Oise et de Seine-et-Oise, et c'est ce qui, pendant longtemps, a fait douter de l'âge réel de la formation qui nous occupe.

Cependant, vers l'ouest, entre Vernon et Gisors, on les voit nettement disparaître sous le calcaire grossier inférieur, et occuper par conséquent la même position que les *fausses glaises* des environs immédiats de Paris. C'est d'ailleurs un point sur lequel nous allons avoir à revenir.

La carte des environs de Paris indique d'une manière approximative les limites de la formation ligniteuse. A l'inspection de cette carte, on reconnaît que les lignites s'adossent à la craie sur toute la frontière ouest de la Champagne, qu'ils apparaissent tout le long de la vallée de l'Oise, et se retrouvent dans celle de l'Epte, aux environs de Gisors.

Dans ces diverses régions, la formation qui nous occupe offre des caractères extrêmement variés, sur lesquels il nous est impossible d'insister et qui doivent trouver place dans les descriptions locales.

FAUNE DES LIGNITES. — Les principaux fossiles des lignites sont nombreux. Quelques-uns ont déjà été cités dans des formations plus anciennes. Il convient de les décrire ici.

L'*Ostrea bellovacina* est un des plus remarquables. Il forme des bancs entiers, surtout dans la partie supérieure, et est tout à fait caractéristique ; c'est pourquoi nous le représentons à la fois par sa valve inférieure et par sa valve supérieure. C'est, comme on voit, une grosse coquille, tantôt arrondie suborbiculaire, tantôt

FIG. 45. — *Ostrea bellovacina* (valve inférieure).

ovalaire cunéiforme. La valve inférieure (fig. 45) est toujours plus grande et plus profonde que la supérieure (fig. 46) ; elle est irrégulièrement rayonnée par des côtes longitudinales fort larges et aplaties, souvent interrompues par des feuillets écailleux, minces, quelquefois très-saillants, surtout sur les parties latérales de la coquille, et qui se relèvent en écailles en passant sur les côtés. La valve supérieure est plane : en dehors elle n'offre jamais que des stries lamelleuses transverses, concentriques et non relevées ; elle prend une épaisseur assez considérable vers le crochet, tandis qu'elle reste mince vers les bords. Les crochets des valves sont courts, triangulaires, le plus souvent droits, quelquefois infléchis sur le côté; celui de la valve inférieure est un peu plus grand que l'autre; il est creusé en dessus d'une gouttière triangulaire assez large à la base et profonde : elle est munie de chaque côté d'un bourrelet étroit et convexe. Le bord cardinal est assez épais, à peine saillant, et un peu proéminent à la base de la gouttière. Le crochet de la valve supérieure est aplati; sa surface cardinale est courte, triangulaire et

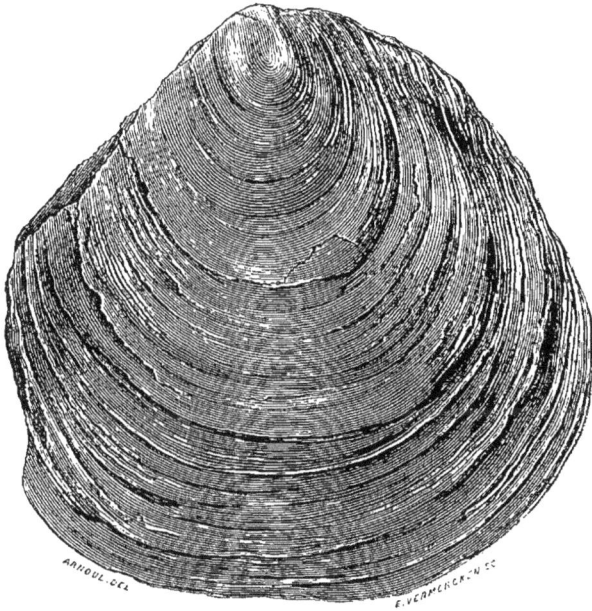

Fig. 46. — *Ostrea bellovacina* (valve supérieure).

large à la base, où elle forme une sinuosité saillante demi-circulaire; une gouttière médiane, à peine creusée, correspond à celle de la valve opposée, et deux gouttières latérales très-superficielles remplacent les bourrelets de l'autre valve. A l'intérieur, cette coquille est lisse : on trouve vers le milieu des valves une impression musculaire grande, ovalaire, arquée dans sa longueur et subtransverse; elle est superficielle et ordinairement un peu rétrécie à son extrémité postérieure. Les bords sont minces, tranchants et souvent onduleux.

Les cyclades sont très-nombreuses, particulièrement dans les lits de sables et dans les couches de grès. On y distingue surtout le *Cyclas cuneiformis* et le *Cyclas antiqua*, que nous avons déjà décrits.

Le *Cerithium variabile* (fig. 47), qui a été déjà mentionné, est tout à fait de nature à faire reconnaître l'âge des formations ligniteuses. Son nom spécifique lui vient des modifications qu'il est capable de revêtir, et dont on aura une idée par les deux figures ci-jointes. C'est une coquille allongée turriculée. Ses tours sont nombreux et étroits, le plus souvent étagés et couronnés par des tubercules, quelquefois et plus rarement séparés par une suture canaliculée ; les premiers tours sont lisses et fortement carénés dans le milieu. La carène devient plus supérieure à mesure qu'on remonte

FIG. 47. — *Cerithium variabile.*

aux tours suivants ; d'abord tranchante et onduleuse, elle s'épaissit peu à peu et se charge de tubercules plus ou moins grands, plus ou moins épais, selon les individus. Le dernier tour est convexe, sillonné à sa circonférence, faiblement strié à la base, quelquefois tout à fait lisse dans cette partie. L'ouverture est courte, très-oblique, arrondie dans le fond, ovalaire à son entrée. Son bord droit est assez épais, saillant en avant et profondément échancré latéralement. La columelle est épaissie, très-courte, obliquement tronquée, revêtue d'un rebord gauche assez épais, mais adhérent dans toute sa longueur. Le canal de la base est court, large et un peu renversé en dessus à son extrémité ; son sommet est circonscrit en dehors par un angle saillant et aigu. Cette ouverture reste constamment la même, quelles que soient les variations du reste de la coquille.

Le *Melania inquinata* (Defr.) est une coquille assez grande, turriculée, atténuée au sommet ou un peu tronquée ; elle offre dix ou onze tours de spire légèrement convexes et séparés par une suture superficielle. Chaque tour présente un peu au-dessous du milieu une rangée de tubercules saillants un peu aplatis et assez aigus ; le reste est lisse dans le plus grand nombre des individus.

A la base on remarque cinq ou six stries saillantes. L'ouverture est ovale-oblongue, la lèvre droite entière et simple.

Le *Melanopsis buccinoidea* a déjà été décrit ; nous n'y revenons pas.

Le *Neritina globulus* (Defr.) est, comme son nom l'indique, très-globuleux, ovale-oblong, très-convexe en dessus, tout à fait lisse et sans autre coloration que celle qui dépend des couches qui le contiennent : il est blanchâtre dans les sables et noirâtre dans les argiles. Sa spire est très-courte et très-obtuse : on y compte trois tours, dont le premier et le second sont quelquefois rongés ; leur suture est simple et très-superficielle. En dessous, la coquille présente sur sa columelle une large callosité convexe et épaisse. Le bord columellaire est peu tranchant ; il est simple dans toute son étendue, et il présente à son extrémité postérieure une seule dent assez saillante. L'ouverture est petite, oblique, semi-lunaire. Son bord droit est mince et tranchant, un peu épaissi à la base et formant avec la partie supérieure de la columelle, au point de vue de sa fonction, un petit canal peu profond.

A côté de ces mollusques, on peut recueillir des vestiges provenant d'animaux vertébrés. Ce sont surtout des poissons, des reptiles et des mammifères. Parmi les reptiles, nous citerons de grandes tortues du genre *Trionyx*. Le *Trionyx vittatus*, que nous avons déjà mentionné, est représenté dans les collections par de nombreux échantillons, et spécialement par la belle carapace dont Graves a enrichi la galerie du Muséum. Elle provient des lignites de Muirancourt, dans le département de l'Oise. Cette tortue est très-abondante au même niveau dans diverses localités du même département et du département de l'Aisne. Graves cite, outre Muirancourt, Amy, Guiscard, Golancourt, Brétigny, Boulaincourt près de Clermont, et Villers-sur-Coudun. Il ajoute que des fragments qu'on rapporte à la même espèce ont été rencontrés dans les couches coquillières de la glauconie inférieure à Bracheux, près de Beauvais, à Abbe-

court et à Canny-sur-Matz. Mais ce rapprochement est loin d'être
certain.

Plusieurs crocodiles ont été signalés. Le *Crocodilus depressifrons*,
représenté comme nous l'avons dit dans les fausses glaises d'Auteuil par des vestiges que Cuvier a décrits, existe dans les lignites
à *Coryphodon* du Soissonnais et du Laonnais. Graves en a recueilli de magnifiques échantillons qu'il a donnés à la collection du
Muséum d'histoire naturelle, où l'on peut les étudier. C'est un crâne
presque entier, avec la mâchoire inférieure dont on doit la restauration à Blainville.

C'est à ces reptiles qu'on doit rapporter les nombreux coprolithes
recueillis dans diverses localités, au sein des couches de lignites.

Il faut signaler, au niveau où nous sommes parvenus, outre les
Coryphodon, dont nous avons déjà signalé la présence dans le sud
de Paris, l'apparition de grands mammifères du genre *Lophiodon*,
qui atteindront leur maximum à l'époque du calcaire grossier, et
sur lesquels en conséquence nous aurons à revenir.

Les *Lophiodon*, que Cuvier considéra d'abord comme une simple
subdivision des *Palæotherium*, ont été distingués génériquement
pour la première fois par Blainville, qui leur a donné le nom de
Tapirotherium (1), et ce n'est que plus tard que Cuvier, oubliant
qu'ils étaient déjà nommés, les a appelés *Lophiodon*, dénomination que Blainville lui-même a acceptée et qui maintenant est consacrée. Ces animaux, qui ne sont guère connus que par leur système
dentaire, doivent être considérés comme formant une tribu des ju-
mentés ou Pachydermes herbivores.

Un carnassier très-voisin de la civette actuelle, mais de taille
plus considérable, est le *Palæonictis gigantea*. Comme les hyé-
nodons, cet animal a de l'analogie dans sa dentition avec les didel-
phes carnivores, et en particulier avec les sarcophiles. M. d'Orbigny en a trouvé un spécimen à Meudon même, dans les fausses
glaises.

FLORE DES LIGNITES. — Les lignites dérivant de la décomposition
de végétaux, il est tout naturel d'y rencontrer des empreintes de
plantes généralement trop mal conservées pour en permettre une
étude botanique soignée. Mais il en est autrement pour les grès qui
surmontent les couches argileuses et où les empreintes sont au
contraire très-délicates et extrêmement variées.

(1) Nouveau Dictionnaire d'histoire naturelle, t. IX, p. 329.

Dans les environs de Soissons, il arrive souvent que le grès affecte la forme de rognons d'une dimension plus ou moins considérable, quelquefois ayant à peine 50 centimètres sur une faible épaisseur et dispersés de place en place, mais toujours sur un plan horizontal. A Belleu, à Pernant, à Bazoches et à Courcelles, ce sont de véritables bancs ayant une étendue considérable. Si l'auteur de la *Description géologique de l'Aisne* a écrit que ces grès ne se trouvent pas dans l'arrondissement de Soissons, ni de Château-Thierry, c'est que depuis un siècle, les bancs de Belleu et de Pernant avaient été exploités pour le pavage de la ville de Soissons, ainsi que le rapporte Guettard ; les autres localités avaient échappé à ses recherches. Ces grès n'offrent pas toujours la même apparence ; le grain assez grossier de Belleu devient beaucoup plus fin à Pernant et dans les autres localités. Cependant les plantes y ont conservé même à Belleu les moindres traces des nervures. Ces grès ne paraissent pas s'être déposés sous l'eau par stratification régulière ; on peut s'assurer de ce fait par l'examen des fossiles renfermés dans la masse. En effet, si l'on casse avec quelque précaution un bloc de ces grès, on reconnaît que les feuilles se trouvent dans toutes les positions et y déterminent des plans qui se coupent sous tous les angles possibles. Le limbe des feuilles n'est pas non plus toujours sur un même plan ; on en trouve qui sont roulées sur elles-mêmes, soit dans leur longueur, soit dans leur largeur, soit enfin dans une position intermédiaire et d'une façon tout à fait irrégulière. Les carrières étant à peu près épuisées, c'est donc dans les pavés de Soissons que les recherches peuvent être fructueuses.

APPLICATIONS INDUSTRIELLES DES LIGNITES. —Comme nous le disions au début de ce paragraphe, l'industrie et le commerce tirent plusieurs substances utiles de l'étage des lignites.

Les argiles sont activement exploitées dans les départements de l'Oise et de l'Aisne et servent à la fabrication de poteries.

Les sables sont souvent si purs, que les verreries les prennent comme matière première.

Les grès sont recherchés comme matériaux de construction et pour le pavage, destinations auxquelles leur forme fréquemment tabulaire les rend particulièrement propres.

Enfin les lignites proprement dits sont exploités comme matières combustibles, et quand ils sont pyriteux, comme amendements agricoles et comme minerais d'alun et de sulfate de fer. Leur exploitation est particulièrement active dans le département de l'Aisne, où d'Archiac (1) cite soixante-quinze *cendrières* en activité. Le plus grand nombre de ces exploitations a lieu à ciel ouvert et immédiatement sous le diluvium ou dépôt de cailloux roulés des vallées. Dans deux, qui ont aussi lieu à ciel ouvert, les glaises et les lignites sont recouverts par des bancs de grès, et dans une autre, encore à ciel ouvert, la superposition directe de toutes les couches tertiaires jusqu'au calcaire grossier inférieur est de la plus parfaite évidence. Certaines cendrières ont des galeries horizontales pratiquées exclusivement et sans interruption dans le banc de lignites, où elles ont été poussées jusqu'à 500 mètres sous les sables surmontés du calcaire grossier, et à travers lesquelles des puits verticaux ont été percés pour aérer les travaux. Enfin, il en est où l'exploitation se fait par des puits et des galeries boisées à quelques mètres seulement au-dessous de la surface du sol.

Le premier mode d'extraction est particulièrement usité dans les vallées de la Marne, de l'Aisne et de la Leth. La position des lignites avec leurs argiles et leurs bancs coquilliers sous les grès ne se voit que dans trois localités situées à un quart de lieue les unes des autres (Chaillevet, Mailly et Urcel, au sud de Laon). Les galeries qui s'enfoncent sous les collines tertiaires sont comprises entre Festieux et Montaigu, à l'est de la même ville, et les puits avec galeries sous le diluvium se pratiquent généralement sur les deux rives de l'Oise, de Rogécourt à Jussy.

Il est intéressant d'ajouter, toujours d'après d'Archiac, que cette exploitation est déjà ancienne. Des titres qui remontent à l'année 1500 prouvent l'existence d'une exploitation à Arsy (Oise). La cendrière de Beaurains fut ouverte en 1736 ; celle de Bonafle (Seine-et-Oise), en 1745. Dans le département de l'Aisne, la plus ancienne, celle de Suzy, ne remonte qu'à 1758. La première manufacture de vitriol et d'alun, établie pour traiter les lignites, est celle d'Urcel (Aisne), qui fut créée en 1786.

Divers minéraux susceptibles d'applications, mais beaucoup moins abondants que les précédents, peuvent être extraits des mêmes couches. Nous en mentionnerons quelques-uns.

La pyrite est mélangée aux lignites et leur communique une partie de leur valeur agricole, car, en s'oxydant au contact de l'air, elle donne naissance à une certaine quantité de sulfate de fer dont

---

(1) D'Archiac, *Hist. des progrès de la géologie*, t. II (1849), p. 616.

l'utilité pour la végétation a été constatée par de nombreuses expériences directes.

Le gypse cristallisé se trouve ici avec les mêmes caractères de forme et de limpidité que nous avons signalés pour celui qu'on recueille aux portes mêmes de Paris dans les couches dépendant des fausses glaises.

De même aussi les lignites comme les fausses glaises fournissent du succin.

Il faut enfin mentionner un minéral qu'on n'est pas habitué à rencontrer dans les couches de notre bassin, l'or métallique, qui, d'après les intéressantes recherches de MM. Duval et Meillet (1), se présente en pellicules extrêmement minces sur de petites oolithes de limonite subordonnées aux lignites du mont Sarrans, au sud d'Epernay.

500 grammes de minerai de fer ont donné 5 centigrammes d'or.

C'est la première fois que l'or est ainsi signalé à l'état de précipité d'origine évidemment chimique dans les terrains tertiaires.

CHAPITRE III
PARALLÈLE ENTRE LES DEUX RÉGIONS PRÉCÉDEMMENT ÉTUDIÉES.

Après cette revue rapide des couches formant la zone orthrocène, et conformément au programme que nous nous sommes tracé précédemment, il faut comparer ce que nous a appris l'examen successif des deux régions situées, l'une au sud et l'autre au nord de Paris.

Rappelons-nous que la première nous a donné :

4. Les fausses glaises.	2. L'argile plastique.
3. Les sables quartzeux.	1. Le conglomérat ossifère.

De ces quatre assises, la plus constante est l'argile plastique. Or, nous venons de voir que les couches argileuses abondent dans la série du Soissonnais. On doit en conclure que l'argile constitue comme une sorte de trait d'union entre les deux formations, et

(1) *Bullet. de la Soc. géologique*, 1re série, 1842, t. XIV, p. 104.

pourra permettre d'apprécier l'âge relatif des couches des deux séries.

Mais les localités où l'on peut constater les rapports mutuels de ces deux séries ne sont pas très-nombreuses.

M. Hébert (1) en ·a signalé une particulièrement intéressante et instructive à Sérincourt, à 5 kilomètres au nord de Meulan. Comme le représente la figure ci-jointe, on voit dans cette localité les couches du conglomérat et de l'argile plastique recouvrant la craie et supportant les argiles à *Cyrena cuneiformis* (voy. fig. 48).

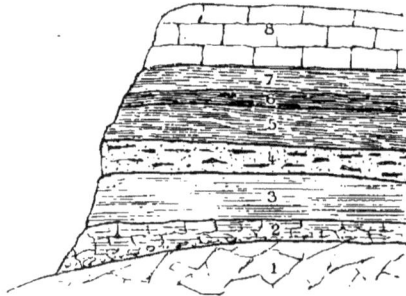

Fig. 48. — Coupe prise à Sérincourt.

8. Calcaire grossier. — 7. Argile brune. — 6. Lignite. — 5. Argile à cyrènes. — 4. Lignites et sables. — 3. Argile plastique. — 2. Conglomérat. — 1. Craie.

Les argiles coquillières du Vexin français, fréquentes le long de la vallée de l'Epte, relient souterrainement les dépôts identiques du Soissonnais avec les lambeaux argileux de la Seine-Inférieure.

Il résulte de là que les fausses glaises correspondent aux lignites proprement dits, et c'est la confirmation de l'hypothèse déjà formulée par Brongniart : « Ce banc (disait-il, en parlant des fausses glaises), qui ne se montre pas toujours, existe aussi quelquefois seul avec une grande épaisseur et une grande étendue, et est souvent très-riche en débris organisés qui semblent lui appartenir en propre et le caractériser d'une manière particulière. C'est à ce banc, et par conséquent, au dépôt de l'argile plastique, dont il fait partie, qu'appartiennent des sables, des lignites de diverses variétés, du succin ou ambre jaune, et de nombreuses coquilles fossiles, les unes évidemment marines, les autres évidemment d'eau douce (2). »

(1) Hébert, *Bullet. de la Soc. géologique*, 2ᵉ série, 1854, t. XI, p. 418.
(2) G. Cuvier et Alex. Brongniart, *Description géologique des environs de Paris*, 1835 (3ᵉ édition), in-8, p. 43.

Dans cette manière de voir, le conglomérat (auquel, comme nous l'avons dit, se rattache une partie des poudingues dits de Nemours), l'argile plastique et les sables quartzeux correspondent ensemble aux sables de Bracheux et de Châlons-sur-Vesle.

Quant au système de Rilly, il paraît être antérieur à toute cette série et n'est pas représenté dans la région sud.

Ces faits peuvent se résumer dans le tableau suivant :

RÉGION DU NORD.	RÉGION DU SUD.
Lignites....................	Fausses glaises.
Sables de Bracheux⎫	⎛ Sables quartzeux.
et de ⎬......⎨	Argile plastique.
Châlons-sur-Vesle..⎭	⎝ Conglomérat.
Formation de Rilly...........	»

II

ÉOCÈNE PROPREMENT DIT

Le terrain éocène proprement dit peut être divisé en quatre grandes divisions, qui sont :

4. Le travertin inférieur ou de Saint-Ouen.
3. Les sables moyens ou de Beauchamp.
2. Le calcaire grossier.
1. Les sables glauconifères ou du Soissonnais.

A des points de vue différents, ces divers terrains vont nous présenter des particularités importantes.

CHAPITRE PREMIER

LES SABLES GLAUCONIFÈRES.

CARACTÈRES GÉNÉRAUX DES SABLES GLAUCONIFÈRES. — C'est à une époque immédiatement postérieure à celle que nous venons d'étudier avec quelque détail qu'appartiennent les sables glauconifères du Soissonnais, qu'on peut regarder, au moins dans beaucoup de cas, comme formant le soubassement du calcaire grossier.

Ce sont des sables siliceux, parfois mêlés de calcaire et d'argile, avec des grains verts de glauconie, et où les coquilles se rencontrent parfois en nombre prodigieux.

Une des localités où leur étude a été le plus suivie est Cuise-la-Motte, aux environs de Pierrefonds. Ils sont très-développés auprès de Pont-Sainte-Maxence, dans le département de l'Oise, et en général sur tout le pourtour de la vallée de l'Aisne. Il en est de même dans le département de l'Eure. Plus près de Paris, on les retrouve fréquemment au-dessous du calcaire grossier, mais beaucoup moins épais et moins riches en fossiles : par exemple, à Valmondois et à Auvers.

A différents niveaux, il s'y rencontre des rognons tuberculeux épars, surtout dans le haut, et que les ouvriers appellent des *têtes de chat*. Ces rognons, d'aspect très-singulier, et qui résultent évidemment de concrétion, se poursuivent jusque dans le calcaire grossier inférieur.

FAUNE DES SABLES GLAUCONIFÈRES. — Comme nous le disions tout à l'heure, les fossiles des sables du Soissonnais sont innombrables. Les mollusques dominent, et voici une liste des coquilles recueillies par M. Melleville dans une seule couche de la montagne de Laon, que l'on peut regarder comme correspondant à la partie inférieure des sables glauconifères (1).

RADIAIRES.

Alveolina oblonga, Desh.	*Lunulites radiata*, Lamk.

ANNÉLIDES.

Dentalium tarentinum.	*Dentalium pseudo-entalis*, Desh.
— *fissura*, Lamk.	— *strangulatum*, Desh.
— *costellatum*, Desh.	*Serpula* (plusieurs espèces)
— *incertum*, Desh.	

CONCHIFÈRES ET MOLLUSQUES.

Ampullaria conica, Lamk.	*Anomia tenuistria*, Desh.
— *acuminata*, Lamk.	*Arca globulosa*, Desh.
Auricula ringens, Lamk (*Ringicula ringens*).	— *biangula*, Desh.
	Bulla conulus, Desh.
— *acicula*, Desh.	— *coronata*, Lamk.
Ancillaria olivula, Lamk.	— *semistriata*, Desh.
— *buccinoides*, Lamk.	— *lignaria*, Linn.

(1) Melleville, *Bullet. de la Soc. géologique*, 2ᵉ série, 1860, t. XVII, p. 722.

Bulla cylindrica, Brug.
Bifrontia laudunensis, Desh.
— biformis, Desh.
— serrata, Desh.
Buccinum stromboides, Lamk.
— obtusum, Desh.
Bulimus terebellatus, Desh.
Cancellaria evulsa, Sow.
— crenulata, Desh.
— elegans, Desh.
Cerithium clavus, Lamk.
— clathratum, Desh.
— semigranulosum, Lamk.
— terebrale, Lamk.
— pyreniforme, Desh.
— unisulcatum, Lamk.
— perforatum, Lamk.
— inversum, Lamk, var. a.
— gibbosulum, Mellev.
— tenuistriatum, Mellev.
— sulcifer, Mellev.
— heteroclitum, Mellev.
— regulare, Mellev.
— cancellarioides, Mellev.
Calyptræa lamellosa, Desh.
— lævigata, Desh.
Cassidaria carinata, Desh.
Corbula striata, Lamk.
— gallica, Lamk.
— Victoriæ (Mellev.) (Nerea
      Mellevillei, d'Orb.).
Conus bicoronatus, Mellev.
Corbula longirostris, Desh.
Cardium linna, Desh.
— semistriatum.
— hybridum, Lamk.
— discor, Lamk.
— fragile, Mellev. (C. sub-
      fragile, d'Orb.).
Chama papyracea, Lamk.
— calcarata, Lamk.
— plicatella, Mellev.
Crassatella tumida, Lamk.
— lamellosa, Desh.
— tenuistriata, Desh.
— trigona, Desh.
— compressa, Lamk.
Cypræa sulcosa, Lamk.

Cypræa acuminata, Mellev.
Cypricardia oblonga, Desh.
Cytherea obliqua, Desh.
— suberycinoides, Desh.
— nitidula, Lamk.
Delphinula striata, Lamk.
— marginata, Lamk.
Dreissena serrata, Mellev.
Erycina elegans, Desh.
Fusus incertus, Lamk.
— aciculatus, Lamk.
— exiguus, Desh.
— costarius, Desh.
— rugosus, Lamk.
— longævus, Lamk, var.
— bulbiformis, Lamk, var. c.
— regularis, Sow.
— affinis, Mellev.
— angusticostatus, Mellev.
Fissurella squamosa, Desh.
— costaria, Desh.
— Minosti, Mellev.
Lucina gibbosula, Lamk.
— squamosa, Lamk.
— divaricata, Lamk.
— radians, Lamk.
— Argus, Lamk.
Mactra semisulcata, Desh.
Marginella ovulata, Lamk.
Melania costellata, Lamk.
— nitida, Lamk.
— marginata, Lamk.
— cochlearella, Lamk.
Modiola papyracea, Desh.
— hastata, Desh., var.
— tenuistriata, Mellev.
Murex fistulosus, Brocc.
— tubifer, Brongn.
— foliaceus, Mellev.
Mitra graniformis, Lamk.
Natica canaliculata, Desh.
— hybrida, Desh.
— epiglottina, Lamk.
— labellata, Lamk.
— sigaretina, Desh.
— depressa, Desh.
— mutabilis, Lamk.
— semistriata, Mich.

Nautilus.
Nerita conoidea, Lamk.
Nucula margaritacea, Lamk.
Nummulites planulata, Lamk.
Oliva mitreola, Desh.
Ostrea cymbula, Desh.
— *mutabilis*, Desh.
— *flabellula*, Desh.
Ovula spelta, Lamk.
Pectunculus granulosus, Lamk.
— *dispar*, Lamk.
— *depressus*, Desh.
Pecten squamula, Lamk.
— *solea*, Desh.
— *corneus*, Mellev.
Parmophorus angustus, Lamk.
— *elongatus*, Lamk.
Placuna solida, Mellev.
Pleurotoma clavicularis, Desh.
— *pyrulata*, Lamk., var.
— *dentata*, Lamk.
— *undata*, Lamk.
— *turrella*, Lamk.
— *uniserialis*, Desh.
— *affinis*, Mellev.
— *lævigata*, Mellev.
— *filifer*, Mellev.
— *spirata*, Mellev.
— *monilifer*, Mellev.
Pileopsis squamæformis, Lamk.
Pyrula nexilis, Lamk.
— *tricostata*, Desh.
Pholadomya margaritacea, Sow.
Pinna margaritacea, Lamk.
Rostellaria fissurella, Lamk.
— *macroptera*, Lamk
— *columbaria*, Lamk.
Sepia, plusieurs espèces.
Seclaria multilamella, Bast.
Sigaretus canaliculatus, Sow.

Solarium bistriatum, Desh.
— *granulosum* Mellev.
Solen ovalis, Desh.
— *vagina*, Lamk.
Spondylus rarispina, Desh.
— *radula*, Lamk.
Trochus agglutinans, Lamk.
Turritella imbricataria, Lamk, var. *b.*
— *abbreviata*, Desh.
— *rotifera*, Lamk.
— *incerta*, Lamk.
— *terebellata*, Lamk.
— *hybrida*, Desh.
— *carinifera*, Desh.
— *marginulata*, Mellev.
Tornatella sulcata, Lamk, var.
— *alligata*, Desh.
— *elegans*, Mellev.
Tellina donacialis, Lamk, var.
— *rostralis*, Lamk.
Terebellum fusiforme, Lamk.
Triton augustum, Desh.
— *viperinum*, Lamk.
Terebra plicatula, Lamk.
— *minuta*, Mellev.
Turbo lævigatus, Desh.
— *raristriatus*, Mellev.
Umbrella laudunensis, Mellev.
Venus turgidula, Desh.
Voluta crenulata, Lamk.
— *trisulcata*, Desh.
— *angusta*, Desh.
— *musicalis*, Lamk.
— *depressa*, Lamk.
Venericardia imbricata, Lamk.
— *asperula*, Lamk.
— *planicosta*, Lamk.
— *decussata*, Lamk.
— *mitis*, Lamk.

POISSONS.

Vertèbres et dents de squales.

Parmi les mollusques, quelques-uns méritent de nous arrêter un moment.

Le *Turritella imbricataria* (Lamk), qui va se retrouver dans le

calcaire grossier, est une coquille très-variable, allongée, assez
étroite, très-pointue au sommet ; elle se compose de 22 à 24 tours de
spire aplatis et dont la base forme un angle saillant au-dessus de la
suture, de sorte que les tours semblent imbriqués les uns dans les
autres, ce qui leur donne un peu la forme de certaines vis pre-
nantes que l'on appelle, à cause de cela, *tire-fond*. Leur surface
présente des stries inégales et inégalement distantes ; les plus fines
sont entre les autres, et elles sont très-finement granuleuses. Ces
stries sont obliquement traversées par d'autres beaucoup plus fines
et régulières, qui résultent des accroissements ; ces stries sont
flexueuses dans leur longueur, et leur forme indique celle de
l'ouverture, dont elles sont les anciennes traces. L'ouverture est un
peu plus haute que large ; elle est ovale, subquadrangulaire. La
columelle est peu épaisse, arquée dans sa longueur et revêtue d'un
bord gauche, lisse et brillant, qui s'étale sur l'avant-dernier tour. Le
bord droit est très-mince, très-tranchant et extrêmement fragile ;
il est sinueux latéralement, et le bord inférieur l'est également. La
base du dernier tour est ordinairement lisse : il faut une forte
loupe pour distinguer quelques stries concentriques.

Le *Neritina conoidea* (Lamk) (fig. 49 et 50) est extrèmement remarquable et caractéristique. D'après M. Deshayes (1), qui en a donné
une excellente description, il appartient réellement au genre né-
ritine. Sa columelle en effet est seule dentée ; son bord droit est
simple, et ce sont ces deux caractères qui distinguent les néritines
des nérites. Cette coquille, comme le montrent nos figures, est fort
singulière par sa forme. Elle est ovalaire à sa circonférence, plate
en dessous et conique en dessus, comme un cabochon. Sa spire est
très-courte, tournée dans le même sens que dans toutes les autres
espèces ; elle est formée de trois tours apparents, inclinés postérieurement à droite, et relevés au sommet du cône que présente la
forme extérieure : ce sommet est placé vers le tiers postérieur de la
longueur totale. La surface extérieure est revêtue d'une couche cor-
ticale luisante et comme vernissée, qui présente, dans la plupart des
individus, des traces non équivoques de coloration : elle consiste
en linéoles brunes, tantôt articulées et interrompues, quelquefois
fortement en zigzag, et d'autres fois se disposant en deux zones
longitudinales de taches plus ou moins grandes. Ces taches ou ces

---

(1) Deshayes, *Description des coquilles fossiles des environs de Paris*, 1824,
t. II, p. 149.

lividités sont d'un brun assez foncé sur un fond d'un jaune brunâtre ou corné. En dessous, la coquille est divisée en deux parties inégales. L'une, postérieure, est occupée par une très-large callosité

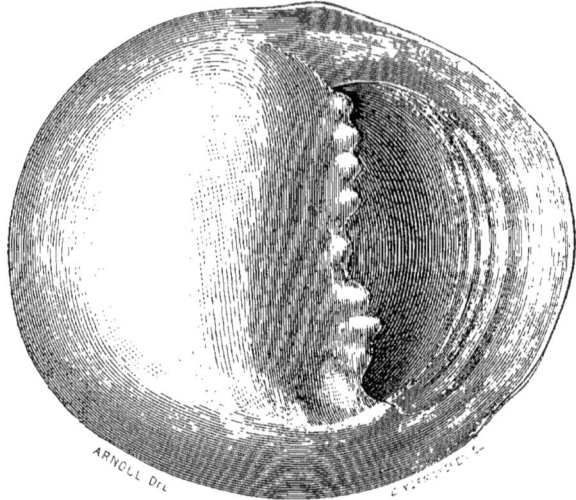

Fig. 49. — *Neritina conoidea* (vu en dessous).

arrondie, sur laquelle se creuse presque toujours un sillon rameux qui part de l'angle gauche de l'ouverture, et qui semble avoir été produit par un vaisseau : on peut supposer en effet que cette surface

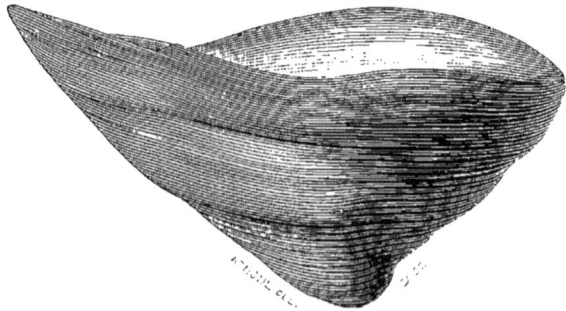

Fig. 50. — *Neritina conoidea* (vu de profil).

calleuse est le résultat du développement d'un lobe du manteau sur toute son étendue. L'autre partie de la surface inférieure est occupée par l'ouverture, qui est petite, semi-lunaire, plus large que longue.

Le bord columellaire est droit : il est assez mince, en forme de cloison et découpé en huit grosses dents inégales. À l'extrémité gauche de cette columelle se trouve en dessus une dépression assez considérable, et en dessous une échancrure assez large dans laquelle s'appuie la partie spirale de l'opercule. Le bord droit est mince et tranchant, étalé, simple dans toute son étendue.

Le *Bifrontia lauduncnsis* (Desh.) est une coquille discoïde et dont la surface extérieure est toute lisse. Du côté supérieur elle est plane et quelquefois un peu convexe, et percée d'un ombilic ordinairement fort large, dont le bord est terminé par un angle aigu. Cet angle, ordinairement simple, est crénelé dans certains individus. Il descend en spirale jusqu'au sommet de la coquille et rend faciles à distinguer les six ou sept tours de spire dont elle est formée. Le dernier tour est proportionnellement plus épais que ceux qui précèdent ; il est obtus à sa circonférence. On ne voit qu'un angle très-obtus qui limite la surface supérieure. L'ouverture est dilatée, triangulaire, oblique à l'axe et terminée inférieurement par un angle très-aigu, à peine échancré. Le bord supérieur, qui est le plus court, présente une échancrure large, mais peu profonde ; une partie du bord gauche seulement vient s'appliquer sur l'avant-dernier tour, et se prolonge en une sorte de lorgnette ; le bord droit est fort large, très-mince et régulièrement courbé.

Le *Cerithium acutum* (Desh.) se distingue par sa forme allongée, turriculée et sa spire composée de 15 ou 16 tours, toujours aiguë au sommet. Les individus que l'on rencontre le plus ordinairement présentent à la surface des tours une carène médiane, dentelée, plus ou moins saillante, et leur base et leur sommet sont limités par une côte transverse simple, ce qui place la suture dans un canal assez étroit et assez profond. Le dernier tour est très-convexe ; il est sillonné dans toute son étendue ; les sillons sont ordinairement égaux, également distants, quelquefois accompagnés de stries placées dans les interstices. L'ouverture est assez grande, ovale, subtrigone. La columelle est étroite, fortement arquée dans sa longueur et tordue à son sommet ; elle est creusée d'un canal étroit et peu profond. Le bord droit est très-mince et très-fragile ; il est rare de le trouver entier : arqué dans sa longueur, il présente latéralement une échancrure triangulaire assez profonde.

Les foraminifères sont représentés ici par les premières nummulites que nous offrent les couches parisiennes. La figure 51 représente le *Nummulites planulata*, qu'on y trouve par milliards, et qui diffère tout à fait de son congénère du calcaire grossier, sur lequel nous aurons prochainement à appeler l'attention.

Fig. 51. — *Nummulites planulata.*

Différents poissons ont été découverts dans les sables du Soissonnais, dans ceux de Cuise-la-Motte surtout, par MM. Lévesque et de Brimont. En y joignant ceux dont Graves a donné la liste (1), leur nombre est considérable. En voici l'énumération d'après M. Paul Gervais :

Carcharodon heterodon, **Agass.**	*Otodus macrotus,* **Agass.**
C. leptodon, **Agass.**	*O. obliquus,* **Agass.**
C. sulcidens, **Agass.**	*Oxyrhina hastalis,* **Agass.**
C. toliapicus, **Agass.**	*Notidanus recurvus,* **Agass.**
Cœlorhynchus rectus, **Agass.**	*Lamna acutissima,* **Agass.**
Chrysophrys mitra, **Agass.**	*L. compressa,* **Agass.**
Galeus minor, **Agass.**	*L. contortidens,* **Agass.**
Lepidotus Maximiliani, **Agass.**	*L. elegans,* **Agass.**
Phyllodus marginalis (?), **Agass.**	*Squatina Gravesi,* Pomel.
P. Duvalii, Pomel.	*Pristis.*
P. inconstans, Pomel.	*Raia echinata,* Pomel.
P. latidens, Pomel.	*Myliobates acutus,* **Agass.**
P. Levesquei, Pomel.	*M. canaliculatus,* **Agass.**
argus serratus, P. Gervais.	*M. punctatus,* **Agass.**
Scarus tetrodon, Pomel.	*M. toliapicus,* **Agass.**
Otodus apiculatus, **Agass.**	

Parmi les reptiles, nous mentionnerons des serpents, et du nombre une espèce atteignant la taille du *Boa* actuel. D'après M. Pomel, c'est une espèce absolument nouvelle à laquelle il donne le nom de *Palœophis giganteus.* Ce serpent est représenté par des vertèbres analogues à celles qu'on retire du gisement géologiquement contemporain de l'île de Sheppey en Angleterre.

Le *Crocodilus obtusidens* a été découvert à Cuise-la-Motte, où il est représenté par ses dents. Elles sont en cône, assez régulières, pourvues en avant et en arrière d'un rebord saillant, et guillochées sur la plus grande partie de leur sommet.

(1) L. Graves, *Essai sur la topographie géologique de l'Oise,* p. 586.

Plusieurs tortues peuvent également être mentionnées, et spécialement des *Emys* et des *Trionyx*. Nous citerons, d'après Graves, l'*Emys Bullochi*, et d'après M. Pomel, les *Trionyx granosa* et *lævigata*. Tous les trois se trouvent à Cuise-la-Motte; le second a été recueilli aussi à Pierrefonds.

Enfin Graves cite le tarse indéterminé d'un oiseau comme provenant des sables de Cuise. Ce débris ne paraît pas avoir été examiné avec beaucoup de soin, mais il signale évidemment des recherches à faire et qui ne sauraient manquer du plus vif intérêt.

FLORE DES SABLES GLAUCONIFÈRES. — La flore des sables du Soissonnais est extrêmement intéressante. Elle renferme beaucoup de *Cycadées*, représentées le plus souvent par des débris tellement roulés, qu'il est très-difficile d'y reconnaître des caractères génériques. Les terrains détritiques des vallées de l'Aisne et de l'Oise en renferment beaucoup.

C'est à cette flore aussi qu'appartient le beau palmier (*Endogenites echinatus*) dont le Muséum possède un échantillon presque complet. Cet échantillon provient de Vailly, sur les bords de l'Aisne.

« L'éveil ayant été donné par cette intéressante découverte, nous avons dû naturellement, dit M. le docteur Eugène Robert, nous qui avons souvent l'occasion de parcourir cette riche contrée, faire des recherches, pour tâcher de recueillir des objets semblables. Nos efforts, jusqu'à présent, n'ont pas été couronnés de succès; mais, comme il arrive souvent, en voulant se procurer des choses bien connues, on trouve à leur place d'autres choses qui ne sont pas moins importantes, autant par la rareté que par la nouveauté.

» Or donc, en examinant avec le plus grand soin les cailloux roulés de toute sorte qui remplissent le fond de la vallée de l'Aisne, j'ai recueilli d'abord le tronc entier d'un palmier, bien différent de celui (*Endogenites echinatus*) dont je cherchais les débris, et qu'à défaut de congénères vivants, je crois pouvoir rapprocher des genres *Geonoma*, *Phœnix*, ou bien encore *Astrocaryum ;* dans tous les cas, cette magnifique pièce, entièrement convertie en une pâte siliceuse très-fine, rougeâtre, a dû être un palmier acaule ou raccourci en bulbe. Puis, des débris siliceux roulés d'autres palmiers qui ne doivent pas appartenir à la même espèce. Enfin, et pour mémoire, je dois mentionner les nombreux fragments de bois dicotylédonés qui les accompagnent dans les mêmes atterrissements. L'un d'eux était rempli de *Teredo*, ce qui indique, pour le dire en passant, que le tronc d'où il provient a été évidemment le jouet d'eaux marines avant de se fossiliser. Il ressemble du reste parfaitement au tronc végétal avec nombreux *Teredo* du calcaire grossier de Passy, actuellement déposé sous cette étiquette dans les galeries de géologie du Muséum d'histoire naturelle..

» Bien que le célèbre palmier de Vailly n'ait pas été trouvé en place (on l'avait recueilli en creusant le canal latéral de l'Aisne), il n'y a pas à douter qu'il ne provienne, ainsi que les bois pétrifiés, des sables supérieurs à l'argile plastique, qui forment des collines puissantes couronnées par le calcaire à nummulites dont je me suis déjà beaucoup occupé sur la rive droite de l'Aisne. Mais nous ne pouvons pas parler avec autant d'assurance du véritable gisement des palmiers erratiques qu'on trouve au milieu des cailloux roulés de la vallée de l'Aisne (1), entre Chassemy et Braisne, un peu avant la jonction de la Vesle avec l'Aisne. »

M. Watelet, antérieurement à ces découvertes, a donné (2) une liste des plantes composant la flore des sables glauconifères. La voici :

CRYPTOGAMES CELLULAIRES : 5.			DICOTYLÉDONES GYMNOSPERMES.		
Algues. . . .	1	Phytoderma. . . . 1			
Hypoxylées. .	3 {	Sphæria. 1	Taxinées. . . .	1 Podocarpus.	1
		Xylomites. 2			
Lichen.	1	Verrucaria. 1	DICOTYLÉDONES ANGIOSPERMES.		
CRYPTOGAMES VASCULAIRES : 2.					
Fougères. . . .	2	Lygodium. 2	APÉTALES : 81.		
MONOCOTYLÉDONES : 13.			Myricacées. .	8 {	Comptonia. 6
Graminées. . .	1	Poacites. 1			Myrica. 2
Smilacées. . .	1	Smilacites. 1	Bétulacées. . .	2 {	Betula. 1
Zingibéracées.	1	Cannophyllites. .			Alnus. 1
Naïadées. . . .	3	Caulinites. 3	Cupulifères. .	15 {	Quercus. 10
Palmiers. . . .	7 {	Flabellaria. 3			Fagus. 2
		Phœnicites. 1			Carpinus. 1
		Anomalophyllites. 2			Castanea. 2
		Palmacites. 1	Ulmacées. . .	3	Ulmus. 3

(1) Je saisis cette occasion pour noter ici que tous ces cailloux, dans lesquels il entre du quartz primitif, ont suivi le cours de la Vesle ; tandis que de l'autre côté, par le travers de Vailly, les atterrissements de l'Aisne, qui n'a pas encore reçu la Vesle, sont presque entièrement composés de gravier et de sables calcaires qui offrent cela de particulier, que presque tous les grains sont couverts de très-petites mouchetures d'acerdèse. Assurément, si c'était de l'or, on ne manquerait pas de l'exploiter, mais il y aurait trop à faire pour en retirer une quantité notable de manganèse. (Note de M. Robert.)

(2) *Description des plantes fossiles du bassin de Paris*, in-4°, 1866, p. 255.

Morées.....	13	Ficus.........	10
		Artocarpidium..	3
Balsamifluées.	1	Liquidambar...	1
Salicinées...	6	Populus......	2
		Salix........	4
Laurinées...	22	Cinnamomum...	5
		Daphnogene....	5
		Persea........	4
		Benzoin......	1
		Laurus........	7
Daphnoïdées.	1	Pimelea......	1
Protéacées..	10	Petrophiloides..	1
		Hakea.........	1
		Lomatia......	1
		Banksia......	4
		Dryandroides...	3

MONOPÉTALES : 6.

Apocynées...	1	Apocynophyllum.	1
Sapotacées..	2	Chrysophyllum..	1
		Sapotacites.....	1
Ébénacées...	2	Diospyros.....	2
Éricacées...	1	Andromeda.....	1

POLYPÉTALES : 40.

Anonacées...	2	Anona........	2
Magnoliacées.	1	Magnolia......	1
Buttnériacées.	2	Dombeyopsis....	2
Tiliacées....	6	Apeibopsis.....	2
		Grewia........	4
Sterculiacées.	1	Sterculia......	1
Acérinées...	1	Acer.........	1
Malpighiacées.	1	Banisteria......	1
Sapindacées..	1	Cupania.......	1
Juglandées..	5	Juglans.......	3
		Carya........	2
Combrétacées.	2	Terminalia.....	2
Myrtacées...	1	Eugenia......	1
Pomacées...	1	Pirus........	1
Papilionacées.	16	Trichonella.....	1
		Dolichites......	1
		Piscida........	1
		Cercis........	2
		Gleditschia.....	1
		Cæsalpinia......	2
		Mezoneurum....	1
		Entada.......	1
		Acacia........	3
		Leguminosites..	3

CARACTÈRES DES FOSSILES DES SABLES GLAUCONIFÈRES. — On peut remarquer, au point de vue de la géologie pratique, que les fossiles des sables du Soissonnais offrent une teinte blonde caractéristique qui les fait distinguer sans peine des fossiles des autres couches. En outre, ce système ne saurait être confondu avec celui du calcaire grossier qui le suit immédiatement, et cela grâce à une couche très-constante qui l'en sépare de la façon la plus nette.

Cette couche, d'ailleurs très-mince, est remplie de galets quartzeux qui lui donnent une apparence poudingiforme. Elle est remplie de dents de *squales*.

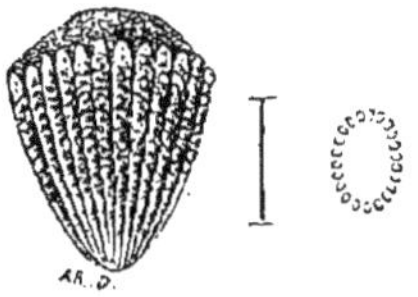

Fig. 52. — *Turbinolia elliptica.*

On y trouve aussi un petit polypier très-caractéristique, représenté ci-joint et désigné sous le nom de *Turbinolia elliptica.*

C'est un polypier dont la forme générale et la coupe sont données par la figure 52 ci-contre.

Une pareille couche indiquant des phénomènes de transport, il est naturel d'en faire la limite entre les deux systèmes, d'autant plus que la vaste surface qu'elle recouvre lui donne l'importance d'un fait général. Elle existe partout, malgré sa minceur, sur tout le pays compris entre Soissons, Vétheuil et Montmirail. Seulement on peut également la regarder comme le couronnement des sables et la base du calcaire. C'est une simple question d'accolade sans importance réelle.

CHAPITRE II

LE CALCAIRE GROSSIER.

La puissante formation du calcaire grossier offre une importance considérable tant au point de vue des circonstances qui ont accompagné sa formation qu'à celui des fossiles innombrables qu'on y trouve, et des applications industrielles et agricoles qu'on fait à chaque instant des matériaux qui la composent.

Alex. Brongniart (1) a établi dans le système qui va nous occuper une première division en trois étages, qui peut et doit être conservée. Elle comprend :

> 3. Calcaire supérieur ou à cérithes.
> 2. Calcaire moyen ou à milliolites.
> 1. Calcaire inférieur ou à nummulites.

Chacune de ces divisions peut à son tour se répartir en divers bancs que nous examinerons successivement, en tirant parti d'une excellente notice publiée par M. P. Michelot (2).

§ 1. — Calcaire inférieur ou à Nummulites.

Par ses couches inférieures ce calcaire passe insensiblement aux sables glauconifères du Soissonnais. Nous rappellerons cependant

(1) Alex. Brongniart, *Description géologique des environs de Paris*, 3e édition. Paris, 1835.

(2) P. Michelot, *Bullet. de la Soc. géologique*, 2e série, 1855, t. II, p. 136.

qu'une couche poudingiforme l'en sépare d'une manière très-nette et très-constante.

La puissance du calcaire à nummulites varie de 4 à 30 mètres environ, et si on le considère dans son état le plus complet, on y distingue trois niveaux parfaitement nets, qui sont :

> c. Banc à verrains ou à *Cerithium giganteum*.
> b. Pierre de Saint-Leu, nommée aussi *roche des Forgets*.
> a. Banc à *Nummulites lævigata*.

a. — Banc à *Nummulites lævigata*.

Ce banc repose immédiatement sur la couche caillouteuse, avec dents de squales et *Turbiniola elliptica*, qui couronne les sables du Soissonnais. Son épaisseur varie de 1 à 12 mètres, et il se retrouve sur une surface considérable.

FAUNE DU BANC A NUMMULITES. — Les fossiles très-nombreux qu'il renferme n'y sont pas répartis au hasard, mais donnent au contraire avec beaucoup de netteté des horizons successifs. C'est ainsi qu'au-dessus de la couche à *Turbinolia* s'en place une autre caractérisée par des *lunulites*, sorte de petits polypiers en forme de dé à coudre.

On y recueille aussi comme coquille tout à fait caractéristique le *Pecten solea* (Desh.). C'est une coquille arrondie, régulière, équivalve, presque équilatérale, régulièrement convexe, mais déprimée et lentiforme. Sa surface extérieure paraît lisse, ne montrant que des stries d'accroissement irrégulièrement espacées. Mais, examinée à une très-forte loupe, on aperçoit un nombre considérable de stries très-fines onduleuses, qui manquent ordinairement sur le milieu de la coquille, mais qui se remarquent toujours sur ses parties latérales, où elles sont divergentes et cessent à l'origine des oreillettes. Les crochets sont très-petits, pointus, et ne font aucune saillie au-dessus du bord cardinal. Les oreillettes de la valve gauche sont égales et semblables ; la postérieure est lisse, l'antérieure est striée en rayonnant. Celles de la valve droite sont semblables aussi ; seulement l'antérieure, profondément échancrée à la base, est plus fortement striée que celle de l'autre valve. On remarque dans l'échancrure de l'oreillette de petites dents aiguës et peu nombreuses. Le bord cardinal est simple. La fossette du ligament est courte, profonde et triangulaire. A l'intérieur, les valves sont lisses : on y remarque presque au centre une grande impression musculaire blanche ; à la base interne des oreillettes postérieures on remarque un petit tubercule oblong et obtus.

Cette première couche se montrait autrefois à Auteuil, dans Paris même; mais l'achèvement des constructions la rend maintenant difficilement accessible dans cette localité. Pour la bien étudier, on peut aller à Longuesse, près de Vigny, dans le département de Seine-et-Oise.

Le lit qui vient immédiatement au-dessus est remarquable par la grande quantité de gros bivalves qu'on y rencontre. Nous en citerons quelques-uns.

Le *Cardium hippopeum* (Lamk) est peut-être le plus volumineux, mais il est assez rare, sauf à l'état de moule, et d'ordinaire on ne recueille que des valves isolées. Cette coquille est globuleuse, très-ventrue, cordiforme, un peu oblique et inéquilatérale, à crochets grands et saillants inclinés sur le côté antérieur, qui est le plus court. Du sommet du crochet partent en rayonnant un grand nombre de stries peu apparentes, qui séparent autant de côtes très-étroites, à peine saillantes, lisses, si ce n'est à la base, où elles sont marquées de fréquentes stries transverses qui sont des traces des accroissements. Ces côtes, en aboutissant sur le bord, y produisent autant de crénelures qui sont fines et aiguës; les postérieures sont plus larges que les autres. La charnière est très-puissante. Elle se compose, sur chaque valve, d'une grande dent cardinale pyramidale, inclinée postérieurement, et à côté une fossette grande, oblique, destinée à recevoir la dent de la valve opposée. Ces dents sont tellement disposées, que lorsque les valves sont réunies, il est impossible de les séparer si l'on veut les désunir du côté de la charnière; les dents latérales sont très-fortes, grandes, coniques, obtuses et obliques; l'antérieure est la plus grosse et elle est grossièrement sillonnée à sa base. Les nymphes sont grandes, épaisses, séparées profondément du bord et destinées à recevoir un ligament puissant.

Le *Cardium porulosum* (Lamk) est moins gros que le précédent, mais il est infiniment plus commun, et figure non-seulement dans tous les étages du calcaire grossier, mais dans toutes les formations marines, depuis la plus inférieure jusqu'à la dernière. C'est une coquille arrondie, globuleuse et cordiforme, assez mince et fragile; elle est presque équilatérale, rarement oblique. Ses crochets, assez grands, sont saillants, recourbés, opposés; il en part en rayonnant trente à trente-huit côtes aplaties, séparées entre elles par un sillon plus ou moins profond. Chaque côte est partagée dans le milieu par l'insertion d'une lame saillante, tantôt poruleuse à sa base, tantôt entière et granuleuse ou écailleuse à son bord libre. Ces lames descendent du sommet jusque sur le bord de la coquille. Ce bord est profondément découpé en autant de dentelures qu'il y a de côtes. La charnière est droite, étroite; elle présente sur chaque valve une dent cardinale conique en crochet, et à côté une cavité de la même forme. Les dents latérales sont aplaties, lamelleuses, et surtout l'extérieure, qui est la plus saillante.

Le *Chama calcarata* (Lamk) offre un aspect très-singulier, et représente certainement, suivant l'expression de M. Deshayes, l'une des plus belles espèces fossiles du genre chame. Elle est orbiculaire, très-convexe des deux côtés, presque régulière, à crochets grands, saillants, contournés et opposés; le crochet de la valve inférieure est plus grand que l'autre. Des lames élégantes, transverses, assez larges, s'élèvent de la surface de la coquille; ces lames, presque toujours régulières, sont ornées sur leur bord libre d'épines inégales, les unes fort longues, droites ou un peu recourbées et canaliculées en dessus; les autres, beaucoup plus nombreuses et plus petites, sont dans les intervalles des premières. Ces épines se contournent diversement, mais le plus souvent s'infléchissent dans l'intervalle d'une lame à l'autre. Sur la valve inférieure, les intervalles qui séparent chaque lame sont finement granuleux, et quelquefois les granulations se confondent en rides diversement dirigées. Sur la valve supérieure, entre chaque lame transverse, on voit des côtes longitudinales qui partent de la base de la lame qui est au-dessous, remontent en devenant de plus en plus saillantes, atteignent en dessous la base de la lame qu'elles rencontrent, se recourbent en arc-boutant, et deviennent la base des épines qui partent du bord des lames. La dent cardinale de la valve inférieure est oblique, mais peu considérable; une petite dent rudimentaire se trouve derrière elle dans la direction du bord. Cette petite dent s'appuie sur la base de la nymphe qui donne attache au ligament. La valve supérieure ne présente à la charnière qu'une dent fort courte en bourrelet, devant laquelle est une cavité qui reçoit à peine la moitié de la grande dent de l'autre valve. La surface entière de la coquille est couverte de points enfoncés et de pores très-nombreux et très-rapprochés. Les bords sont simples dans toute leur étendue. Le *Chama lamellosa* (fig. 53) est très-voisin du précédent.

Les principales localités où le lit à bivalves peut être observé sont

Vaugirard, les Carrières-Saint-Denis, la Ferté-Milon, Chaumont en Vexin, etc.

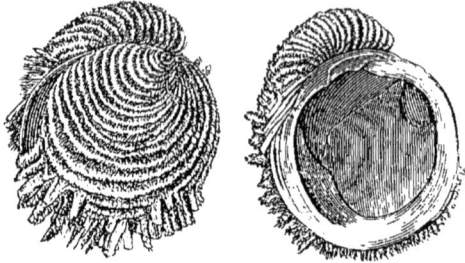

FIG. 53. — *Chama lamellosa.*

Enfin, le lit à nummulites, qui donne son nom à tout le banc, est surtout développé dans le Soissonnais et le Laonnais. Il est représenté également très-près de Paris par une couche mince et sableuse à Vaugirard et à Issy. C'est une pierre très-tendre à Brie, au nord de Laon ; mais on en fait au contraire de solides matériaux de construction sur d'autres points, comme à l'Isle-Adam, à Festieux, aux environs de Laon, au mont Ganelon près de Compiègne, où les ouvriers l'appellent la *pierre à liards*, etc.

Ce nom vulgaire tire son origine justement de la présence des nummulites, dont la forme générale est celle d'une pièce de monnaie. Nous avons déjà cité des foraminifères appartenant au même

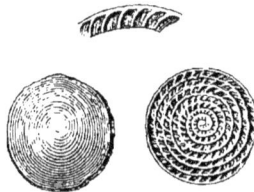

FIG. 54. — *Nummulites lævigata.*

genre nummulite que l'on trouve dans les sables glauconifères. Celles que nous rencontrons maintenant sont d'espèces différentes, parmi lesquelles la plus commune est connue sous le nom de *N. lævigata*. (Lamk) (fig. 54). Elles ont, comme on voit, une coquille enroulée sur un plan, à ouverture unique contre le retour de la spire et en fente transversale dans le jeune âge. Les cloisons qui séparent les chambres successives sont arquées et présentent un réseau cloisonnaire, qui ne commence qu'à une certaine distance du pied des cloisons. Les pores sont très-visibles.

Nous aurons dans la suite l'occasion de retrouver des nummulites à des niveaux plus élevés de la série parisienne.

b. — Pierre de Saint-Leu.

CARACTÈRES GÉNÉRAUX DE LA PIERRE DE SAINT-LEU. — Les couches que nous venons de décrire sont surmontées aux environs de Creil, à Saint-Leu (Oise), par 8 mètres d'épaisseur d'un calcaire tendre, jaunâtre et gras, d'où l'on tire en abondance d'excellentes pierres de construction.

Ce niveau si important, comme on voit au point de vue industriel, est loin d'offrir partout le même aspect. A l'Isle-Adam, par exemple, localité cependant assez voisine de Saint-Leu, la pierre est fine et dure, et les ouvriers la distinguent sous le nom particulier de *roche des Forgets*. A Liancourt, près de Gisors (Eure), les bancs solides admettent en mélange des lits sableux riches en fossiles bien conservés. Aux Carrières-Saint-Denis, l'aspect est encore plus différent de celui qu'on observe à Saint-Leu, puisque la zone que nous considérons est occupée par 2 mètres d'épaisseur de plaquettes dures, chargées de glauconie et alternant avec des sables calcaires.

ACCIDENT MAGNÉSIEN DE PONT-SAINTE-MAXENCE. — Enfin, relative-

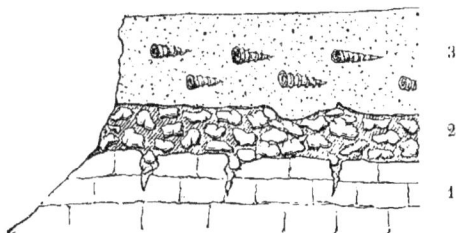

FIG. 55. — Disposition du calcaire magnésien de Pont-Sainte-Maxence.
3. Banc à verrains. — 2. Calcaire magnésien. — 1. Pierre de Saint-Leu.

ment aux formes que peut revêtir la pierre de Saint-Leu, nous signalerons l'état qu'elle affecte à Pont-Sainte-Maxence, dans le département de l'Oise.

Dans cette localité, les couches calcaires offrent un accident rappelant d'une manière frappante celui que la craie présente, comme nous l'avons vu, à Beynes (1). En effet, on trouve à Pont-Sainte-

(1) *Bullet. de la Soc. géologique* 2ᵉ série, 1855, t. XII, p. 1328.

Maxence (fig. 55), immédiatement sous le banc à verrains, une couche épaisse de 8 à 10 mètres, et constituée, comme de Verneuil l'a constaté le premier, par un sable calcaire assez dolomitique pour avoir pu servir à la fabrication du carbonate de magnésie. Une usine, aujourd'hui abandonnée, en a fourni des échantillons magnifiques.

A Pont-Sainte-Maxence, comme à Beynes, on observe que les couches magnésiennes sont inclinées et présentent de profondes corrosions le long de leurs joints. Dans la première localité comme dans l'autre, des nodules de silex souvent très-fortement altérés sont noyés dans la matière dolomitisée.

Il résulte de cette ressemblance d'allure une ressemblance évidente dans le mode de formation, et, par conséquent, nous devons admettre que des sources thermales chargées de principes magnésiens sont venues à Pont modifier des couches calcaires préalablement consolidées.

Le sable, qui a été étudié par M. Damour (1), forme une couche ou plutôt des amas dont l'épaisseur varie depuis quelques décimètres jusqu'à 3 mètres environ. Il est superposé au calcaire à nummulites, et se trouve au-dessous du calcaire grossier à *Cerithium giganteum*, dont il n'est séparé, en quelques endroits, que par une très-mince couche d'argile brune. Sa couleur est le gris jaunâtre ; il est formé de grains très-fins qui, observés au microscope, ont conservé, pour la plupart d'entre eux, l'apparence extérieure du rhomboèdre particulier au carbonate de chaux ou à la dolomie. On y remarque aussi un mélange de grains de quartz hyalin en fragments anguleux et de rares paillettes de mica argenté.

Sa densité est de 2,811.

Il produit une assez vive effervescence avec les acides nitrique et chlorhydrique, qui le dissolvent en laissant déposer un résidu quartzeux dont le poids s'élève à environ 6 pour 100 de la matière employée. La liqueur acide laisse également déposer, mais avec lenteur, des flocons d'une matière bitumineuse de couleur brune.

Lorsqu'on attaque le sable par l'acide chlorhydrique, la dissolution est accompagnée d'un dégagement de gaz fétide dû à la présence des matières bitumineuses qu'on vient d'indiquer. Si l'on fait évaporer à siccité la dissolution chlorhydrique après l'avoir séparée des grains quartzeux insolubles, et si l'on fait chauffer le

(1) Damour, *Bullet. de la Soc. géologique*, 2e série, t. XIII, p. 67.

résidu de l'évaporation dans une capsule de platine, la masse se boursoufle, blanchit, et ne se fond pas, même à la température du rouge-cerise. En traitant par l'eau la masse refroidie, il se dissout du chlorure de calcium, et il reste un résidu très-notable formé de magnésie contenant une faible proportion d'oxyde de fer.

L'acide acétique attaque également le sable de Pont-Sainte-Maxence, mais la dissolution ne s'effectue qu'avec beaucoup de lenteur. Une dissolution aqueuse de chlorhydrate d'ammoniaque l'attaque de même, à la suite d'une ébullition prolongée.

Chauffé à la température du rouge blanc, il perd tout l'acide carbonique uni aux bases, et laisse une masse terreuse, blanche, qui ne s'échauffe pas sensiblement lorsqu'on y ajoute de l'eau goutte à goutte : cette masse terreuse se dissout en partie, avec dégagement de gaz ammoniacal, lorsqu'on la met en contact, à froid, avec une dissolution de nitrate d'ammoniaque ; si l'on fait bouillir le tout, on obtient une dissolution à peu près complète de la masse terreuse, à l'exception de l'oxyde de fer et d'un silicate de chaux formé pendant la calcination, par l'action de la chaux sur les grains de quartz mélangés dans le sable.

L'analyse du sable magnésien a donné les résultats suivants :

Carbonate de chaux	55,35
Carbonate de magnésie	37,24
Oxyde ferrique	0,65
Alumine	0,35
Matières bitumineuses	0,60
Quartz en fragments anguleux	6,10
	100,29

En faisant abstraction du mélange de quartz, d'alumine, d'oxyde de fer, etc., ce sable doit être considéré comme un calcaire magnésien ou dolomie, qui contient :

		OXYGÈNE.	RAPPORTS.
Carbonate de chaux	59,78	28,61	5
Carbonate de magnésie	40,22	22,78	4
	100,00		

Cette composition, qu'on peut représenter par la formule :

$$\left. \begin{array}{l} 5/9 \ CaO \\ 4/9 \ MgO \end{array} \right\} CO^2,$$

est presque identique avec celle de la dolomie cristallisée de Kolosoruk, analysée par M. Rammelsberg, et des dolomies de Lockport, de Glucksbrun, de Bohême et de Villefranche.

On trouve dans cet amas de sable magnésien des nodules calcaires plus ou moins volumineux, qui, observés à la loupe, paraissent formés d'un agrégat confus de grains cristallins. Ces nodules ont présenté la composition suivante :

Carbonate de chaux	82,14
Carbonate de magnésie	8,58
Oxyde ferrique	0,50
Sable quartzeux	7,65
Matière bitumineuse et humidité	1,12
	100,00

Enfin, entre le sable magnésien et le calcaire grossier qui lui est superposé, se trouve intercalée en quelques places une petite couche de 4 à 10 centimètres d'un calcaire gris jaunâtre, criblé de cavités bulleuses qui lui donnent assez l'apect des roches scoriacées particulières aux terrains volcaniques. Ce calcaire, de formation évidemment aqueuse, aussi bien que les terrains qui l'environnent, a donné à l'analyse :

Carbonate de chaux	86,65
Oxyde ferrique	0,70
Alumine et silice	1,90
Matière bitumineuse	0,60
Sable quartzeux	10,15
	100,00

Les cavités bulleuses qu'il renferme en si grande quantité semblent dues à un dégagement de corps gazeux qui l'ont converti en une masse écumeuse ; cette masse s'est ensuite solidifiée par l'action du temps.

Les faits qui viennent d'être signalés ne sont pas exclusivement propres à Pont-Sainte-Maxence. On les retrouve dans beaucoup d'autres localités et toujours exactement au même niveau.

Nous citerons, par exemple, Saint-Maximin et Verberie dans l'Oise (1), ainsi que l'Ile-Adam et Auvers dans Seine-et-Oise.

FAUNE DU CALCAIRE DE SAINT-LEU. — Les fossiles du calcaire de Saint-Leu sont innombrables.

_____

(1) *Bullet. de la Soc. géologique*, 2e série, 1859, t. XVII, p. 137.

Parmi les mollusques, nous citerons des céphalopodes du genre Nautile, et spécialement le *N. Lamarckii* (Desh.), trouvé souvent à Vaugirard, à Pont-Sainte-Maxence et ailleurs. Suivant M. Deshayes, il est probable que c'est cette espèce que Lamarck a rapportée au *N. Pompilius* (1), la prenant pour son analogue fossile, et que tout le monde connaît bien. Elle a en effet beaucoup de ressemblance, quant à la forme générale, à la grandeur et à la disposition de l'ombilic ; mais dans l'espèce vivante, les cloisons ont un bord simple, tandis qu'ici elles ont une double sinuosité fort remarquable. L'espèce fossile se distingue encore par la position du siphon un peu plus postérieure, et par son diamètre, qui est beaucoup moindre. On rencontre assez fréquemment de petits fragments de cette espèce, et on les reconnaît facilement à leur nacre brillante qui a conservé tout son éclat.

Le *N. umbilicaris* (Desh.) est voisin du précédent, mais sa taille est deux fois aussi grande. La coquille est discoïde, à dos très-convexe, ayant l'ouverture grande, épaisse sur les bords, surtout dans les parties qui avoisinent l'ombilic. Les cloisons sont simples, très-concaves, et elles sont percées vers le centre d'un siphon proportionnellement plus gros que dans le nautile précédent.

Beaucoup de gastéropodes et de bivalves sont mêlés à ces céphalopodes. Parmi ces derniers, nous mentionnerons quatre coquilles spécialement caractéristiques : deux sont du genre *Corbis* et deux du genre *Lucina*.

Le *Corbis lamellosa* (Lamk) est une coquille très-belle, très-élégante et très-répandue. Elle est ovale, inéquilatérale, peu épaisse, couverte de lames transverses élevées, un peu obtuses dans le milieu, crépues ou festonnées vers le bord antérieur ; les stries longitudinales sont fines, très-rapprochées. Le bord est assez mince, crénelé, la lame cardinale étroite ; les dents cardinales sont petites ; des latérales, l'antérieure est la plus forte et la plus près des cardinales. On ne trouve que très-rarement des individus complets. Il arrive quelquefois que le test de cette coquille se dédouble complétement ; toutes les lames alors disparaissent, et l'on ne voit plus que des stries rayonnantes très-régulières : dans cet état, on pourrait le considérer comme une espèce distincte.

Le *Corbis Pectunculus* de Lamarck a tant d'analogie avec le pré-

____

(1) Deshayes, *Description des animaux sans vertèbres du bassin de Paris,* t. III, p. 625.

cédent, qu'au premier aperçu on pourrait croire qu'il n'en diffère que par son volume plus considérable. Mais la taille n'est pas le seul caractère qui l'en distingue. Cette coquille est plus arrondie, moins inéquilatérale, plus épaisse; ses lames sont plus distantes. Les stries longitudinales sont plus fortes et plus écartées. Le bord est plus épais, la lame cardinale plus large; le crochet plus saillant, la lunule plus grande; les dents latérales plus fortes, et l'antérieure plus écartée. Ces différences s'aperçoivent facilement en comparant les jeunes individus du *C. Pectunculus* avec des plus grands du *C. lamellosa*, et elles deviennent bien plus sensibles encore en comparant les grands individus des deux espèces. Elles se distinguent encore facilement en ce que les valves du *C. Pectunculus* sont plus profondes. Cette coquille atteint 1 décimètre de large sur 9 centimètres de long.

Le *Lucina gigantea* (Desh.) est la plus grande des lucines, ayant environ 8 centimètres de diamètre. Il est orbiculé, lisse ou seulement marqué circulairement de stries d'accroissement qui sont croisées par d'autres stries rayonnantes très-superficielles qui s'aperçoivent à peine; son crochet est petit et la lunule à peine marquée; la charnière est sans dent. Des nymphes grandes et fort saillantes étaient destinées à donner insertion à un ligament qui devait être très-puissant. Le bord est lisse, mince et tranchant; tout le test est mince aussi. Toute la surface intérieure comprise entre les impressions musculaires et celles du manteau est pointillée, irrégulièrement, comme cela a lieu dans un très-grand nombre de lucines; le reste de la surface intérieure est lisse. Les impressions musculaires sont grandes, et celle du manteau est plus large qu'elle ne l'est ordinairement.

Enfin le *Lucina contorta* (Desh.), beaucoup plus petit que le précédent, est presque toujours couvert de stries lamelleuses, ou du moins elles y existent constamment à la partie intérieure; il y a une lunule profonde et constante; la charnière a constamment, depuis le plus jeune âge jusque dans la plus grande taille, deux dents cardinales bien marquées, jamais de dents latérales; des nymphes qui sont moins saillantes sont recouvertes par le corselet.

c. — Banc à verrains ou à *Cerithium giganteum.*

CARACTÈRES GÉNÉRAUX DU BANC A VERRAINS. — Le calcaire grossier inférieur est couronné par le banc à verrains, ainsi nommé du nom que les carriers donnent parfois aux moules du cérithe gigantesque. Près de Paris ce banc est nommé *Saint-Jacques* pas les praticiens. Il consiste en 1 à 6 mètres d'une roche solide, très-propre à la taille, et qui fournit des matériaux de bonne qualité, cependant moins estimés, en général, que ceux fournis par la pierre de Saint-Leu. Près de Paris le banc est mince, et constitue à Vaugirard, à Gentilly, au bas Meudon, aux Carrières-Saint-Denis, etc., la base des exploitations de calcaire. Il fournit dans ces localités les moellons de calcaire grossier les plus denses que l'on connaisse, puisqu'ils pèsent 2,7.

FAUNE DU BANC A VERRAINS. — A l'est du bassin, par exemple aux environs d'Epernay, et tout spécialement à Chamery, le banc est à l'état de sables, d'où l'on extrait une multitude de fossiles dans un état admirable de conservation.

Ces fossiles sont très-nombreux.

En première ligne, le *Cerithium giganteum* (Lamk) (fig. 56), qui donne son nom au banc tout entier, doit nous arrêter. C'est une grande coquille dépassant souvent 50 centimètres de long et 20 centimètres de grosseur. On ne le reconnaît pas d'ailleurs seulement à sa taille, mais aussi, comme l'expose M. Deshayes, à plusieurs caractères qui lui sont propres, en les prenant depuis le jeune âge jusqu'à l'état de vieillesse. Les premiers tours des jeunes individus sont lisses et fortement carénés dans le milieu. A cette ca-

FIG. 56.
Cerithium giganteum.

rène s'ajoute d'abord à la partie inférieure des tours, un rang de petites granulations, puis bientôt paraît une petite strie granuleuse; une seconde strie s'ajoute au-dessus de la carène. Peu à peu cette carène diminue, tandis que les stries augmentent, ainsi que les granulations de la base des tours; de sorte que vers le vingtième tour environ, c'est-à-dire lorsque la coquille a acquis une longueur de près de 6 ou 7 centimètres, la carène est réduite au volume des stries qui l'accompagnent. Ces stries, qui sont granuleuses, finissent par devenir lisses, et enfin elles ont une tendance à s'effacer lorsque la coquille est parvenue vers le trentième tour. Alors elle a environ cinq pouces de longueur. Les tubercules de la base se sont constamment accrus, et sur les dix derniers tour ils sont très-gros, obtus au sommet et un peu comprimés sur les côtés. La différence, dit M. Deshayes (1), qui existe entre les jeunes individus et les vieux est telle que l'on pourrait facilement en faire deux espèces si l'on n'avait des intermédiaires qui servent à établir leurs rapports. D'après ce que nous venons de voir, la coquille se trouve donc composée de quarante tours étroits, aplatis, ayant une suture superficielle, si ce n'est sur les derniers tours où elle est canaliculée. Le dernier tour est très-grand, il se termine supérieurement par un canal allongé fort large, recourbé en arrière et en partie recouvert en avant. La columelle est subcylindrique ; elle est fort épaisse et offre vers son milieu un seul gros pli, et l'on trouve à la base du canal un bourrelet saillant qui le circonscrit et qui simule un second pli lorsque la columelle est mise à découvert dans les individus mutilés ; un bord gauche épaissi, mais étroit, s'étale sur l'avant-dernier tour. La lèvre droite est d'une épaisseur considérable ; elle est formée de lames épaisses, reployées en dehors et dont les bords sont irrégulièrement découpés. Cette lèvre s'avance beaucoup au-dessus de l'ouverture et la cache en partie. Cette proéminence est augmentée par une sinuosité fort large que fait ce bord au moment de se joindre à l'angle inférieur de la coquille.

Les turritelles sont très-nombreuses. Le *T. imbricataria* nous a déjà occupés comme se trouvant dans les sables glauconifères. Le *T. terebellata* (Lamk) est remarquable par sa grande taille, qui atteint 20 centimètres. C'est une coquille allongée turriculée ; ses tours, au nombre de vingt environ, sont convexes, assez larges et bordés à leur sommet par un bourrelet assez saillant, convexe, au-dessous duquel on voit une suture simple qui se distingue difficilement des stries qui l'accompagnent. La surface extérieure est couverte d'un grand nombre de stries fines, simples, rapprochées, inégales, souvent interrompues, surtout vers l'ouverture, par des stries d'accroissement fort onduleuses, quelquefois assez saillantes. Le dernier tour est circonscrit à sa circonférence par une carène

---

(1) Deshayes, *Description des animaux sans vertèbres du bassin de Paris*, t. III, p. 115.

simple, étroite et fort aiguë, au-dessous de laquelle se montrent quelques sillons concentriques entre lesquels on voit des stries très-fines. L'ouverture est ovale-obronde; son bord gauche est étalé sur l'avant-dernier tour; le bord droit est très-mince, tranchant; il est fortement sinueux vers son extrémité supérieure et un peu versant à la base.

A peine plus court que le précédent, le *T. sulcifera* (Desh.) a 15 centimètres de longueur. Il est allongé, très-pointu au sommet, et sa spire est formée de vingt à vingt-deux tours qui sont très-convexes. Les premiers sont striés, mais à mesure que la coquille s'accroît, les stries se changent peu à peu en sillons transverses, inégaux, réguliers, au nombre de dix ou douze sur chaque tour; au sommet ils sont aigus et tranchants; les intervalles qui les séparent sont lisses : on remarque seulement des stries longitudinales onduleuses, produites par les accroissements. La suture est peu profonde; elle est presque toujours suivie par un petit canal superficiel, lisse. L'ouverture est presque ronde; la columelle est peu épaisse, arrondie et suivie d'un bord gauche très-étroit. Le bord droit est mince et tranchant; il est profondément sinueux à la base.

Parmi les acéphales, il faut citer tout particulièrement le gros *Crassatella tumida* (fig. 57), qui, surtout à l'état de moule, remplit

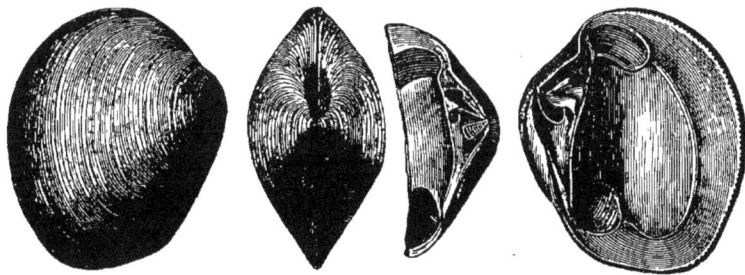

FIG. 57. — *Crassatella tumida.*

la roche dans certaines localités. C'est une coquille inéquilatérale ovale, trigone. La charnière se compose sur la valve gauche d'une dent cardinale très-forte, triangulaire, pyramidale, de chaque côté de laquelle se trouve un enfoncement, et, tout à fait sous le crochet, une fossette peu profonde dans laquelle se fixe le ligament. Sur la valve droite on observe une fossette très-grande, triangulaire, dans laquelle s'insère la dent cardinale de la valve opposée; de chaque côté de cette fossette, une dent pyramidale qui est reçue dans la fossette de la valve gauche. On observe aussi au-dessous du crochet l'impression du ligament. La lunule est très-enfoncée et subcordiforme. M. Deshayes a donné le dessin d'une crassatelle de cette espèce ayant plus de 7 centimètres et demi de large sur un décimètre de largeur (1). « Il y a quelques individus qui sont encore plus grands, ajoute-t-il ; nous en possédons une valve qui a 9 centimètres 3 millimètres de long et 11 centimètres et demi de large. »

On rencontre fréquemment le *Pectunculus pulvinatus* (fig. 58).

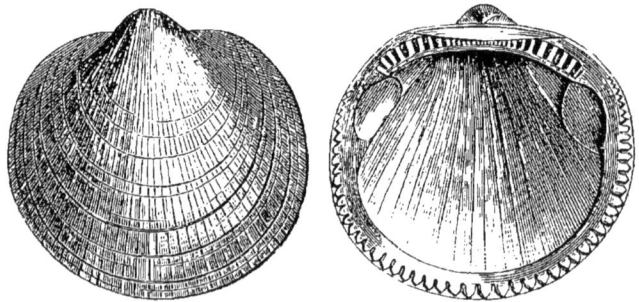

Fig. 58. — *Pectunculus pulvinatus.*

§ 2. — **Calcaire moyen ou à Miliolites.**

Pris dans sa généralité, le calcaire grossier moyen se divise en deux groupes de couches dont l'inférieure, épaisse de 1 à 10 mètres, reçoit le nom de *vergelés* ou de *lambourdes*, et dont l'autre, qui varie de 30 centimètres à 2^m,50, est le *banc royal* des carriers.

a. — Vergelés ou lambourdes.

Suivant l'expression des ouvriers, les vergelés ou lambourdes sont des pierres maigres et non gélives; ce qui signifie que ce calcaire ne renferme point de parties argileuses. L'argile en effet, par l'eau qu'elle contient, agit, lors du froid, d'une manière très-décisive quant à la démolition des roches. Chaque parti-

(1) Deshayes, *Description des animaux sans vertèbres du bassin de Paris*, t. 1er, p. 737.

cule d'argile humide augmentant par le fait de la gelée d'une partie très-notable de son volume, fait éprouver à la pierre l'effet d'un coin dont la force est irrésistible, et à laquelle la matière pierreuse ne tarde pas à céder.

Les vergelés sont des calcaires d'un blanc jaunâtre, souvent marbrés de veines jaunes ou rougeâtres dues à des infiltrations ferrugineuses. C'est dans la partie inférieure que se trouvent les couches les plus dures et parfois coquillières, comme on l'observe par exemple à Poissy, où ce calcaire est nommé *roche*.

Les principaux fossiles qu'on y distingue sont analogues à ceux qui vont se présenter dans les couches suivantes. Il suffira d'insister ici sur les seules *Milliolites*, auxquelles le terrain doit son nom. Ce sont des foraminifères composés de loges qui se pelotonnent par paires autour d'un axe commun. Ces loges font chacune dans leur enroulement la longueur totale de la coquille ou la moitié de la circonférence; en sorte que l'ouverture, munie d'un appendice, se trouve alternativement à une extrémité ou à l'autre. Dans le calcaire grossier de Grignon et de Blaye, Alcide d'Orbigny a décrit plusieurs espèces différentes de millioles dont quatre ont été rapportées au genre *Biloculina*.

Les vergelés sont très-développés sur les bords de l'Oise, mais on les retrouve aussi aux Carrières-Saint-Denis, à Nanterre et dans toute la plaine située au sud de Paris.

b. — Banc royal.

Le banc royal, qui couronne habituellement les vergelés, est bien supérieur à ceux-ci au point de vue des propriétés industrielles. Habituellement dépourvu d'argile, il n'en contient jamais assez pour devenir gélif. D'un autre côté, quoique en couches minces, il présente des blocs naturels assez volumineux pour qu'on y taille facilement de grandes pierres d'appareils.

C'est une pierre d'un blanc ordinairement grisâtre, bien homogène et habituellement dépourvue de marbrures.

On exploite le banc royal à Conflans-Sainte-Honorine, à Neuilly, à Méry-sur-Oise, à Gentilly, à Montrouge.

FAUNE DU BANC ROYAL. — Les fossiles du banc royal sont extrêmement nombreux.

Nous nous bornerons à décrire rapidement les plus caractéristiques.

L'*Orbitolites complanata* (Lamk) (fig. 59), est un foraminifère dont la coquille discoïdale, plane, égale, est encroûtée des deux côtés et ornée de stries concentriques. On y trouve des loges nom-

FIG. 59. — *Orbitolites complanata.*

breuses disposées par lignes irrégulières transverses, et visibles seulement au pourtour.

Le *Fusus Noe* est représenté dans la figure 60.

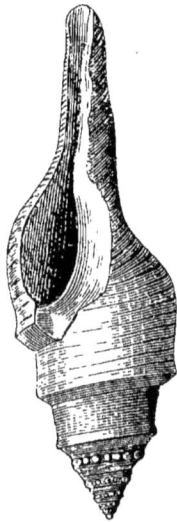

FIG. 60. — *Fusus Noe.*

Le *Terebellum convolutum* (Lamk) présente une forme très-caractéristique. C'est une coquille très-mince et très-fragile que l'on rencontre rarement en bel état de conservation. Elle est allongée, cylindracée; toute lisse, obtuse au sommet. Sa spire est entièrement cachée, mais non à la manière des porcelaines, car, lorsqu'on brise la coquille avec précaution, on voit la spire développée de la même manière que dans les autres espèces; seulement, dans celle-ci, elle est cachée par le développement supérieur du bord droit, que l'on voit remonter jusqu'au sommet. L'ouverture est allongée, étroite, un peu dilatée à son extrémité antérieure; elle est extrèmement rétrécie, en fente capillaire, à son extrémité opposée. La columelle est arquée et convexe dans toute sa longueur : elle est revêtue d'un bord gauche très-mince et très-étroit, et se termine à la base en une pointe aiguë, vers laquelle se dirige obliquement l'extrémité du bord droit; de ce côté, le bord est développé de manière à laisser apercevoir l'intérieur de la coquille lorsqu'on la regarde par la base.

Le *Cardium aviculare* (Lamk) présente un aspect très-peu ordinaire parmi les bivalves. C'est une jolie coquille triangulaire, allongée, cordiforme, atténuée à son extrémité inférieure; des trois côtés du triangle, le bord supérieur ou cardinal est le plus court, le postérieur le plus long. Elle est inéquilatérale; le crochet, qui est

petit et peu saillant au-dessus du bord cardinal, s'incline obliquement vers son extrémité antérieure; il donne naissance à une
carène aiguë, armée de longues écailles spiniformes imbriquées, qui
partage la coquille en deux parties inégales et aboutit à un angle
inférieur.

Le côté antérieur est le plus étroit et est orné de vingt à vingt-
cinq côtes longitudinales aplaties, couvertes pour la plupart de petites
écailles, dont un petit nombre sont tuberculeuses, surtout à la
partie supérieure. Le côté postérieur est beaucoup plus déprimé,
surtout vers l'angle supérieur, où la cavité des valves est réduite
considérablement : les côtes qui se voient sur cette partie des valves
partent en rayonnant du côté postérieur du crochet; elles sont très-
aplaties, larges et séparées par des intervalles égaux aux côtes. La
partie postérieure du bord cardinal est ornée d'un rang de longues
écailles épineuses, imbriquées comme celles de la carène dorsale. La
charnière est droite; on y remarque sur la valve gauche deux petites
dents cardinales obliques, entre lesquelles est une fossette conique
assez grande, dans laquelle est reçue la seule dent cardinale de
l'autre valve. La dent latérale antérieure manque tout à fait, mais
la postérieure est semblable à celle des autres *Cardium*. Les impressions musculaires, qui sont d'une taille médiocre, se voient aux
deux extrémités du bord cardinal et au-dessous de lui.

Les vertébrés sont représentés dans le banc royal par des poissons
assez nombreux, parmi lesquels l'*Hemirhynchus Deshayesi* (Agass.)
est le plus remarquable. La galerie de géologie du Muséum s'est
récemment enrichie d'une plaque de calcaire grossier à milliolites
portant de très-nombreuses empreintes de poissons (1). Cette plaque
provient d'une carrière de Puteaux (Seine), où l'on pouvait admirer
récemment encore une innombrable accumulation de poissons tous
semblables, conservés jusque dans les moindres détails de leur squelette et de leurs téguments. Ces poissons étaient réunis là en nombre
prodigieux, et semblent avoir succombé à la suite d'une action violente, telle qu'un cataclysme ou l'arrivée subite de principes toxi-
ques dans les eaux qu'ils habitaient; du moins n'expliquerait-on
pas aisément d'une autre manière les contorsions qu'ils présentent
souvent, et qui rappellent les allures tourmentées des poissons du
Mansfeld ou d'ailleurs.

(1) Stanislas Meunier, *Comptes rendus de l'Académie des sciences*, 1872,
t. LXXIV, p. 822.

Les poissons de Puteaux paraissent se rapporter tous à la même espèce; mais cette espèce, jusqu'ici extrêmement rare, n'était connue des paléontologistes que par des échantillons incomplets. Agassiz, qui lui a imposé le nom cité plus haut d'*Hemirhynchus Deshayesi*, s'exprime ainsi à son égard (1) : « Il est à regretter que cette espèce si importante, en ce qu'elle établit un passage entre deux types assez différents, ne soit pas connue dans tous ses détails. Nous n'en connaissons jusqu'ici que la tête et une partie de la colonne vertébrale ; mais, à en juger par sa physionomie générale, il paraît que c'était un poisson très-allongé. »

Il faut ajouter que dans sa *Zoologie et Paléontologie françaises*, M. le professeur Paul Gervais a donné de son côté une représentation partielle de ce même poisson.

Quoi qu'il en soit, et grâce aux échantillons fournis par la carrière de Puteaux, on peut aujourd'hui combler les lacunes de la description d'Agassiz. On peut constater, par exemple, que l'*Hemirhynchus* atteignait parfois un mètre de longueur, avec une largeur moyenne de 12 centimètres, et qu'il présente une nageoire continue aussi bien sur le dos que sous le ventre. On peut étudier toutes les particularités de ses écailles, qu'Agassiz n'a vues que par leur face interne ; etc.

C'est sans doute à des vertébrés qu'il faut rapporter les empreintes déjà signalées parfois, à la surface des bancs du calcaire grossier, et par exemple par M. le docteur Eugène Robert, qui a donné au Muséum un échantillon provenant des carrières du château du Bois-de-l'Arbre, près d'Hermonville (Marne). Ce sont des empreintes trilobées de pas, qui paraissent avoir la plus grande ressemblance avec celles qu'on a attribuées à une tortue fossile, à la surface des grès du comté de Dumfries, en Écosse.

Il ne paraît point, cependant, que ces empreintes de pas de chélonien appartiennent à la même espèce qui a laissé ses débris osseux dans les carrières de Nanterre ou de Passy (celles-ci pourraient couvrir la main) ; elles semblent plutôt avoir été produites par une grande espèce de tortue marine. Les plaques calcaires qui portent ces empreintes offrent aussi une autre particularité curieuse, sur laquelle M. Robert a déjà appelé l'attention dans son article archéologique sur la station celtique de Luthernay (2) : il s'agit d'em-

---

(1) Agassiz, *Recherches sur les poissons fossiles*, t. V, p. 88 et pl. XXX.
(2) E. Robert, *les Mondes*, t. XVII, p. 382.

preintes qui rappellent parfaitement ces petites ondulations réticulées qu'offre la surface du sable, lorsque la mer s'est retirée lentement, et qu'on aperçoit même au fond de l'eau. On leur a donné quelquefois le nom pittoresque de *vent fossile*. Or, c'est dans ces conditions-là que se présentent les pas de tortue.

FLORE DU BANC ROYAL. — Les végétaux sont nombreux dans le banc royal. Ce sont surtout des plantes marines ou d'eau saumâtre. Nous énumérerons les plus fréquentes.

Les *Culmites* ou *Caulinites* abondent dans le calcaire grossier ; ils ont la plus grande analogie avec les *Caulinia*, plantes aquatiques actuelles submergées, croissant dans les étangs, les fossés et les ruisseaux, et qu'on rencontre souvent à des latitudes diverses, en Europe, en Afrique, en Amérique et aux Indes orientales. Le calcaire grossier contient : *C. parisiensis* (Brongn.), *C. nodosus* (Unger), *C. ambiguus* (Ung.), *C. Wateleti* (Ad. Brongn.), *C. formosus* (Wat.), et beaucoup d'autres encore dont la détermination est plus ou moins douteuse.

Le *Phyllites multinervis* de M. Ad. Brongn. provient de Montsouris. C'est, comme l'auteur l'a reconnu lui-même, un vrai *Potamogeton* qui n'est pas sans analogie avec le *P. natans*, si abondant dans nos rivières. Le seul échantillon connu consiste en une feuille arrondie, offrant des nervures nombreuses et très-anastomosées. Beaucoup d'autres *Potamogeton* ont été trouvés dans le calcaire grossier.

Des *Flabellaria* se rencontrent souvent au même niveau. Un des plus anciennement connus a été désigné par M. Ad. Brongniart sous le nom de *F. parisiensis*. Ce beau palmier présente un pédoncule d'une largeur de 12 millimètres dans toute sa longueur ; les feuilles sont mutilobées, et les lobes, très-étroits sont nombreux, rapprochés, et forment une fronde peu élargie. Cette espèce est d'ailleurs fort rare.

L'*Equisetum deperditum* (Watelet) a été découvert dans le calcaire grossier de la Glacière, à Paris même. Il se rapproche beaucoup de la prêle connue sous le nom d'*elimosum*, et offre un épi ovale-oblong formé de plusieurs rangs superposés d'écailles. La tige est marquée de stries longitudinales et d'articulations en forme d'anneaux.

Les *Zostera* ou *Zosterites* appartiennent à la famille des naïadées. M. Watelet en distingue dans le calcaire grossier deux espèces différentes. Le *Zosterites Lamberti* (Wat.) consiste en feuilles longues, très-étroites, arrondies et un peu acuminées au sommet. Ce n'est qu'avec une forte loupe que l'on parvient à distinguer quelques nervures longitudinales et très-fines. Le *Zosterites enervis* (Ad. Brongn.)

n'a pas encore été l'objet d'une description sérieuse, et quelques doutes entourent sa détermination.

ROGNONS SILICEUX DU BANC ROYAL. — Le banc royal est intéressant à un point de vue où nous avons déjà étudié des couches beaucoup plus anciennes, c'est-à-dire par les rognons minéraux qui s'y trouvent contenus. Ce sont des rognons de silex d'une analogie évidente avec les rognons siliceux de la craie. Comme ceux-ci, ils se sont fréquemment formés autour de certains fossiles comme centre d'attraction, et ils ont une tendance manifeste à se disposer en lits horizontaux.

Par suite de leur croissance successive, des rognons arrivent parfois à se souder, et leur ensemble prend l'aspect de plaquettes plus ou moins étendues. C'est ce qu'on peut observer par exemple à Puteaux. Ailleurs, la silicification s'est presque bornée à la matière des coquilles contenues dans les couches, de façon que ces coquilles sont exactement transformées en silex. Il n'y a pas de meilleure localité pour observer cette circonstance que Pierrelaye, près de Pontoise. Il y a dans ce fait un problème très-intéressant à étudier.

Un petit échantillon du banc royal de cette localité peut offrir à la fois des coquilles restées parfaitement calcaires, et, presque au contact, d'autres coquilles entièrement silicifiées. La substance siliceuse a donc dissous le test de ces coquilles sans néanmoins dissoudre le calcaire environnant, cependant plus soluble dans les acides, et a substitué à la substance ainsi enlevée de la silice, sans que les régions voisines aient été le moins du monde silicifiées.

§ 3. — Calcaire supérieur ou à Cérithes.

Épais de 3 à 16 mètres, le calcaire grossier supérieur (calcaire à cérithes de Brongniart) se répartit en couches nombreuses nettement caractérisées et faciles à distinguer les unes des autres. Toutefois ces diverses couches peuvent, pour la commodité de l'étude, se répartir en deux groupes dont le plus inférieur s'appelle le *banc vert*, et l'autre le *banc franc*.

Examinons-les successivement.

a. — Banc vert.

Le banc vert constitue le repère le plus constant dans le calcaire grossier parisien.

Pris en bloc et considéré dans son état le plus complet, il se compose de couches marneuses produites par le mélange de lits d'eau douce et de lits marins, intercalées entre deux assises tout à fait marines.

Ces deux couches, dont l'une commence le banc vert pendant que l'autre le termine, sont tellement identiques entre elles sous tous les rapports, que l'on est porté à considérer les couches marneuses dont nous venons de parler comme un simple accident venant s'intercaler dans un grand système marin.

Comme on voit, le banc vert offre un ensemble tout à fait singulier dont l'étude est des plus intéressantes (fig. 61).

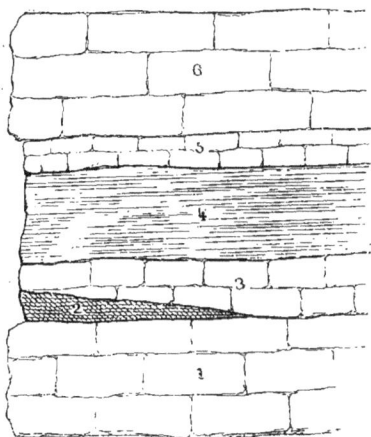

Fig. 61. — Coupe du banc vert.

6. Cliquart. — 5. Couche à *Cyclostoma mumia*. — 4. Couche à *Cerithium lapidum*. — . Couche à *Cerithium mutabile*. — 2. Lignite. — 1. Saint-Nom.

Les deux bancs marins qui encadrent pour ainsi dire le banc vert sont blancs, parfois durs et siliceux et donnent les meilleures pierres de construction de tout le bassin de Paris.

Celui qui occupe la position la plus inférieure s'appelle, dans la pratique, le *Saint-Nom*, et les carriers de l'Aisne le nomment *roche du bas;* tandis qu'à Vaugirard, à Bagneux, à Creteil et ailleurs on l'appelle *liais*. L'autre est le *cliquart*, et dans l'Aisne la *roche du haut* : c'est le *liais* de Montesson et de Carrières-Saint-Denis.

Des échantillons séparés peuvent être complétement confondus ensemble, non-seulement à cause des caractères minéralogiques, mais aussi d'après l'examen des fossiles.

FAUNE DU BANC VERT. — Le plus caractéristique de ces fossiles est le *Turritella fasciata* (Lamk), belle coquille représentée ci-contre (fig. 62). C'est, comme on voit, une coquille conique offrant une spire très-régulière, très-pointue au sommet, composée de 17 à 18 tours plus ou moins convexes, quelquefois aplatis et présentant sur leur surface des carènes étroites et tranchantes en nombre variable et ordinairement inégal. Outre les carènes des tours précédents, le dernier en présente à sa circonférence une de plus, et l'on trouve sa base chargée de 3 ou 4 sillons concentriques, plus ou moins rapprochés et graduellement décroissants de la circonférence vers le centre. L'ouverture est médiocrement grande; elle est ovale-obronde, plus haute que large, versante à la base. La columelle, tordue et arquée dans sa longueur, est fort courte, assez épaisse, légèrement aplatie et bordée en dehors par un angle vif.

FIG. 62.
Turritella fasciata.

De nombreux cérithes remplissent parfois les deux liais; nous en citerons quatre qui sont particulièrement fréquents.

Le *Cerithium angulosum* (Lamk) est une coquille allongée, turriculée. Ses tours sont nombreux, assez étroits et fortement anguleux dans le milieu. Ils sont pourvus d'un assez grand nombre de côtes longitudinales distantes, dont quelques-unes se changent parfois en varices; ces côtes sont traversées par un grand nombre de stries inégales, fines et serrées : celle des stries qui est placée sur l'angle des tours en passant sur les côtes y produit un petit mamelon très-aigu, spiniforme. Le dernier tour, très-convexe à la base, est sillonné en dessus. L'ouverture est oblique, grande, dilatée, ovale subtrigone, et presque en tout semblable à celle du *Cerithium interruptum* dont nous allons parler. Le bord droit se projette en avant; il est mince, tranchant, coupé en demi-cercle et obscurément sillonné à l'intérieur. La columelle est oblique, assez épaisse; elle se joint au bord droit, en formant une légère dépression qui remplace le canal de la base.

Le *Cerithium interruptum* (Lamk) est fort remarquable par la forme de son ouverture. C'est une coquille fort allongée et très-pointue. Ses tours, au nombre de 20 ou 21, sont étroits, convexes et très-souvent interrompus par de grosses varices épaisses irrégulièrement éparses sur toute la spire. Les tours sont chargés de nombreuses côtes longitudinales légèrement arquées dans leur longueur.

Elles sont traversées par quatre sillons granuleux qui deviennent simples en passant sur les varices. L'ouverture est fort singulière; elle se détache quelquefois un peu de l'avant-dernier tour; elle est très-dilatée et ovale subtriangulaire. Son bord droit se projette fortement en avant et est mince, tranchant et sillonné à l'intérieur; sur le côté, il offre une sinuosité assez profonde. La columelle est peu épaisse, saillante, arquée; elle est suivie d'un bord gauche calleux assez étroit; l'échancrure de la base est peu profonde et se réduit à une simple dépression anguleuse au point de jonction de la columelle et du bord droit.

Cette coquille est fréquente, mais le *Cerithium serratum* (Lamk) est encore beaucoup plus commun.

Celui-ci constitue d'ailleurs une espèce très-facile à distinguer. Ses tours sont nombreux et rapprochés. Les premiers, ceux qui appartiennent au jeune âge, présentent trois rangs presque égaux de granulations; le rang inférieur augmente successivement, finit par devenir très-proéminent et par former une carène saillante profondément denticulée. Les dentelures sont comprimées et très-aiguës dans la plupart des individus; les stries du jeune âge disparaissent, et alors la coquille est lisse dans l'intervalle des carènes; le dernier tour présente en dessus deux séries de granulations aiguës. L'ouverture est médiocre; elle est oblongue oblique; son extrémité inférieure est terminée par un canal assez peu relevé du côté du dos. La columelle est simple, épaisse, et revêtue d'un bord gauche qui devient calleux dans les jeunes individus. Le bord droit s'épaissit avec l'âge; il est sinueux vers l'angle inférieur et assez saillant à son extrémité antérieure.

Enfin, le *Cerithium calcitrapoides*, qui est également très-commun et très-caractéristique, est une coquille allongée, turriculée, pointue au sommet, à tours nombreux et très-convexes, étroits, sans stries, à suture profonde et quelquefois bordée en dessus d'un rang de petites granulations ou de petites dentelures; sur le milieu des tours s'élève une rangée de gros tubercules pointus, un peu comprimés, redressés, simples, donnant naissance assez fréquemment à une côte longitudinale qui part de la base en dessus et en dessous. Le dernier tour est très-convexe. Outre la rangée de tubercules, on en trouve deux autres vers la circonférence, et elles sont formées de tubercules plus petits et plus obtus. L'ouverture est ovale subtrigone; elle se termine antérieurement par un canal assez allongé, très-étroit, profond. Le bord droit est mince et tranchant, régulièrement arqué dans sa longueur,

pourvu latéralement d'une sinuosité peu profonde. La columelle
est assez étroite, fortement arquée dans toute sa longueur ; elle est
revêtue d'un bord gauche très-étroit et assez épais, qui se joint à
l'extrémité du bord droit pour former une gouttière. Dans quelques
individus qui pourraient former une variété, on trouve à la partie
inférieure des tours une ou deux petites stries transverses garnies
de granulations.

Comme nous venons de le dire, entre les deux bancs marins se
trouvent diverses couches, les unes marines, les autres d'eau douce
ou saumâtre. C'est à leur ensemble que l'on a donné parfois, d'une
manière exclusive, ce nom de *banc vert* si manifestement applicable
à toute la série que nous avons admise.

La partie principale de cette région moyenne du banc est une
couche marneuse de couleur verdâtre, contenant une quantité parfois
considérable de *Cerithium lapidum* (fig. 63). Cette coquille, que nous

Fig. 63. — *Cerithium lapidum.*

retrouverons encore au-dessus du calcaire grossier, est fort singulière et facilement reconnaissable. Elle est allongée, turriculée,
étroite. Sa spire, très-pointue, est composée d'un très-grand nombre
de tours qui vont jusqu'à 30 dans les grands individus, dont la longueur est de plus de 5 centimètres. Les premiers tours du jeune âge
sont généralement fort différents de ceux qui suivent. Ces tours,
jusqu'au 15ᵉ ou 18ᵉ, sont chargés de fines stries et très-souvent sont
fortement carénés vers leur partie supérieure. La carène, quelquefois simple, quelquefois dentelée, s'efface peu à peu, et finit par
disparaître complétement ; alors les tours sont convexes, lisses,
et réunis par une suture linéaire simple. Le dernier tour est court,
convexe, déprimé à la base et quelquefois pourvu à sa circonférence

d'une ou deux stries plus ou moins apparentes. L'ouverture est arrondie dans le fond ; elle est petite, ovale obronde à son entrée ; le bord droit est très-mince, tranchant et saillant en avant ; sur le côté, il présente une échancrure assez profonde. La columelle est extrêmement courte, épaisse, cylindracée ; le canal de la base est large, peu profond et fort court.

Les caractères physiques de la couche à *C. lapidum* varient beaucoup, suivant les localités. A Limay, c'est une roche assez dure pour fournir de véritables pierres de taille ; à Gentilly, au contraire, elle est complétement impropre à cet usage, et est activement exploitée pour la fabrication de la chaux hydraulique. La quantité d'argile qu'elle contient lui donne des qualités très-précieuses à ce point de vue.

Au-dessous de la couche à *Cerithium lapidum* se rencontre sur différents points un lit argileux renfermant beaucoup de coquilles écrasées, parmi lesquelles on reconnaît surtout des lucines.

En 1824, M. Desnoyers découvrit à ce niveau, à Vaugirard, à Senlis et ailleurs, de nombreuses empreintes végétales renfermant des bois carbonisés passant, par places, à un véritable lignite. Ce lignite s'est retrouvé depuis à Passy, où son épaisseur est relativement considérable.

Cette couche à lucines et à végétaux acquiert à Nanterre une épaisseur assez grande pour qu'on en puisse extraire de la pierre à bâtir. On la désigne souvent sous le nom de *roche de Nanterre*.

Au-dessus de ce lit, ou, quand il manque, en contact avec le banc inférieur à *Turritella fasciata*, se voit une couche souvent très-mince, dont la faune, très-nombreuse, offre cette particularité pleine d'enseignement, comme nous verrons, d'avoir avec la faune future des sables moyens ou de Beauchamp les plus étroites analogies. Les cérithes y sont très-nombreux.

Le *Cerithium cinctum* est peut-être le plus caractéristique. Il est allongé, turriculé, très-pointu au sommet ; on compte quelquefois vingt-quatre tours à la spire, longue de 6 à 7 centimètres. Ces tours sont étroits, aplatis, séparés par une suture linéaire bordée d'un petit bourrelet plissé. Sur chaque tour on voit trois rangées transverses, régulières, égales et également distantes, de granulations rapprochées, ayant une tendance à se confondre par leur base. Le dernier tour est convexe à la circonférence et pourvu dans cet endroit de deux sillons simples ; à la base il est aplati et finement strié. L'ouverture est ovale-oblongue, plus haute que large. La columelle est conique, courte, obliquement tronquée et revêtue dans sa longueur par un bord gauche peu épais et appliqué dans toute sa longueur; le bord droit est mince et tranchant, profondément sinué latéralement; l'échancrure terminale et très-courte et peu profonde.

Le *C. interruptum*, déjà cité dans les liais, se retrouve ici avec les caractères que nous avons indiqués, et le *C. mutabile*, qui est un des fossiles les plus caractéristiques des sables de Bauchamp, apparaît au niveau qui nous occupe en ce moment. Nous ne faisons que mentionner ces deux coquilles; la dernière nous arrêtera dans le chapitre suivant.

Généralement la couche intéressante qui nous occupe est à l'état de pierre tenace. Cependant il arrive parfois qu'elle soit à l'état sableux. C'est ce qui a lieu, par exemple, à Passy, localité qui a fourni, grâce à cette circonstance, de beaux exemplaires de fossiles dans un état de conservation parfaite.

Comprise entre le banc à *Cerithium lapidum* et le banc supérieur à *Turritella fasciata*, on peut observer quelquefois une couche dont l'origine est entièrement d'eau douce. Les coquilles les plus abondantes sont des *Planorbis, Limnœa, Paludina, Cyclostoma*.

Le *Cyclostoma mumia*, concentré parfois dans des feuillets distincts qu'il remplit presque complétement, est intéressant entre tous,

FIG. 64.
Cyclostoma mumia.

à cause de sa persistance qui le fait se continuer à travers plusieurs formations géologiques successives. Nous aurons bien des fois à le citer par la suite; il faut donc le décrire tout de suite. C'est (fig. 64) une coquille turriculée, striée en travers d'une manière assez apparente. Des stries longitudinales très-fines, visibles seulement à la loupe, forment avec les premières un réseau très-fin. Le sommet est un peu obtus; les tours sont peu bombés et les sutures peu profondes. L'ouverture est petite, ovale, un peu anguleuse supérieurement, ordinairement entourée d'un bourrelet plus ou moins épais qui en fait le bord; lorsque ce bourrelet n'existe pas, la lèvre est renversée au dehors. L'ombilic est petit, en partie caché par le bord gauche de l'ouverture.

Avec ces coquilles d'eau douce se trouvent des empreintes de végétaux également aquatiques, et tout spécialement des *Chara*.

Il peut arriver que les diverses couches du banc vert soient peu développées. Dans ce cas, il est ordinaire que le système situé entre les deux liais soit limité en haut et en bas par deux couches d'argile verte assez épaisses pour déterminer un niveau d'eau.

Le banc vert, à part les fossiles caractéristiques que nous avons successivement mentionnés à propos de chaque couche, fournit à la paléontologie des vestiges de nombreux animaux vertébrés.

Plusieurs poissons proviennent de ce niveau. On peut citer surtout des squales représentés par leurs dents, comme la scie ou *Pristis parisiensis* (P. Gervais), le *Carcharodon disauris* (id.); puis le *Chrysophrys* ou Daurade, l'*Acanthinus Duvalii* (Agass.), provenant de Vaugirard, le *Zanclus eocenus* (P. Gervais), et le *Labrax major* (Agassiz).

Le calcaire grossier, par exemple à Passy et à Gentilly, contient des dents de crocodiles, les unes cannelées et les autres dépourvues de cannelures. M. Paul Gervais établit deux catégories parmi ces dernières. Les unes sont lisses, subcomprimées, à bords entiers, mais tranchants plutôt que carénés; les autres sont en cônes assez réguliers, pourvues en avant et en arrière d'un rebord saillant, et guillochées sur la plus grande partie de leur sommet.

M. le docteur Eugène Robert a extrait du calcaire grossier des vestiges, d'ailleurs indéterminés, et qu'on rapporte à des oiseaux.

C'est au même géologue qu'on doit la découverte à Nanterre de mammifères du genre *Lophiodon*. Ces pachydermes herbivores, qui apparaissent ainsi dans le calcaire grossier, se prolongeront, comme on verra, après la faune du gypse, dans laquelle ils joueront un grand rôle. Le genre lophiodonte est donc remarquable par sa persistance et, comme nous le verrons, aussi par les modifications qu'il a subies

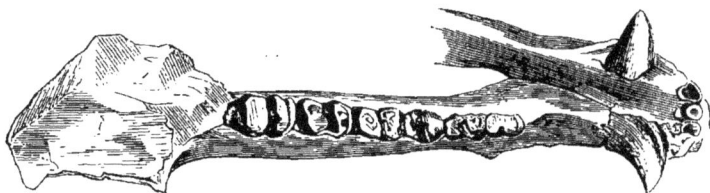

FIG. 65. — *Lophiodon parisiense.*

dans la série des âges. L'espèce de Nanterre porte le nom de *L. parisiense*. La figure 65 en représente la mâchoire inférieure.

Le *Pachynolophus* constitue un genre extrêmement voisin du précédent, et qui, comme lui, se présente dans le calcaire grossier. Sa taille est inférieure à celle des vrais lophiodons, et sa dentition est différente : les molaires supérieures sont au nombre de sept au lieu de n'être que six, comme à la mâchoire inférieure. C'est d'ailleurs un genre plus ancien, puisque des vestiges en sont fournis par l'argile plastique. Mais de très-beaux échantillons attribués au *Pachyno-lophus Prevostii* (P. Gervais) ont été extraits du calcaire à cérithes de Gentilly. A Passy, on a recueilli des restes de *P. Duvalii* (P. Gerv.), qui est représenté aussi à Nanterre et à Vaugirard en compagnie du *Lophiodon parisiense.*

Un mammifère de la famille des suidés a été découvert au même niveau à Nanterre et à Passy. C'est le *Dichobune suillum* (P. Gerv.), d'ailleurs incomplétement connu. Il est possible, d'après l'auteur lui-même, que cette espèce, mieux étudiée, doive être rapprochée des *Xiphodon*.

FLORE DU BANC ROYAL. — Voici, d'après M. Watelet (1), la flore du calcaire grossier, dont la plus grande partie provient des couches que nous étudions en ce moment.

CRYPTOGAMES CELLULAIRES : 22.

		Confervites.	1
		Laminarites.	5
		Fucus.	4
		Chondrites.	1
Algues.	22	Corallinites.	1
		Sphærococcites.	1
		Delesserites. . . . . •	1
		Fucoides.	6
		Algacites.	2

CRYPTOGAMES VASCULAIRES : 5.

Fougères.	3	Tæniopteris.	3
Characées.	1	Chara.	1
Equisetum.	1	Equisetum.	1

MONOCOTYLÉDONES : 17.

		Zosterites.	2
Naïadées.	14	Caulinites.	5
		Potamogeton.	7
Nipacées.	1	Nipadites.	1
Palmiers.	2	Flabellaria.	1
		Palmacites.	1

(1) Watelet, *Description des plantes fossiles du bassin de Paris*, 1866, in-4°, p. 256.

DICOTYLÉDONES ANGIOSPERMES : 5.

Bétulacées	1	Betulinum		1
Ulmacées	1	Ulmus		1
		Grevillea		1
Protéacées	3	Lomatia		1
		Dryandroides		1

MONOPÉTALES : 1.

Apocynées	1	Echitonium	1

POLYPÉTALES : 1.

Nymphéacées	1	Nymphæa	1

CALCAIRE D'EAU DOUCE DE PROVINS. — C'est exactement au niveau du banc vert que paraît devoir se placer un calcaire d'eau douce très-développé dans Seine-et-Marne, à Provins particulièrement, et sur l'âge duquel on a vivement discuté.

La principale raison de l'identification à laquelle nous adhérons, c'est la trouvaille faite dans les couches de Provins de restes de *Lophiodon*, et à cet égard un excellent mémoire de M. P. Michelot doit être signalé (1).

Le calcaire d'eau douce dit de Provins peut être suivi à partir de cette ville et de Saint-Parre (Aube) jusqu'à Longpont, dans le département de l'Aisne, en passant par Cramant (Marne), ainsi que l'avait reconnu le docteur Émile Goubert.

Ce qui a fait hésiter longtemps quant à l'âge du calcaire de Provins, c'est que dans tout l'est du bassin cette formation est exclusivement d'eau douce, sans alternance de ces couches marines si caractéristiques du banc vert. Mais on doit simplement en conclure une différence du plus au moins dans l'action alternative des eaux douces et salées. Celles-ci, d'ailleurs, n'ont pas été complètement sans influence, puisque le calcaire de Provins offre, dans certaines parties, de petits *Cyrena*, c'est-à-dire des mollusques propres aux régions saumâtres (2).

On y recueille :

Planorbis Leymerii, Desh.	*Limnæa Michelini*, Desh.
P. Chertieri, Desh.	*Helix Edwardsi*, Desh.
Paludina novigentiensis, Desh.	*Agatina Nodoti*, Desh.
P. Orbignyana, Desh.	*Cyclostoma mumia*, Brongn.

(1) Michelot, *Bullet. de la Soc. géologique*, 2e série, 1864, t. XXI, p. 212. — Voyez, sur le même sujet, le Mémoire de M. Hébert, même recueil, t. XIX, p. 675.

(2) Goubert, *Bullet. de la Soc. géologique*, 2e série, 1866, t. XXIV, p. 154.

Parmi les coquilles d'eau douce il faut en signaler quelques-unes comme les plus fréquentes.

Le *Planorbis Leymerii* (Desh.) est une grande coquille discoïde orbiculaire, peu épaisse, peu concave en dessus, plus profondément excavée en dessous, régulièrement arrondie à sa circonférence (1). La spire compte huit tours étroits dont l'accroissement est très-lent ; ces tours sont aussi largement exposés d'un côté que de l'autre ; peu convexes en dessus, ils le sont un peu plus en dessous ; ils sont peu involvés les uns dans les autres, et ils sont réunis par une suture linéaire simple et peu profonde. Le dernier tour est assez grand, cylindracé ; il se termine par une ouverture non dilatée, mais fort oblique et subcirculaire. Le sommet de la spire, qui, dans les coquilles turbinées, est la partie la plus proéminente, est ici le point le plus enfoncé de la surface supérieure. Dans les grands individus, le dernier tour est chargé de nombreuses stries d'accroissement. Dans le jeune âge, et surtout à la circonférence, on trouve sur le test des stries transverses, fines, régulières, serrées, sur lesquelles passent obliquement les stries d'accroissement ; ce qui forme un réseau qui ne manque pas d'élégance.

Le *Paludina Orbignyana* (Desh.) est presque aussi gros que la paludine des marnes de Rilly (voyez ci-dessus, p. 122), mais il est plus étroit à la base et beaucoup plus obtus au sommet. La spire compte cinq tours très-convexes : les trois premiers sont obtusément anguleux à la circonférence, au point où ils se joignent par la suture ; les deux derniers n'offrent plus la moindre trace de cet angle, et le dernier tour est très-grand, subglobuleux, égal en hauteur à tout le reste de la spire ; un peu déprimé dans la région ombilicale, il est ouvert d'une petite fente. L'ouverture serait circulaire, sans l'angle postérieur qui en dérange la régularité ; son plan s'incline obliquement en arrière sur l'axe longitudinal. Le test, dont on ne connaît que des portions incomplètes, est lisse et marqué de stries peu apparentes d'accroissement.

Le *Cyclostoma mumia* est d'ailleurs extrêmement fréquent, comme dans le banc vert de Paris.

Il est probable que la formation de Provins s'est continuée plus longtemps que celle du banc vert proprement dit, car elle n'est point surmontée comme celle-ci par les cailloux et les sables de

(1) Deshayes, *Description des animaux sans vertèbres du bassin de Paris*, t. II, p. 739.

Beauchamp, mais immédiatement par le travertin inférieur ou de Saint-Ouen.

b. — Banc franc.

Le banc franc, défini comme il a été dit plus haut, constitue un petit système d'une certaine importance industrielle, mais dont l'épaisseur, parfois inférieure à un mètre, ne dépasse jamais 5 mètres. C'est dans le sud de Paris qu'il est surtout développé. Les carriers y distinguent les *bancs francs* proprement dits, et au-dessus, la *roche de Paris*. Ces distinctions n'ont d'ailleurs pas de réalité géologique, et ne doivent par conséquent pas nous arrêter.

Le système du banc franc comprend plusieurs couches marines séparées les unes des autres par des sables calcaires plus ou moins marneux. Les fossiles y sont répartis très-inégalement : certaines couches (*roche*) en sont presque exemptes ; d'autres, appelées *grignards*, en sont pour ainsi dire pétries.

La quantité d'argile que ces couches contiennent souvent les rend gélives, et par conséquent de mauvaise qualité au point de vue des constructions. Elles sont néanmoins quelquefois très-dures et alors très-recherchées, au point que dans certaines localités, comme Arcueil et Gentilly, les carrières sont complétement épuisées.

Faune du banc franc. — Les coquilles du banc franc appartiennent à des espèces peu nombreuses. Dans le bas, nous citerons les *Cerithium denticulatum* et *angulosum* que nous avons déjà décrits, et le *Cerithium cristatum*, dont la présence est caractéristique. C'est une coquille allongée, turriculée, très-pointue au sommet, composée d'un grand nombre de tours étroits, sur la surface desquels on remarque un nombre plus ou moins grand de petits plis longitudinaux et irréguliers, produits par des accroissements. Sur le milieu des tours s'élève une carène tranchante, fortement dentelée sur son bord : les dentelures sont comprimées et fort aiguës. Le dernier tour est convexe, un peu déprimé à la base, et chargé depuis la circonférence jusqu'au centre, de sillons concentriques irrégulièrement granuleux. L'ouverture est petite, arrondie dans le fond, ovale-oblique à son entrée. Son bord droit est très-mince ; il forme un prolongement considérable à sa partie antérieure ; sur le côté il est profondément sinueux. La columelle est assez épaissie, courte, cylindrique, accompagnée d'un bord gauche assez épais et appliqué dans toute son étendue ; le canal terminal est court, très-oblique et assez largement ouvert.

Dans les parties supérieures du banc franc apparaissent, en outre, le *Cerithium lapidum* et le *Cyclostoma mumia* qui nous ont déjà occupés.

Le *Natica mutabilis* (Desh.) est lisse, subglobuleux, quelquefois ovalaire. Sa spire est courte et pointue, composée de huit tours très-étroits, très-convexes, ordinairement aplatis en dessus. Le dernier tour est beaucoup plus grand que la spire ; l'ouverture qui le termine est médiocre, semi-lunaire, et terminée à sa base par une sinuosité assez profonde. Le bord droit est tranchant, mais subitement épaissi à l'intérieur ; il est légèrement sinueux dans sa longueur et fortement incliné, ainsi que l'ouverture sur l'axe central. A la base du dernier tour, se voit un petit ombilic très-profond, toujours entouré d'une surface lisse : cette partie est très-variable selon les individus, tous sont perforés ; mais on remarque dans une série de variétés que cet ombilic s'agrandit peu à peu et finit par devenir très-large et infundibuliforme. Cette natice est d'ailleurs une des coquilles les plus communes des environs de Paris.

Dans les mêmes couches existe, et parfois avec une extrême abondance, le *Lucina saxorum* (Lamk). C'est une coquille orbiculaire, lenticulaire, subanguleuse antérieurement et un peu sinueuse postérieurement, assez aplatie, élégamment striée. Les stries sont très-fines, très-régulières, très-rapprochées. Les crochets sont petits, courbés ; la lunule est saillante, ainsi que le corselet ; ils sont indiqués par une ligne déprimée. La charnière porte deux dents cardinales et une dent latérale antérieure, le plus souvent avortée ; la nymphe est grande et recouverte par une partie du corselet.

CHAPITRE III

LES CAILLASSES.

On pourrait, à l'exemple de plusieurs géologues, regarder les *caillasses*, ou *calcaires fragiles*, comme constituant un simple appendice du calcaire grossier ; car elles l'accompagnent avec les mêmes allures et ont participé aux mêmes actions générales que lui. Cependant on y reconnaît en outre le développement d'actions si spéciales, si singulières, qu'on se sent porté à y voir un ensemble de dépôts datant d'une époque où les conditions précédentes avaient subi de profondes modifications. C'est surtout au point de vue minéralogique que l'étude des caillasses peut à cet égard être très-instructive, et il y a lieu de remarquer que les couches, où les effets auxquels nous faisons allusion sont le plus développés, présentent justement une pénurie presque absolue en vestiges organisés. La mer, siège de réactions chimiques intenses, était devenue sans doute impropre à la vie.

§ 1. — **Caillasses coquillières**.

Mais entre le calcaire grossier et ces assises d'origine chimique, se trouvent, comme transition, de nombreux petits lits désignés sous le nom de *caillasses coquillières*, impropres déjà aux usages ordinaires du calcaire grossier, mais ne présentant point encore les minéraux adventifs que nous allons décrire.

Ces caillasses coquillières, séparées quelquefois des caillasses et réunies au calcaire grossier, commencent en général par un banc solide, rougeâtre, désigné souvent par les ouvriers sous le nom de *rochette*. C'est la petite roche faisant suite, comme on voit, au banc de roche proprement dit, sauf dans quelques cas, qu'on ne peut omettre, où elle en est séparée par une mince couche de sable calcaire.

FIG. 66. — *Corbula anatina.*

Cette rochette est dans beaucoup de cas littéralement pétrie de petites coquilles constituant l'espèce *Corbula anatina* (fig. 66), de Lamarck. Elle est transversale ; ses deux valves sont presque également bosselées ; elles sont minces, diaphanes et fragiles comme celles des anatines, mais la charnière ne laisse point de doute pour son véritable genre. Elle est élégamment striée sur toute sa surface extérieure, mais les stries de la valve inférieure sont bien moins prononcées que celles de la supérieure ; elle est équilatérale ; son bord antérieur se prolonge un peu en bec obtus et large. Sa longueur est de 12 millimètres et sa largeur de 21.

Au-dessus de la rochette se présente très-fréquemment une marne marine que les ouvriers appellent *pain d'épice*, sans doute à cause de sa couleur, et qui, outre le *Corbula anatina* et les *Cerithium lapidum* et *cristatum*, qui nous sont déjà connus, renferme quelques coquilles nouvelles pour nous.

Le *Cytherea elegans* (Lamk), que nous retrouverons dans les sables de Beauchamp, est petit, ovale, subtransverse, inéquilatéral, à crochet petit, à peine saillant, peu courbé. Il est couvert en dehors de stries assez distantes, régulières, arrondies, et diminuant insensiblement du bord vers le crochet. La lunule est ovale. La charnière, sur une lame cardinale courte et étroite, présente sur la valve droite trois dents cardinales : l'antérieure est fort petite, rapprochée de la moyenne, qui lui est presque parallèle; la postérieure est bifide. La valve gauche n'offre que deux dents cardinales, la postérieure se confondant avec la nymphe; la dent latérale est très-voisine des cardinales.

L'*Anomia tenuistriata* (Desh.) est variable. Généralement il est orbiculaire, aplati, mince, transparent, d'un jaune pâle, si ce n'est dans le centre de la surface interne, où l'on remarque une tache blanche d'une médiocre étendue, sur laquelle se voient assez distinctement les impressions musculaires. Le crochet de la valve supérieure est ordinairement arrondi, obtus et à peine saillant ; le bord cardinal, immédiatement au-dessous de lui, est épaissi et présente une petite surface striée sur laquelle peut s'insérer le talon de la valve opposée. Celle-ci est proportionnellement plus petite que l'autre ; lorsqu'on la trouve en place, ce qui est extrêmement rare, elle couvre à peine le tiers de la surface interne. Elle est percée d'une ouverture médiocre, arrondie et subovalaire, immédiatement au-dessous d'une apophyse saillante, terminée par un épaississement médiocre qui sert à l'articulation cardinale. Cette valve est lisse des deux côtés, tandis que la valve supérieure présente constamment des stries capillaires longitudinales très-serrées et très-nombreuses.

Le *Cerithium echidnoides*, (Lamk) est facile à reconnaître. Cette coquille est allongée et turriculée. Sa spire est fort pointue, formée de 13 ou 14 tours étroits, convexes, sur le milieu desquels s'élèvent deux carènes transverses dentelées sur leur bord ; les dentelures, assez aiguës dans la plupart des individus, se changent quelquefois en tubercules. Le dernier tour est assez grand, convexe et pourvu à la circonférence de deux carènes tuberculeuses, distantes, moins saillantes que celle des tours précédents. L'ouverture est assez grande, un peu dilatée, subtrigone; son bord droit est mince et tranchant; l'échancrure latérale dont il est pourvu est assez large. La columelle est un peu tordue dans sa longueur; elle est étroite, cylindracée, pointue au sommet et revêtue d'un bord gauche étroit, mais épais et calleux à son extrémité postérieure.

§ 2. — Caillasses non coquillières.

Les *caillasses non coquillières*, ou caillasses proprement dites, se composent d'une alternance de calcaires compactes, de lits d'argile, de sables calcaires ou siliceux, de plaquettes de silex corné, de marnes fissiles, etc.

On peut compter à Vaugirard jusqu'à dix-huit de ces couches successives.

C'est d'ailleurs un terrain sans aucun intérêt pratique, les roches qu'il contient n'étant propres à aucun usage.

Mais, comme nous l'avons déjà laissé entrevoir, les caillasses non coquillières offrent une importance exceptionnelle par les actions chimiques et minéralogiques dont elles renferment les résultats.

Ceux-ci consistent surtout en cristallisation de minéraux qui se présentent d'habitude à l'état amorphe dans des couches aussi peu anciennes, ou bien à l'état cristallin, mais seulement alors dans les filons proprement dits. On constate souvent d'ailleurs, chez ces cristaux, une particularité des plus remarquables, à savoir, qu'ils n'ont pas la forme appartenant en propre à la substance qui les constitue. Si l'on veut, cette substance a revêtu une forme d'emprunt, et en l'étudiant de près, on reconnaît que cette forme est celle d'une autre substance.

Il y a donc *épigénie*, pour nous servir de l'expression en usage parmi les minéralogistes.

C'est ainsi que le quartz ou le calcaire spathique se montrent souvent dans les caillasses avec les formes du gypse.

Le quartz se montre d'ailleurs aussi, à Neuilly par exemple, avec les angles qu'il affecte dans les terrains cristallins; et c'est un fait bien intéressant que d'extraire de la partie supérieure du calcaire grossier des prismes bipyramidés de cristal de roche, atteignant parfois près d'un centimètre de longueur, et d'une pureté telle, qu'une fois séparés de leur gangue, il serait impossible de les distinguer de ceux que fournissent les assises primitives du globe ou les filons.

Beaucoup des couches de sables quartzeux des caillasses sont marquées de même d'une manière très-nette au sceau de la cristallisation, quoique les cristaux soient souvent imparfaits et d'ordinaire colorés plus ou moins fortement par l'interposition de matières étrangères.

Le calcaire, ou carbonate de chaux, se présente dans les marnes des caillasses avec les mêmes formes que dans les filons, soit en cristaux qui sont ou des rhomboèdres, ou plus rarement des scalénoèdes, soit en plaques fibreuses à cassure soyeuse, comme le montrent les échantillons si abondamment recueillis à Nanterre. On peut regarder aussi comme le produit d'une précipitation chimique le sable calcaire fin, un peu agglutiné, et qui sert à polir le bois sous le nom de *tripoli de Nanterre*.

Un minéral spécial aux filons se rencontre dans les caillasses. C'est la fluorine, ou spath fluor, qui constitue ici de très-petits cubes parfaitement nets et d'un fauve clair.

Cet ensemble de minéraux cristallisés suppose qu'à l'époque des caillasses, des sources minérales et thermales riches en principes analogues à ceux qui incrustent les filons se sont fait jour au fond de la mer tertiaire. Leur première influence fut de tuer les êtres vivants qui la peuplaient ; puis leurs produits vinrent se stratifier dans le bassin en même temps que des sédiments d'origine purement mécanique apportés des rivages par les courants marins. Après le dépôt, et selon toute probabilité, les diverses espèces minérales ainsi en présence se firent éprouver des actions mutuelles aidées par la température élevée qui continuait de régner. C'est alors que les épigénies purent se produire, en même temps que les plaquettes de silex, parfois de grandes, dimensions que nous avons déjà mentionnées.

Il y a d'autant plus d'intérêt à insister sur ce régime spécial de la mer des caillasses, que nous retrouverons les manifestations d'actions tout à fait comparables à une époque plus récente, c'est-à-dire à celle du gypse et des marnes vertes qui le surmontent.

CHAPITRE IV

REMARQUES SUR LE CALCAIRE GROSSIER
ET LES CAILLASSES.

Le calcaire grossier, en y comprenant les caillasses, dont on peut légitimement en faire un simple appendice, est loin de se présenter toujours en couches horizontales. Déjà au début de cet ouvrage nous avons mentionné l'inclinaison qu'il présente dans la vallée de la Mauldre. A la Chapelle, localité d'où provient la coupe que nous avons donnée page 20, le plongement est de plus de 50 degrés vers le sud-ouest ; et il est évident que ce déplacement de couches visiblement horizontales lors de leur dépôt est dû au soulèvement de la craie magnésienne de Beynes.

Toutefois cette inclinaison est tout à fait exceptionnelle. Dans toute la partie orientale du bassin de Paris, les couches plongent vers le sud, mais la pente n'atteint pas 7 minutes, et l'allure générale des couches offre les résultats suivants, que nous empruntons à d'Archiac. Dans la partie orientale du bassin, l'inclinaison du N. au S., inclinaison à laquelle participent tous les groupes tertiaires, est facile à constater (1) ; cependant on doit remarquer qu'elle ne devient sensible que depuis la ligne de partage des eaux de l'Ourcq et de l'Aisne. En effet, dans la vallée du Petit-Morin, près de Montmirail, les marnes du calcaire grossier ont une altitude de 134 mètres, comme au-dessus de Château-Thierry, et il y a probablement une dépression de leur niveau dans la vallée de l'Ourcq, puisque au-dessus d'Oulchy-le-Château elles ne sont qu'à 117 mètres. Les altitudes des divers points du plateau au midi de Soissons varient entre 140 et 160 mètres, celles des plateaux au nord de l'Aisne entre 130 et 200 mètres ; le calcaire grossier supérieur atteint 209 mètres à Aubigny, et les marnes 216 dans les garennes de Montchalons, sur le même plateau. La moyenne du relèvement entre Oulchy-le-Château et ces derniers points, sur une étendue en ligne droite N. E., S. O., d'environ 44 kilomètres ou douze lieues, peut être

(1) D'Archiac, *Mémoires de la Soc. géologique*, 1863, t. V, p. 258.

évaluée à 88 mètres, ce qui donnerait une pente de 0° 6′ 52″. Une coupe N. S. du plateau de Grandru au nord de Noyon (altitude, 180 mètres) à Meaux donnerait une inclinaison sensiblement égale. La différence du niveau est de 134 mètres entre ces deux points distants d'environ quinze lieues, circonstance qui justifierait la dépression que nous avons supposé correspondre à la haute vallée de l'Ourcq. L'inclinaison du plateau de Senlis aux environs de Paris, sur la rive droite de la Seine, est plus faible de moitié, lorsqu'on ne considère que les parties du groupe qui constituent la surface du sol. Sur la rive gauche de la Seine, les couches plongent au contraire très-faiblement au N. vers le thalweg de la rivière, et depuis les parties les plus éloignées à l'ouest près de Louviers. Il y a également une pente vers l'est, représentée par une différence de niveau de 102 mètres sur une étendue de dix-huit lieues et demie ; comme à l'est entre Montmirail et Meaux, il y a une pente à l'ouest, aussi de 102 mètres sur une étendue de douze lieues et demie, pente égale à celle d'Oulchy-le-Château à Aubigny et du plateau de Grandru à Meaux. La région la plus basse que forme le calcaire grossier à la surface du sol est le cap avancé qu'entoure la Seine et qui est occupé par la partie septentrionale de la forêt de Saint-Germain et le parc de Maisons. Les marnes n'y sont qu'à 30 mètres au-dessus du niveau de la mer. Sur le plateau de Conflans-Sainte-Honorine, elles sont à 44 mètres, et sur celui de Houilles à 49 ; mais on doit regarder les sinuosités que décrit la vallée de la Seine entre Charenton et Meulan comme le résultat de brisures survenues dans les assises secondaires et tertiaires et dont cette vallée suit actuellement les contours. En comparant le niveau de la basse forêt de Saint-Germain, où les marnes sont couvertes par le diluvium, à la falaise qui borde la Seine sur sa rive droite, entre Sartrouville et la Frette, on se convaincra de l'abaissement du calcaire grossier sur la rive gauche. L'absence des sables de Beauchamp, qui couronnent au contraire les collines de la rive droite, indiquerait de plus que les brisures se sont produites avant le phénomène diluvien qui a contribué à façonner les contours de la vallée et qui a entraîné les sables et grès moyens dont on ne trouve plus que des blocs isolés sur la rive gauche. Nous ne faisons d'ailleurs que constater ici un genre d'accident qu'on observe aussi dans le voisinage immédiat de Paris, à Meudon, à Vincennes, etc. Lorsqu'on cherche à suivre les allures souterraines du calcaire grossier après qu'il a cessé d'affleurer sur les pentes ou au pied des collines, on arrive à reconnaître avec

Sénarmont (1), que le point le plus bas qu'il atteigne, et vers lequel les couches semblent plonger de toutes parts, se trouve au-dessous de Saint-Denis.

Quoique les forages exécutés aux environs et dans l'enceinte de Paris soient fort nombreux et que l'on ait tenu note des couches traversées dans chacun d'eux, la difficulté de déterminer les caractères des roches ramenées par la sonde et le manque d'examen suffisant des échantillons ne permettent pas de présenter une détermination rigoureuse de la disposition de ces mêmes couches. Mais comme tous ces forages ont atteint les argiles plastiques et leurs sables, et que plusieurs même ont pénétré jusque dans la craie, on a toujours la certitude que la sonde a dépassé le niveau du calcaire grossier. Or, il résulte de tous ces documents que le calcaire grossier non-seulement diminue d'épaisseur sur la rive droite de la Seine, entre Passy et Charenton, de manière à avoir été méconnu dans plusieurs des sondages exécutés dans cette partie de l'enceinte de Paris, mais encore qu'il s'y abaisse jusqu'au-dessous du niveau actuel de la mer, et que bien qu'il se relève sur la rive gauche et présente une épaisseur assez considérable, rien ne prouve qu'il se prolonge sous le calcaire de Saint-Ouen, à plus de trois lieues au sud de la capitale. En remontant la vallée de la Seine, les forages de Crosne, de Champrosay, de Soisy-sous-Étiolles, de Corbeil, d'Étampes, d'Essonnes, de Saint-Michel, etc., n'ont fait connaître aucune trace de calcaire grossier entre le calcaire lacustre moyen et les argiles aquifères dépendant de l'argile plastique. Cette différence de niveau, dont le maximum peut être estimé à 50 ou 55 mètres, s'est produite bien avant le phénomène diluvien qui, en agissant plus particulièrement sur la partie basse du sol, a contribué à masquer ou à altérer les effets exclusivement dus à la dislocation. Si cette dislocation a eu pour effet d'élever les couches de la rive gauche, la différence de niveau des bancs supérieurs du calcaire grossier dans les puits de Saint-Denis et de Saint-Ouen avec ceux du plateau de Montchalons, à l'est de Laon, serait de 218 mètres. Si, au contraire, elle a produit l'abaissement de la rive droite sans affecter le massif de Passy, la différence ne serait que de 150 mètres environ entre l'altitude de ce même plateau et celle de la plaine de Montrouge, qui n'aurait pas été affectée non plus ; et, dans ce cas, la

(1) Sénarmont, *Essai d'une description géologique du département de Seine-et-Oise*. Paris, 1844, p. 243.

comparaison de ces deux bords opposés du bassin n'en confirme-
rait pas moins l'inclinaison générale de tout le système tertiaire du
N. E. au S. O. Or, il est facile de voir que cette dernière disposition ne peut être due qu'à un relèvement en masse ou à une large
flexion de la partie nord-est des bords du bassin ; car, d'une part,
les caractères des couches et des fossiles prouvent que, dans presque
toute son étendue, les sédiments contemporains se sont déposés
sous des profondeurs d'eau peu différentes ; et, de l'autre, s'il
n'y avait pas eu un relèvement subséquent au N. E., ces mêmes
eaux, atteignant 216 mètres d'altitude relative, auraient envahi au
sud et à l'ouest du bassin de la Seine des étendues très-considé-
rables, ce dont il n'existe aucune trace (1).

Il n'est presque aucune localité où le système que nous venons
d'étudier soit au grand complet ; et, en général, son épaisseur totale
ne dépasse pas 25 mètres, maximum qui se trouve atteint entre
Mantes et Laon. Cependant Goubert, a signalé, entre autres à Mortcerf, département de Seine-et-Marne, une coupe où le calcaire
grossier, riche en fossiles, est représenté depuis la couche à cérithes
gigantesques jusqu'aux caillasses (2).

A l'E., le calcaire grossier s'amincit pour se terminer en coin entre
les couches des sables inférieurs et celles du calcaire de Saint-Ouen.

A l'O., il se termine de la même manière vers Houdan, entre l'argile plastique et le même travertin de Saint-Ouen.

La classification des couches qu'il comprend, que nous avons
adoptée dans les pages qui précèdent, a été proposée en 1855 par
M. P. Michelot, chargé spécialement, comme ingénieur de l'État, du
service des carrières. C'est ce qui nous a permis de faire marcher
de front la considération de l'usage industriel des diverses couches
avec l'étude de leurs caractères géologiques et paléontologiques.
Cette classification est résumée dans la coupe ci-contre (fig. 67),
qui donne, comme on voit, les couches que voici :

Caillasses du calcaire grossier.	Caillasses sans coquilles (tripoli de Nanterre)..	$0^m,60$ à $6^m,00$
	Caillasses coquillières dites rochette.......	$0^m,50$ à $2^m,00$
Calcaire grossier supérieur à cérithes	Roche (de Paris).....................	$0^m,25$ à $1^m,00$
	Banc franc (de Paris)................	$1^m,00$ à $4^m,00$
	Cliquart (roches du haut de l'Aisne)......	$0^m,60$ à $4^m,00$
	Banc vert (et couches accessoires)........	$1^m,00$ à $6^m,00$
	Saint-Nom (roches du bas de l'Aisne)......	$1^m,50$ à $1^m,00$

(1) D'Archiac, *Hist. des progrès de la géologie*, 1849, t. III, p. 595.
(2) Goubert, *Bullet. de la Soc. géologique*, 2ᵉ série, t. XX, p. 729.

Calcaire moyen à milliolites.	Banc royal......................................	0ᵐ,30 à 2ᵐ,50

Calcaire moyen à milliolites.	(Banc royal......................................	$0^m,30$ à $2^m,50$
	(Vergelés (lambourdes).................	$1^m,00$ à $10^m,00$
Calcaire inférieur à nummulites.	(Bancs à verrains (*C. giganteum*)........	$0^m,60$ à $6^m,00$
	) Saint-Leu (roche des Forgets)...........	$2^m,00$ à $10^m,60$
	(Banc à nummulites (*N. lævigata*)	$1^m,00$ à $12^m,00$

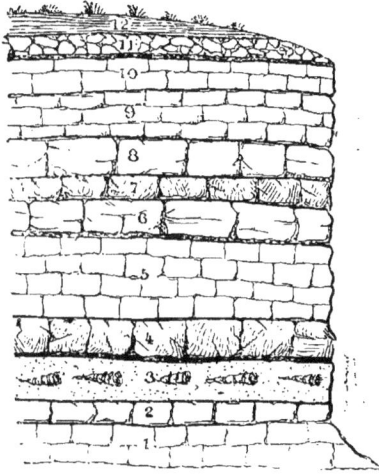

FIG. 67. — Coupe générale du calcaire grossier.

12. Terre végétale. — 11. Caillasses. — 10. Roche (de Paris). — 9. Banc franc (de Paris). — 8. Cliquart. — 7. Banc vert. — 6. Saint-Nom. — 5. Banc royal. — 4. Vergelés ou lambourdes. — 3. Banc à *Cerithium giganteum*. — 2. Saint-Leu. — 1. Banc à *Nummulites lævigata*.

CHAPITRE V

LES SABLES DE BEAUCHAMP.

CARACTÈRES GÉNÉRAUX DES SABLES DE BEAUCHAMP. — Immédiatement au-dessus du calcaire grossier, couronné par l'intéressant ensemble des caillasses, se développent d'épaisses couches de sables désignées souvent sous le nom de *sables de Beauchamp*, à cause de la localité, située près d'Herblay, où leur étude a été souvent faite, mais qu'il serait peut-être plus naturel d'appeler, comme on l'a proposé, *sables moyens*. Au-dessous d'eux, en effet, n'existent, en fait de sables, que ceux de l'argile plastique qu'on peut appeler sables inférieurs, puisque les autres sables que

nous avons étudiés, ceux de Rilly, de Châlons-sur-Vesle, de Bracheux, n'existent point dans les mêmes localités. Au-dessus se
développent les sables de Fontainebleau, appelés souvent *sables
supérieurs*.

Les sables de Beauchamp ont été reconnus de l'E. à l'O., depuis
Epernay jusqu'aux limites des départements de l'Eure et de la
Seine-Inférieure.

Ils se composent d'épaisses assises de sables proprement dits, de
grès plus ou moins durs, et, à la partie supérieure, dans les localités
où l'ensemble est complet, de calcaires marins recouverts eux-
mêmes d'un peu de sables qui les séparent du travertin de Saint-
Ouen. Au Guépelle, par exemple, ces calcaires peuvent être observés
presque à la surface du sol.

La coupe que nous donnons (fig. 68) des sables de Beauchamp

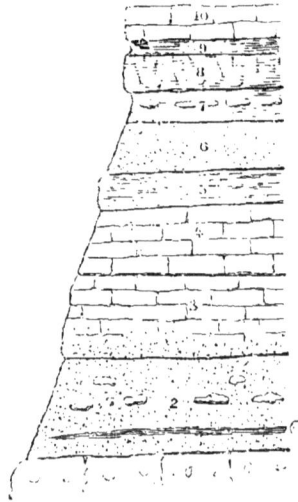

Fig. 68. — Coupe des sables moyens.

10. Travertin de Saint-Ouen. — 9. Marne. — 8. Marne à retraits. — 7. Marne à rognons. —
6. Sable marneux fossilifère. — 5. Marnes feuilletées. — 4. Calcaire avec des rognons. — 3. Calcaire passant inférieurement au sable. — 2. Sable. — 1. Caillasses.

a été relevée par M. Charles d'Orbigny, lors de l'ouverture de la
tranchée du chemin de fer de Paris à Saint-Germain, au travers de
la plaine de Monceaux. Elle comprend les couches suivantes, rangées à partir de la plus ancienne, formée des grès et des sables qui
reposent directement sur les caillasses.

1° Sable verdâtre, légèrement calcarifère et argilifère, renfermant des rognons et un petit lit de grès coquilliers. Ce banc correspond aux grès exploités à Beauchamp.

2° Calcaire d'un gris jaunâtre, assez compacte, non coquillier, passant inférieurement à un calcaire friable, sablonneux et très-coquillier. (*Cerithium lapidum*, *Natica mutabilis*, *Melania hordacea*, *Calyptræa trochiformis*, *Cytherea elegans*, *Venericardia*, etc.).

3° Calcaire d'un gris jaunâtre, assez compacte, non coquillier, contenant un grand nombre de rognons de calcaire, tantôt carié, tantôt caverneux ou spathique et quelquefois quartzifère.

4° Plusieurs petits lits de marnes feuilletées et de calcaire argilifère d'un blanc grisâtre, ne contenant point de coquilles, mais dont l'aspect indique néanmoins une origine d'eau douce.

5° Sable verdâtre marneux, plus ou moins friable, contenant un grand nombre de coquilles marines et des rognons de calcaire strontianien coquillier (*Avicula fragilis*, *Cerithium mutabile*, *Fusus subcarinatus*, *Fistulana*, *Chama*, etc.).

6° Marne blanche pulvérulente et sable renfermant des silex en plaques et des géodes de quartz grenu carié et calcarifère.

7° Marne endurcie strontianienne, verdâtre, plus ou moins compacte, se divisant à l'intérieur en nombreux retraits, et dont les surfaces naturelles sont polies et enduites de dendrites.

8° Petite couche de marne feuilletée en partie magnésienne.

9° Plus de 13 mètres de calcaire ou de marne ne contenant que des coquilles d'eau douce (travertin ou calcaire siliceux inférieur).

Enfin, au-dessus de ce dépôt commence le terrain gypseux. Sénarmont a fait remarquer que les sables moyens, de même que les couches tertiaires qui leur sont antérieures, semblent plonger vers un point situé au-dessous de Saint-Denis, et qui représente comme une sorte de centre du bassin (1). C'est un fait sur lequel nous avons déjà insisté à l'occasion du système du calcaire grossier (voyez ci-dessus page 199), mais sur lequel il était indispensable de revenir ici.

C'est dans le nord du bassin que les sables de Beauchamp occupent les plus vastes surfaces.

Aux environs de Senlis, ils forment le sol des forêts de Hallate et de Chantilly. Le sol de la forêt de Villers-Cotterets est dans le même

---

(1) Sénarmont, *Essai d'une description géologique du département de Seine-et-Oise*, 1844. In-8°, p. 243.

cas. De petits lambeaux de sables peuvent être suivis jusqu'aux environs de Reims. On les retrouve le long de la vallée de Marne à partir de Fleury-la-Rivière, le long du Grand-Morin à partir de Montmirail, le long du Petit-Morin à partir de Crécy. Ces sables apparaissent à Ormesson, à Maisons-Alfort, où leur limite touche presque les fortifications de Paris; à Ivry, à Bourg-la-Reine, à Neauphle-le-Vieux, à Houdan, sur la chaussée d'Ivry-la-Bataille, à Mantes, à Magny, à Montjavoult, enfin à l'Isle-Adam, qui ferme le cercle commencé à Chantilly.

Sur cette grande surface, l'épaisseur du sable varie beaucoup d'un point à l'autre. Dans le bois de Champlâtreux, Sénarmont leur assigne 20 mètres d'épaisseur. Autour de Beaumont, cette épaisseur serait de 15 à 30 mètres; une coupe prise auprès de l'arc de l'Étoile n'a donné que 11 mètres.

Entre Saillancourt et Triel, on trouve une coupe des plus intéressantes en ce qu'elle montre la superposition directe du calcaire de Saint-Ouen sur les sables de Beauchamp, et de ceux-ci sur les caillasses du calcaire grossier. Voici cette coupe relevée en détail par M. P. Michelot en 1852 (1) :

CALCAIRES DE SAINT-OUEN.

	m
Calcaire marneux en petits fragments avec *Paludina (Bithinia) pusilla*..............................	0,50
Calcaire compacte en banc suivi....................	0,40
Marne siliceuse compacte brisée; nombreuses paludines...	0,80

GRÈS DE BEAUCHAMP.

Sable verdâtre avec nombreux *Melania hordacea*........	0,40
Sable gris très-coquillier (*Cerithium mutabile, Cytherea elegans, Lucina saxorum, Cerithium obliquum, Calyptræa trochiformis*, et autres fossiles de Beauchamp...	3,00
Banc sableux très-grossier coquillier (mêmes fossiles).....	0,50
Sable jaune terreux...............................	8,40
Banc assez dur, grains sableux très-grossier...........	0,50
Sable jaunâtre..................................	0,50
Banc d'argile jaunâtre sableux.....................	0,80
Alternances de sable et de grès en plaquettes avec quelques lits et plaquettes concrétionnées..................	1,10
Banc de grès rubané.............................	0,10
Couche de sable avec nombreux rognons de grès très-tendre...................................	0,30
Sable marneux jaunâtre...........................	0,50

(1) P. Michelot, *Bullet. de la Soc. géologique*, 2e série, 1855, t. XII, p. 1324.

	m
Sable blanc	0,20
Sable jaune verdâtre	0,60
Marne jaunâtre fissile	0,15
Marne avec rognons siliceux	0,30
Marne caillasseuse compacte	0,10
Argile verdâtre,	0,02
Marne blanche fissile	0,15
Banc gréseux presque compacte	0,50
Marne blanche fissile	0,50
Marne solide caillasseuse compacte	0,45
La même, feuilletée	0,50
Marne blanche fissile	0,08
Marne sableuse jaunâtre	0,20
Petit banc gréseux grisâtre, coquillier	0,10
Marne calcaire sableuse diversement co'orée	0,50

CAILLASSES.

Banc suivi de calcaire siliceux, avec noyaux disséminés de marne blanche, aspect de poudingue	0,30
Marne sableuse blanche	0,05
Banc de caillasse siliceuse, aspect de meulière	0,08
Couche de craon marneux rubané de jaune et de blanc, avec quelques lits concrétionnés	0,30

Les sables de Beauchamp, étudiés dans leur ensemble, que ne donne d'ailleurs aucune localité prise en particulier, peuvent, suivant Goubert (1), se répartir en trois niveaux caractérisés à la fois par leurs caractères minéralogiques, leurs fossiles, leur facies géologique et leur distribution topographique.

Examinons-les successivement.

§ 1. — Niveau inférieur.

CARACTÈRES GÉNÉRAUX. — Les sables du niveau inférieur reposent le plus souvent sur les caillasses et quelquefois aussi sur le calcaire grossier.

On peut les étudier à Auvers, sur les bords de l'Oise et dans toute la région de l'Ourcq.

Souvent ce sont des sables argileux, et d'ordinaire on y rencontre beaucoup de galets siliceux et de galets calcaires plus ou moins arrondis et provenant manifestement de la craie et du calcaire grossier. Dans certaines couches, les galets, parfaitement ronds, sont

(1) Goubert, *Bullet. de la Soc. géologique,* 2ᵉ série, t. XVII, p. 137.

plus ou moins cimentés en un poudingue plus ou moins friable. Les galets calcaires sont fréquemment perforés par des animaux lithophages, tels que :

Saxicava.	*Pholas.*
Fistulana.	*Vioia.*

Non-seulement les galets sont roulés et rappellent ce qui se produit sous nos yeux le long des côtes où des pierres sont battues par les flots de la mer, mais les fossiles eux-mêmes présentent un facies frotté et usé tout à fait caractéristique, et prouvant qu'ils ont été longtemps le jouet des eaux. C'est ce qu'on observe surtout, chose digne d'attention, pour des fossiles identiques avec ceux qui vivaient déjà à l'époque du calcaire grossier. Du nombre sont le *Fusus longævus*, le *Venericardia planicosta*, le *Turritella carinifera*, etc.

FAUNE. — Mais avec eux se trouvent en abondance des coquilles nouvelles, dont nous citerons les principales.

En regardant avec attention le sable du niveau qui nous occupe, on ne tarde pas à reconnaître qu'il renferme des milliards de *Nummulites variolaria*, petit foraminifère parfaitement distinct des *N. planulata* et *lævigata* qui nous sont déjà connus, et dont les caractères sont même si nets, qu'on a voulu en faire un genre

FIG. 69. — *Nummulites variolaria.*

distinct sous le nom de *Lenticulites*. Ce protozoaire est représenté dans la figure ci-jointe (fig. 69). On voit d'ailleurs qu'il présente, comme toutes les nummulites, une coquille enroulée sur un plan, à ouverture unique contre le retour de la spire. Dans le jeune âge, cette ouverture se présente sous la forme d'une étroite fente.

Un dernier caractère des sables du niveau inférieur, est de contenir en abondance des restes de polypiers. Deux sont remarquablement communs. Ce sont l'*Astrea panicea* (Mich.) et le *Madrepora Solanderi* (Defr.).

Le premier est un polypier massif, en forme arrêtée, composé de polypiérites unis par les côtes, qui sont très-développées, et croissant par gemmation extracaliculaire. L'épithèque est complet ; la columelle est spongieuse, les cloisons sont dentelées ; il y a une dent interne plus forte que les autres.

Le *Madrepora Solanderi* est en masses ramifiées, fasciculées. La croissance a lieu par bourgeonnement. Les parois sont poreuses. L'intérieur présente des cloisons principales plus développées que les autres.

Parmi les polypiers, très-abondants aussi, des sables de Beauchamp du niveau inférieur, nous citerons :

> *Dendrophylla cariosa*, Mich.
> *Lithodendron irregulare*, Mich.
> *Anthophyllum distortum*, Mich.
> *Agaricia infundibuliformis*, Mich.
> *Porites Deshayesiana*, Mich.
> *Palmipora Solanderi*, Mich.
> *Geodia piriformis*, Mich.

A Auvers, on a découvert les restes de divers poissons. Nous citerons surtout un os roulé portant des dents incomplètes et les points d'insertion de plusieurs autres, que M. Hébert a recueilli, et qui, d'après M. Paul Gervais, paraît être une portion d'os incisif qui pourrait avoir appartenu à un poisson voisin des sciènes.

M. Hébert a découvert à Bresmier les vestiges d'un céphalopode dont M. Munier-Chalmas, qui les a étudiés, fait un nouveau genre sous le nom de *Bayanoteuthis*, en l'honneur d'un jeune géologue que la science a récemment perdu. On sait que M. Schœnbach est le premier qui ait décrit une bélemnite tertiaire sous le nom de *Belemnites rugifer*. Cette espèce diffère très-peu de celle de M. Hébert, et se distingue des vraies bélemnites par le rostre, qui présente deux sillons sublatéraux, et par la section ovale du fragmo-cône, qui est beaucoup plus étroit et plus allongé.

A cette occasion, M. Munier fait remarquer que les béloptères du bassin de Paris présentent deux types génériques très-distincts : le premier, muni d'appendices aliformes, est le genre *Beloptera ;* le second, privé de ces appendices et n'offrant plus que des crêtes latérales, doit, suivant lui, constituer un genre nouveau qu'il désigne sous le nom de *Belopterina*, et dont le type serait le *Beloptera Levesquei*, des sables de Cuise.

§ 2. — Niveau moyen.

CARACTÈRES GÉNÉRAUX. — Le niveau moyen des sables de Beauchamp est, de tous, le plus épais. On peut le subdiviser en deux horizons dont l'inférieur est essentiellement sableux et gréseux, tandis que l'autre est calcaire.

FAUNE. — Le premier est extraordinairement riche en fossiles, et c'est à lui que la localité même de Beauchamp doit, parmi les géologues, son universelle célébrité. Il serait impossible de dresser une liste de tous ces débris ; nous citerons les principaux en donnant quelques détails seulement sur les plus caractéristiques.

A Verneuil, dans le département de la Marne, des carrières ont été ouvertes dans le grès de Beauchamp pour l'extraction des pavés. M. de Raincourt, qui a étudié cette localité, a reconnu qu'elle concerne le niveau moyen des sables et y a recueilli, entre autres, les fossiles suivants (1) :

Clavagella.
Teredo.
Gastrochæna ampullaria, Desh.
Tubes de Gastrochæna ampullaria.
Jouannetia Dutemplei, Desh.
Pholas elegans, Desh.
Solen gracilis, Sow.
— obliquus Sow.
Cultellus fragilis, Defr.
Thracia.
Solemya Cuvieri, Desh.
Cardilia Michelini, Desh.
Siliqua angusta, Desh.
Mactra contradicta, Desh.
Crassatella trigonata, Lamk.
— donacialis, Desh.
Erycina decipiens, Desh.
Diplodonta striatina, Desh.
— elliptica.
— bidens, Desh.
— consors ? Desh.
Corbula complanata, Sow.
— gallica, Lamk.
— pixidicula, Desh.
— striata, Desh.
— ficus, Brand.
— pisum, Sow.
— minuta, Desh.
Neæra cochlearella, Desh.
Poromya Baudoni, Desh.
Saxicava.
Venerupis oblonga, Desh.

Venerupis striatina, Desh.
Psammobia rudis, Desh.
— nitida, Desh.
— papyracea, Desh.
Sportella dubia, Desh.
— anomala, Desh.
— mactromya, Desh.
— inæquilateratis, Desh.
Tellina canaliculata, Edw.
— exclusa, Desh.
— lunulata, Desh.
— rostralis, Lamk.
— lamellosa, Desh.
— subrotunda, Desh.
Lucina gibbosula, Lamk.
— Rigaultiana, Desh.
— saxorum, Lamk.
— elegans, Desh.
— sublobata, Desh.
— Mayeri ? Desh.
— albella, Lamk.
Donax nitida, Lamk.
— auversiensis, Desh.
— lanceolata, Desh.
Lutetia parisiensis, Desh.
Cyrena ovalina, Desh.
— oblonga.
— crassa, Desh.
— deperdita, Desh.
Tapes parisiensis ? Desh.
Cytherea lævigata, Lamk.
— ovalina, Desh

(1) De Raincourt, *Bulletin de la Société géologique*, 2ᵉ série, t. XVII, p. 499, et t. XVIII, p. 564.

Cytherea lunularia, Desh.
— rustica, Desh.
— elegans, Desh.
— striatula, Desh.
Venus solida, Desh.
— obliqua, Lamk.
Venericardia oblonga, Desh.
— planicostata, Lamk.
Cardita caumontiensis, Desh.
— divergens, Desh.
— sulcata, Lamk.
— aspera, Lamk.
Cardium venustum, Desh.
— discors, Lamk.
— porulosum, Lamk.
— parile, Desh.
— obliquum, Lamk.
— impeditum, Desh.
— granulosum, Lamk.
Cypricardia abducta, Desh.
Arca irregularis, Desh.
— biangula, Lamk.
— minuta, Desh.
— rudis, Desh.
— hiantula, Desh.
— planiscosta, Desh.
— aviculina, Desh.
— cylindracea, Desh.
— scapulina, Lamk.
— lævigata, Caillat.
— obliquaria, Desh.
Pectunculus depressus, Desh.
— subangulatus, Desh.
Nucula capillacea, Desh.
— deltoidea, Lamk.
— lunulata, Desh.
— fragilis, Desh.
Trigonocœlia cancellata, Desh.
Leda incrassata, Desh.
Goodhalia obscura, Desh.
— milliaria, Desh.
Chama sulcata, Desh.
— rusticula, Desh.
Modiola cordata, Lamk.
Mytilus.
Pinna margaritacea, Lamk.
Pecten.
Spondylus.

Ostrea lamellaris.
Anomia.
Siphonaria.
Patella Raincourti, Desh.
Emarginula clathrata, Desh.
Parmophorus elongatus, Lamk.
Dentalium coarctatum, Lamk.
— multistriatum, Desh.
— acuticostata, Desh.
— brevifissurum, Desh.
Pileopsis cornu-copiæ, Lamk.
Calyptræa trochiformis, Lamk.
Bullæa.
Bulla cylindrica, Brug.
— cylindroides, Desh.
Bulimus.
Auricula ovata, Lamk.
Cyclostoma mumia, Lamk.
Planorbis rotundatus, Brug.
Limnæa arenularia, Brard.
Eulima.
Melania lævigata, Desh.
— hordacea, Lamk.
— decussata, Desh.
— lactea, Lamk.
Rissoa buccinalis.
— cochlearella, Lamk.
Diastoma.
Keilostoma marginata, Desh.
Skanea hordeola.
Odostomia.
Lacuna.
Paludina microstoma.
— conica.
Nerita angistoma, Desh.
Neriptosis.
Natica cepacea, Desh.
— mutabilis, Desh.
— epiglottina, Lamk.
— lineolata, Desh.
Turbonilla acicula.
Tornatella inflata.
Pyramidella terebellata, Lamk.
Scalaria multilamella, Bast.
Delphinula striata, Lamk.
— callifera, Lamk.
— spiruloides.
Trochus patellatus, Desh.

Trochus agglutinans, Lamk.
Turbo lævigatus, Desh.
— bicarinatus.
— tricostatus, Desh.
— planorbularis, Desh.
Phasianella turbinoides, Lamk.
Littorina.
Turritella imbricataria, Lamk.
— sulcifera, Desh.
— Raincourti, Desh.
— funiculosa, Desh.
Cerithium tuberculosum, Lamk.
— angustum, Desh.
— scalaroides, Desh.
— Brocchii, Desh.
— marginatum, Desh.
— nodiferum, Desh.
— propinquum, Desh.
— coronatum, Desh.
— gibbosum, Defr.
— obliquatum, Desh.
— crenatulatum, Desh.
— mutabile, Desh.
— Bonnardi, Desh.
— lapidum, Lamk.
— incompletum.
— deperditum.
— subcanaliculatum (v.), Desh.
Pleurotoma coronata.
— ventricosa, Lamk.
— curvicosta, Lamk.
— turrella, Lamk.
Triforis plicatus, Desh.
Cancellaria evulsa, Sow.
— fasciolaria.
Fusus subcarinatus, Lamk.

Fusus ficulneus, Lamk.
— minax, Lamk.
— minutus, Lamk.
— aciculatus, Lamk.
Pyrula lævigata, Lamk.
— nexilis, Lamk.
Murex distans, Desh.
— crispus, Lamk.
— tubifer, Brug.
— frondosus, Lamk.
Rostellaria fissurella, Lamk.
Cassidaria carinata, Lamk.
Buccinum Andræi, Bast.
Terebra plicatula, Lamk.
Mitra fusellina, Lamk.
Voluta digitalina, Lamk.
— turgidula, Desh.
Marginella eburnea, Lamk.
— marginata.
Cypræa Lamarckii, Desh.
Oliva Branderi, Sow.
Ancillaria.
Lamna elegans, Agass.
Spatangus grignonensis, Agass.
Scutellina placentula, Agass.
Ovulites margaritacea, Lamk.
Uteria encrinella, Michelin.
Serpula.
Polytripa.
Astræa bellula, Michelin.
— Ameliana, Defr.
Porites Deshayesiana, Michelin.
Axopora Solanderi.
Turbinolia semigranosa.
Palmipora Solanderi.
Oculina conferta.

Voici quelques-uns des fossiles qui peuvent être signalés dans cette liste d'une manière spéciale :

En première ligne plusieurs cérithes sont d'une abondance extrême.

Le *Cerithium mutabile* (Lamk) (fig. 70) est une coquille fort élégante, allongée, turriculée, très-pointue au sommet. Les tours sont nombreux et étroits, aplatis ; les six ou sept premiers sont chargés de trois stries granuleuses, d'une grande élégance par leur extrême régularité ; l'une de ces stries, celle de la base des tours, devient de plus en plus saillante, et finit bientôt par se changer en un rang très-régulier de tubercules rapprochés et obtus au sommet, tandis que les autres stries granuleuses ont conservé leur finesse. Le dernier tour présente à la base quatre ou cinq sillons inégaux, entièrement lisses et simples. L'ouverture est assez grande, dilatée; le canal de la base est plus grand proportionnellement que dans les autres espèces : il est large et tout à fait découvert. La columelle est revêtue d'un bord gauche, qui devient calleux et saillant dans les vieux individus ; le bord droit est épais, saillant en avant, arqué dans sa longueur, fortement sinueux vers son extrémité inférieure. Lorsqu'on examine à la loupe les individus bien frais de cette espèce, on voit un très-grand nombre de stries transverses excessivement fines, couvrant toute leur surface. Le dernier tour est proportionnellement grand. Outre les stries granuleuses, il offre à sa partie supérieure trois et quelquefois cinq sillons égaux, dont les inférieurs sont les plus gros et les inférieurs les plus fins. Ces sillons, ainsi que les carènes qui les séparent, sont lisses. La figure ci-jointe montre l'aspect le plus habituel de ce cérithe, qui varie beaucoup, comme son nom l'indique.

Fig. 70.
Cerithium mutabile.

Le *Cerithium scalaroides* (Desh.) a par sa forme extérieure beaucoup de ressemblance avec quelques coquilles du genre scalaire, et leur ressemble même par la forme de l'ouverture, dont le canal est à peine marqué. Cette coquille est allongée, turriculée, conique, pointue au sommet, composée de quinze à dix-huit tours très-convexes, nettement séparés par une suture linéaire et profonde; sur ces tours se montrent cinq ou six petits sillons transverses inégaux, sur lesquels passent un assez grand nombre de petits plis longitudinaux, arqués dans leur longueur, espacés plus ou moins régulièrement, selon les individus; dans la plupart, au point d'entre-croisement, s'élève une petite granulation. Le dernier tour est très-convexe; il est sillonné à la base et terminé par une ouverture parfaitement arrondie dans le fond et un peu ovalaire à son entrée. Cette ouverture a un canal terminal tellement réduit, que l'on a quelque peine à placer l'espèce dans le genre cérithe, et cependant, lorsqu'on vient à la rapprocher de quelques espèces analogues, on ne peut disconvenir que ce soit sa véritable place. Le bord droit est saillant en avant, et se termine en une sorte d'oreillette dont la proéminence est encore augmentée par une large et profonde échancrure qu'il présente latéralement. La columelle est peu épaisse, un peu cylindracée, courte et revêtue d'un bord gauche très-étroit.

Le *Psammobia nitida* (Desh.) est ovale-transverse, étroit, très-déprimé latéralement et très-inéquilatéral. Son test est extrêmement mince, papyracé et d'une extrême fragilité ; aussi est-il très-difficile de recueillir les valves entières. Le côté antérieur est près de deux fois plus long que le postérieur ; il est ellipsoïde, obtus en avant. Le bord inférieur est presque droit et parallèle au supérieur ; le côté postérieur est subtriangulaire ; un angle très-aigu le parcourt depuis le crochet jusqu'à l'extrémité inférieure et postérieure. La surface extérieure est lisse, polie, brillante ; il faut l'examiner à la loupe pour y découvrir un petit nombre de stries d'accroissement. Le bord cardinal est étroit, linéaire. La charnière porte deux dents cardinales sur la valve droite ; elles sont rapprochées, presque parallèles ; une seule dent, sur la valve gauche, étroite et saillante, vient se placer dans la fossette que laissent les deux dents de la valve opposée. La nymphe est courte, proéminente, triangulaire, obliquement tronquée en arrière ; sa surface extérieure est convexe, cylindracée et limitée par une strie extrêmement étroite. Le sinus palléal est profond, mais étroit ; il est horizontal, et son extrémité atténuée vient aboutir sur la ligne ventrale, avec laquelle il se confond.

Le *Diplodonta bidens* (Desh.) est suborbiculaire, un peu subtrigone, et offre une impression palléale qui, au lieu de former une ligne simple, comme dans la plupart des diplodontes, en présente constamment deux plus ou moins parallèles. La surface extérieure est peu convexe ; elle est couverte de stries irrégulières et inégales d'accroissement. Le côté antérieur est le plus court ; le postérieur est généralement un peu atténué. Sur un bord cardinal droit s'élèvent deux dents cardinales, peu inégales, divergentes, dont la plus grosse est toujours profondément bifide. Il n'existe aucune trace de lunule, tandis que du côté postérieur un petit corselet, nettement limité, circonscrit le ligament. La portion antérieure du bord cardinal est partagée dans sa longueur par un sillon que l'on voit se prolonger jusqu'à l'origine de l'impression musculaire antérieure. Les deux portions du bord sont égales et placées au même niveau. Les impressions musculaires sont étroites, ovales-oblongues ; elles descendent au-dessous d'une ligne qui diviserait la coquille en deux parties égales.

Le *Cyrena deperdita* (Desh.) a été longtemps confondu avec les mactres ou avec les pernes. C'est cependant, comme le montre le savant auquel on en doit la spécification, une véritable cyrène d'une espèce bien caractérisée. Cette coquille est assez variable dans sa forme; le plus souvent elle est ovale, peu transverse, subtrigone; d'autres fois elle est plus transverse; quelquefois enfin elle a presque autant de largeur que de longueur, et alors elle est d'une forme plus trigone. Elle est renflée, cordiforme, à crochets proéminents, le plus souvent lisse, avec quelques indices de ses accroissements, quelquefois assez régulièrement striée. La charnière est étroite; elle présente sur la valve gauche trois dents, dont la médiane est bifide; il y en a deux sur la valve droite. Les dents latérales sont presque égales, l'antérieure cependant est la plus courte.

Le *Lucina saxorum* (Lamk) nous est déjà connu pour s'être présentée dans le calcaire grossier, où nous avons eu l'occasion de le décrire (voy. *antè*, page 192).

Le niveau du haut, riche en grès, comme nous venons de le voir, a un faciès moins marin que le précédent.

Il consiste, à Beauchamp même, en une mince couche d'un sable verdâtre, argileux, que recouvre le travertin de Saint-Ouen. On y trouve des cérithes, dont les uns, comme le *C. scalaroides*, se montraient déjà dans le niveau précédent, tandis que d'autres sont spéciaux.

Le *C. Bouei* (Desh.) (fig. 71) est dans ce cas. C'est une coquille allongée, turriculée, composée de quatorze à quinze tours convexes, étroits, sur le milieu desquels s'élève une carène tranchante, armée de dentelures aiguës très-régulières et fort comprimées; au-dessous de cette carène on voit sur chaque tour un sillon granuleux, et quelquefois la suture laisse à découvert une partie d'un second sillon semblable. Sur le dernier tour il existe toujours trois sillons égaux, également distants

FIG. 71.
Cerithium Bouei.

et granuleux dans toute leur étendue; le reste de la surface est couvert de stries excessivement fines, égales, très-rapprochées; celles que l'on voit à la base du dernier tour sont plus grosses et entourent le canal dans toute sa hauteur. L'ouverture est ovale-oblongue, subtrigone; elle se termine par un canal court, fort étroit et fortement contourné. La columelle est étroite, revêtue d'un bord gauche mince et appliqué dans toute son étendue; le bord droit est mince et tranchant, légèrement arqué dans sa longueur, et il forme à l'extérieur un angle très-aigu, qui correspond à la carène du dernier tour.

Le *Melania hordacea* (Lamk) (fig. 72) se trouve par milliers. Cette petite coquille est presque aussi variable dans la forme que dans les stries dont elle est le plus souvent couverte. Elle est allongée, conique, épaisse ; ses sutures sont peu profondes ; les stries sont assez fines : on en remarque assez constamment une plus grosse vers la partie supérieure des tours, ce qui leur donne une forme légèrement anguleuse ; les stries de la base sont moins profondes et moins sensibles. L'ouverture est petite, proportionnellement à la grandeur de la coquille ; elle est peu dilatée à la base, où elle offre un sinus peu profond. La lèvre droite est simple et tranchante ; la gauche est renversée sur la columelle qu'elle borde.

Fig. 72.
Melania hordacea.

Le *Cytherea elegans* (Lamk) se trouve ici en quantité considérable ; nous ne faisons que le mentionner, puisque nous l'avons déjà décrit à propos des caillasses du calcaire grossier (voy. page 194).

A Lisy-sur-Ourcq, le niveau qui nous occupe est représenté (1) par une couche calcaire à peine gréseuse, épaisse de plusieurs mètres, et donnant une excellente pierre de taille, connue dans la pratique sous le nom de *pierre de Lisy*.

On retrouve les mêmes couches à Louvres, dans le département de Seine-et-Oise, et c'est de cette localité que proviennent les matériaux dont on a fait le soubassement de la Madeleine.

§ 3. — Niveau supérieur.

Enfin, dans certaines localités, comme Mortefontaine, au sud de Chantilly, et dans l'enceinte même de Paris, autour de l'arc de l'Étoile (2), il existe un niveau supérieur, tantôt sableux et tantôt calcaire, caractérisé par une faune nombreuse et des plus remarquables.

FAUNE. — Parmi les fossiles compris dans cette faune, quelques-uns doivent être cités à part comme spécialement caractéristiques :

(1) *Bullet. de la Soc. géologique,* 2e série, t. XVIII, p. 445.
(2) Voyez ci-dessous, page 220.

Le *Cerithium tricarinatum* (Lamk) (fig. 73) est une des coquilles les plus élégantes des environs de Paris. Elle est assez grande, turriculée. Ses tours sont nombreux et étroits : on en compte vingt-six ou vingt-sept dans les grands individus bien conservés ; ils sont carénés à leur partie supérieure et ils semblent imbriqués les uns dans les autres à la manière de ceux du *Turritella imbricataria*. La carène, fort saillante, est régulièrement dentelée sur son bord ; les dentelures sont plus ou moins profondes et plus ou moins nom-

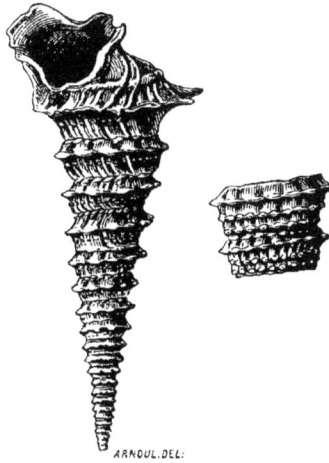

FIG. 73. — *Cerithium tricarinatum*.

breuses, selon les individus : au-dessous d'elles chaque tour offre deux autres carènes, ou plutôt deux sillons un peu élevés, formant deux rangées de granulations. Dans certains individus, la carène n'est guère plus grosse que ces deux sillons, et c'est à ceux-là vraisemblablement que Lamarck a donné le nom de tricarénés. Le dernier tour est aplati en dessus, et il présente au-dessus de la dernière carène un ou deux angles obtus rapprochés, onduleux ou subgranuleux. L'ouverture est dilatée, assez grande ; elle se termine antérieurement par un canal profond, court, à peine renversé vers le dos. Lorsqu'on regarde la coquille de face, ce canal est en partie caché par l'extrémité du bord droit : celui-ci est fort épais, renversé au dehors ; il est dilaté, très-proéminent en avant et déprimé latéralement par une large échancrure ; son extrémité inférieure aboutit à une sorte d'oreillette saillante en dehors de l'avant-dernier tour.

Le *Cerithium Cordieri* (Desh.) est une coquille conoïde, turriculée. La spire, à laquelle on compte seize ou dix-sept tours légèrement convexes ou tout à fait aplatis, est fort aiguë au sommet. Dans le plus grand nombre des individus, chaque tour est orné de trois stries transverses, ou plutôt de trois séries de très-fines granulations, et le sommet des tours est couronné par un quatrième rang dont les granulations sont un peu plus grosses et un peu plus saillantes. Dans les vieux individus, il arrive souvent que deux stries plus fines que les premières viennent s'interposer, de manière que les derniers tours sont pourvus de cinq rangées de granulations ; à la circonférence du dernier tour on remarque deux carènes obtuses au-dessus desquelles la base est ordinairement lisse. L'ouverture est ovale oblique, atténuée à ses extrémités. Le bord droit, médiocrement épais, forme une sorte de bec proéminent à son extrémité antérieure ; il est pourvu latéralement d'une sinuosité large et profonde. La columelle est très-courte, subtronquée, revêtue d'un bord gauche peu épais et terminé par un canal large, très-court et un peu renversé en dessus.

Le *Cerithium pleurotomoïdes* (Lamk) est très-variable. C'est une coquille allongée, turriculée, assez étroite, très-pointue au sommet. Sa spire est composée de quatorze ou quinze tours légèrement convexes, sur lesquels on voit constamment deux séries transverses de petits tubercules obtus : ces tubercules sont rapprochés et plus ou moins nombreux, selon les individus; ils sont égaux et réguliers. Le dernier tour est assez grand et terminé antérieurement par un canal étroit, mais allongé. Vers la circonférence de ce dernier tour, on trouve ordinairement une ou deux rangées de nodosités beaucoup plus obtuses. L'ouverture est ovale-obronde, obtuse postérieurement, terminée antérieurement par un canal étroit et profond. Le bord droit est régulièrement arqué dans sa longueur; il semble écrasé de haut en bas, ce qui donne à l'ouverture une forme subtriangulaire; il est mince, tranchant, recouvre un peu l'ouverture, et il est pourvu sur le côté droit d'une échancrure profonde et étroite, semblable à celle des pleurotomes. La columelle est étroite, allongée, pointue au sommet, concave et arquée dans sa longueur; le bord gauche qui la relève est étroit, légèrement saillant et terminé par une callosité assez épaisse à l'angle supérieur de l'ouverture.

Le *Corbula gallica* (Lamk) est grand, bombé, renflé, à crochets proéminents, surtout celui de la valve inférieure, qui est légèrement strié en travers; dans le reste de la surface, cette coquille est lisse ou seulement marquée des stries irrégulières de ses accroissements. La valve supérieure est plus petite, plus aplatie, lisse, marquée de sept ou huit petites côtes irrégulières, longitudinales et rayonnantes. La dent cardinale de cette valve naît du bord; elle est très-grande, conique, pyramidale, perpendiculaire au plan de la coquille, séparée en deux parties inégales par un sillon profond et marquée très-sensiblement par l'impression du ligament.

Le *Cytherea deltoidea* (Lamk) est une petite espèce presque aussi longue que large, subéquilatérale et subtrigone, le côté antérieur étant plus court et plus arrondi que le postérieur. La surface extérieure est très-finement striée en travers; les stries sont arrondies et très-serrées. La lunule est grande, ovale. Le crochet est petit, peu saillant; la lame cardinale est fort étroite. Elle porte sous le crochet trois dents cardinales de la valve droite, et deux plus épaisses sur la valve gauche; la dent latérale est petite, comprimée, parallèle au bord. L'impression abdominale a une échancrure médiocre.

Les sables qui nous occupent ont donné à M. Hébert une phalange unguéale d'une espèce d'oiseau de taille moyenne. C'est jusqu'ici la seule indication que l'on ait de l'existence de ces animaux à l'époque où nous sommes parvenus.

Le *Crocodilus Rollinati* (Laurillard) s'éloigne, suivant la remarque de Cuvier, des autres crocodiles par quelques caractères importants. L'un des plus certains est la forme comprimée des dents et la disposition finement serratiforme de leurs bords, principalement du bord postérieur, ce qui rappelle assez bien les dents de mégalosaures; toutefois ces organes sont implantés ici dans de véritables alvéoles, comme chez les autres crocodiliens. C'est encore M. Hébert qui en a signalé la présence dans les environs de Paris.

GRÈS A AVICULES. — Le niveau supérieur des sables de Beauchamp est couronné par une couche, d'ordinaire très-mince, d'un grès plus ou moins calcarifère, rempli d'empreintes d'une petite coquille, l'*Avicula fragilis* (Defr.), qui est des plus caractéristiques. C'est une coquille obronde, tronquée supérieurement, peu oblique, très-mince, très-fragile, blanche, nacrée et fort peu bombée à l'extérieur. Son bord supérieur ou cardinal est droit, simple et assez épais; il se prolonge en avant en un bec court et sinueux à la base; le bord postérieur, sinueux à sa partie supérieure, se termine par un appendice caudiforme très-court. Les bords, et surtout l'inférieur, sont régulièrement courbés; ils sont minces, simples et tranchants. Le plus souvent cette coquille ne peut être isolée de la roche qui la contient.

C'est sans doute au niveau tout à fait supérieur des sables de Beauchamp qu'il faut rattacher la couche de marne verdâtre qui accompagne si souvent le sable de Beauchamp, par exemple à Fleurines, à Montereau, à Clichy et ailleurs.

Constant Prévost en cite d'analogues du côté de Pontoise, avec indice de gypse; de façon qu'on pourrait y voir comme l'aurore de la formation gypseuse, séparée cependant des sables de Beauchamp par le système de Saint-Ouen. C'est un point sur lequel nous reviendrons.

III

PROÏCÈNE

Le terrain proïcène comprend toutes les formations comprises entre les sables de Beauchamp et le terrain miocène, c'est-à-dire successivement :

3. Le travertin de la Brie.
2. Le gypse.
1. Le travertin de Saint-Ouen.

CHAPITRE PREMIER

LE TRAVERTIN INFÉRIEUR OU DE SAINT-OUEN.

CARACTÈRES GÉNÉRAUX DU TRAVERTIN DE SAINT-OUEN. — Comme on vient de le voir, les couches les plus supérieures des sables de Beauchamp sont moins exclusivement marines que les assises inférieures. C'est l'effet d'un changement de régime qui s'accentue de plus en plus jusqu'à l'époque du travertin de Saint-Ouen, où se manifeste l'influence exclusive de l'eau douce.

Le travertin inférieur est en effet une formation essentiellement lacustre. C'est à M. Charles d'Orbigny qu'on en doit les premières coupes complètes. Elles datent de 1836, époque de la construction du chemin de fer de Monceaux. En voici un exemple choisi sur un point où la formation d'eau douce se montrait sur 9 mètres de puissance (fig. 74) :

Fig. 74. — Coupe du travertin de Saint-Ouen.
8. Marnes. — 7. Calcaire. — 6. Marne avec silex. — 5. Calcaire. — 4. Marnes. — 3. Calcaire. — 2. Marnes. — 1. Sable et grès.

1° Plusieurs couches de sable, de marne et d'argile, établissant un passage entre les grès de Beauchamp et les travertins proprement dits.

2° Diverses alternances de marnes et de magnésites, avec nombreuses plaquettes de silex résinite noirâtre. Ces couches renferment beaucoup de *Cyclostoma mumia* comprimés et des paludines (*Bithynia pusilla*).

3° Banc puissant de calcaire marneux, avec os de mammifères et coquilles d'eau douce, sur lesquels nous allons revenir.

4° Six lits de marne et d'argile calcarifères avec nombreuses coquilles d'eau douce.

5° Calcaire avec graines et tiges de *Chara*, feuilles comprimées de *Typha; Paludina, Limnæa*, et débris de poissons indéterminables.

6° Nouvelles alternances de marne et de magnésite avec silex, *Paludina, Cyclostoma mumia*, etc.

7° Banc assez puissant de calcaire, tantôt siliceux, tantôt marneux et quelquefois bréchiforme, renfermant souvent des rognons de silex ménilite passant au silex nectique, et fréquemment entouré de magnésite d'une couleur gris rosâtre ou brunâtre. Ce calcaire, et quelquefois même les ménilites, sont pétris de graines de *Chara medicaginula* et de coquilles d'eau douce, telles que *Planorbis*, *Limnœa*, *Paludina*. C'est dans cette couche que M. Charles d'Orbigny découvrit à la fois trois espèces nouvelles de paludines.

8° Enfin, au-dessus du calcaire précédent, viennent encore plusieurs lits de marne et de magnésite recouverts par des couches appartenant à la formation du gypse.

Les travaux de l'avenue de l'Impératrice ont, entre autres, permis de constater la situation du travertin de Saint-Ouen entre le sable de Beauchamp et la formation gypseuse. Voici la coupe relevée en 1855 par M. Michelot (1) près de la rue de Bellevue :

	m
Terre végétale et remblais........................	1,00

FORMATION DU GYPSE.

	m
Marne sableuse verdâtre remaniée...................	0,50
Marnes argilo-sableuses verdâtres avec rognons solides très-pesants...................................	0,80
Marne jaunâtre................................	0,15
Lit d'argile verte...............................	0,05
Banc caillasseux................................	0,15
Calcaire marin très-coquillier, avec nombreux cérithes; aspect de calcaire grossier........................	0,15
Calcaire plus compacte sans fossiles, lié au banc précédent.	0,10
Marne caillasseuse jaunâtre avec rognons très-pesants.....	0,40

CALCAIRE DE SAINT-OUEN (épaisseur totale, 7ᵐ,50).

	m
Argile brune feuilletée...........................	0,12
Marne blanche sans fossiles.......................	0,80
Marne calcaire remplie de limnées..................	0,20
Marne blanche fragmentaire.......................	0,55
Calcaire compacte dur............................	0,20
Argile grise feuilletée............................	0,10
Calcaire gréseux compacte........................	0,12
Marne argileuse à paludines.......................	0,12
Marne gris jaunâtre.............................	0,30
Marne argileuse à paludines.......................	0,10
Marne jaunâtre sans fossiles.......................	0,15
Calcaire compacte sans fossiles....................	0,30
Marne blanche à paludines coupée de lits d'argile........	1,00
Marne argileuse à paludines.......................	0,05
Marne sans fossiles..............................	0,60
Argile violacée avec nombreux *Cyclostoma mumia* écrasés..	0,15
Lit d'argile grise...............................	0,01

(1) P. Michelot, *Bullet. de la Soc. géologique*, 2ᵉ série, 1855, t XII, p. 1314.

	m
Marne blanche avec un lit d'argile au milieu...........	0,22
Lit d'argile grise................................	0,01
Marne blanche en couches de 0ᵐ,08 à 0ᵐ,10 coupées par des lits d'argile................................	0,35
Lits d'argile grise...............................	0,03
Marne blanche sans fossiles en couches de 0ᵐ,08 à 0ᵐ,10 coupées par des lits d'argile.....................	0,80
Filet d'argile...................................	»
Marne grise.....................................	0,11
Marne blanche coupée par deux lits d'argile...........	0,20
Lit d'argile grise...............................	0,01
Marne blanche..................................	0,08
Filet d'argile...................................	»
Marne blanche..................................	0,10
Filet d'argile...................................	»
Marne sableuse.................................	0,12
Filet d'argile...................................	»
Marne blanche sableuse..........................	0,23
Argile ligniteuse feuilletée.......................	0,03
Marne compacte dans le haut, fissile dans le bas........	0,20
Filet d'argile...................................	»
Concrétion niviforme............................	0,12

SABLES DE BEAUCHAMP.

	m
Calcaire marneux avec nombreuses empreintes d'*Avicula fragilis*, *Cerithium*, etc...........................	0,25
Argile feuilletée................................	0,02
Calcaire marneux fragmentaire.....................	0,20
Lit d'argile grise................................	0,01
Marne grise.....................................	0,15
Calcaire marneux poreux et fissuré	0,12
Marne sableuse avec couche de sable pur au milieu.......	0,15
Lit d'argile grise................................	0,01
Marne blanche solide............................	0,08
Lit d'argile grise................................	0,01
Marne blanche fissile............................	0,18
Sable avec veines et poches marneuses...............	0,25
Sable pur verdâtre...............................	0,45

Les résultats fournis par la coupe qui vient d'être résumée peuvent passer comme une moyenne de ceux que donnent les diverses coupes relevées dans le travertin inférieur. Les différences d'une localité à une autre viennent de l'épaisseur plus ou moins grande de diverses couches, dont les unes peuvent arriver à disparaître tout à fait pendant que d'autres prennent l'importance prépondérante.

D'ailleurs il faut reconnaître que ce terrain, quoique étudié déjà à maintes reprises, est bien loin d'être complétement connu. A diverses époques on en a rapproché des formations qui, décidément, sont d'un autre âge.

C'est ainsi qu'en 1831, Dufrénoy montra qu'il en faut séparer complétement le travertin de Champigny, confondu jusque-là avec lui, et qui, comme on verra, appartient au terrain gypseux.

Le travertin de Château-Landon, regardé longtemps comme synchronique du travertin inférieur, est reporté maintenant, du consentement général, au travertin moyen ou de la Brie.

De même, le calcaire dit de Provins, et dont nous avons précédemment indiqué les caractères identiques avec ceux du banc vert, a été considéré jusque dans ces dernières années comme dépendant du travertin de Saint-Ouen, avec lequel il a certaines analogies d'aspect et dont il contient même certains fossiles, comme le *Cyclostoma mumia*.

FAUNE DU CALCAIRE DE SAINT-OUEN. — Déjà nous avons eu à mentionner quelques fossiles du calcaire de Saint-Ouen.

Parmi les très-nombreux fossiles qui ont été reconnus, quelques-uns méritent de nous arrêter un moment. Plusieurs mammifères offrent cet intérêt, d'annoncer pour ainsi dire la faune si abondante du gypse. Ce sont surtout des pachydermes.

Le *Palæotherium* (Cuv.) se reconnaît avant tout à sa dentition. Il a sept molaires à chaque mâchoire, dont les supérieures sont assez semblables à celles des rhinocéros. La première est notablement plus petite que les autres et ne présente qu'un seul lobe. Les inférieures ont des croissants à convexité externe, la première étant aussi petite et à un seul lobe, la dernière à trois lobes. La barre est très-courte et les canines sont saillantes. Les os nasaux, relevés, décèlent l'existence d'une petite trompe flexible. Les pieds antérieurs et postérieurs ont trois doigts. Cuvier les rapprochait des tapirs par leur forme extérieure; mais la récente découverte d'un squelette entier dans le gypse de Vitry montre que l'aspect général était plutôt celui d'une antilope.

L'*Anoplotherium* (Cuv.) est le type d'une tribu de pachydermes dont le caractère principal consiste dans l'absence de barres aux mâchoires. Il en résulte que les dents font une série continue, caractère rare chez les mammifères et qui, dans la nature vivante, est spécial à l'homme et à la plupart des quadrumanes. Les molaires sont au nombre de sept à chaque mâchoire. Les arrière-molaires présentent un chevron à sommet dirigé en dedans, qui se rapproche d'un gros mamelon interne, avec lequel il finit par se confondre lorsque l'usure est plus avancée. Les molaires inférieures ont deux collines s'usant en forme de cœur; la septième a un troisième lobe. Les dents sont toutes à peu près égales en hauteur, et la canine ne dépasse pas les autres. Les pieds sont à deux doigts. La queue est longue, composée de vertèbres fortes et épaisses, ce qui a fait penser à Cuvier que ces animaux étaient plongeurs et vivaient à peu près comme l'hippopotame.

A diverses reprises, on a extrait des marnes de Saint-Ouen des ossements, d'ailleurs indéterminables, d'oiseaux. Il y a tout lieu de supposer, d'après diverses considérations, que ces oiseaux avaient de l'analogie avec ceux que les marnes du gypse renferment en quantité relativement considérable. Nous y reviendrons tout à l'heure.

Les reptiles sont représentés par des sauriens et par des chéloniens. Parmi ces derniers, on peut mentionner de grandes carapaces, malheureusement incomplètes, et qui, pensons-nous, n'ont point été jusqu'ici l'objet d'études complètes, qui ont été retirées des couches du travertin de Saint-Ouen traversées lors des travaux du boulevard Malesherbes, à l'intérieur même de Paris.

Des poissons indéterminables ont été signalés dans plusieurs localités.

Les coquilles les plus remarquables ne sont pas très-nombreuses ; toutes ont leurs analogues génériques vivantes dans la faune de nos rivières et de nos marais.

Le *Limnœa longiscata*, (Brongn.) (fig. 75) est allongé, subturriculé, étroit, très-lisse, composée de sept ou huit tours de spire assez rapprochés, peu bombés, séparés par une suture peu profonde. L'ouverture est ovale-allongée, un peu dilatée à la base, rétrécie supérieurement ; la lèvre est mince et tranchante; le pli columellaire est peu saillant, petit, arrondi. La columelle est bordée.

Fig. 75.

Limnœa longiscata.

Le *Planorbis rotundatus* (Brongn.) (fig. 76) est assez grand et présente jusqu'à 3 cent. 1/2 de diamètre. Il est plat en dessus et concave en dessous ou largement ombiliqué. Ses tours de spire sont très-réguliers et tous très-visibles des deux côtés; ils sont arrondis, non anguleux, au nombre de 5 ou 6. L'ouverture est oblique à l'axe et assez grande. Sur les individus bien conservés on voit des stries obliques assez régulières, qui ne sont que des traces d'accroissement.

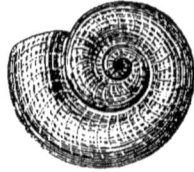

FIG. 76. — *Planorbis rotundatus.*

Le *Cyclostoma mumia* nous est déjà connu (voy. p. 186).

Le *Bithynia pusilla* (Desh.) est une toute petite coquille de 3 millimètres environ, dont l'abondance est extrême. Elle est bien caractérisée par sa forme allongée, turriculée, subcylindracée. Quelquefois son sommet est obtus, d'autres fois il est assez acuminé. Ses tours de spire, au nombre de six, sont convexes, arrondis, lisses, bien séparés par une suture profonde : le dernier grossit souvent assez subitement, ce qui le disproportionne d'avec les autres ; mais cela ne se voit que rarement. L'ouverture est petite, ronde ; ses bords sont minces, tranchants et contournés ; la base est percée d'un petit ombilic.

FLORE DU CALCAIRE DE SAINT-OUEN. — Les plantes du calcaire de Saint-Ouen sont toutes d'eau douce. Le *Chara medicaginula* se retrouve dans les travertins plus récents de la Brie et de la Beauce. C'est surtout à l'état de graines que cette plante se présente, et ces graines ont depuis très-longtemps attiré l'attention des naturalistes. Suivant la remarque de M. Watelet (1) : « Nulle plante n'a donné lieu à des opinions plus diverses, à des erreurs plus manifestes. Dès 1785, Dufourny de Villers étudia avec soin ces petits corps, auxquels il donna le nom de *Voltex* et qu'il considère comme de *petits oursins*. Il lut, à ce sujet, un mémoire à l'Académie des sciences le 18 juin de la même année. Lamarck a ensuite donné une description de ce fossile, auquel il imposa le nom de *Gyrogonites*. Il le regardait comme un *mollusque à coquille univalve subuniloculaire;* plus tard (2), considérant tou-

(1) Watelet, *Description des plantes fossiles des environs de Paris.* Paris, 1866, p. 50.

(2) Lamarck, *Mémoires sur les fossiles des environs de Paris.* — *Recueil de planches sur les coquilles fossiles des environs de Paris.* Paris, 1823.

jours ces corps comme des mollusques, il ajoutait que vraisemblablement les gyrogonites étaient fermés par *un opercule ou une valve*
particulière qui s'ouvrait et se refermait à la volonté de l'animal.
Denys de Montfort (1) figura et décrivit les gyrogonites, mais avec peu
d'exactitude et n'ajouta rien aux faits connus. Brard suivit (2) assez
exactement les idées de Lamarck ; mais il fit varier le nombre des
côtes spirales qu'il assura être de cinq ou six. Desmarest fit sur les
gyrogonites un mémoire remarquable qu'il lut à la Société philomatique en août 1810, et dans lequel il fit connaître mieux que ses
devanciers l'organisation de ces petits corps. Cet habile observateur pensait déjà que les gyrogonites ne pouvaient appartenir au
règne animal, mais il ne sut aller plus loin. Leman présenta en
1812 à la Société philomatique des observations qui annonçaient
l'analogie des gyrogonites avec les graines de *Chara*. » Voilà l'historique à peu près complet de ce fossile intéressant, dont M. Watelet
décrit quelques espèces parfaitement caractérisées.

Le *C. medicaginula*, qui doit spécialement nous occuper en ce moment, est facile à distinguer ; car, quoique sa surface soit sphérique
comme celle de plusieurs autres, on observe que les valves présentent vers la suture une petite crête simple, tranchante et bien caractérisée. On compte, en regardant du côté de la surface de la graine,
sept tours de spire, et les pôles sont formés par la réunion de cinq
valves qui se terminent par des extrémités toujours un peu tuberculeuses.

Minéraux accidentels. — Au point de vue pétrographique, le
terrain du travertin de Saint-Ouen offre un intérêt tout particulier.
En effet, presque toutes les marnes et les argiles qu'on y rencontre
avec tant d'abondance sont magnésiennes. Leur dépôt suppose
donc dans les eaux un régime spécial qu'on peut rapprocher des
phénomènes que nous avons constatés dans la craie de Beynes et
dans le calcaire grossier de Pont-Sainte-Maxence. Il faut toutefois
remarquer une différence notable avec ce que nous ont offert ces
localités, à savoir, l'absence absolue de toute action pouvant ressembler même de loin au métamorphisme.

Voici, en tous cas, la composition de l'une de ces argiles, analysée par Berthier :

(1) Denys de Montfort, *Conchyliologie systématique, et classification méthodique de coquilles.* Paris, 1808-1810.
(2) Brard, *Annales du Muséum d'histoire naturelle,* Paris, 1809, t. XIV, p. 438.

Silice...............................	51,0
Alumine.............................	14,0
Magnésie............................	13,4
Oxyde de fer........................	3,0
Eau.................................	18,2
	99,6

Avec la présence de la magnésie dans les roches de Saint-Ouen coïncide celle de rognons siliceux dont les formes rappellent celles des silex du calcaire grossier et de la craie. Mais ici le minéral est hydraté au lieu d'être anhydre, et appartient à l'espèce opale, variété dite *ménilite*, parce que le type en a été trouvé d'abord dans les marnes gypseuses de Ménilmontant. Cette nature hydratée rend l'origine de ces rognons beaucoup plus facile à expliquer, puisque, comme nous l'avons déjà dit, on peut assister de nos jours à la concrétion de la silice de composition analogue, sur les bords des geysers d'Islande, par exemple.

La structure de ces ménilites est d'ailleurs extrêmement intéressante à étudier de très-près et même avec le secours du microscope ; car on y retrouve jusque dans ses moindres détails la structure des marnes feuilletées au milieu desquelles a eu lieu la concrétion. C'est l'analogue exact de ce que donnent les bois silicifiés, où l'on retrouve toutes les particularités qu'aurait fournies l'étude microscopique de la plante à l'état frais, la matière organique ayant été remplacée, molécule à molécule, par la matière siliceuse. Les feuillets de la marne se continuent au travers des rognons, et l'on retrouve dans ceux-ci les fossiles, *Chara*, *Bithynia* ou autres, que la marne pouvait contenir. Il en résulte bien évidemment que ces rognons résultent de l'infiltration lente et longtemps continuée dans le calcaire d'un liquide siliceux capable à la fois de dissoudre sa matière et de déposer l'opale. Aucune élévation de température n'est nécessaire pour rendre compte du phénomène, la silice étant, quoique faiblement, soluble dans l'eau froide.

Dans certaines circonstances, les rognons de ménilite subissent comme une sorte de pourriture due à la perte de leur eau ; ils deviennent blancs, tout à fait opaques et d'aspect farineux. Les vides laissés par l'eau les rendent très-spongieux, de façon que, placés sur l'eau, ils y surnagent. Alors ils constituent les *silex nectiques*. Le calcaire de Saint-Ouen en renferme à différents niveaux et dans des localités très-nombreuses, par exemple au nord de Saint-Denis.

Il faut remarquer que le travertin de Saint-Ouen contient en outre, surtout dans les couches formées de calcaire compacte siliceux des géodes toutes tapissées de cristaux de quartz anhydre, rappelant à tous égards ceux que contiennent les silex de la craie ou les lits siliceux des caillasses. Leur formation, pas plus que celle de ceux-ci, n'est d'explication facile, et c'est, comme on voit, un fait très-fréquent qui devra être l'objet de nouvelles études.

CHAPITRE II

LE GYPSE.

CARACTÈRES GÉNÉRAUX DE LA FORMATION GYPSEUSE. — Nous arrivons à un système de couches dont l'importance est tout à fait exceptionnelle au double point de vue de la géologie pure et de la pratique. C'est le système gypseux, caractérisé par un minéral, le gypse, ou sulfate de chaux hydraté, que nous avons déjà rencontré comme partie accessoire dans les terrains de craie, d'argile plastique, etc., mais qui ici constitue seul des assises puissantes.

La formation gypseuse occupe autour de Paris une surface assez grande. On peut la considérer comme constituant une vaste lentille qui vient mourir au nord, à Pont-Sainte-Maxence. On la suit à partir de ce point dans toutes les collines suffisamment élevées, comme à Taillefontaine (au nord de Villers-Cotterets), et jusqu'au sud de Reims. La limite du gypse longe alors la frontière crayeuse de la Champagne et passe par Épernay, Vertus, Sézanne. Elle apparaît à Melun, à la Ferté-Aleps, à Chevreuse, à Montfort-l'Amaury, à Mantes, à la Roche-Guyon, et à Beaumont, où le cercle se ferme.

A l'origine, toute la surface comprise dans cette ligne a dû être couverte par la formation gypseuse; mais, par suite d'une série de dénudations qui se sont succédé depuis lors, cette formation est actuellement déchirée en lambeaux qu'on ne trouve plus que dans l'épaisseur des collines.

Naturellement c'est vers le centre du bassin que le dépôt de gypse est le plus puissant; mais, même dans cette région, les couches sont peu continues. Leur forme est lenticulaire et elle se termine rapidement en biseau.

Par suite de sa grande altérabilité sous l'action des agents atmosphériques, le gypse en nature n'affleure nulle part, les eaux de
pluie et la gelée ayant détruit cette roche si soluble, partout où elles
ont pu l'atteindre. Il arrive aussi, dans beaucoup de cas, que le gypse
proprement dit n'existe pas, et que le système est représenté par des
couches plus ou moins épaisses de marnes. Parmi ces marnes, la
plus constante, est la marne verte, qui couronne d'habitude la formation gypseuse, et qui constitue un horizon stratigraphique des
plus nets et conséquemment des plus précieux.

On aura une idée de la composition de cet intéressant ensemble
de couches, les unes gypseuses, les autres marneuses, sableuses ou
calcaires, par le relevé suivant, dû à Brongniart (1), des lits constituant les célèbres carrières à plâtre de Montmartre. Il y a d'autant
plus d'intérêt à reproduire cette description, que les couches en
question ne sont aujourd'hui plus visibles. L'énumération est faite
de haut en bas, c'est-à-dire de la couche la plus récente vers la
plus ancienne.

1. *Sable et grès quartzeux.*

Le sable qu'on trouve au sommet de Montmartre est quelquefois aggluliné et forme des grès rougeâtres, mais friables, qui renferment des moules de coquilles. La matière de la coquille n'existe
plus, et l'on ne voit même dans le sable aucun débris de ces coquilles. Ce grès est composé de grains de quartz assez gros, peu
arrondis, mais point cristallisés; il ne fait aucune effervescence, et
est infusible au feu de porcelaine. Les coquilles qu'il renferme sont
toutes marines, et généralement semblables à celles de Grignon;
nous y avons déterminé les espèces suivantes :

Cerithium mutabile.	Cytherea lævigata.
— cinctum.	— elegans?
Solarium.	Crassatella compressa.
Calyptræa trochiformis.	Donax retusa.
Melania costellata.	Corbula rugosa.
Pectunculus pulvinatus.	Ostrea flabellula.
Cytherea nitidula.	

Des empreintes qui paraissent dues à des fragments d'oursins, etc.

2. *Sable argileux et jaunâtre.*

Il est d'un jaune sale; il ne fait point effervescence et n'est donc

---

(1) Brongniart, *Description géologique des environs de Paris*, 3ᵉ édit., 1835,
p. 394.

point calcaire, quoiqu'il recouvre immédiatement la marne suivante ; mais il éprouve un commencement de vitrification au feu de porcelaine.

1 et 2 ensemble, 30ᵐ, 00.

3. *Marne calcaire blanchâtre.* — 0ᵐ,10.

Elle est très-friable, très-calcaire ; elle est presque entièrement composée de petites huîtres (*Ostrea linguatula*, Lamk) brunes, et de débris de ces coquilles.

4. *Marne argileuse jaunâtre.* — 0ᵐ,40.

Elle est jaune pâle, sale et par fragments. Elle renferme moins de coquilles que la précédente et la suivante. Ce sont des débris d'huîtres.

5. *Marne calcaire fragmentaire.* — 0ᵐ,20 (1).

Elle se brise facilement en petits morceaux assez solides. Elle est très-coquillière et renferme absolument les mêmes espèces que le nᵒ 3.

6. *Marne argileuse grise.* — 0ᵐ,85 .

Elle est grise, marbrée de jaune, fragmentaire. Elle ne renferme à sa partie supérieure que quelques huîtres (*Ostrea linguatula*). Elle est plus argileuse dans son milieu, et contient alors beaucoup plus d'huîtres. Elle devient brune et très-argileuse à sa partie inférieure ; elle fait à peine effervescence et ne renferme plus de coquilles.

7. *Marne argileuse blanchâtre et marbrée de jaunâtre.* — 0ᵐ,65.

Elle est fragmentaire à sa partie supérieure. Elle ne contient pas de coquilles ; elle devient fissile et plus grise vers sa partie inférieure.

8. *Marne calcaire blanchâtre.* — 0ᵐ,15.

Elle est friable dans quelques parties, et dure dans d'autres, au point d'acquérir la solidité et la cassure serrée de la chaux carbonatée compacte. Elle renferme des coquilles d'huîtres d'une espèce différente des précédentes (*Ostrea canalis*, Lamk); quelques-unes ont

(1) C'est entre les bancs nᵒˢ 5 et 6 que M. de Lajonkaire a observé dernièrement un lit composé de nodules de calcaire compacte, ayant l'aspect du calcaire d'eau douce, et renfermant un très-grand nombre de petites coquilles qui paraissent être des paludines, assez semblables au *Paludina thermalis*, avec quelques potamides ; et plus bas, au milieu des nombreuses coquilles marines du banc nᵒ 10, des coquilles turriculées que ce jeune naturaliste rapporte aussi aux potamides. Il croit trouver dans ce fait un nouvel exemple du mélange des productions marines et lacustres au passage de ces deux terrains. (Note de Brongniart.)

jusqu'à un décimètre dans leur plus grande dimension. On trouve dans le même lit des débris de crabes et de balanes.

Les couches de 2 à 8 inclusivement paraissent appartenir à un même système qui serait caractérisé par la présence habituelle des huîtres et par la rareté des univalves.

9. *Marne argileuse brune, jaune, verdâtre, fragmentaire.* — $0^m,15$.

Elle ne renferme point de coquilles et est pénétrée de sélénite; elle fait un peu effervescence.

10. *Marne argileuse sablonneuse.* — $0^m,20$.

Elle est assez dure et d'un gris jaunâtre; elle fait une vive effervescence avec l'acide nitrique; elle contient des moules de coquilles bivalves indéterminables.

11. *Marne argileuse jaune.* — $0^m,50$.

Ce banc est pétri de débris de coquilles, et quoique ces coquilles soient presque toutes écrasées, nous avons pu y reconnaître les genres et les espèces suivantes :

> *Nerita*, espèce lisse, mais indéterminable.
> *Ampullaria patula?*, très-petite.
> *Trochus.*
> *Cerithium plicatum.*
> *Cytherea elegans.*
> *Cytherea semisulcata?*, mais plus épaisse et d'une autre forme.
> *Cardium obliquum?*.
> *Erycina.*
> *Nucula margaritacea.*
> *Pecten.*

Cette marne est plus fragmentaire que fissile; les coquilles y sont toutes disposées sur le plat.

On y trouve aussi des fragments de palais d'une raie analogue à la raie aigle, et nous avons recueilli un fragment d'aiguillon d'une raie voisine de la pastenague.

12. *Marne argileuse très-feuilletée, à filets ondulés.*

D'un violet noirâtre lorsqu'elle est humide. Elle se gonfle et se ramollit dans l'eau, et fait effervéscence dans l'acide nitrique.

Cette espèce de vase argileuse endurcie est percée de trous entièrement remplis de la marne supérieure, comme s'ils avaient été faits par des pholades et remplis postérieurement.

13. *Marne calcaire grise.* — $0^m,30$.

Dure dans quelques endroits, mais généralement friable. Elle ne renferme pas de coquilles.

14. *Marne argileuse fissile.* — 0^m,70.

En feuillets alternatifs et nombreux, plus ou moins colorés de blanc, de jaune et de vert. Elle est assez solide et fait à peine effervescence.

15. *Marne calcaire blanche.* — 0^m,10.

Semblable à celle du 13, mais plus solide et plus blanche.

16. *Marne argileuse.* — 0^m,50.

Fissile comme le 14. Elle est moins délayable dans l'eau et fait à peine effervescence.

17. *Marne calcaire verdâtre.* — 0^m,05.

Elle est assez argileuse, ce que prouvent les nombreuses fissures qui s'y forment par le desséchement ; elle est d'ailleurs peu solide.

18. *Marne argileuse verte.* — 4^m,00.

Cette couche épaisse est d'un vert jaunâtre, elle n'est point fissile, mais friable. Elle fait une assez vive effervescence avec l'acide nitrique, et se réduit par la fusion en un verre noirâtre homogène. On n'y voit aucun débris de corps organisés. Cette marne renferme des géodes globuleuses, mais irrégulières, [qui se dissolvent entièrement dans l'acide nitrique.

Ces géodes verdâtres ont leurs fissures et leur intérieur tapissés de cristaux de chaux carbonatée. On trouve vers leur centre un noyau mobile de même nature que l'enveloppe.

La marne verte est, comme nous l'avons dit plusieurs fois, le banc le plus apparent, le plus constant, et par conséquent le plus caractéristique de la formation gypseuse.

19. *Marne argileuse jaune.* — 0^m,35.

Elle est très-feuilletée et renferme entre ses feuillets un peu de sable fin jaunâtre, et de petits cristaux de sélénite. On ne voit point de coquilles dans ses feuillets supérieurs.

19 *bis*. Même marne, moins feuilletée, renfermant des coquilles.

C'est dans cette marne que se trouve ce lit mince de cythérées, qui règne avec tant de constance dans une très-grande étendue de terrain.

Nous n'avons vu à Montmartre que quelques *Cerithium plicatum* et des cythérées bombées ; les cythérées planes paraissent manquer dans les carrières que nous avons examinées. Nous ne connaissons de spirorbes que dans les carrières de l'est.

19 *ter*. La même marne, mais beaucoup moins fissile et d'un vert sale jaunâtre.

Elle contient, immédiatement au-dessous des coquilles précédentes, des rognons de strontiane sulfatée, terreuse, compacte, qui fait un peu effervescence avec l'acide nitrique.

20. *Gypse marneux en lits ondulés.* — 0^m,30.

Les zones gypseuses alternent avec des zones de marne calcaire friable.

21. *Marne blanche compacte.* — 0^m,58.

Elle est d'un blanc grisâtre, marbré et tacheté de jaunâtre. Elle est assez compacte, et fait une violente effervescence avec l'acide nitrique.

22. *Marne calcaire fragmentaire.* — 0^m,72.

Elle est blanchâtre; ses fragments sont assez gros et solides, quoique tendres.

23. *Marne calcaire pesante.* — 0^m,08.

Elle est d'un blanc sale, assez dure, quoique fragmentaire.

Les marnes n°s 21, 22 et 23 ont leur correspondant exact parmi les marnes blanches de la butte Chaumont et de Pantin. On n'y voit pas, il est vrai, comme dans ces dernières, les limnées abondantes qui les caractérisent; mais elles sont de même nature, dans la même situation, et nous avons cru apercevoir quelques débris de coquilles dans celles des carrières de l'est de Montmartre.

24. *Marne argileuse friable, verdâtre.* — 0^m,35.

Elle ressemble en tout aux marnes argileuses feuilletées n° 19, mais on n'y connaît point de coquilles; on y voit seulement quelques débris informes de poissons.

25. *Marne calcaire sablonneuse.* — 0^m,08.

Elle est blanchâtre, friable; ses surfaces supérieure et inférieure sont ocracées.

26. *Marne calcaire à fissures jaunes.* — 1^m,13.

Elle est très-fragmentaire; ses fragments sont parallélipipédiques. Leurs surfaces sont recouvertes d'un vernis jaune d'ocre, surtout vers la partie inférieure, qui se confond avec le numéro suivant.

27. *Marne argileuse verdâtre.* — 0^m,80.

Elle est assez solide et même fragmentaire dans ses parties supérieures; ses fissures sont teintes d'un enduit d'ocre. Vers son milieu, et surtout vers son lit, elle est feuilletée et rubanée de vert et de blanchâtre.

Les feuillets sont traversés par des espèces de tubes ondulés remplis de marne ocreuse.

Cette marne fait très-peu effervescence.

28. *Marne calcaire tendre, blanche.* — 0^m,48.

Elle est très-fragmentaire, et forme trois zones blanches qui sont

séparées par des couches minces de marne argileuse brun verdâtre.
Il y a au milieu de cette couche un petit lit de gypse très-distinct.

29. *Argile figuline brun verdâtre.* — 0ᵐ,27.

Cette argile ne fait aucune effervescence.

30. *Marne calcaire blanchâtre.*

Elle est d'un blanc verdâtre, et un peu plus brune vers le bas.
Elle se divise en fragments assez gros.

31. *Marne argileuse compacte.* — 0ᵐ,62.

En lits alternatifs gris, jaunâtres et blancs.

32. *Marne argileuse brun verdâtre.* — 0ᵐ,62.

Elle ne fait que très-légèrement effervescence; elle est fissile et
même friable, et renferme beaucoup de sélénite.

33. *Marne calcaire blanche.* — 1ᵐ,33.

Elle se divise en fragments, dont les fissures sont teintes de jaune
d'ocre.

34. *Marne calcaire jaunâtre.* — 0ᵐ,70.

Elle est feuilletée et fragmentaire. Les fissures sont couvertes
de dendrites, et renferment des cristaux de sélénite.

PREMIÈRE MASSE.

35. *Gypse marneux* (premier banc). — 0ᵐ,40.

Il est friable, un peu jaunâtre dans ses fissures. Il fait une très-
vive effervescence.

Il varie beaucoup d'épaisseur, et est quelquefois réduit à un très-
petit filet.

Ces bancs de gypse impur sont appelés *chiens* par les ouvriers.

36. *Marne calcaire jaunâtre rubanée.* — 0ᵐ,86.

Elle est fissile, assez tendre, et renferme quelques cristaux de
sélénite.

37. *Marne calcaire blanchâtre fissile.* — 0ᵐ,40.

Elle est blanche, fissile et friable, avec des infiltrations ocracées.
Elle renferme entre ses feuillets des petits lits de gypse marneux.

38. *Gypse marneux* (second banc).

Il paraît être une dépendance du n° 35. Il est tantôt réuni avec
cette couche de gypse, tantôt il en est séparé par les couches de
marne calcaire nᵒˢ 36 et 37.

39. *Marne calcaire blanchâtre fragmentaire.* — 0ᵐ,25.

Elle est d'un blanc jaunâtre. Ses nombreuses fissures sont couvertes d'un vernis jaune et de dendrites noires.

40. *Gypse marneux* (troisième banc). — 0ᵐ,40.

La partie supérieure est moins impure que la partie inférieure, qui est très-marneuse.

41. *Marne argileuse friable jaunâtre.* — 0ᵐ,33.

Elle est un peu feuilletée; les surfaces des fissures sont jaune d'ocre. Elle renferme des infiltrations de sélénite.

42. *Gypse marneux* (quatrième banc). — 0ᵐ,16.

Il est plus pur que les deux couches précédentes, et fait, par conséquent, moins d'effervescence dans l'acide nitrique.

43. *Marne calcaire blanche.* — 1ᵐ,10.

Elle est un peu jaunâtre, et se divise en gros fragments assez solides. Ses fissures sont couvertes de dendrites noirâtres.

44. *Gypse marneux* (cinquième banc). — 0ᵐ,33.

Il est blanc, friable, assez effervescent.

45. *Marne calcaire tendre.* — 0ᵐ,80.

Elle est blanchâtre, avec des zones horizontales jaunâtres et des petits filets de sélénite.

46. *Gypse saccharoïde.*

C'est la première masse exploitée. Les ouvriers l'appellent aussi *haute masse ;* elle a en tout de 15 à 20 mètres.

Elle est distinguée par les ouvriers en plusieurs bancs, auxquels ils donnent des noms particuliers, mais qui varient un peu suivant les diverses carrières.

Nous ne ferons mention que des bancs qui présentent quelques faits remarquables.

a. *Les fleurs.*

Il renferme des lits très-minces de marne calcaire.

b. *La petite corvée.*

Nous y avons vu une couche de silex de 3 à 4 millimètres.

c. *Les heurs* ou *le gros banc.*

d. *Les hauts piliers.*

Ces deux dernières assises se divisent en prismes verticaux. De là le nom de *hauts piliers* que l'on a donné à la seconde assise, en raison de la hauteur des prismes.

e. *Les piliers noirs.*

Il est très-compacte.

f. *Les fusils.*

Cette dernière assise de la première masse est composée d'un gypse assez homogène qui fait effervescence ; elle est remarquable par les silex cornés qu'elle contient. Ces silex sont des sphéroïdes ou des ellipsoïdes très-aplatis ; ils semblent pénétrés de gypse, et se fondent dans le gypse d'une manière insensible.

g. *Gypse laminaire jaune d'ocre.*

A grandes lames mêlées de marne argileuse sablonneuse. 0^m,03.

h. *Gypse jaunâtre friable.*

Renfermant de petits lits de marne blanche. — 0^m,03.

Ici se termine ce que les ouvriers appellent *première* ou *haute masse.* Elle a environ, depuis les huîtres jusqu'aux cythérées...................................... 9^m

Depuis les cythérées jusqu'au sommet de la forte masse de gypse .... 13^m

Depuis ce sommet jusqu'au-dessous des fusils.... 20^m

Total............... 42^m (1).

C'est dans cette masse, et probablement dans les premières assises nommées les *fleurs,* qu'on a trouvé, quoique très-rarement, des coquilles fossiles. Celle que nous possédons est noire, et appartient évidemment à l'espèce que M. de Lamarck a nommée *Cyclostoma mumia.*

SECONDE MASSE.

La seconde masse commence aussi par le gypse :

1. *Gypse friable (pelage).* — 0^m,24.
Effervescent.

2. *Marne calcaire feuilletée.* — 0^m,08.
Elle est friable.

3. *Gypse compacte (tête de moine).* — 0^m,16.
Peu effervescent, quoique impur, c'est-à-dire souillé d'argile.

4. *Marne calcaire friable.* — 0^m,11.

5. *Gypse saccharoïde (œuf).* — 0^m,30.
Il est assez pur, à peine effervescent. Cette couche est exploitée.

6. *Marne calcaire compacte.* — 1^m,38.

Elle est fragmentaire et tachée de fauve et de noir sur les parois de ses fissures naturelles.

La partie supérieure est la plus friable. La partie inférieure, beaucoup plus solide, est quelquefois séparée de la supérieure par un petit lit de marne feuilletée.

(1) En ajoutant à cette somme 29 mètres pour l'épaisseur de la masse de sable, on a en tout 71 mètres.

7. *Marne calcaire assez compacte (faux ciel).* — $0^m,04$.

Elle renferme, vers sa partie inférieure, de gros cristaux de sélénite en fer de lance.

8. *Marne argileuse verdâtre (souchet).* — $0^m,21$ à $0^m,30$.

Lorsqu'elle est humide, elle est grisâtre, marbrée de brun ; lorsqu'elle est sèche, elle est compacte dans sa partie supérieure, très-feuilletée dans sa partie inférieure.

Cette marne est vendue dans Paris sous le nom de *pierre à détacher ;* elle ne fait effervescence que lentement. C'est dans cette couche que se trouvent les gros rognons de strontiane sulfatée de la seconde masse.

Ces rognons volumineux, quoique compactes, le sont moins que ceux de la [première masse. On n'y voit point ces fissures tapissées de cristaux qu'on remarque dans les premiers, mais on y observe un grand nombre de canaux à peu près verticaux et parallèles, quoique tortueux et à parois raboteuses. Ces canaux sont tantôt remplis de marne et tantôt vides. Ils semblent indiquer par leur forme le passage d'un gaz qui se serait dégagé au-dessous des masses de strontiane et qui les aurait traversées.

Les parties de ces rognons qui sont dégagées de marne ne font point effervescence.

9. *Gypse impur (les chiens).* — $0^m,57$.

Il est mêlé de marne, très-effervescent.

10. *Marne calcaire compacte.* — $0^m,52$.

Arborisée de noir en dendrites superficielles.

11. *Marne argileuse feuilletée (les foies).* — $0^m,25$.

Elle est grise et se divise en feuillets extrêmement minces. Elle fait effervescence, mais peu vivement.

12. *Marne calcaire (les cailloux).* — $0^m,50$.

Très-compacte, arborisée de noir.

13 A. *Marne argileuse grise.*

Très-feuilletée, à peine effervescente.

13 B. *Gypse impur ferrugineux.* — $0^m,04$.

Le plan supérieur de ces couches est marqué d'ondulations semblables à celles d'une eau tranquille et toutes dirigées du S. E. au N. O.

14. *Gypse compacte (les fleurs).* — $0^m,46$.

Il est effervescent dans certaines parties, pur dans d'autres. Sa partie inférieure renferme des grains arrondis de sable calcaire.

15. *Sélénite laminaire (les laines)*. — 0^m,27.

Cette couche disparaît presque dans de certains endroits.

16. *Gypse compacte (les moutons)*. — 0^m,60.

Il est très-beau et donne de très-bon plâtre. Il fait effervescence.

17. *Sélénite laminaire (les couennes)*. — 0^m,18.

18. *Marne calcaire blanche (les coffres)*. — 0^m,08.

Elle est tendre.

19. *Gypse et sélénite cristallisés confusément (gros bousin)*. — 0^m,50.

Ils sont mêlés.

20. *Gypse très-compacte (tendrons du gros bousin)*. — 0^m,08.

A zones ondulées, mais parallèles. Il ne fait point effervescence. C'est dans cette couche compacte que se percent les trous de mine.

21. *Gypse très-compacte (cliquart)*. — 0^m,06.

Il est en couches minces ondulées, dont les ondulations forment non des lignes comme dans le n° 13, mais des réseaux. Il ne fait point effervescence.

22. *Gypse saccharoïde feuilleté (petits tendrons)*. — 0^m,11.

Il y a de la marne jaunâtre entre ses feuillets.

23. *Gypse saccharoïde compacte (pilotin)*. — 0^m,25.

Effervescent. On nous a assuré avoir trouvé dans cette couche un oiseau fossile.

24. *Sélénite cristallisée (petit bousin)*. — 0^m,20.

Elle est cristallisée confusément. Le lit de la couche est composé de zones compactes ondulées, semblables au cliquart, et pesantes comme lui.

25. *Gypse saccharoïde (gros tendrons ou tête de gros banc)*. — 0^m,27.

Il est un peu effervescent.

26. *Gypse saccharoïde compacte (gros banc)*. — 0^m,08.

Il est à peine effervescent.

27. *Sélénite cristallisée confusément (grignard du gros banc)*. — 0^m,07.

28. *Gypse saccharoïde compacte (les nœuds)*. — 0^m,16.

29. *Gypse impur rougeâtre (les ardoises)*. — 0^m,08.

Feuilleté, mêlé de feuillets de marne argileuse.

30. *Gypse saccharoïde compacte (les rousses)*. — 0^m,20.

Cette seconde masse ne paraît renfermer, comme on le voit, aucune coquille. Elle a en totalité, depuis les fusils jusqu'au-dessous des rousses, environ 10 mètres.

TROISIÈME MASSE (fig. 77).

Nous suivrons, dans la détermination un peu arbitraire de ces masses, la division établie par M. Desmarest, qui est elle-même fondée sur celle des ouvriers.

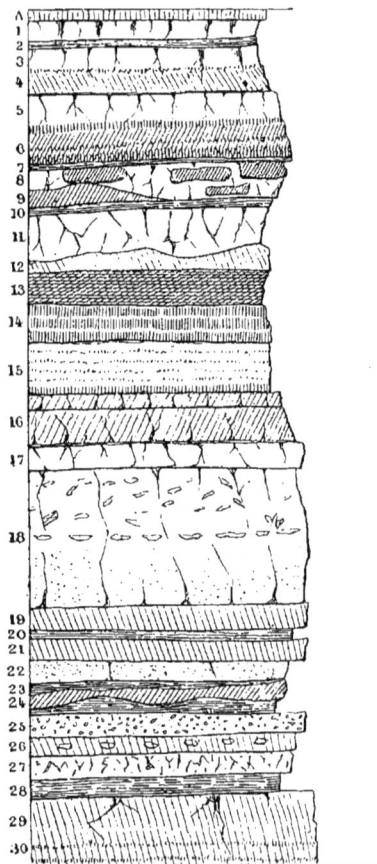

Fig. 77. — Coupe de la troisième masse du gypse de Montmartre (d'après Brongniart).

1. *Marne calcaire* (*le souchet*). — $0^m,32$.

Blanchâtre, tachetée de jaune, à cassure conchoïde, souvent arborisée de noir.

2. *Marne argileuse verte feuilletée* (*les foies*). — $0^m,9$.

3. *Marne calcaire blanche* (*marne dure*). — $0^m,03$.

Elle est cependant assez tendre, mêlée d'un peu de gypse.

4. *Gypse compacte* (*les couennes* et *les fleurs*). — 0^m,32.

Sa partie supérieure renferme une zone de gypse laminaire.

5. *Gypse compacte.* — 0^m,34.

Il est mêlé de marne.

6. *Sélénite laminaire* (*les pieds-d'alouette*). — 0^m,46.

7. *Marne argileuse feuilletée.*

Verdâtre, mêlée de gypse.

8. *Gypse compacte* (*pains de quatorze sous*).

En gros rognons dans la marne suivante.

9. *Marne calcaire blanche.* — 0^m,70.

10. *Marne argileuse, feuilletée, verdâtre.* — 0^m,02.

11. *Marne calcaire blanche.* — 0^m,66.

Sa cassure est conchoïde ; cette marne se confond avec le n° 12.

12. *Gypse compacte.*

Il est mêlé de marne.

13, 14 et 15. *Gypse compacte.* — 1^m,40.

Il est divisé par sept à neuf zones ondulées de sélénite laminaire que les ouvriers nomment *moutons, tendrons* et *gros bancs*.

16. *Marne calcaire blanche* (*marnes prismatisées*). — 0^m,49.

A retraits prismatiques renfermant quelques débris de coquilles.

17. *Gypse compacte* (*petit banc*). — 0^m,19.

Il est comme carié.

18. *Marne calcaire jaunâtre.* — 1^m,00.

Elle est assez tendre.

La partie supérieure de ce banc remarquable renferme un grand nombre de coquilles marines, ou plutôt de moules de ces coquilles, car la coquille proprement dite a disparu ; on ne voit que le relief de la surface extérieure, tout le milieu est marne. Ces coquilles, analogues à celles de Grignon, ont été rassemblées et déterminées de la manière suivante par MM. Desmarest fils et Prévost.

Calyptræa trochiformis.	Cardium porulosum.
Murex pyraster.	Crassatella lamellosa.
Quatre cérithes.	Cytherea semisulcata.
Turritella imbricataria.	Solen vagina.
— terebra.	Corbula gallica.
Voluta cythara.	— striata.
— muricina.	— anatina? (1).
Ampullaria sigaretina.	

(1) On verra plus loin les modifications que les progrès de la science ont apportées dans ces dernières années à ces déterminations.

Les mêmes naturalistes y ont trouvé en outre des oursins du genre des spatangues, différents du *Spatangus cor-anguinum* qu'on trouve dans la craie, et de petits oursins qu'on trouve à Grignon, qui appartiennent au genre *Clypeaster*. Ils ont retiré de cette marne des pattes et des carapaces de crabes, des dents de squale (glosso- pètres), des arêtes de poissons et des parties assez considérables d'un polypier rameux qui a quelque analogie avec les isis et les encrines, et que M. Desmarest a décrit sous le nom d'*Amphytoïte parisienne*.

Le lit supérieur renferme d'autres corps dont la connaissance est également due à MM. Desmarest et Prévost. Ce sont des pyramides quadrangulaires formées de la même marne, et dont les faces sont striées parallèlement aux arêtes des bases. Ces pyramides ont jusqu'à 3 centimètres de hauteur sur une base carrée de 6 centi- mètres de côté. On ne doit pas considérer ces solides comme des moitiés d'octaèdre, car leur base est tellement engagée dans la marne, qu'on ne peut par aucun moyen découvrir les faces opposées qui compléteraient l'octaèdre ; mais on observe dans leur réunion entre elles une disposition très-remarquable. Ces pyramides sont toujours réunies six ensemble, de manière qu'elles se touchent par leurs faces, et que tous les sommets se réunissent en un même point. Il résulte de cette réunion un cube dont les faces ne peuvent cependant pas être mises naturellement à découvert, puisque les bases des pyramides se continuent sans interruption dans la marne qui leur sert de gangue, et qui est absolument de même nature qu'elles (1).

Le milieu de la couche de marne que nous décrivons, renferme des cristaux de sélénite et des rognons de gypse niviforme. Enfin la partie inférieure ne contient aucune coquille.

    19. *Gypse compacte.* — $0^m,22$.

    20. *Marne argileuse feuilletée.* — $0^m,05$.

    21. *Gypse compacte (banc rouge).* — $0^m,30$.

    22. *Marne calcaire blanche, friable.* — $0^m,16$.

    23 et 24. *Marne argileuse feuilletée (les foies).*

Elle renferme dans son milieu un banc de gypse d'une épaisseur très-irrégulière. — $0^m,22$.

Cette marne, qui est feuilletée, laisse voir entre ses feuillets des

----

(1) Nous aurons à revenir sur les pyramides signalées par Desmarest et Constant Prévost.

empreintes brunes et brun rouge de corps rameux aplatis, qui semblent être des empreintes de fucus.

25. *Calcaire grossier dur (cailloux blancs).*
Il renferme des coquilles marines. — $0^m,16$.

26. *Gypse impur compacte.*
Renfermant des coquilles marines. — $0^m,12$.

27. *Calcaire grossier tendre (souchet).*
Renfermant des coquilles marines.

Ces trois assises contiennent les mêmes espèces de coquilles ; ce sont des cérithes qu'on peut rapporter au *petricolum* et au *terebrale*. Les moules de ces deux coquilles sont aussi différents de ceux de la marne du n° 18. On y voit en creux le moule de l'extérieur de la coquille, et en relief celui de l'intérieur ou du noyau; la place de la substance même de la coquille est vide.

28. *Marne argileuse feuilletée.* — $0^m,08$.

29. *Gypse impur.*
Il est mêlé de calcaire. — $0^m,06$.

30. *Gypse compacte (pierre blanche).* — $0^m,69$.
Il se divise par petits lits horizontaux.

31. *Marne calcaire blanche.*
Nous ne connaissons pas l'épaisseur de ce lit, ni le terrain sur lequel il repose.

Cette troisième masse, mesurée en totalité à la carrière de la Hutte-au-garde, et prise du banc de gypse le plus haut, c'est-à-dire un mètre au-dessus du souchet, a, dans sa partie la plus haute, de 10 à 11 mètres.

Après la description qu'on vient de lire et qu'on peut regarder comme typique, quelques mots complémentaires suffiront à l'égard des principales couches reconnues de l'étage du gypse. Depuis l'époque de Brongniart, les études relatives au gypse ont été extrêmement nombreuses, et aujourd'hui c'est un des terrains les plus intéressants par le nombre et la variété des problèmes qu'il a soulevés et dont la solution, il faut l'ajouter, est loin d'être dès maintenant acquise.

§ 1. — Grès infra-gypseux.

A son contact avec le travertin de Saint-Ouen, le terrain du gypse consiste ordinairement en sables parfois agglutinés en grès. Ces sables, qu'on peut étudier à Paris même, du côté du boulevard

Malesherbes et des Champs-Élysées chaque fois que des travaux de terrassement le mettent à découvert, ont été signalés d'abord par M. Hébert à la place de l'Europe, et se présentent aussi à Argenteuil, au pied de la butte d'Orgemont, où, un moment, on les a confondus avec les sables de Beauchamp.

Il y a déjà longtemps que M. Hébert les avait signalés à la place de l'Europe, mais c'est seulement depuis peu qu'on les a étudiés de très-près. Les fossiles qu'ils renferment en assez grand nombre offrent ce caractère, riche en enseignements, d'appartenir, au moins en partie, à la faune des sables de Beauchamp, dont ils sont cependant séparés par toute la formation de Saint-Ouen.

Au dire des ouvriers, ces fossiles des grès sont, au moins à Argenteuil, extrêmement nombreux, mais en général on n'a pu jusqu'ici les réunir qu'en petite quantité, et ils sont pour le plus grand nombre en fort mauvais état. Des doutes subsistent donc sur la plupart des espèces ; voici néanmoins la liste de celles qui ont été recueillies par MM. Bioche et Fabre, liste que nous empruntons à un mémoire de M. Deshayes (1) :

1° Une lucine à fines lamelles concentriques, rapprochées, qui paraît bien être le *Lucina saxorum* (Lamk).

2° Une cardite qui, par sa forme, le nombre et l'écartement de ses côtes rayonnantes, paraît semblable au *Cardita divergens* (Desh.).

3° Une très-belle espèce de *Mytilus*, un peu moins grande que le *Rigaulti*, présentant des ornements semblables, mais beaucoup plus étroite et plus courbée dans sa longueur. Elle est nouvelle, et M. Deshayes lui a donné le nom du géologue qui en a fait la découverte, *Mytilus Biochei*.

4° Natice indéterminable se rapprochant du *mutabilis*.

5° *Cerithium concavum* (Sow.), variété un peu plus courte et plus renflée que le type le plus répandu.

6° *Cerithium* avoisinant le *Roissyi*.

7° et 8° *Cerithium ;* deux espèces indéterminables.

« Tous ces fossiles, dit M. Deshayes, par leur aspect aussi bien que par celles des espèces qui sont déterminées, appartiennent incontestablement à la faune des sables moyens ; la couche qui les recèle est donc très-probablement la même que celle observée par M. Hébert à la place de l'Europe et ailleurs, et qui est considérée avec juste raison comme une sorte de récurrence de la mer des sables

(1) Deshayes, *Bullet. de la Soc. géologique*, 2ᶜ série, t. XXIII, p. 327.

moyens venant recouvrir le vaste dépôt lacustre des calcaires de
Saint-Ouen. Il est très-intéressant de constater une fois de plus que
le gypse a commencé à se déposer dans les eaux d'une mer peu
profonde dans laquelle vivaient des animaux semblables à ceux des
sables moyens; la présence de ces animaux a même persévéré pendant le dépôt des premières assises de gypse, ainsi que le prouvent
des observations de Prévost et Desmarest, et celles de MM. Bioche
et Fabre. Mais, dès cette époque, une autre faune jusqu'alors
inconnue commence à se manifester; ses précurseurs se mêlent au
petit nombre des représentants qui subsistent encore d'une grande
faune près de s'éteindre. Cette faune nouvelle, nous la connaissons;
elle caractérise la dernière grande époque du remplissage du bassin
de Paris. M. Élie de Beaumont, et beaucoup d'autres géologues, d'a-
près lui, la considèrent comme le commencement de la période
miocène; nous fondant au contraire sur des considérations purement zoologiques, nous avons toujours soutenu cette opinion que
les sables de Fontainebleau constituent la fin de la grande période
éocène, et les faits nouveaux que nous venons de rapporter, qui
prouvent le mélange des deux faunes, viennent confirmer notre
opinion et nous y affermir plus que jamais. Les deux faunes ne
sont pas isolées, comme on l'avait cru jusqu'à présent. Au lieu d'être
séparées par le phénomène considérable des gypses, c'est pendant
la longue période qu'a exigée ce dépôt que les deux faunes, d'abord
mélangées, se sont détachées l'une de l'autre et ont fini par être
complétement distinctes. »

La récurrence dont il vient d'être question de la mer de Beauchamp après le dépôt lacustre de Saint-Ouen est un fait à rapprocher de celui que M. Barrande a fait connaître dans des terrains
beaucoup plus anciens, et qu'on désigne sous le nom de *colonies*.

§ 2. — Gypse proprement dit.

Quoi qu'il en soit, c'est au-dessus des couches marines sableuses
et gréseuses que commence tout le système proprement dit du gypse,
dont la coupe de Montmartre nous a déjà donné une idée.

Reprenons quelques-uns des faits qui s'y rapportent et rangeons-
les, suivant la division adoptée par les ouvriers carriers, en quatre
masses de gypse superposées. Remarquons que ces masses sont
dans la pratique comptées dans l'ordre inverse de celui que nous
suivons, c'est-à-dire de haut en bas, de façon que la première

masse des ouvriers est la plus élevée; on l'appelle aussi *haute masse*.

Pendant très-longtemps, on a admis que tout l'ensemble du gypse est d'origine lacustre ou fluviatile, et nous allons voir en effet qu'on y trouve à des niveaux très-divers des fossiles terrestres très-nombreux, et des coquilles d'eau douce, parmi lesquelles nous pouvons citer tout de suite les genres *Cyclostoma*, *Limnæa*, *Bulimus*, *Potamides*, *Paludina*, etc., et des crustacés comme les *Cypris* et les *Palæoniscus*.

Cependant, dès 1809, Constant Prévost et Desmarest signalent dans des masses gypseuses de Montmartre la présence de fossiles marins.

Voici, comme nous l'avons déjà dit, la liste de ces fossiles telle qu'elle fut publiée immédiatement par Constant Prévost, et reproduite par Brongniart dans la *Description géologique des environs de Paris* :

1. Calyptræa trochiformis.	9. Cardium porulosum.
2. Murex pyraster.	10. Crassatella lamellosa.
3. Quatre cérithes non déterminés.	11. Cytherea semisulcata.
4. Turritella imbricataria.	12. Solen vagina.
5. — terebra.	13. Corbula gallica.
6. Voluta cithara.	14. — striata.
7. — muricina.	15. — anatina.
8. Ampullaria sigaretina.	

Or, il résulte des études de M. Deshayes (1), que la plupart de ces déterminations sont inexactes. Ceci a, comme on va voir, une importance considérable à cause des liaisons que nous ferons ressortir plus loin entre la faune du gypse et celles de Beauchamp et de Fontainebleau.

Pour le comprendre, il faut dire tout de suite que la couche de Montmartre n'est pas un accident local, mais que bien au contraire il existe entre la troisième et la quatrième masse du gypse un niveau fossilifère marin qui, découvert par Desmarest à la Hutte-aux-gardes, a été retrouvé il y a quelques années à Argenteuil (2) par MM. Bioche et Fabre. Il nous paraît intéressant de reproduire la

---

(1) Deshayes, *Bullet. de la Soc. géologique*, 2ᵉ série, 1866, t. XXIII, p. 329.

(2) Bioche et Fabre, *Bullet. de la Soc. géologique*, 2ᵉ série, 1866, t. XXIII, p. 325.

coupe donnée par ces géologues, afin qu'on la puisse comparer
à celle de Desmarest lui-même. La voici :

29. Gypse.. »
28. Marnes jaunâtres, avec des lucines et autres coquilles ma-
    rines (*Lucina Heberti*, *Corbulomya Nystii*, *C. subpisum?*,
    Nucula Lyellana)... 0,20
27. Gypse saccharoïde.. 0,65
26. Gypse pieds-d'alouette ondulé.)
25. Gypse cristallin ondulé.......) 0,45
24. Gypse marneux mélangé de calcaire et traversé par des cor-
    dons ondulés de marnes brunes feuilletées. Ce banc forme
    la base de la seconde masse de gypse. Environ........ 2,00
23. Marne blanche, criblée de taches jaunâtres à cassure con-
    choïde, traversée par des fissures noircies par l'oxyde de
    manganèse... 0,70
22. Gypse marneux et cristallin avec lits intercalés de marnes
    brunes.. 1,40
21. Marne analogue au n° 23..................................... 0,40
20. Gypse compacte.. 0,40
19. Marne blanche analogue au n° 23............................ 0,35
18. Gypse compacte pareil à celui du n° 20.................... 0,40
17. Marne blanche analogue au n° 23............................ 0,20
16. Gypse saccharoïde traversé dans le bas par de nombreux
    cordons de gypse cristallin. Environ........................ 2,00
15. Marne blanche.. 0,05
14. Gypse saccharoïde... 0,80
13. Gypse cristallin, base du n° 14, et qu'on peut considérer
    comme la base de la troisième masse....................... 0,07
12. Marne assez douce au toucher, plus fissile dans le bas que
    dans le haut ; mais ne se fendant bien en feuillets que
    lorsqu'elle est suffisamment mouillée. Cette couche, brun
    verdâtre quand elle est mouillée, et jaune verdâtre quand
    elle est sèche, est traversée par des fissures dont les pa-
    rois sont noires à cause de l'abondance des dendrites.
    Cette marne, très-fossilifère, est caractérisée par l'abon-
    dance des :

> *Pholadomya.*
> *Corbula.*
> *Cardium.*

On y trouve aussi des :

> *Tellina* (très-rare),
> *Crassatella* (communs).
> *Lucina* (communs).
> *Cardita* (communs).

Turritella (communs).
Cerithium (communs).
Voluta (très-rares).
Natica (communs).

Des débris de *Callianassa* (très-communs) et autres crustacés ; des vertèbres de *poissons* (très-rares); des Échinides
(communs) ; et enfin des *Amphitoites parisiensis* (très-
communs). Environ............................ 0,40

11. Marne calcaire compacte, blanche quand elle est sèche, jaune
quand elle est humide, bleue dans quelques endroits.
Cette couche renferme en premier lieu des cristaux lenticulaires de gypse et des géodes tapissées d'épigénies de
gypse en carbonate de chaux, en rhomboèdres inverses
(ces géodes sont ou vides ou remplies de gypse niviforme), et, en second lieu, des retraits prismatiques
identiques avec ceux qu'a décrits Constant Prévost, et un
très-grand nombre de moules de coquilles marines, notamment :

Natica (très-communs).
Cerithium (très-communs).
Turritella (commun).
Voluta (très-rare).
Lucina (très-commun).
Cardita (très-commun).
Anomia (très-rare).
Corbula (commun).
Psammobia (très-commun), etc.

Pinces de crustacés, *Callianassa* et autres, etc. Épaisseur
environ.................................... 0,50

10. Marne calcaire brun verdâtre quand elle est humide, jaune
verdâtre quand elle est sèche, *fossilifère ;* on en a extrait
un fragment de cérithe, des plantes, etc............ 0,10

9. Marne calcaire blanche, friable, avec taches jaune rougeâtre................................... 0,43

8. Marne argileuse multicolore, généralement brune, avec fu-
coïdes. Environ............................. 0,05

7. Gypse compacte, percé de tubulures et renfermant parfois
des cristaux en fer de lance. La surface supérieure de ce
banc est fort ondulée, et son épaisseur fort variable. En
moyenne.................................. 0,32

6. Marne argileuse brune feuilletée, avec empreintes de fu-
coïdes (?). Cette couche, qui suit les ondulations du banc
de gypse sous-jacent, varie en épaisseur de 0m,04 à
0m,08. En moyenne......................... 0,08

5. Gypse compacte géodique à surface supérieure fortement
ondulée................................... 0,28

4. Marne grise ondulée, enclavant de petits rognons de gypse.. 0,04
3. Calcaire marneux brun se liant par le bas au gypse n° 2,
   et par le haut à la marne n° 4...................... 0,08
2. Gypse saccharoïde, traversé par une dizaine de lits minces
   et ondulés de gypse cristallin. Environ............... 0,42
1. Gypse saccharoïde, se divisant à sa partie supérieure en
   plaquettes horizontales, dont les surfaces présentent de
   belles ondulations. Épaisseur environ................ 0,50

Cela posé, M. Deshayes[1] a soumis les fossiles·recueillis par MM. Bioche et Fabre à une étude minutieuse, et les résultats de son examen doivent être consignés ici, car nous verrons dans un moment les conséquences importantes qu'on en peut tirer quant à la limitation du terrain miocène. Voici les déterminations publiées par le savant professeur du Muséum :

1. *Corbula subpisum*, d'Orb.
2. — *pyxidicula*, Desh.
3. — *ficus*, Brongn.; *C. anatina*, Prév. et Desm.
4. *Pholadomya ludensis*, Desh.; *Tellina rostralis*, P. et D.
5. *Tellina Nystii*, Desh.
6. *Psammobia stampinensis*, Desh.
7. — *neglecta?*, Desh.
8. *Cardium granulosum*, Lamk.; *C. porulosum*, P. et D.
9. *Lucina Heberti*, Desh.; *Corbula gallica*, P. et D.
10. — *Thierensi??*, Hébert.
11. — *undulata??*, Lamk.
12. *Crassatella Desmarestii*, n. sp., Desh.; *C. lamellosa*, P. et D.
13. *Cardita Kikxii*, Nyst.
14. — *divergens*, Desh.
15. *Avicula stampinensis*, Desh.
16. *Anomya?*.
17. *Calyptraea striatella*, Nyst.; *C. trochiformis*, P. et D.
18. *Natica micromphalus??*, Sandb.
19. — ou autre genre voisin
20. *Turritella communis*, Philippi (non Risso); *T. imbricataria* ou *terebra*,
    P. et D.
21. *Bithynia?*.
22. *Cerithium tricarinatum*, Lamk.; var. *unicarinata*.
23. — *deperditum*, Desh.
24. *Cerithium*, non déterminé, mais rappelant le *C. limula*.
25. *Voluta depauperata*, Sow.; *V. cithara*, P. et D.
26. — n. sp., *Fabri*, Desh.
27. *Ficula?*.
28. *Callianassa*.

---

[1] Deshayes, *Bullet. de la Soc. géologique*, 2e série, 1866, t. XXIII, p. 329.

29. *Prenaster Prevosti*, Desor.
30. Vertèbre de poisson.
31. Empreintes d'*Amphitoites parisiensis*, Desm.
32. *Cultellus Prevosti*, Desh.; *Solen vagina*, P. et D.
33. *Diplodonta Guyerdeti*, Desh.; *Cytherea semisulcata*, P. et D.
34. *Fusus sublamellosus*, Desh.; *Murex pyraster*, P. et D.

Bien des années après la découverte de Desmarest, M. Hébert découvrit à Ludes, dans le département de la Marne, entre le calcaire de Saint-Ouen et le gypse proprement dit, une couche de marnes remplies de coquilles marines. La plupart de ces coquilles appartiennent à la faune de Beauchamp. L'une des plus caractéristiques était nouvelle et porte le nom de *Pholadomya ludensis* (Desh.) (fig. 78).

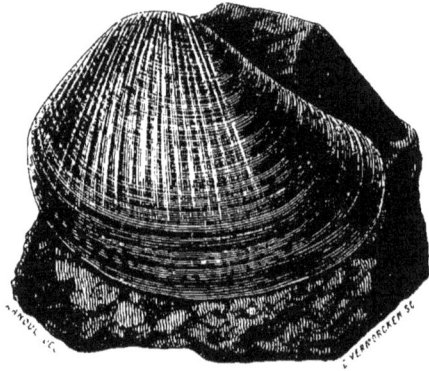

FIG. 78. — *Pholadomya ludensis*.

C'est, comme on le voit, une coquille ovale-oblongue, transverse, enflée, quelquefois un peu plus comprimée latéralement; elle est inéquilatérale, et, comme toujours, c'est le côté antérieur le plus court, le plus large et le plus obtus. Le bord inférieur est légèrement courbé dans sa longueur; le supérieur est presque droit, un peu déclive; aussi l'extrémité postérieure, quoique arrondie, est cependant plus étroite que l'antérieure. Les crochets, enflés et arrondis, sont cependant peu proéminents; ils donnent naissance par leur sommet à des côtes longitudinales, dont le nombre est variable : elles varient également pour l'épaisseur et la distance qui les sépare; des plis transverses découpent inégalement les côtes longitudinales, et dans le plus grand nombre des individus le côté antérieur et le postérieur restent lisses. Il n'est pas rare de rencontrer des individus sur lesquels sont nettement reproduites les impressions des muscles et du manteau. L'impression musculaire antérieure est oblongue, étroite, courbée dans sa longueur et située proche du bord, à la partie la plus saillante du côté antérieur; l'impression musculaire postérieure est circulaire, peu éloignée du bord dorsal et à peu près à égale distance de la charnière et de l'extrémité postérieure. On remarque dans quelques exemplaires le fait suivant : le bord antérieur de l'impression musculaire postérieure était muni d'une crête ou d'une lame saillante qui a laissé une empreinte profonde dans le moule intérieur; quelquefois une crête semblable, plus courte et moins épaisse, se relevait aussi en arrière du muscle antérieur. L'impression palléale est large et profonde; son axe n'est pas parfaitement horizontal, il est un peu oblique de haut en bas et d'avant en arrière.

Goubert a constaté à Argenteuil la présence d'un lit tout rempli d'empreintes de *Lucina Heberti*, caractéristique des sables supérieurs. Voici la coupe de cette assise.

1. Gypse en petits cristaux fer de lance, rouges, agglutinés confusément autour d'un point. (Ces sortes de cristaux sont appelés *grignards* ou *pieds-d'alouette* par les carriers). Ce gypse, comme le lit ci-dessous n° 2, n'est mis à jour qu'en un point, chez M. E. Collas. Chez M. Bas, on l'exploite, et l'on exploite même des bancs inférieurs, comme le montre la coupe ci-après. — 0ᵐ,05.

2. *Gypse saccharoïde exploité.* — 0ᵐ,50.

3. *Schiste à coquilles marines.* Marnes blanchâtres quand elles sont sèches, jaune rougeâtre quand elles sont mouillées, séparant les bancs de gypse 2 et 5. A leur base, on a 0ᵐ,05 de marnes assez compactes, sans fossiles, marquées dans leur section verticale de lignes jaunes, grises ou blanches. Ces marnes peuvent être fendues dans le sens de la stratification, non en feuillets plans, mais en surfaces un peu conchoïdes, que parcourent des veines ou bandes irrégulières et sinueuses, diversement colorées. Au-dessus, viennent 0ᵐ,02 de marnes pénétrées, dans leur coupe horizontale, d'anneaux ronds ou d'ellipses très-régulièrement conformées, sortes d'orbicules, rouges dans leurs zones extérieures, plus claires vers le centre, où l'on remarque un ou deux points blancs ou couleur de rouille. Ces points centraux sont la section de petits canaux droits, creux ou pleins, à parois rouges, se prolongeant dessous de 0ᵐ,01 à 0ᵐ,03, de même que les vaisseaux d'une tige qui, dans une coupe horizontale, semblent des cercles plus ou moins parfaits. Enfin, au contact du gypse n° 4, les marnes sont très-rouges et parsemées de

points crayeux blancs ; c'est immédiatement sous ce cordon ferrugineux qu'on trouve quatre, cinq et six feuillets à coquilles marines.
Un feuillet est couvert de nombreuses empreintes, dont plusieurs
sont très-fraîches, et sur le suivant on a les moules qui leur correspondent, — $0^m,15$.

4. Gypse *pieds-d'alouette*, confusément cristallisé, rouge, formant
la base du n° 5. — $0^m,20$.

5. Gypse saccharoïde. — $0^m,60$.

6. Marnes calcaires compactes, vertes, se cassant d'elles-mêmes
à l'air en nombreux fragments conchoïdaux, couverts de dessins
superficiels, rouges, irréguliers. Ces marnes sont vraisemblablement
trop minces pour représenter les marnes interposées entre la seconde et la troisième masse, dans les carrières typiques de Pantin.
— $0^m,50$.

7. Bancs principaux de la seconde masse du gypse. Gypse
saccharoïde avec nombreux cordons, presque de $0^m,10$ en $0^m,10$,
de marne criblée souvent de cristaux de gypse rouge *pieds-d'a-
louette*. Ce gypse prend un peu, dans le haut, l'aspect de colonnes
pseudo-prismatiques qui est plus fréquemment propre à l'un des
bancs de la haute masse, et qui est dû, dans celui-ci comme dans
celui-là, à un retrait perpendiculaire de la stratification. — $8^m,00$.

8. Marne compacte, solide, noircissant à l'air par l'abondance
des dendrites, et présentant de nombreux et grands retraits orbicu-
laires. Deux niveaux de nombreux petits rognons isolés de silex
ménilite, gris, non bleuâtre, comme ceux des puits à plàtre de
Villejuif. Nombreuses petites taches rougeâtres çà et là, qui sont
comme autant de petites lentilles de gypse cristallisé. — $1^m,00$.

9. Marne blanchâtre. — $0^m,05$.

10. Gypse marneux. — $0^m,06$.

11. Argile marneuse, dans l'ensemble verdâtre, marbrée du reste
et smectique. — $0^m,30$.

12. Gypse argileux brun. — $0^m,25$.

13. Marne blanche, compacte, avec petits cristaux de gypse.
C'est sans doute le niveau des fers-de-lance de Pantin et Romainville, des silex gypsifères (*fusils* des ouvriers) de ces mêmes gisements ; enfin des cristaux opaques de sulfate de chaux, dits albâtre
gypseuse de Lagny (Seine-et-Oise), à cause de leur ressemblance
avec l'albâtre calcaire ou antique, et qui sont remarquables par les
cristaux de quartz limpide qu'ils renferment. — 2^m.

14. Première masse de gypse ou haute masse. — 20^m.

Goubert montra en 1866 que les fossiles d'Argenteuil se retrouvent aussi à Romainville et exactement au même niveau (1). Ce fait a là d'autant plus d'intérêt, qu'à un niveau plus élevé et dans la même localité, le même géologue avait signalé une couche où se trouvent des mollusques identiques avec ceux des sables moyens (2). Cette couche peut être observée au pied même du fort de Romainville, entre la première et la deuxième masse du gypse, un peu au-dessous du niveau des grands fers-de-lance. Les fossiles les plus remarquables qu'elle contienne sont des *Cerithium*, et tout spécialement le *C. tricarinatum* et le *C. pleurotomoides*, qui, comme nous avons eu l'occasion de le dire, sont tout à fait caractéristiques des sables de Beauchamp (niveau de Mortefontaine, la Chapelle en Serval, Saint-Sulpice, etc.).

C'est en 1860 aussi que Goubert (3) décrivit la couche de marne fissile d'Argenteuil au sein même de la seconde masse, et qui contient des mollusques des sables supérieurs. Ici ce sont des bivalves qui dominent, et spécialement :

> *Corbulomya Nystii*, Desh.
> *Corbula subpisum*, d'Orb.
> *Lucina Heberti*, Desh.
> *Nucula Lyellana*, Bosquet.

Voyons maintenant successivement quels sont les caractères des principales assises gypseuses.

a. — Quatrième masse.

La quatrième masse gypseuse, c'est-à-dire la plus profonde et la plus ancienne, est peu développée : par exemple à Argenteuil, où elle repose directement sur les sables marins que nous avons décrits plus haut.

On y distingue deux couches relativement épaisses de gypse assez pur et plusieurs couches marneuses avec quelques cristaux de sulfate de chaux. Dans certaines parties se rencontrent de petites poches remplies de gypse niviforme.

b. — Troisième masse.

La troisième masse a été longtemps considérée comme la plus

---

(1) Goubert, *Bullet. de la Soc. géologique*, 2ᵉ série, 1866, t. XXIII, p. 343.
(2) Idem, *ibid.*, 1860, t. XVII, p. 600.
(3) Idem, *ibid.*, p. 812.

ancienne, et les carriers la désignent encore très-souvent sous le nom de *basse masse*.

Elle comprend vingt à trente couches de marne et de gypse ayant, vers le centre du bassin, une puissance moyenne de 10 mètres. Pour l'étudier, Argenteuil, Noisy, Pantin et beaucoup d'autres localités sont particulièrement favorables.

Vers sa partie inférieure se trouvent deux petits lits d'un calcaire marin, séparés par un banc de gypse qui contient lui-même des coquilles marines.

Le calcaire exploité à Corbeil pour la fabrication de la chaux hydraulique se rapporte à ce niveau (1). « Ce calcaire, dit Goubert, est, près du pont d'Essonnes, recouvert par les marnes vertes ; c'est, non pas le correspondant de la Brie, comme le pensent la plupart des auteurs, mais celui du gypse et du travertin de Champigny, avec lequel il a beaucoup d'analogie minéralogique. Pour bien constater les marnes vertes au-dessus de ce calcaire, on peut monter la route de Paris, là où elle croise la route départementale n° 3. On trouve vers le milieu du coteau une tuilerie exploitant les marnes vertes. Au-dessus de cette couche existe un banc de marne blanche d'un mètre, assez pure, utilisée par une fabrique de couvertures d'Essonnes ; le tout est surmonté d'argiles ocreuses, sableuses, employées pour la tuilerie, remplies de fragments de meulières sans fossiles, de l'aspect des meulières de Montmorency, mais qui sont des meulières de Brie. Ces meulières, rousses, poreuses, cristallines, sont en effet recouvertes par le sable de Fontainebleau, soit dans cette butte, soit surtout dans la butte sise de l'autre côté de l'Essonnes et traversée également par la route de Paris. »

Un peu au-dessus de la couche calcaire, est une couche à végétaux marins, tels que des *Fucus*, qui étaient visibles à Montmartre, ainsi qu'aux buttes Chaumont, suivant l'observation de M. Jannettaz.

C'est encore plus haut que se trouve, à Montmartre, la couche où Constant Prévost et Desmarest ont trouvé les premières coquilles marines qui aient été signalées dans le gypse, et dont nous avons déjà parlé.

La couche à fossiles marins a fourni aux mêmes observateurs de singuliers retraits polyédriques dont l'étude offre quelque intérêt. Ce sont des pyramides à base carrée, dont les faces sont couvertes

(1) Goubert, *Bullet. de la Soc. géologique*, 2ᵉ série, t. XX.

de stries parallèles entre elles et à la base, de façon à rappeler celles qui se montrent sur divers cristaux, et par exemple sur le sel en trémies. Un fait remarquable, est que ces pyramides ne sont jamais isolées : réunies par six autour d'un point commun, elles forment un ensemble qui n'est pas limité extérieurement.

L'origine de ces intéressants accidents a été cherchée dans une *pseudomorphose;* c'est-à-dire qu'on admettait que du sel avait cristallisé dans la roche de façon à développer des trémies, puis, qu'il avait ensuite disparu par l'effet de sa dissolution. A l'appui de cette opinion, M. Ami Boué a cité, par exemple, diverses localités du Tyrol où, de nos jours, ont lieu des actions analogues.

De son côté, Goubert (1) repousse l'opinion de Constant Prévost. Il fait remarquer que dans beaucoup d'échantillons de retraits, par exemple dans les belles géodes de calcaire à célestine des bancs à *Cerithium plicatum* de la Ferté-Aleps, de même que dans les concrétions à retraits des caillasses ou des marnes de Saint-Ouen, il existe toujours des fissures entre les retraits de formes polyédriques plus ou moins accusées, plus ou moins nettement régulières. Ici, au contraire, il s'agit de formes cristallisées prises dans la masse même de la marne sans fissures ambiantes, toujours très-régulières. Deux formes prédominent. L'une se rapporte à des moules de rhomboèdres, parfois déprimés avec arêtes vives de $0^m,02$ de longueur à $0^m,10$; ces trois systèmes d'arêtes se croisant à 60 degrés, chaque arête est en saillie dans une moitié de la forme cristalline, en creux dans l'autre. La seconde forme est constituée par des empreintes d'octaèdres à deux arêtes de $0^m,03$ de longueur, se croisant sous un angle de 90 degrés. Dans l'une et l'autre, il existe des stries régulièrement superposées. « On pourrait croire, dit-il, à de la pyrite. Il faudrait d'ailleurs mesurer les angles pour savoir s'il s'agit réellement de cristaux. »

c. — Deuxième masse.

La seconde masse consiste en une alternance, sur 8 ou 9 mètres d'épaisseur, de couches de gypse grenu ou cristallisé et de marnes. Suivant la grosseur des cristaux, les ouvriers distinguent des qualités de plus en plus pures, et par conséquent de plus en plus recherchées, sous les noms de *grignards,* de *pieds-d'alouette* et de *fers-de-lance.*

(1) Goubert, *Bullet. de la Soc. géologique,* 2e série, t. XXIII, p. 343.

Les fers-de-lance résultent du groupement régulier de deux cristaux lenticulaires dont les axes sont tellement placés l'un par rapport à l'autre, que pour s'en rendre compte, on peut les comparer à l'ensemble des deux moitiés d'un seul cristal, dont l'une aurait tourné sur elle-même de 180 degrés. C'est ce qu'on nomme, à cause de cela, une hémitropie. Il en résulte un angle rentrant, et le clivage donne des lames ayant sensiblement la forme d'un fer de flèche.

Le gypse grenu est en général impur. Voici la composition d'une qualité moyenne :

Chaux combinée avec l'acide sulfurique..........	29,39
Acide sulfurique...........................	41,00
Eau.....................................	18,77
Calcaire mélangé au gypse..................	7,63
Argile mélangée au gypse...................	3,21
	100,00

Parmi les marnes, celle qu'on distingue sous les noms de *smectite*, de *pierre à détacher*, de *savon de soldat*, mérite d'être citée à part. C'est une matière verdâtre, marbrée, très-onctueuse, renfermant en moyenne :

Silice.......................................	50,50
Alumine..................................	22,10
Chaux.....................................	1,30
Oxyde de fer.............................	1,70
Magnésie.................................	0,50
Eau.......................................	24,10
	100,20

Au niveau de la smectite, se trouvent souvent des rognons épars de strontiane sulfatée ou célestine, dont la structure est radiée, et que les artificiers recherchent pour en extraire la strontiane dont ils colorent leurs feux rouges.

Comme nous l'avons indiqué, c'est vers la base de la deuxième masse que Goubert a trouvé le schiste à *Lucina Heberti* et *Nucula Levesquei*.

Un peu au-dessus se présente la petite couche à *Cerithium tricarinatum* et *Cerithium pleurotomoïdes*.

d. — Première masse.

La première masse, ou haute masse, est, de toutes, la plus importante au point de vue industriel. Elle commence par un dépôt gypseux de 15 à 20 mètres d'épaisseur et formé de couches auxquelles les ouvriers donnent, comme le montre la coupe de Montmartre, des noms spéciaux, et qui sont séparées par des couches de marne : les *fusils*, les *fleurs*, les *hauts piliers*, etc.

Les fusils, situés vers le bas, tirent leur nom de rognons de silex imprégnés de gypse qui sont disséminés dans la couche.

A peu près au même niveau se retrouvent des ménilites tout à fait comparables, à tous égards, à celles que nous ont fournies les marnes du terrain de Saint-Ouen. Quelques-unes sont de dimensions considérables, et leurs nuances varient du bleu pâle au jaune grisâtre.

La haute masse est couronnée par trois couches de marnes qu'on peut reconnaître de loin à leur couleur et qui offrent des caractères très-distinctifs. La première est blanche, la seconde jaune, et la troisième verte.

Les marnes blanches, parfois fort épaisses, forment des couches recoupées par une foule de fissures dont les parois sont ordinairement enduites de dendrites manganésiennes. Vers le haut, elles contiennent des coquilles d'eau douce qu'on peut recueillir par exemple à Romainville, et parmi lesquelles il faut citer le *Cyclostoma truncatum* (Brard), dont Nyst fait le *Bithynia Chasteli*, et que M. Deshayes décrit sous ce nom (1). C'est une coquille d'une médiocre taille, présentant à l'état adulte une troncature près du sommet. Quand cette troncature n'a point encore eu lieu, la coquille est allongée subturriculée, et la spire est formée de sept tours ; après la troncature, elle est ovale-oblongue, subcylindracée et réduite à quatre ou cinq tours ; dans cet état, le dernier tour est presque égal à la moitié de la longueur de la coquille. Les tours de spire sont lisses, convexes, réunis par une suture simple et profonde. On remarque dans un petit nombre d'individus, surtout sur le dernier tour, quelques plis longitudinaux. Au centre du dernier tour se trouve une petite perforation columellaire qui est plus grande dans le jeune âge. L'ouverture est grande, ovalaire, évasée et garnie en dehors d'un bourrelet épais, quoique étroit. Vue de profil, le plan de l'ouverture est parallèle à l'axe longitudinal ; il se projette même un peu en avant, et l'on remarque une légère flexion du péristome un peu au-dessus de son insertion à l'avant-dernier tour.

_____

(1) Deshayes, *Description des animaux sans vertèbres*, t. II, p. 492.

Les marnes blanches sont très-recherchées pour la fabrication des ciments hydrauliques et exploitées activement à Pantin et ailleurs. La composition de ces marnes est en effet très-voisine de celles qu'on exploite dans le terrain jurassique pour la production des ciments les plus estimés. Il suffit d'une simple cuisson et d'un broyage pour que le ciment soit propre à ses divers usages.

Les marnes jaunes contiennent en abondance une coquille (fig. 79) désignée sous le nom de *Cytherea convexa*, que le naturaliste Gray rapporte aux *Glauconomya*, actuellement vivante dans les rivières de l'Inde.

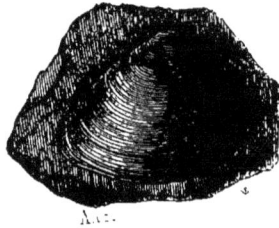

FIG. 79. — *Cytherea convexa*.

Les marnes vertes, qui, suivant ce que nous avons déjà dit, représentent l'horizon le plus constant de la formation gypseuse, sont visibles souvent de loin à cause de la végétation spéciale qu'elles portent.

En effet, cette végétation est surtout composée de plantes marécageuses ou aimant l'humidité, comme sont, parmi les arbres, les saules et les peupliers. Située en général à mi-côte ; elle contraste de la manière la plus nette avec la flore du calcaire grossier qui couvre le niveau des plaines, et celle des sables de Fontainebleau, composée surtout de forêts et qui recouvre les sommets.

Les marnes vertes semblent correspondre à un régime tout spécial des eaux dans lesquelles elles se sont déposées. On y rencontre en effet des minéraux tout à fait spéciaux, dont l'état rappelle, à s'y méprendre, celui de terrains beaucoup plus anciens.

Tout d'abord la nuance particulière de ces marnes est due à la présence d'un silicate de fer voisin de la glauconie et qu'on retrouve dans des couches crétacées. La célestine s'y montre aussi en abondance, comme ciment de rognons plus ou moins gros, de grès quartzeux, des marnes dans la partie supérieure du terrain qui nous occupe. Mais ce qui doit surtout arrêter notre attention, c'est la présence de calcaires dont l'aspect est tel qu'on les prendrait pour des roches jurassiques.

En premier lieu, on trouve à Villejuif, ainsi que M. Ch. d'Orbigny l'a le premier signalé, une couche mince d'un calcaire parfaitement oolithique et rempli de petites coquilles d'ailleurs brisées et indéterminables. En second lieu, j'ai rencontré au même niveau, mais dans une autre localité, un calcaire sur lequel je demande la permission d'appeler l'attention, parce que je crois que jusqu'ici il a passé inaperçu, et que, lui aussi, présente un faciès qu'on ne s'attendrait pas à observer dans une formation aussi récente (1).

C'est dans une marnière ouverte le long de la route qui relie Champigny à Chennevières-sur-Marne (Seine-et-Oise), et sur un point plus voisin de cette dernière localité que de l'autre, que j'ai rencontré le calcaire nouveau. Son gisement semble d'autant plus intéressant, que la marnière de Chennevières permet d'apprécier une fois de plus toute la justesse des opinions de M. Hébert, relativement à l'âge relatif du travertin de Champigny et des meulières de la Brie.

Ces meulières étant exploitées plus haut sur le plateau, du côté de Villiers, par exemple, la marnière offre à sa partie supérieure une argile sableuse, blanchâtre, dans laquelle sont noyés des rognons de silex corné et des plaquettes d'un calcaire compacte très-fin, d'un blanc jaunâtre, souvent marbré de jaune clair. C'est au-dessous que commencent les marnes vertes, présentant à leur partie supérieure des lits plus ou moins brunâtres, où sont précisément les nodules calcaires dont je vais parler, et une couche très-mince d'une argile blanchâtre qui paraît contenir de la strontiane.

Comme le travertin de Champigny est exploité beaucoup plus bas, par exemple sur la route de Bry, où l'on en fait de la chaux grasse, il est manifeste que la marne verte sépare les meulières de Brie du travertin de Champigny, et, par conséquent, comme l'enseigne l'éminent professeur de la Faculté des sciences, que ce travertin est, sur la rive gauche de la Marne, le correspondant et l'équivalent du gypse de Nogent. C'est un point sur lequel nous allons d'ailleurs revenir.

Quoi qu'il en soit, le calcaire de Chennevières contraste avec

---

(1) Stanislas Meunier, *Comptes rendus de l'Académie des sciences*, 1873, t. LXXVII, p. 1037.

toutes les roches environnantes par sa structure éminemment cristalline et par son aspect de tout point comparable à celui de maints
calcaires encrinitiques. Sa couleur est d'un jaune ocreux rappelant
celle du fer spathique. Il se présente en rognons de formes extrêmement tuberculeuses. Quand on brise ces rognons, on reconnaît
qu'ils sont souvent comme enveloppés d'une sorte d'écorce de calcaire fibreux à peu près blanc, atteignant parfois 5 millimètres
d'épaisseur. La masse contient des vacuoles où il n'est pas rare de
rencontrer des cristaux très-nets de spath calcaire; elles peuvent
présenter aussi des concrétions calcaires tuberculeuses d'un blanc
de lait.

Si l'on dissout le calcaire de Chennevières dans l'acide chlorhydrique faible, on obtient une liqueur parfaitement incolore, ne contenant que de la chaux et un peu de magnésie. Le fer reste tout
entier insoluble dans la matière argileuse à laquelle est due la coloration de la roche, et qui, par conséquent, contrairement à l'apparence, est simplement interposée entre les cristaux. Examinée au
microscope, cette matière est tout à fait amorphe, mais elle contient
quelques grains de quartz hyalin extrêmement actifs sur la lumière
polarisée.

On remarquera que cette argile ocreuse contenue dans les
rognons est essentiellement différente de la marne verte dans
laquelle ils sont englobés. Son origine doit être analogue à celle du
calcaire lui-même, et se rattacher par conséquent, comme nous
le disions plus haut, à un régime spécial de sources incrustantes.
C'est une sorte de rappel des actions qui ont produit des accidents
si dignes d'intérêt dans les couches supérieures au calcaire grossier,
désignées sous le nom de *caillasses* (voy. page 195).

FAUNE DU GYPSE. — C'est dans la première masse de gypse, et
dans les marnes blanches à ciment qui lui sont subordonnées,
que se trouvent surtout les ossements de vertébrés dont l'étude
a conduit Cuvier à constituer l'anatomie comparée et la paléontologie.

Les poissons sont fort peu nombreux. Les reptiles au contraire
sont représentés par plusieurs types remarquables.

Le *Crocodilus parisiensis* (Cuvier) est indiqué par des restes
assez nombreux, mais tous incomplets, au point qu'on ne saurait
affirmer l'identité ou la différence spécifique des individus fournis
par des couches du même âge, mais dans des localités différentes.

L'*Emys Cuvieri* ou *E. parisiensis* (Gray) est caractérisé par une

carapace passablement bombée et par un plastron large, non mobile, solidement articulé à la carapace. Les restes qu'on en a sont
si incomplets, que Cuvier n'admet pas qu'ils puissent suffire à caractériser une espèce.

Le *Trionyx parisiensis* (Cuvier), au contraire, a le corps très-
déprimé, et son plastron est uni seulement par des cartilages qui
n'ont laissé aucune impression scutale.

Beaucoup d'*oiseaux* ont été extraits des plâtrières. La première
indication en est due à Lamanon, naturaliste éminent qui périt
dans le naufrage de la Pérouse. Nous empruntons à M. Paul
Gervais (1) quelques renseignements intéressants à cet égard. C'est
en 1782 que Lamanon signala dans le *Journal de physique* l'empreinte, ayant encore conservé quelques os du corps, d'un oiseau
engagé dans la pierre à plâtre. Ce fossile est le même que Cuvier
représente dans le tome III de ses *Ossements fossiles*, à la fig. 1re de la
planche 73. Il a appartenu pendant quelque temps à Darcet. Un second ornitholithe de Montmartre fut publié par Pierre Camper (2).
C'était une patte, dont son fils fit paraître la figure quelque temps
après. Un troisième arriva à la connaissance de Cuvier, qui le présenta à l'Institut en 1800, et pendant la même année on en reconnut
deux autres consistant en une patte et en l'empreinte d'un corps
presque entier, cette patte et ce corps provenant de deux individus
différents. Ceux-ci appartenaient à un graveur d'Abbeville nommé
Elluin. Ils furent l'objet de plusieurs notices dues à la Métherie, qui
dirigeait alors le *Journal de physique*, et à quelques amateurs d'histoire naturelle. L'un de ces derniers, nommé Goret, envoya une
copie de ses remarques à l'administration du Muséum, le 1er prairial
de la même année. Ainsi, il y avait dès lors cinq ornitholithes ou
débris fossiles d'oiseaux bien constatés, provenant des gypses
de Montmartre. Recherchés d'abord par Guettard et par Lamanon,
ils occupaient alors très-activement G. Cuvier. Depuis cette époque
jusqu'en 1824, on a rencontré beaucoup d'autres ornitholithes
dans les mêmes plâtrières ou dans celles qui dépendent de la
même région, et Cuvier en a fait l'objet d'un chapitre spécial dans
son ouvrage (3). Dans l'édition de 1825, il en traite avec quelque
détail ; et comme les pieds d'oiseaux sont plus fréquemment con-

(1) Paul Gervais, *Zoologie et Paléontologie françaises*, p. 405. In-4°, 1859.
(2) Pierre Camper, *Mémoires sur les fossiles de Maestricht,* inséré en 1786
dans les *Transactions philosophiques*.
(3) G. Cuvier, *Sur les ossements fossiles*, t. III.

servés dans le gypse qu'aucune autre partie du squelette des mêmes animaux, et que, plus susceptibles de comparaison, ils indiquent, dans la plupart des cas, l'ordre véritable des espèces auxquelles ils ont appartenu : c'est essentiellement par leur examen que l'auteur de ce travail s'est laissé guider. Sans prétendre arriver, par la seule connaissance de ces organes, à la diagnose absolue des espèces d'oiseaux qui ont été enfouies dans le gisement que ses recherches ont contribué à rendre célèbre, il en reconnaît neuf sortes ou espèces bien distinctes, toutes démontrables par leur pied. On y reconnaît les espèces principales suivantes :

1° Oiseaux de proie.
 Circus ?.
 Haliætus ou *Pandion ?*.
 Strix ?.
2° Passereaux.
 Silta ? Cuvieri.
3° Grimpeurs.
 Centropus ? antiquus.
4° Gallinacés.
 Coturnix ?.

5° Échassiers.
 Scolopax ?.
 Tringa ? Hoffmanni.
 Pelidna ?.
 Ardea ?.
 Numenius gypsorum.
6° Palmipèdes.
 Pelecanus ?.

Les mammifères sont innombrables, et il faudra nous borner à mentionner ici les principaux.

Les marsupiaux sont représentés entre autres par le *Didelphis Cuvieri* (Fischer), connu sous le nom de *Sarigue des plâtrières* que Cuvier lui avait donné. Sa taille est un peu supérieure à celle de la Marmotte. Elle est accompagnée à Montmartre d'un autre animal fort voisin que M. Paul Gervais désigne sous le nom de *Peratherium Laurillardi*, et dont la taille n'est que la moitié de celle du précédent.

Plusieurs carnassiers ont laissé leurs débris dans le gypse. Le *Loup (Canis parisiensis*, Laurill.) n'est connu que par une seule mâchoire inférieure, laquelle est fort incomplète et n'a conservé qu'une seule dent. Cuvier le désigne sous le nom de *Chien des plâtrières* (1), mais de Blainville croyait y reconnaître un débris de l'espèce actuelle des *Isatis (Canis lagopus*, Linné). L'*Hyænodon parisiensis* (Laurillard) (fig. 80) offre une taille voisine (2) de celle des Thyla-

(1) G. Cuvier, *Recherches sur les ossements fossiles*, t. III, p. 267.

(2) Blainville, *Ostéographie, ou Description iconographique comparée du squelette et du système dentaire des Mammifères récents et fossiles*, t. II, SECUNDATES, F. Carnassiers, g. *Canis*, p. 107-108.

cynes. L'ouverture postérieure des fosses nasales, qui est très-reculée, indique, suivant M. Paul Gervais, que l'animal était sans doute aquatique.

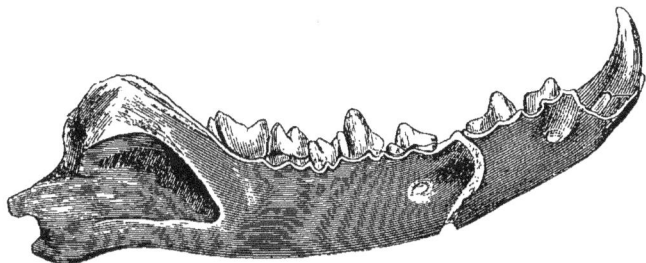

FIG. 80. — *Hyenodon.*

Le *Pterodon dasyuroïdes* (Blainv.) représenté par une mâchoire trouvée à Sannois, a la taille d'une forte panthère. Ses rapports avec le précédent sont incontestables; mais il en diffère d'une manière notable. La mâchoire de Sannois indique un carnivore plus grand que le Sarcophile oursin et même que le Thylacyne de Harris. Quoiqu'il manque des *foramina palatina* de ces marsupiaux, il fait bien voir que la tête se rapprochait par sa forme de celle des Sarcophiles, et qu'elle était de même très-élargie vers les apophyses maxillaires des os zygomatiques. Des cinq molaires conservées à gauche, trois sont des avant-molaires, et paraissent un peu différentes de leurs correspondantes chez l'*Hyœnodon parisiensis.*

La *Genette des plâtrières* de Cuvier, ou *Cyotherium parisiense*, (P. Gervais), doit aussi être mentionnée ici.

Les pachydermes jouent le rôle principal et nous en citerons plusieurs. Le *Palœotherium*, que nous avons déjà cité à propos des travertins de Saint-Ouen, doit nous arrêter tout d'abord (fig. 81). C'était un des animaux les plus répandus à l'époque du gypse. Il ressemblait assez à une Antilope par la forme générale, mais il se rapprochait des Tapirs par une foule de caractères, tels que la forme de la tête, la brièveté des os du nez, qui annonce que les *Palœotherium* avaient comme les Tapirs une petite trompe; enfin, par les six incisives et les deux canines à chaque mâchoire. Mais ils ressemblaient aux rhinocéros par leurs dents mâchelières, dont les supérieures étaient carrées, avec des crêtes saillantes diversement configurées, et les inférieures en forme de doubles croissants, et par leurs pieds, tous les quatre divisés en trois doigts, tandis que chez les tapirs ceux de devant en ont quatre. Ils vivaient par troupes nombreuses sur les rivages des fleuves et des lacs.

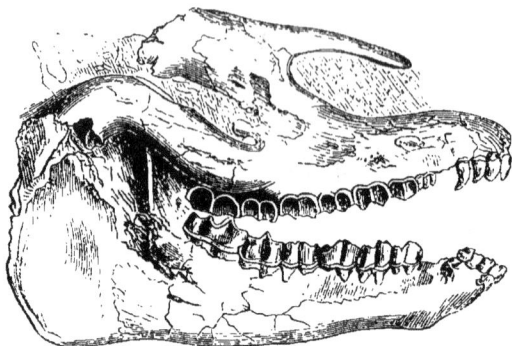

FIG. 81. — *Palæotherium medium*.

Le *Paloplotherium* a beaucoup d'analogie avec le précédent. Il a pris beaucoup d'intérêt depuis les travaux de M. le professeur Albert Gaudry, qui a montré qu'il s'est modifié depuis le calcaire grossier, époque de sa première apparition, et qu'alors il était beaucoup plus différent du *Palæotherium* qu'à la période gypseuse (1).

L'*Anoplotherium*, déjà signalé dans le travertin de Saint-Ouen, est bien plus commun dans le terrain gypseux. Cuvier le considérait comme ayant à la fois des affinités avec les rhinocéros, les chevaux, les hippopotames, les cochons et les chameaux. On a été assez heureux pour trouver le moule en plâtre du cerveau de cet animal, cerveau pourvu de circonvolutions. Voici la description que Cuvier donne lui-même du genre d'animaux qui nous occupe. « Les Anoplothériums, dit-il, ont deux caractères qui ne s'observent dans aucun autre animal : des pieds à deux doigts, dont les métacarpes et les métatarses demeurent distincts et ne se soudent pas en canon comme chez les ruminants; et les dents en série continue, et que n'interrompt aucune lacune. L'homme seul a des dents ainsi contiguës les unes aux autres sans intervalle vide. Celles des anoplothériums consistent en six incisives à chaque mâchoire, une canine et sept molaires de chaque côté tant en haut qu'en bas; leurs canines sont courtes et semblables aux incisives externes. Les trois premières molaires sont comprimées, les quatre autres sont à la

(1) Albert Gaudry, *Bullet. de la Soc. géologique*, 2ᵉ série, t. XXI, p. 312.

mâchoire supérieure, carrées, avec des crêtes transverses et un petit cône entre elles; à la mâchoire inférieure, en double croissant, mais sans collet à la base. La dernière a trois croissants. Leur tête est de forme oblongue et n'annonce pas que le museau se soit terminé ni en trompe, ni en boutoir. »

Plusieurs espèces d'*Anoplotherium* existent dans nos plâtrières. Le plus fréquent est l'*Anopl. commune* (fig. 82). « Sa hauteur au

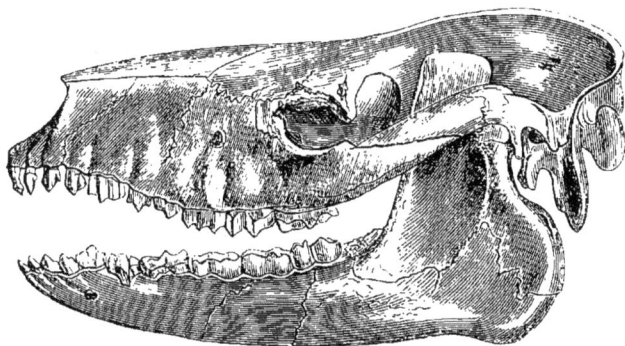

FIG. 82. — *Anoplotherium commune.*

garrot était assez considérable, elle pouvait aller à plus de trois pieds et quelques pouces; mais ce qui le distinguait le plus, c'était une énorme queue : elle lui donnait quelque chose de la stature de la loutre, et il est très-probable qu'il se portait souvent, comme ce carnassier, sur et dans les eaux, surtout dans les lieux marécageux. Mais ce n'était sans doute point pour pêcher, notre *Anoplotherium* étant herbivore; il allait donc chercher les racines et les tiges succulentes des plantes aquatiques. D'après ses habitudes de nageur et de plongeur, il devait avoir le poil lisse comme la loutre; peut-être même sa peau était-elle demi-nue. Il n'est pas vraisemblable non plus qu'il ait eu de longues oreilles, qui l'auraient gêné dans son genre de vie aquatique; et je penserais volontiers qu'il ressemblait à cet égard à l'hippopotame et aux autres quadrupèdes qui fréquentent beaucoup les eaux. Sa longueur totale, la queue comprise, était au moins de huit pieds, et sans la queue, de cinq pieds et quelques pouces. La longueur de son corps était donc à peu près la même que dans un âne de taille moyenne, mais sa hauteur n'était pas tout à fait aussi considérable. » (CUVIER.)

Le *Xiphodon gracile* (Cuvier) devait être une sorte de pachyderme à pieds bisulques et à formes élancées comme celles des antilopes. A en juger par ses métatarsiens, il était un peu moins élevé sur jambes que l'*Antilope Dorcas* du sud de l'Algérie et un peu moins svelte. Les débris qu'on a recueillis jusqu'ici semblent appartenir à deux ou trois espèces ou races. En 1850, on en a trouvé à Gagny, près de Montfermeil, un squelette presque entier que les journaux avaient d'abord signalé comme un squelette humain.

L'*Amphimerix murinus* (Pomel) était pour Blainville un véritable Chevrotain (1), opinion qui n'est pas admise sans réserve par tous les naturalistes. Sa dentition n'est pas encore complètement connue et il est par conséquent difficile de se prononcer.

Le *Chœropotamus parisiensis* (Cuvier) présente la plupart des caractères de ses congénères vivants, et dépasse quelquefois la taille du cochon de Siam. C'est à Montmartre qu'on le trouva d'abord, mais on l'a recueilli au même niveau dans le midi de la France et à l'île de Wight.

Le *Theridomys Cuvieri* (Jourdan) est extrêmement voisin des loirs, animaux dont Cuvier l'avait rapproché. On n'en connaît que des fragments de mâchoire inférieure, dont l'un, droit, porte l'incisive et la première molaire, et l'autre, gauche, porte l'incisive et quatre molaires, dont la dernière était en train de sortir de son alvéole.

On appelle *Sciurus fossilis* (Giebel), un animal qui n'est peut-être pas, malgré son nom, un véritable écureuil. Il n'est représenté que par un débris de crâne trouvé à Montmartre, et dont Cuvier dit : « Comparée à l'écureuil commun, cette tête n'offre presque aucune différence sensible. Quant à l'espèce, ce morceau est trop mutilé pour qu'on puisse en fixer le caractère. » M. Paul Gervais a examiné la pièce elle-même dans la collection du Muséum et l'a décrite dans sa *Zoologie et Paléontologie françaises*. On y voit encore : le moule en relief des hémisphères cérébraux ; incomplétement, la série des molaires gauches dégagées par leur partie radiculaire, et l'emplacement des arcades zygomatiques. La longueur du crâne est de 38 millimètres ; la largeur aux arcades zygomatiques, de 20 ou à peu près.

Les *Chiroptères*, ou chauves-souris, sont représentés dans le gypse. Le *Vespertilio parisiensis* (Pictet) (2) est désigné par Cuvier sous le nom de *Chauve-Souris fossile de Montmartre*, d'après un très-

---

(1) Blainville, *Ostéographie*, RUMINANTS, 1850, p. 60.
(2) Pictet, *Traité de paléontologie*, 2º édit. Paris, 1853, t. I, p. 166.

bel échantillon trouvé dans cette localité, déposé au Muséum et décrit par Cuvier (1) et de Blainville (2).

Ces indications des principaux fossiles extraits des couches du gypse ne seraient pas complètes, si nous ne mentionnions la découverte remarquable faite par M. Desnoyers (3) en 1859, d'empreintes de pas à la surface des bancs de pierre à plâtre.

« Voici comment, dit-il, j'ai été mis sur la voie de cette découverte. Depuis longtemps le désir de vérifier sur place le mode d'enfouissement des ossements fossiles qu'on trouve en assez grande abondance dans les plâtrières de la vallée de Montmorency m'a fait visiter fréquemment ces carrières, et m'a mis à même de préserver de la destruction un grand nombre de débris intéressants de ces animaux. Je ne tardai pas à m'apercevoir que les bancs les plus riches en ossements, que les surfaces mêmes sur lesquelles des portions de squelette ou même des squelettes entiers de mammifères et d'oiseaux avaient été déposés, contenaient aussi des cavités en forme d'amandes, disposées par groupes et se reproduisant à de certaines distances souvent régulières. » Ces sortes d'amandes étaient toujours imprimées en creux à la surface supérieure des bancs et en relief à la surface inférieure des bancs superposés. Leurs formes et leur grosseur étaient très-variables; elles atteignaient quelquefois plusieurs centimètres de profondeur et de diamètre. Elles n'étaient jamais complétement détachées des bancs de plâtre; elles faisaient corps intime avec eux et ne pouvaient être, par conséquent, un objet étranger, un fossile quelconque enveloppé dans la pâte du gypse.

Elles ne pouvaient être, non plus, une concrétion gypseuse, ou une agrégation minérale comparable aux silex ménilites ou aux nodules de strontiane des marnes du même terrain, puisque la partie concave était toujours sur la face supérieure des couches et la partie convexe toujours en saillie sur la face inférieure du banc superposé.

On en devait conclure, au contraire, qu'elles représentaient une impression passagèrement laissée, et ainsi reproduite en creux et en relief au contact de certains bancs. «Leurs formes les plus habituelles étaient tellement inégales, dit l'auteur, que je n'osais m'ar-

(1) Cuvier, *Ossements fossiles*, 4e édit., t. I, p. 384.
(2) De Blainville, *Ostéographie*, CHÉIROPTÈRES, p. 91, Atlas, pl. I, fig. 3.
(3) Desnoyers, *Bullet. de la Soc. géologique*, 2e série, 1859, t. XVI, p. 936.

rêter définitivement à la pensée, qui m'avait frappé d'abord, de leur chercher une origine organique. »

Mais plus tard, ayant remarqué entre ces groupes d'amandes des traînées sinueuses, dont quelques-unes se terminaient par des extrémités caudales très-évidentes et régulièrement variées, M. Desnoyers trouva un argument de plus à l'appui de la présomption qu'il avait conçue d'abord que ce pouvait être la trace de la marche de reptiles voisins des geckos, des varans, des iguanes, ou de grands batraciens à doigts inégaux et inégalement disposés sur chaque membre. N'y voyant cependant pas encore un élément suffisant de certitude, il examina attentivement le contact des bancs au moment de leur séparation par le travail des ouvriers, et bientôt il remarqua d'autres formes, toujours en creux sur la face supérieure des bancs inférieurs, toujours en relief sur la face inférieure des bancs superposés, et séparées, au contact, par une légère pellicule de marne, la même qui entoure les ossements du gypse, et tout à fait analogue à celle qui a été observée sur les empreintes de pas, dans les principaux gisements des grès *triasiques*.

Plusieurs de ces empreintes, dont les reliefs étaient le plus nettement conservés, comme on l'a généralement observé dans les autres gisements, représentaient des noyaux bisulqués, qui rappelaient le pied des *Anoplotherium*; les autres étaient trilobées et pouvaient indiquer les trois doigts du pied des *Palæotherium*. De plus grandes empreintes, soit en creux, soit en relief, partagées en plusieurs lobes et terminées par des phalanges unguéales, représentaient complétement les grands doigts des oiseaux ou *ornithichnites* gigantesques, si caractéristiques des grès *triasiques* du Massachusetts, dans la vallée de Connecticut, aux États-Unis, et dont on a donné tant de descriptions et de figures, depuis celles de MM. Hitchcock et Deane.

D'autres empreintes, formées de trois doigts fort allongés, articulés et garnis d'ongles très-pointus, rappelaient la conformation des pieds de grands échassiers, et surtout celle des pieds du *Jacana*. Elles étaient de grandeurs différentes; la largeur, la profondeur des empreintes étaient toujours proportionnées à leur longueur.

Plusieurs empreintes offrirent, de la manière la plus évidente, la forme des pieds de carnassiers plantigrades de différentes tailles. L'une d'elles, de la taille d'un grand chien, avec un large talon, quatre doigts bien séparés et la trace d'un pouce arrondi, détaché latéralement du reste du pied, représentait le carnassier qu'on a rapporté au genre *Pterodon*, et dont une mâchoire a été découverte, comme nous le disions tout à l'heure, dans les plâtrières de Sannois.

D'autres empreintes, moins régulières, offraient une apparence si évidente de reptation de corps à peau tantôt lisse, tantôt chagrinée et rugueuse, comme les empreintes laissées par les pieds, que l'auteur ne fut pas étonné d'apercevoir bientôt des impressions de membres latéraux, telles que pouvaient en produire de grands batraciens, ou des geckotiens, ou des crocodiles rampant sur un sol mou et fangeux. Quelques autres empreintes reproduisaient des formes complétement analogues à celles que laisseraient des tortues *trionyx*, en appuyant leur plastron sur une matière molle ; les parties cartilagineuses et les parties osseuses y étaient très-bien indiquées.

Les bords dentelés de certaines carapaces y étaient aussi parfaitement évidents. D'autres espèces de tortues, semblables aux émydes et peut-être même aux chélonées, y ont laissé des empreintes de pieds, sous forme de rames très-nettement dessinées et de différentes tailles.

D'autres cavités, profondes de plusieurs centimètres et garnies de traces d'ongles sur leurs bords, rappelaient assez exactement l'impression de pieds ou de moignons de tortues terrestres.

Autour de beaucoup de ces empreintes on voyait la trace du glissement des pas, et le relèvement, en forme de bourrelet, de la matière gypseuse comprimée par la pression des pieds et d'autres parties du corps.

« Les traces de reptiles, dit M. Desnoyers, me paraissant être les plus nombreuses, je communiquai mes présomptions à M. A. Duméril, professeur d'erpétologie au Muséum d'histoire naturelle, qui, à la vue des échantillons, ne demeura pas moins convaincu que moi, et m'en facilita fort obligeamment la comparaison avec les pas de reptiles vivant dans la ménagerie, en les faisant ramper et marcher sur de la terre glaise. »

Les doutes se dissipant de plus en plus sur l'origine organique de ces empreintes, l'auteur ne craignit plus d'embarrasser la science par un fait douteux, qu'il est souvent plus difficile de rétracter que de faire admettre, et il ajoute :

« J'aurais voulu y ajouter un dernier élément de certitude, celui des traces d'animaux se prolongeant isolément sur d'assez grandes surfaces ; mais je n'ai pu encore vérifier cette circonstance que pour un petit nombre d'empreintes. Je l'ai reconnue, toutefois, pour un mammifère, pour plusieurs oiseaux et pour plusieurs reptiles. Le mode d'exploitation des carrières de plâtre offre, pour ce résultat, d'assez grandes difficultés. L'exploitation se fait ordinairement par coupes verticales, et il m'a fallu souvent attendre plusieurs mois avant de retrouver la suite de pas que j'avais constatés une première fois; mais cette réalisation, ainsi retardée, de mes prévisions était assurément bien propre à augmenter la certitude des faits observés. Une autre difficulté plus grande, qui tient à un fait géologique des plus intéressants et resté aussi, je crois, inaperçu, est l'existence sur la surface de la plupart des bancs qui contiennent le plus d'empreintes de pas, de traces d'érosions, de sillonnements, de canaux sinueux, d'ondulations, tels qu'en produisent les eaux peu profondes en mouvement, ou s'écoulant avec rapidité sur des surfaces incomplétement endurcies (1). Les pas se confondent souvent avec ces sinuosités irrégulières; et quand plusieurs animaux ont traversé en différents sens les mêmes surfaces, il en est résulté une confusion assez grande et une apparence de trépignements, telle qu'on l'a généralement observée dans les grès *triasiques*. Ces canaux sinueux, remplis eux-mêmes par de la matière gypseuse des bancs supérieurs, et qui n'en sont séparés, comme elle, que par de simples filets de marne verdâtre, sont essentiellement différents d'autres canaux ondulés qui se voient fréquemment au contact des bancs du gypse. Ceux-ci sont les prolongements horizontaux des fentes verticales d'érosion qui sillonnent et divisent les gypses, les grès et les calcaires des collines des environs de Paris, en poches inégales remplies de limon et de graviers à ossements diluviens. Ces canaux horizontaux ou inclinés dans tous les sens, produits par l'action des eaux, sont tantôt vides, tantôt remplis de limon jaune, comme les poches supérieures, mais ils n'ont jamais été remplis par le relief des bancs de gypse superposés. »

M. Desnoyers reconnut la prolongation des bancs à empreintes sur les deux côtés de la vallée de Montmorency, et à peu près aux mêmes niveaux sur les deux parts : à l'E., du côté de la forêt, depuis les carrières de Montmorency jusqu'à celles de Saint-Leu et de Frépillon; à l'O., sur l'autre rive, depuis Argenteuil et Sannois jusqu'à Herblay. Il existe au moins cinq ou six niveaux de ces surfaces à

---

(1) Voyez plus haut ce qui a été dit à l'occasion de traces analogues dans le calcaire grossier (page 178).

empreintes, toujours avec les mêmes circonstances, dans la masse supérieure du gypse, la plus riche en ossements fossiles, qui, dans cette partie du bassin de Paris, a une épaisseur variable de 10 à 15 mètres, et qui, déposée sous des eaux moins profondes que la masse inférieure, pouvait plus aisément recevoir les empreintes des pas d'animaux. Ces bancs sont d'épaisseur fort inégale, et l'un d'entre eux est même subdivisé en deux lits par une de ces lignes d'empreintes qui ont souvent pénétré, par l'effet du poids du corps et de la mollesse de la pâte, jusqu'à plusieurs centimètres dans le gypse.

On retrouve les mêmes indices dans d'autres collines gypseuses, à Montmartre, à Pantin, à Clichy, à Dammartin, etc., mais on les a suivis avec moins de précision, n'ayant pu les observer que momentanément.

Une comparaison très-intéressante à faire est celle des empreintes les mieux caractérisées avec les types des animaux fossiles du terrain du gypse, ou terrain *éocène* supérieur. Le bassin de Paris en contient seul trente à quarante espèces, reconnues presque toutes par Cuvier. Déjà on a pu trouver des rapports, pour les mammifères pachydermes, avec les *Anoplotherium* et les *Palæotherium* de différentes tailles; avec plusieurs carnassiers dont les ossements, quoique infiniment plus rares dans le gypse que ceux des pachydermes, ont déjà fourni six ou sept espèces; avec plusieurs espèces d'oiseaux, et surtout avec des tortues de différentes familles, lacustres, fluviatiles et terrestres, dont l'existence a été constatée aussi, en général, par Cuvier, d'après l'étude de leurs débris osseux.

En outre, on reconnaît plusieurs types qui ne sont point encore représentés par les ossements découverts, et particulièrement des reptiles voisins des varans ou des geckos, peut-être des têtards de salamandres ou des batraciens; plusieurs oiseaux, surtout une ou deux espèces d'oiseaux gigantesques, dont le pied est articulé en larges phalanges comme celui des foulques, et qui peuvent rappeler le *Gastornis* du conglomérat inférieur de Meudon, quoique le gisement de celui-ci soit plus ancien. Le plus grand doigt de deux de ces empreintes recueillies par M. Desnoyers atteint une longueur de plus de 20 centimètres, longueur presque égale à celles des plus grands *ornithichnites* des États-Unis.

Ces déterminations, pour offrir plus d'exactitude, ont besoin d'un examen plus rigoureux, qui sera surtout facilité par des découvertes nouvelles.

Quant à l'ensemble, fort incomplet encore, des espèces indiquées par les empreintes, il rappelle, comme on le voit, ainsi qu'une partie de la population animale de l'âge des gypses, constatée par les débris d'ossements, des mammifères pachydermes habitant sur le bord des lacs et des rivières, et, comme Cuvier l'a remarqué pour plusieurs, organisés de façon à pouvoir fréquenter souvent et même habiter les eaux, à la manière des loutres; des carnassiers qui faisaient la guerre à ces pachydermes et dont on trouve la trace évidente, non-seulement dans les empreintes de pas aussi bien que dans les ossements, mais encore quelquefois dans l'état de brisure de certains os et de crânes de *Palæotherium*, brisure provenant souvent évidemment de la dent d'animaux carnassiers.

Les oiseaux du gypse sont des oiseaux de rivage; les nombreux reptiles sont d'eau douce ou de sols humides.

Il y a donc, sous ces différents rapports, confirmation assez complète de la théorie qui a fait considérer les gypses de Paris comme déposés avec leurs marnes dans un grand lac, ou dans plusieurs petits lacs communiquant entre eux, et entourés des animaux dont les débris ont été enfouis dans les couches.

· En signalant les intéressantes empreintes que nous venons de décrire, M. Desnoyers, ajoute : « Je ne me dissimule pas que beaucoup de questions pourront être soulevées par ce fait nouveau, soit pour la théorie encore fort controversée de la formation du gypse, soit pour la théorie générale des terrains tertiaires du bassin de Paris ; mais je crois prudent de réserver toute discussion à cet égard jusqu'à ce que le fait des empreintes de pas d'animaux à l'époque tertiaire soit entré définitivement dans la science. On pourra en rechercher les causes, soit dans les intermittences périodiques des eaux qui ont transporté et déposé les gypses et leurs marnes dans le bassin lacustre, soit dans les abaissements et relèvements successifs qui ont pu faire changer fréquemment les rapports du sol émergé environnant et celui du fond des lacs. Malgré le voisinage de l'habitation des animaux, on voit aussi quelquefois des traces de transport. C'est ainsi que sur l'un des bancs gypseux, recouvert d'ossements de *Palæotherium*, j'ai observé plusieurs petits galets de quartz empâtés, comme eux, dans la roche, fait jusqu'alors inconnu dans l'étude des gypses parisiens.

« Très-probablement avant peu de temps, le nombre de faits semblables à celui des empreintes des plâtrières de Paris sera constaté dans d'autres bassins, et surtout dans les gypses du Puy et du bassin d'Aix, dans les calcaires du Bourbonnais et de l'Auvergne, dans la mollasse de Suisse, si propre à conserver les empreintes, et aussi dans le riche dépôt de Sansan, où M. Lartet ajoutera peut-être cette découverte à tant d'autres. J'ai déjà, dans le bassin même de Paris, d'autres indices, mais incertains, d'empreintes de pas dans des bancs plus anciens, et en particulier dans les grès de Beauchamp, dans les couches calcaréo-marneuses supérieures du calcaire grossier, dans lequel on a trouvé, à Nanterre et à Neuilly, des débris de *Lophiodon*, d'autres mammifères, et des reptiles parfaitement conservés. Les coprolites de reptiles qu'on trouve fréquemment avec des coquilles d'eau douce, dans les couches marneuses à lignites du calcaire grossier supérieur, à Vaugirard et à Montrouge, que j'ai fait connaître il y a près de quarante ans, et qui ont été aussi indiqués depuis par M. Robert, dans les mêmes couches, à Passy, et par M. Ch. d'Orbigny, dans le conglomérat de l'argile plastique de Meudon, démontrent la présence des crocodiles dans ces eaux et sur leurs bords pendant presque toute la durée du terrain éocène. »

§ 3. — Généralités sur le gypse.

a. — Substances utiles.

Le terrain gypseux fournit plusieurs substances utiles, et en première ligne le plâtre, qui n'est autre chose que le gypse *cuit*, c'est-à-dire privé de ses deux équivalents d'eau de constitution.

La cuisson du plâtre se fait dans des fours spéciaux.

Les diverses variétés donnent des plâtres de différentes qualités. Le plâtre ordinaire provient des masses à cassure grenue et saccharoïde qui constituent les bancs les plus épais de nos carrières. Les sortes fines sont obtenues au moyen de gypse cristallisé. Les *grignards* et les *pieds-d'alouette* donnent un plâtre très-fin et très-estimé; le plus pur provient des grands fers-de-lance préalablement débarrassés de la marne dans laquelle ils sont empâtés.

Le phénomène si vulgaire de la prise du plâtre est loin d'être complétement expliqué. Suivant M. Ed. Landrin, qui a récemment fait d'intéressantes expériences sur ce sujet (1), lorsqu'on examine

(1) Ed. Landrin, *Comptes rendus de l'Académie des sciences*, 1874, t. LXXIX, p. 658.

au microscope ce qui a lieu pendant la prise du plâtre, on voit qu'on peut diviser cette prise en trois temps : 1° Le plâtre cuit prend au contact de l'eau une forme cristalline. 2° L'eau qui entoure les cristaux dissout une certaine proportion de sulfate de chaux. 3° Une partie du liquide s'évapore par le fait de la chaleur dégagée dans la combinaison chimique ; un cristal se forme et détermine la cristallisation de toute la masse par un phénomène qui paraît analogue à ce qui se passe quand on jette une parcelle de sulfate de soude dans une solution sursaturée de ce sel. « Cette manière d'expliquer la solidification du plâtre, dit l'auteur, n'est pas particulière à ce corps, et peut être appliquée aux ciments et aux mortiers hydrauliques. On peut démontrer cette interprétation au moyen de l'expérience de cours suivante : On verse de l'eau sur du carbonate de soude anhydre ; une partie du sel se dissout, tandis que l'autre partie se solidifie, grâce à l'enchevêtrement des cristaux, et fait prise assez fortement pour maintenir l'agitateur au fond du verre, absolument comme le ferait un mélange de plâtre cuit et d'eau. »

Ce n'est d'ailleurs pas seulement comme matière propre aux constructions ou au moulage que le plâtre est employé. L'agriculture trouve dans cette substance un amendement précieux. La découverte de son action sur la végétation marque une grande époque dans les fastes agricoles. Ce fut vers le milieu du XVIII° siècle qu'un ministre protestant appelé Mayer, étudia cette substance comme engrais. Le brillant résultat qu'il en obtint sur les fourrages fut bientôt connu dans toute l'Europe et jusqu'en Amérique, où les effets surprenants du plâtrage furent bientôt confirmés par l'imposante autorité de Franklin. Les carrières de Montmartre furent alors largement mises à contribution pour les besoins des agronomes du nouveau monde.

Les effets du plâtre ayant, dans les deux mondes, excité des transports d'admiration, on considéra d'abord cette substance comme un stimulant favorable à toutes les cultures et à tous les sols ; mais la pratique ne tarda pas à faire reconnaître que pour agir avec efficacité, le plâtre, comme la chaux, comme la marne, a besoin du concours d'engrais organiques : car l'effet en est presque nul quand le sol est entièrement dépourvu de ces engrais. L'expérience prouve en outre qu'il n'agit utilement que sur un nombre limité d'espèces végétales. Aujourd'hui il est bien reconnu qu'au moyen de 200 à 300 kilogrammes de plâtre répandus sur un hectare, la luzerne, le trèfle, le sainfoin, etc., prennent un développement considérable et presque double de celui qu'on obtient sans l'emploi de cette substance; les feuilles de ces plantes deviennent alors plus nombreuses, plus larges et d'un vert plus foncé; les racines participent également à cette augmentation de poids. Le colza, la navette, le chanvre, le lin, le sarrasin, les vesces, les pois, les haricots, prospèrent aussi au moyen du plâtrage; mais l'action du plâtre est douteuse sur les récoltes sarclées, et les céréales n'en ressentent aucun effet appréciable.

L'époque la plus convenable pour plâtrer est généralement le printemps, alors que les plantes présentent déjà un certain développement. C'est surtout le matin qu'il convient de répandre cette poudre blanche, afin qu'elle adhère momentanément aux feuilles encore mouillées par la rosée. On obtient aussi de très-bons effets en incorporant le plâtre au sol à l'époque des labours d'automne; mais par la raison que tout engrais inorganique agit avec d'autant plus d'énergie qu'il est plus divisé, on regarde la méthode de saupoudrer comme la meilleure, parce que le plâtre, s'attachant aux feuilles humides, ne s'en sépare ensuite que peu à peu et se répartit ainsi plus uniformément.

En général, la proportion de plâtre que l'on répand sur un hectare varie de 200 à 2000 kilogrammes, selon la nature des sols et des cultures. Malheureusement le prix en est souvent assez élevé pour influer sur la quantité des doses et pour en faire répéter quelquefois l'emploi.

Les marnes blanches qui accompagnent le gypse sont exploitées, conformément à ce qu'on a vu tout à l'heure, dans beaucoup de localités, pour la fabrication de ciments hydrauliques d'excellente qualité.

Comme nous l'avons déjà dit, la smectite, subordonnée au gypse, peut être utilisée comme terre à foulon. Elle agit par capillarité pour enlever les matières grasses des fibres et tissus, avec lesquels on la brasse en présence de l'eau. C'est de là que lui vient le nom vulgaire de *savon de soldat*, sous lequel on la vend en petits pains pour enlever les taches de graisse sur les vêtements.

Rappelons enfin qu'on recherche la strontiane sulfatée ou célestine, contenue dans le système gypseux, pour fabriquer les feux rouges dont se servent les artificiers.

b. — Origine et mode de formation.

L'origine et le mode de formation du gypse ont beaucoup préoccupé les géologues et les chimistes.

HYPOTHÈSES SÉDIMENTAIRES. — On ne peut pas en effet y voir purement et simplement le résultat d'un sédiment. Car cette manière de voir supposerait l'existence de falaises également gypseuses, soumises pendant longtemps à l'action démolissante de la mer. Or la série géologique ne présente rien qui puisse avoir constitué ces falaises nécessairement considérables.

Une autre supposition qui se présente à l'esprit est de voir dans les couches de gypse le résultat du dépôt fourni par une dissolution gypseuse soumise à l'évaporation. Mais on y renonce bien vite, en remarquant que des mollusques et des poissons vivaient dans les eaux où se faisaient les sédiments, eaux qui eussent été incompatibles avec leur existence, si on les suppose chargées de gypse.

HYPOTHÈSE ÉPIGÉNIQUE. — Il paraît dès lors naturel d'appliquer à la formation du gypse de Paris la théorie épigénique, si évidemment exacte pour d'autres niveaux géologiques. Aux États-Unis, par exemple, suivant la remarque de M. Sterry Hunt, le gypse résulte manifestement, dans une foule de localités, de la transformation subie par des calcaires, sous l'influence de sources chargées d'acide sulfurique. Mais, en y regardant de plus près, il faut bien reconnaître que cela non plus ne rend pas compte des faits offerts par les plâtrières parisiennes. En effet, les couches calcaires qui encaissent la formation gypseuse ne sont nulle part corrodées, comme il arriverait forcément à la suite d'infiltrations sulfuriques. Les coquilles et les ossements empâtés au milieu même du sulfate de chaux ont conservé leur nature calcaire ; enfin, comme on l'a vu à maintes reprises dans les pages qui précèdent, de minces couches de marnes et de calcaire sont à tous les niveaux intercalées entre les lits de gypse, et nulle part on ne constate une corrosion quelconque. Il faut donc rejeter aussi la théorie épigénique, malgré l'attrait qu'elle offre à première vue.

HYPOTHÈSE HYDROTHERMALE. — Reste une simple hypothèse, mais celle-ci très-vraisemblable, qui consiste à faire du gypse le produit de sources thermales. On est d'autant plus porté, même avant examen minutieux, à l'accepter, qu'à l'époque du gypse correspond exactement, dans un grand nombre de régions, une recrudescence dans l'exercice des actions geysériennes. C'est à cette époque, par exemple, que se rapporte le curieux terrain dit terrain sidérolithique, où s'allient d'une manière si intime les caractères des terrains stratifiés avec ceux des gîtes métallifères. Et l'étude de ce terrain peut même, comme on va voir, éclairer la question qui nous occupe.

Préoccupé, en effet, de déterminer la constitution géologique des environs du val de Délémont, dans le canton de Berne, en Suisse, M. Greppin a reconnu que d'épaisses couches de cette région désignées sous le nom de nagelfluhe jurassique se rapportent au terrain sidérolithique. Or celui-ci, comme il résulte de nombreuses études, n'appartient pas au terrain crétacé, où d'abord on avait pensé à le comprendre, mais à ce niveau remarquable du terrain tertiaire où se présente le gypse de nos environs. M. Greppin a découvert en effet, dans les dépôts de Délémont, des ossements de *Palæotherium*, c'est-à-dire justement des fossiles de la pierre à plâtre de Paris.

Cela posé, et mettant en œuvre les résultats de M. Greppin, M. Gressly (1) a étudié avec soin le terrain sidérolithique, et il en a cherché l'origine. De ses recherches est résultée pour lui la conviction que ces dépôts sont les produits d'épanchements analogues aux éruptions boueuses, de sources chaudes jaillissantes, chargées d'oxyde de fer et de manganèse, de silice, d'alumine, de chaux et d'acide sulfurique. Ces matériaux, après avoir pénétré et incrusté les crevasses, les fentes des roches environnantes, se répandaient en éventail dans les dépressions du sol, en déposant les brèches jurassiques, les sables, le fer, les argiles et les marnes. « Or, dit M. Hébert (2), M. Greppin décrit des faits qui s'adaptent admirablement à cette explication ; il retrouve les cheminées avec leurs parois quelquefois silicifiées, les unes remplies encore d'argiles avec du gypse, du minerai de fer, d'autres donnant encore passage à des nappes d'eau assez considérables. Quant à l'âge de ce dépôt, il ne peut plus être douteux ; car, si à Délémont même M. Greppin n'a encore trouvé qu'un *calcanéum* de paléothérium, c'est dans le même terrain, dans les fissures des calcaires kimméridgiens remplies de marne et d'argile mélangées à de la mine de fer et à des brèches

(1) Gressly, *Mémoires de la Société helvétique des sciences naturelles*, 1841, t. V, p. 245.
(2) Hébert, *Bullet. de la Société géologique*, 2e série, 1855, t. XII, p. 765.

calcaires, que M. Cartier a recueilli, il y a quelques années, à
Egerkinden, dans le canton de Soleure, les fossiles suivants :

Palæotherium medium, Cuv.
   — *magnum*, Cuv.
Anoplotherium commune, Cuv.
   — *gracile*, Cuv.
Etc.

« Et maintenant, ajoute le savant professeur de la Sorbonne,
pour nous qui nous sommes souvent demandé d'où venait notre
gypse, il est clair que l'origine est celle qu'indique M. Gressly ; seulement, moins heureux que lui, nous ne voyons pas autour de nous
les cheminées qui l'ont amené. Il ne nous est pas donné, comme
à Délémont, de voir des filons verticaux de cette substance traversant, de la base jusqu'au milieu, la masse des argiles sidéro-
lithiques. Il est même certain que leur point de départ doit être
à une assez grande distance du bassin où s'est effectué le dépôt.
Il a bien fallu que les produits de ces éruptions boueuses fussent entraînés par des courants, pour qu'elles pussent recevoir
la stratification si remarquablement régulière, que l'on observe dans
nos carrières, sur des étendues aussi considérables, tandis que rien
de semblable n'existe à Délémont, dans le voisinage des sources, où
tout devait se déposer dans un certain désordre ; et c'est en effet ce
que l'on observe. Mais, en Suisse, comme dans le bassin de Paris,
comme aussi dans la Souabe, où M. le docteur Fraas a découvert
en 1852 un assez grand nombre des espèces de Mammifères de
Montmartre, dans le minerai de fer oolithique de cette contrée,
la destruction des paléothériums et des anoplothériums a été
le résultat de courants puissants, probablement d'inondations,
déterminées par des phénomènes analogues à ceux que suppose
M. Gressly. »

C'est également à l'époque du gypse parisien que, dans une région
toute différente, se sont formés, par un mécanisme tout à fait comparable, les amas de chaux phosphatée ou phosphorite. Ce qui démontre en effet d'une manière irrécusable l'âge de ces curieux
dépôts du Quercy (Lot, Lot-et-Garonne, etc.), c'est leur richesse en
débris de mammifères identiques, pour la plupart, à ceux des gypses
de Montmartre et que M. le professeur Paul Gervais a récemment
étudiés.

§ 4. — **Le travertin de Champigny.**

CARACTÈRES GÉNÉRAUX. — D'ailleurs, ce qui achève de donner au gypse une allure franchement geysérienne, c'est que, dans certains points du bassin, le dépôt de sulfate de chaux est remplacé par celui de matières toutes différentes et évidemment fontigéniques.

Il n'y a pas pour l'observer de meilleure localité que Champigny, sur la rive gauche de la Marne.

Le dépôt de Champigny est constitué par un véritable travertin tellement analogue à celui de la Brie, qu'on l'a confondu longtemps avec lui. Dans les points où il est calcaire, on l'exploite activement pour la fabrication d'une excellente chaux hydraulique; quand il est siliceux, on en fait des pierres de construction ou du macadam.

C'est dans les parties siliceuses qu'on rencontre divers accidents minéralogiques qui méritent d'être signalés comme se rapportant à l'histoire chimique déjà si intéressante de la silice.

AGE DU TRAVERTIN DE CHAMPIGNY. — Quant à la place du dépôt de Champigny dans la série stratigraphique et au synchronisme qu'on admet entre lui et le gypse, ils résultent de la coupe ci-jointe, empruntée à M. Hébert (1), à qui sont dues aussi les considérations que voici :

Si l'on part de la rive gauche de la Marne, en face de l'île orientale

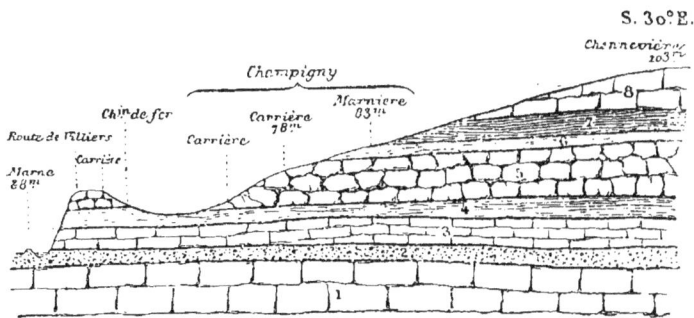

FIG. 83. — Coupe du travertin de Champigny.

où était situé le moulin, aujourd'hui détruit, de Brie-sur-Marne et qu'on monte le coteau au S.-E., on aura la succession suivante que l'on peut remarquer, fig. 83.

1° La base de ce coteau a, en ce point, une altitude de 38 mètres.

(1) Hébert, *Bullet. de la Soc. géologique*, 2e série, t. XVII, p. 803.

Il est recouvert par la végétation sur une hauteur de 6 mètres environ ; puis des tranchées ouvertes pour de petites carrières
montrent, sur une épaisseur de 2 à 3 mètres, le calcaire de Saint-
Ouen, reconnaissable à ses empreintes de tiges et de graines de
Chara, et surtout à l'abondance des *Limnœa longiscata, Planorbis
rotundatus* et *planulatus, Cyclostoma mumia,* qui forment un lit particulier où ces fossiles sont toujours en très-grande quantité. Ce lit est,
en ce lieu, à un mètre au-dessous de la surface supérieure du calcaire
de Saint-Ouen, qui atteint ainsi une altitude d'environ 47 mètres. En
donnant à cette assise une épaisseur totale de 8 à 9 mètres, à peu
près ce qu'elle a dans la tranchée des docks, entre le lit marin
à avicules et la marne à pholadomyes, il resterait, entre le niveau
de la rivière et la partie inférieure du calcaire de Saint-Ouen, une
épaisseur de 2 à 3 mètres qui doit correspondre à la partie supérieure des sables de Beauchamp et aux calcaires qui le recouvrent,
jusques et y compris le calcaire à avicules ; puis, à une faible profondeur se rencontrerait le calcaire grossier, exploité à moins d'un
kilomètre au S. O., à 38 mètres d'altitude environ. Les couches
plongent au N. E.

2° La surface du calcaire de Saint-Ouen se détache nettement des
assises marneuses qui la recouvrent. Elle présente des fentes irrégulières, des traces de dénudation, et est enduite d'incrustations
calcaires qui pénètrent dans les fentes, et semblent avoir découlé
des marnes supérieures à l'époque de leur dépôt, quoique ces incrustations puissent être, à la rigueur, considérées comme beaucoup
plus modernes. Néanmoins le durcissement des calcaires de Saint-
Ouen au contact des marnes sous-jacentes, et la manière brusque
dont ils se terminent, annoncent une lacune à laquelle peuvent
correspondre quelques petites couches de la tranchée des docks ou
d'autres localités.

3° Au-dessus des marnes de Saint-Ouen vient une série de lits
d'argiles, de sable, etc., dans laquelle on n'a pas trouvé de fossiles.

		m
a.	Argile brune feuilletée........................	0,20
b.	Marne argileuse verdâtre avec calcaire concrétionné en bas.	0,60
c.	Sable argileux ou argile sableuse.................	0,40
d.	Sable gris...................................	0,06
e.	Cordon de calcaire concrétionné blanc jaunâtre.......	0,06
f.	Marne grise................................	0,15
g.	Sable gris verdâtre, quelquefois agglutiné en grès.....	0,10
	Total............	1,57

4° Marne calcaire blanche, avec calcaire concrétionné tacheté de jaune, semblable au lit e, mais contenant de nombreux fossiles marins (natices, turritelles, cérithes, etc.). — 0ᵐ,20.

5° Marne blanche calcaire, feuilletée en bas, compacte en haut, avec un lit mince d'argile verte feuilletée au milieu. — 0ᵐ,53.

6° Marne jaune verdâtre, avec un lit de nodules de calcaire concrétionné et cristallin au milieu, rempli de fossiles marins (cardites, psammobies, pholadomyes, corbules, turritelles, natices, cérithes. — 1ᵐ,20.

7° Marne grise, mouchetée de jaune, assez semblable d'ailleurs à la précédente, mais plus sèche, moins argileuse et sans fossiles. — 1ᵐ,50.

8° Partie recouverte par la végétation jusqu'au sommet du coteau, dont l'altitude, au point de bifurcation des routes de Brie, de Villiers et de Champigny, est de 62 mètres.

A 100 mètres de ce point, sur la route de Villiers-sur-Marne et à 64 mètres d'altitude environ, on exploite sur le territoire de Champigny, sur une épaisseur de 2ᵐ,50, un travertin identique avec celui de Champigny, que l'on peut voir d'ailleurs à peu près au même niveau dans plusieurs des carrières qui sont au nord de Champigny.

A cent pas au sud de cette carrière, près du pont que le chemin de fer de Mulhouse a jeté sur la route de Champigny, se trouve un emprunt qui comble précisément la lacune de la coupe précédente.

La partie supérieure est environ à 57 mètres d'altitude, et se compose d'une couche de calcaire concrétionné en plaquettes, épaisse de 2 mètres, qui forme évidemment la base du travertin de Champigny, lequel aurait ainsi en ce point une épaisseur de 9 mètres.

Au-dessous, on voit la succession suivante de haut en bas :

		m
1° Argile gris jaunâtre avec concrétions calcaires........		0,60
2° Lit très-régulier d'argile verte....................		0,05
3° Marne blanche mouchetée, divisée en deux par un lit mince d'argile brune..........................		1,20
4° Lits minces d'argile jaune et verte, de calcaire concrétionné et de marne grise avec nodules friables de carbonate de chaux cristallisé à la base....	de 0,80 à	1,30
5° Argile verte feuilletée avec nodules friables de carbonate de chaux cristallisé à la base....................		0,30

6° Marne grise avec plusieurs lits de calcaire concrétionné
  et cristallisé, en blocs isolés, irréguliers, souvent
  cloisonnés. . . . .   1,50 à 2,80
7° Marne et argile verte à *Cardites* et autres fossiles ma-
  rins (n° 7 de la coupe précédente), formant la base
  de cette tranchée.   0,20

Dans la coupe précédente, la partie supérieure de la marne marine
(n° 6) était à une altitude d'environ 50 mètres. Dans celle-ci, elle
se trouve à une altitude presque identique ; ce qui est tout naturel,
vu le voisinage de ces deux coupes.

Il résulte de là qu'on peut et qu'on doit distinguer entre le calcaire siliceux de Saint-Ouen, qui affleure sur le bord de la Marne,
et celui de Champigny, une série de marnes très-variées, avec lits
de calcaire concrétionné ou cristallisé, et quelques minces couches
de sables, série dont l'épaisseur totale est de 9^m,75, soit d'environ
10 mètres.

La nature des argiles et des calcaires que renferme cette série, les
petits lits de sables qui y sont intercalés, tendent à la faire considérer comme un seul et même système au point de vue minéralogique, comme le résultat d'actions sédimentaires très-variées, mais
tout à fait distinctes de celles qui ont donné naissance aux deux
masses calcaires entre lesquelles elle est enclavée. Son caractère le
plus remarquable, c'est d'offrir la preuve que la mer a contribué
pour sa part, mais pendant une durée très-courte, dans la production des couches qui la composent.

Ces marnes marines renferment exactement les mêmes espèces
que celles de la partie supérieure de la tranchée des docks, de la
Chapelle, etc. ; elles correspondent aussi au calcaire marin de Ludes
et de Vergenay, près de Reims. On peut ajouter qu'il y a longtemps
déjà, dans une excursion dirigée par Élie de Beaumont, elles ont été
constatées dans les tranchées de la redoute de Gravelle, au-dessus
de Joinville-le-Pont, et là, comme partout, reposant sur le calcaire
de Saint-Ouen. M. Hébert en a déposé alors des échantillons dans la
collection de l'École normale.

Quand on compare la coupe que nous venons de détailler avec
celle de l'avenue de l'Impératrice publiée par M. Michelot (1), celle
de l'embarcadère du chemin de fer de Strasbourg donnée par

(1) Voyez plus haut, page 220.

M. Ch. d'Orbigny (1), et aussi avec celle des docks, que tout le monde connaît, on est frappé de leur parfait accord.

En partant du banc de calcaire siliceux rempli de *Limnæa longiscata* et de *Planorbis rotundatus*, repère facile, on a en effet :

1° Marne calcaire ou calcaire compacte, formant la partie supérieure du calcaire de Saint-Ouen, épaisse d'environ un mètre à Brie-sur-Marne, comme à l'avenue de l'Impératrice, de $1^m,70$ à l'embarcadère de Strasbourg (n°° 50, 49, 48 de la coupe de M. d'Orbigny), et de $2^m,50$ aux docks.

2° Marnes diverses, en général sableuses : $0^m,62$ à l'avenue de l'Impératrice, $1^m,15$ aux docks, $1^m,57$ à Brie-sur-Marne, $0^m,85$ à l'embarcadère (n°° 47 à 44).

3° Calcaire à cérithes : $0^m,15$ à l'avenue de l'Impératrice ; de $0^m,05$ à $0^m,25$ aux docks (2), $0^m,20$ à Brie ; $0^m,10$, mais à l'état de grès, à l'embarcadère (n° 43).

4° Marnes diverses ou sables : $2^m,50$ à l'embarcadère (n°° 42 à 36), $1^m,35$ aux docks, $0^m,53$ à Brie-sur-Marne.

5° Marnes vertes à *Pholadomya ludensis* : $1^m,20$ à Brie, $0^m,30$ aux docks, $0^m,20$ à l'embarcadère (n° 35).

6° Série de marnes variées, avec lits de rognons géodiques de calcaire cristallin ou concrétionné, et quelques assises sableuses : environ 6 mètres à l'embarcadère de l'Est (n°° 34 à 11), aussi bien qu'à Brie-sur-Marne.

Il est donc bien évident que cette série, épaisse d'environ 10 mètres, est bien exactement composée des mêmes éléments à Brie-sur-Marne que sous la marne gypseuse de la butte Montmartre, et qu'elle présente deux lits marins identiques : l'un ordinairement calcaire, où abondent les cérites, et l'autre argileux, un peu plus haut, où se trouvent les pholadomyes.

Au-dessus de cette série, on arrive d'une part à l'embarcadère du chemin de fer de Strasbourg, au premier banc de gypse, et de l'autre, à Brie-sur-Marne, aux premières couches du travertin de Champigny.

C'est donc en ce point précis que la composition du sol parisien présente, à de si courtes distances, le contraste le plus singulier. Il ne sera donc pas inutile d'insister un peu plus encore sur la suc-

(1) Charles d'Orbigny, *Bullet. de la Soc. géologique de France*, 1855, t. XII, p. 1309.
(2) Cette couche atteindrait même $0^m,80$, d'après Ch. d'Orbigny (tableau de 1855).

cession ascendante des couches. Comme l'a justement fait remarquer M. Ch. d'Orbigny, les assises qui séparent la tranchée des
docks du système du gypse, tel que Al. Brongniart l'a si admirablement décrit, sont ce qu'il y a de moins connu dans le terrain des
environs de Paris. On peut ajouter que cela donna beaucoup de
prix à la coupe de l'embarcadère du chemin de fer de Strasbourg.
Mais quand on compare la partie supérieure de cette coupe, à partir
du n° 10, avec celle de la Hutte aux-gardes donnée par Constant
Prévost et Desmarest (1), et reproduite par Al. Brongniart (2), on
acquiert la conviction que l'on a affaire aux mêmes assises, c'est-
à-dire à la partie inférieure de la basse masse.

On en jugera par la comparaison suivante :

	CH. D'ORBIGNY.		A. BRONGNIART (p. 469).	
	Numéros.	Épaiss. m.	Numéros.	Épaiss. m.
Gypse....................	10.....	1,00	30 et 29........	0,75
Marne..............	9 et 8.....	0,20	28.............	0,08
Calcaire et gypse avec cérithes.	7.....	0,30	27 et 26........	0,34
Calcaire dur avec cérithes....	6.....	0,20	25.............	0,16
Marne feuilletée et gypse....	5.....	0,20	24 et 23........	0,22
Calcaire................	4.....	0,30	22 21. (marne, calc. et gypse).	0,46
Marne feuilletée..........	3.....	0,10	20.............	0,05
Marne à retraits et gypse....	2.....	2,00	19, 18, 17, 16...	1,90
Gypse....................	1.....	2,00	15, 14, 13, 12...	2,06

Il y a donc une bien grande probabilité, s'il n'y a pas certitude
absolue, pour que la coupe de M. d'Orbigny soit la continuation
directe et sans lacune de la coupe de Brongniart, ensorte que nous
pouvons conclure que le système des marnes avec lits marins, qui
supporte directement le travertin de Champigny à Brie-sur-Marne,
est bien le même que celui sur lequel repose le système du gypse
tel qu'il a été décrit par Brongniart.

Revenons actuellement à la carrière mentionnée ci-dessus au
point de croisement des routes de Brie, de Villiers et de Champigny. Nous avons vu que le travertin qu'on y exploite a sa base
à une altitude d'environ 55 mètres; on le retrouve dans de nom
breuses carrières, depuis ce niveau jusque derrière les maisons de
Champigny au N., à une altitude d'environ 80 mètres.

(1) C. Prévost, *Journal des Mines*, vol. XXV, p. 215, pl. 1.
(2) Cuvier, *Ossements fossiles*, t. II, p. 469 (3ᵉ édition).

Une marnière, aujourd'hui abandonnée, située à l'est de Champigny, au point où le chemin de Cœuilly croise la vieille route de Champigny, point dont la base est à peu près à 81 ou 82 mètres d'altitude, va nous faire connaître la série des couches qui recouvrent le travertin.

En voici le détail, tel que M. Hébert l'a relevé en 1852, alors que cette marnière était en exploitation, et tel qu'on peut encore aujourd'hui le vérifier sans beaucoup de peine.

1° A la base, marne calcaire verdâtre et jaunâtre, exploitée autrefois comme chaux hydraulique naturelle, avec rognons de calcaire siliceux compacte, remplis de *Cyclostoma truncatum* (d'Arch. et de Vern., sp.), et contenant aussi des *Limnées* .... 0,40 m

2° Lit de silex rubané avec *Cyclostoma truncatum* 0,05

3° Marne calcaire grise avec le même fossile et des empreintes végétales 0,30

4° Marne calcaire blanchâtre, moins argileuse que les précédentes, avec petites tubulures 0,80

5° Marne calcaire blanche, sèche, criblée de petites cavités . 1,50

6° Marne jaune feuilletée, avec vertèbres de poissons 1,20

7° Marnes vertes, à rognons de strontiane, visibles seulement sur 1,50
(mais s'élevant plus haut.)

Total 5,75

La partie supérieure de cette coupe nous met à 87 mètres d'altitude.

En montant sur le plateau, on rencontre, lorsqu'on fait des fouilles, des assises peu épaisses de calcaire d'eau douce ; puis les meulières de Brie qui étaient exploitées en 1852 sur la route de Rozoy, à 2 kilomètres de Champigny, et qui le sont aujourd'hui sur le même plateau, de 105 à 109 mètres d'altitude, en beaucoup de points, notammment près de la ferme des Bordes.

De cette coupe, il résulte qu'au-dessus du travertin de Champigny il y a :

1° Marne calcaire à *Cyclostoma truncatum*, au moins.... 3,00 m

2° Marne jaune feuilletée, à débris de poissons.......... 1,20

3° Marnes vertes à rognons de strontiane. Épaisseur probable 4,00

4° Calcaire de Brie, meulières et argiles... .... 15 à 20,00

Le travertin de Champigny, loin d'être une manière d'être particulière du calcaire de Brie, comme le voulait Dufrénoy, en est donc séparé par les marnes vertes à rognons strontianifères et les *marnes à cythérées* (marnes à *Cyrena convexa*). Les marnes calcaires à *Cyclostoma truncatum* correspondent aux marnes calcaires à limnées supérieures au gypse de Pantin, dans lesquelles ce fossile se rencontre, aussi bien que dans les marnes à cyrènes.

Ceux qui auraient quelque doute peuvent visiter un troisième point qui servira à relier la coupe de Pantin avec celle de Champigny de la manière la plus intime.

Le village de Fresnes est assis sur les marnes marines à *Ostrea cyathula* et *longirostris*, qui ont là plus de 4 mètres d'épaisseur et présentent des bancs assez puissants de calcaire friable, remplis de coquilles marines. En dessous vient un calcaire d'eau douce qui représente le calcaire de Brie, ici fort atténué et à peu près dépourvu de meulières; puis, en continuant à descendre, viennent les couches suivantes ouvertes dans les marnières au S. O. du village :

	m
1° Marnes vertes avec plusieurs lits de rognons de calcaire strontianifère	4,00
2° Marnes jaune verdâtre feuilletées, avec nombreux fossiles, *Cyrena convexa*, *Psammobia plana*, *Cyclostoma truncatum*, *Cerithium plicatum*, *Cypris*, débris de poissons, et lits minces de gypse cristallisé	1,00
3° Alternance de marne verdâtre et de marne blanche. . . .	2,00
4° Marne calcaire blanche, quelquefois verdâtre, avec limnées et *Cyclostoma truncatum*, jaunâtre au milieu. .	6,00
5° Gypse.	

Cette coupe représente donc exactement la série des marnes comprises à Pantin entre le gypse et le calcaire de Brie, aussi bien que celle des marnes supérieures au travertin de Champigny.

Il faut donc, de tout ce qui précède, tirer nécessairement la conclusion, que *le travertin de Champigny est, comme le gypse, compris entre les marnes marines à* Pholadomya ludensis, *et les marnes d'eau douce à Limnées qui recouvrent le gypse et le séparent des marnes à* Cyrena convexa.

OBSERVATION SUR L'ORIGINE CI-DESSUS ATTRIBUÉE AU GYPSE ET AUX ROCHES SYNCHRONIQUES. — Tout ceci une fois admis, on comprend comment le gypse peut être le résultat de sources thermales situées sur les frontières du bassin parisien et déversant leurs produits, soit dans des courants d'eau douce, soit dans l'eau saumâtre d'un estuaire.

Suivant la force relative des courants et conformément au mécanisme signalé par Constant Prévost et dont nous avons parlé au début de cet ouvrage, il y a dépôt lacustre et dépôt marin dans un point déterminé, et conséquemment ce fait explique les alternances signalées de couches à fossiles d'origines évidemment différentes.

Il n'y a donc pas lieu de conclure l'origine marine du gypse de celle bien constatée de certaines marnes qui l'accompagnent, et par conséquent on ne peut souscrire à la conclusion suivante de Goubert.

« Que les marnes du gypse, dit-il, soient marines ou du moins saumâtres, c'est un fait qui paraît déjà acquis à la science. Il en est probablement ainsi du gypse lui-même. Si l'on n'y a pas encore constaté de mollusques, ne serait-ce pas un peu la conséquence de la négligence que la plupart des géologues affectent pour des recherches bien ingrates, il est vrai, au milieu de roches cristallisées? Mais s'il a suffi de se donner la peine d'examiner attentivement pour trouver les niveaux fossilifères dans les marnes du gypse, n'en serait-il pas de même pour le gypse? Ne serait-il pas le résultat d'une transformation chimique d'un calcaire préalablement déposé dans les eaux saumâtres (1). »

Au contraire, d'après ce qui précède, nous nous rangeons à l'avis de M. Hébert, qui ne voit dans les minces couches d'argiles marines du gypse que le résultat d'invasions lentes et intermittentes de la mer voisine du lac où se déposait le gypse. La cristallisation en couches minces et successives de celui-ci, et la consolidation de bancs plus ou moins puissants, exigeaient en effet une enceinte fermée donnant lieu à une forte évaporation, et eussent été impossibles au milieu des masses d'eau d'un golfe en communication libre avec l'Océan. L'alternance régulière si souvent remarquée des couches de marnes et des couches de gypse fait penser naturellement à des sortes de marées, donnant lieu à une sorte de chronomètre naturel, analogue à ceux qu'on a observés dans une foule de circonstances. A ce sujet, il est intéressant de rappeler les faits récemment constatés dans l'isthme de Suez. Il y existe près des lacs Amers un épais banc de sel, composé de couches horizontales variant d'épaisseur de 5 à 25 centimètres, correspondant, si l'on veut, aux couches de gypse, nettement séparées par une pellicule de sable fin, correspondant aux feuillets de marne de nos plâtrières.

(1) Goubert, Bullet. de la Société géologique, 2e série, 1866, t. XXIII, p. 344.

Cette identité de structure suppose une grande analogie dans le mode de formation. Or, comme le fait remarquer M. de Lesseps (1), la seule hypothèse admissible, relativement au sel, est qu'après l'obstruction de deux branches de l'antique canal de communication, les eaux des lacs Amers n'étant plus alimentées qu'aux grandes marées d'équinoxes, ou même à intervalle beaucoup plus éloigné, lors des marées exceptionnelles, et l'évaporation étant ainsi supérieure à l'alimentation, ces eaux se sont graduellement abaissées et concentrées jusqu'au point de saturation ; les dépôts de sel ont alors commencé, et la couche déposée s'est augmentée tant que la nappe liquide n'a pas été asséchée et jusqu'uà ce qu'une marée exceptionnelle, en apportant aux lacs un certain volume d'eau fraîche de la mer Rouge, soit venue suspendre pour un temps la formation des dépôts.

La poussière de sable que les grands vents de khamsin avaient fait déposer à la surface écumeuse de la nappe en travail de cristallisation, y est restée emprisonnée lorsque cette nappe a été complétement, desséchée et a formé l'espèce d'enduit jaunâtre qui recouvre chaque tranche du bloc de sel qui n'a pu être emporté lorsqu'une nouvelle grande marée est venue inonder et recouvrir ce banc, et remplir de nouveau partiellement les lacs. L'action directe du soleil sur la surface du banc, lorsqu'il s'est trouvé à sec, a pu d'ailleurs contribuer à retenir la couche de sable agglutinée avec le sel en en formant une sorte de croûte d'une plus grande dureté. Au remplissage qui a suivi, cette croûte et la tranche de sel qu'elle recouvrait, ont pu se dissoudre sur une certaine hauteur en attendant de nouveaux dépôts ; le sable est resté sur la surface solide du sel, comme un témoin de la formation qui venait d'avoir lieu et l'a séparée de la suivante. On voit immédiatement comment ces remarques s'appliquent à la formation du gypse, pourvu qu'on remplace les grandes marées par les effluves d'eaux minérales chargées de sulfate de chaux, et le vent du désert par des ruisseaux limoneux.

Pour ce qui est relatif au gypse, il faut remarquer que son dépôt avait évidemment lieu en eau extrêmement peu profonde. C'est ce que montrent, par exemple, les surfaces d'érosion que nous avons signalées comme se présentant si souvent à la surface supérieure

(1) De Lesseps, *Comptes rendus de l'Académie des sciences*, 1874, t. LXXVIII, p. 1744.

des bancs de gypse, et cette circonstance est conforme au mode de formation que nous venons d'admettre. On tire la même conséquence aussi de l'existence, à travers maints bancs de gypse, de cavités verticales cylindroïdes tout à fait assimilables aux *marmites de géants* si nombreuses, par exemple, sur le littoral de la péninsule scandinave. On en aperçoit fréquemment dans le granite et le gneiss qui constituent en grande partie cette région. Leurs dimensions sont très-variables : leur diamètre atteint souvent plusieurs mètres et leur profondeur est plus considérable ; le frottement en a arrondi et souvent poli les parois ; le fond en est grossièrement hémisphérique. « A la vue de ces formes significatives, dit M. Daubrée (1), il est difficile de ne pas y reconnaître tout d'abord des perforations produites par l'intervention d'un liquide doué d'un mouvement gyratoire, et dont l'action perforante était considérablement renforcée par les galets que ce liquide faisait lui-même tournoyer. Des galets parfaitement arrondis qui se trouvent souvent encore au fond des marmites, sont en quelque sorte pris en flagrant délit d'attaque. Ces cavités, très-fréquemment éloignées de tout cours d'eau, remontent à des actions qui ont depuis longtemps cessé ; mais elles ont une analogie évidente avec les trous circulaires qui se produisent de nos jours dans les remous des eaux courantes, près des cascades, ou bien sur le fond des glaciers, dont les eaux de fusion se précipitent de toutes parts, avec impétuosité, à travers les crevasses. Elles diffèrent de ces derniers par leurs dimensions imposantes. » Or, le gypse en offre souvent de tout pareils. On en voyait, il y a quelques années, une série très-remarquable à Argenteuil, dont la verticalité parfaite et la forme quasi géométrique en faisaient des pendants exacts des marmites du Nord ; de gros galets arrondis gisant dans le fond complétaient la ressemblance et indiquaient clairement le mode de formation de ces cavités. Leur âge est d'ailleurs très-postérieur à celui de l'époque gypseuse, et se rattache peut-être à la période quaternaire.

On peut se demander comment la formation des gros cristaux en fer de lance est compatible avec le mode de formation que nous attribuons au gypse. S'il y a réellement eu le charriage, à l'idée duquel nous avons été conduit d'une manière si naturelle, on ne peut croire que ces gros cristaux aient pu être entraînés sans subir

---

(1) Daubrée, *Comptes rendus de l'Académie des sciences*, 1874, t. LXXIX, p. 831.

des frottements qui les auraient complétement déformés. D'ailleurs il suffit de les examiner dans leur gangue marneuse, pour être bien certain qu'ils se sont formés à la place même d'où on les extrait. Or, diverses expériences permettent de supposer qu'ils résultent d'un mouvement moléculaire, développé au sein d'un magma plus ou moins amorphe, à la faveur d'un temps prolongé. Déjà nous avons rapporté les faits signalés par M. Marc Séguin sur un sujet analogue; il faut rappeler aussi les résultats obtenus par M. Henri Sainte-Claire Deville, qui a vu, sous l'influence d'alternatives de température, un précipité amorphe se transformer peu à peu en une poudre cristallisée. Cette explication s'applique, comme on voit, non-seulement aux fers-de-lance, aux pieds-d'alouette et aux grignards, mais aussi aux couches de gypse simplement saccharoïde et grenu. Rien ne prouve qu'au moment de son dépôt, cette substance n'était pas complétement terreuse, peut-être même mélangée dans certains cas avec des marnes qui s'en seraient séparées peu à peu à la faveur d'un mouvement intestin. Une foule de faits de la géologie doivent s'expliquer d'une manière analogue, et peut-être, entre autres, la présence des empreintes de trémies qui nous ont déjà occupés dans les marnes du gypse.

CHAPITRE III

LE TRAVERTIN MOYEN OU DE LA BRIE.

Il est impossible d'établir une ligne de démarcation absolue entre le terrain gypseux qui vient de nous occuper et le travertin de la Brie, qui lui est immédiatement superposé. Le type de ce terrain, intéressant à divers égards, peut être cherché dans la meulière de la Ferté-sous-Jouarre.

Dans leur *Description géologique des environs de Paris*, Cuvier et Brongniart le rapportent au travertin supérieur ou de la Beauce, avec lequel, comme nous verrons, il présente de grandes analogies d'aspect. Apportant à la classification des illustres créateurs de la géologie parisienne la plus grande modification qu'elle ait subie, Dufrénoy montra que l'âge des meulières de Brie est tout à fait différent de celui des meulières de Beauce. Tout l'épais système

des sables supérieurs ou de Fontainebleau sépare ces deux travertins (1). Cette rectification a trop d'importance pour que nous ne
nous y arrêtions pas un moment.

A l'appui de son opinion, Dufrénoy donna plusieurs coupes,
parmi lesquelles nous retracerons seulement celle prise à la côte
de Flagny, située à moitié chemin entre la Ferté et Montmirail.

Cette coupe, dirigée du nord au sud, passe par Sablonnières, village
situé dans le fond de la vallée du Morin, par Ondervilliers, placé
à mi-côte, et vient se terminer au tertre de Flagny. On trouve :

1° Dans le fond de la vallée du Morin, les sables siliceux du calcaire grossier ; ils contiennent tous les fossiles caractéristiques de
ce terrain ; on voit même au-dessus une petite couche de calcaire
à cérithes.

2° Le calcaire siliceux recouvre bientôt le système de couches
qui dépendent du calcaire grossier : cette première formation est
fort puissante. Toute la première pente de la vallée est sur le calcaire. Il contient, dans quelques parties, beaucoup de limnées et de
planorbes ; malgré les recherches les plus scrupuleuses, on n'a pu
y découvrir de *Chara*. Arrivé à la hauteur d'Ondervilliers, le calcaire devient très-siliceux, et bientôt toute la surface du pays est
recouverte de fragments de meulières enlevés par la charrue ou
de débris qui proviennent des exploitations ouvertes sur plusieurs points de cette plaine. A Ondervilliers, la meulière n'est
point mélangée de sable comme à Tarteret ; elle est seulement
associée à des argiles ocreuses, au milieu desquelles on trouve çà
et là des blocs plus ou moins considérables, susceptibles d'exploitation.

3° En continuant à remonter le petit ruisseau qui passe près
d'Ondervilliers, on aperçoit bientôt le tertre de Flagny qui domine
le pays ; il forme un mamelon isolé, entièrement indépendant du
reste du terrain, et paraît comme le témoin d'une formation qui
a couvert toute la contrée lorsque les terrains tertiaires se sont
déposés. La pente de cette colline, sans être brusque, est beaucoup
plus rapide que celle du pays dont il vient d'être question ; la nature
de son sous-sol est également très-différente. Il est composé d'un
sable jaunâtre ferrugineux, souvent argileux et micacé dans quelques parties. Au milieu de ce sable, on trouve des blocs plus ou
moins considérables d'une meulière rougeâtre très-caverneuse,

(1) Dufrénoy, *Bullet. de la Soc. géologique*, 1834, t. IV, p. 162.

dans laquelle il existe une grande quantité de limnées et de graines de *Chara* à l'état de moules siliceux.

Le travertin moyen occupe, dans nos environs, une assez vaste surface dont les limites se rapprochent beaucoup de celles de l'ancienne province de Brie. Elles passent au nord de Fère en Tardenois, à Reims, puis longent la limite du terrain crétacé jusqu'au sud de Sézanne; on les suit à Fontainebleau, Arpajon, Sceaux et la Ferté-sous-Jouarre.

Au point de vue stratigraphique, ce terrain se divise très-naturellement en deux étages, qui sont :

> 2. Les meulières ;
> 1. Le calcaire de Brie.

Voyons successivement leurs caractères.

§ 1. — Calcaire de Brie.

CARACTÈRES GÉNÉRAUX. — La puissance de cet étage dépasse rarement 6 mètres. Il commence, à la partie inférieure, par des marnes blanches, reposant directement sur les marnes vertes supérieures au gypse, et se fondant même quelquefois avec elles, mais qui souvent sont plus riches en carbonate de chaux.

Au-dessus, viennent les couches du calcaire. Celui-ci est d'un gris blanchâtre, à cassure mate, et même, lorsqu'il est compacte, conchoïde. Souvent sa structure caverneuse rappelle celle des meulières, et dans ce cas il n'est pas rare de le voir, se chargeant progressivement de silice, passer d'une manière parfaitement insensible à la meulière proprement dite. C'est ce qu'on peut remarquer aux portes mêmes de Paris, à Villejuif, où d'un côté de la route le travertin est parfaitement calcaire, tandis qu'en face, et juste au même niveau, il est complétement siliceux.

Dans d'autres localités, à Melun, par exemple, on voit, au milieu même des bancs calcaires, des rognons de silex aplatis, diversiformes, dont le grand diamètre varie, d'après les mesures de d'Archiac (1), de 60 à 80 centimètres, et l'épaisseur de 10 à 15 ou davantage. Leurs teintes sont extrêmement variées. Ils sont gris blanchâtre, marbrés de gris foncé, rouge brun, brun clair, zonés

---

(1) D'Archiac, *Histoire des progrès de la géologie*, t. II, p. 554.

de blanc et de brun comme les onyx, bleuâtres passant à la calcédoine et tachés de blanc. Il y en a aussi de jaunes, de noirâtres, d'un
rouge plus ou moins vif, passant à la cornaline, de roses et de lie
de vin. Souvent la silice se fond insensiblement dans la pâte calcaire.

Au-dessus des couches calcaires viennent des marnes blanches,
grises ou verdâtres, qui les séparent des meulières dont nous allons
parler.

C'est dans ces marnes que Dufrénoy a signalé, à Chennevières,
près de Champigny, une variété de magnésite formant un lit de
38 centimètres d'épaisseur (1). Elle est d'un blanc grisâtre et traversée par des veinules d'oxyde noir de manganèse. La même substance existe au même niveau aux environs de Coulommiers, dans
le département de Seine-et-Marne (2).

FAUNE DU CALCAIRE DE BRIE. — Le calcaire de Brie contient les
vestiges d'une faune intéressante.

Les mollusques y sont peu nombreux et exclusivement terrestres ou d'eau douce. À Treuzy et ailleurs, on y recueille des *Helix* de
différentes espèces, analogues à celles que nous trouverons plus loin
dans le calcaire de Beauce. Le *Limnæa longiscata*, que nous avons
déjà rencontré en si grand nombre dans le travertin de Saint-Ouen,
se retrouve ici avec une profusion analogue. D'autres limnées lui
sont d'ailleurs mélangées, et spécialement les *L. fabulum* (Brongn.),
L. Briarensis (Desh.) et *L. Heberti* (Desh.). Le *Planorbis rotundatus*
est très-abondant, et lui aussi nous est connu pour s'être présenté
dans le travertin inférieur.

Il y a plusieurs *Paludina*, et dans le nombre ce *P. pusilla* qui
pétrit des couches entières de marnes de Saint-Ouen, et qui ici
existe non-seulement dans les couches calcaires de la Brie, mais
aussi dans les meulières proprement dites.

Les carrières des environs de Sézanne ont fourni des restes de
Lophiodon, auxquels MM. Hébert et Paul Gervais attribuent l'âge
du calcaire de Brie. Ce résultat est très-intéressant, en montrant que
ce pachyderme, apparu dès l'époque des lignites, c'est-à-dire bien
avant le *Palæotherium*, a persisté longtemps après celui-ci, dont
on ne retrouve aucun vestige après la formation gypseuse.

FLORE DU CALCAIRE DE BRIE. — Souvent on observe des empreintes

---

(1) Dufrénoy, *Annales des Mines*, 4ᵉ série, 1831, t. I, p. 393.
(2) *Bullet. de la Soc. géologique*, 1831, t. I, p. 224.

de végétaux dans le terrain qui nous occupe, mais elles sont rarement déterminables et ne paraissent pas jusqu'ici avoir été l'objet d'études spéciales. Disons cependant qu'à Treuzy, localité que nous citions tout à l'heure, on peut recueillir de nombreuses graines de palmiers.

§ 2. — Meulières de Brie.

CARACTÈRES GÉNÉRAUX. — Les meulières sont comme noyées dans des argiles impures ou glaises colorées en brun, jaune, rouge, ou blanchâtres, et se présentant sous la forme de bancs discontinus, ou, plus exactement encore, de masses ou grands rognons irréguliers.

Le nom des meulières vient, comme on sait, de l'usage qu'on en fait pour la fabrication des meules à moudre, et leur qualité, à cet égard, est due à leur structure caverneuse. A ce titre, elles sont

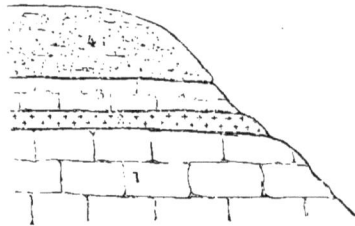

FIG. 84. — Coupe des meulières à la Ferté-sous-Jouarre.

4. Sables ferrugineux (de Fontainebleau). — 3. Meulières de la Brie. — 2. Gypse. — 1. Calcaire grossier.

très-recherchées, exploitées à grands frais et exportées quelquefois à des distances considérables. La Ferté-sous-Jouarre occupe dans l'industrie des meules une des places les plus distinguées. La figure 84 donne la coupe du coteau dans lequel ont lieu les exploitations.

Comme on voit, le bas du coteau est constitué par des couches de calcaire grossier au-dessus duquel apparaît la formation gypseuse. Le haut du coteau est occupé par le sable de Fontainebleau. C'est entre ce sable, dont la puissance atteint 20 mètres, et le gypse, que se montrent les meulières et leurs argiles.

Le banc proprement dit a de 3 à 5 mètres d'épaisseur. Les carrières à meules sont à ciel ouvert, et leur exploitation demande par conséquent des déblais préliminaires extrêmement considérables.

Une fois en présence du banc, c'est au bruit que la pierre rend sous le marteau qu'on reconnaît sa qualité.

La Ferté-sous-Jouarre est la seule localité où l'on puisse fabriquer des meules d'un seul morceau, ce qui suppose des rognons de meulières très-volumineux. On taille un cylindre qui, d'après sa hauteur, doit donner une ou deux meules. On trace sur sa hauteur, dans ce second cas, un sillon de 9 à 12 centimètres de profondeur, dans lequel on fixe des cales de bois. Entre celles-ci sont placés des coins de fer que l'on chasse avec précaution pour déterminer la rupture. L'ouvrier écoute attentivement, et c'est d'après la nature du bruit que produit la fissure qu'il juge s'il doit hâter ou ralentir l'entrée de ses coins. C'est une fabrication très-intéressante à suivre.

A la Ferté même, et à plus forte raison dans les gisements moins favorisés, on fait aussi des meules en plusieurs morceaux qui sont réunis par des cerceaux.

L'exploitation des meules dans cette localité classique remonte à plus de quatre cents ans.

Les argiles à meulières ne sont guère employées; cependant, à Montfort-l'Amaury, on les exploite comme amendement pour les besoins de l'agriculture.

FAUNE. — Les fossiles des meulières de Brie consistent principalement en coquilles, qui sont, pour la plupart, les mêmes que celles du calcaire. Dans certains points, tels que Montfort-l'Amaury, les *Limnæa inflata* (Brongn.) sont extrêmement nombreux. Cette petite espèce est globuleuse, très-ventrue; à spire assez élevée et pointue, composée de cinq tours dont le dernier est très-grand, de la moitié aussi haut que le reste de la coquille. L'ouverture est assez régulièrement ovale, oblique à l'axe; la columelle est très-courte, tandis que le pli columellaire est fort long, peu tordu et peu saillant.

Le *Limnæa cylindrica* (Brard) est ventru. Sa spire est courte et presque scalariforme; les tours en sont bien séparés par une suture profonde; ils sont lisses et subcylindriques. Le dernier tour occupe plus des trois quarts de la hauteur totale. L'ouverture est assez grande, ovale, évasée à sa partie antérieure; la columelle est simple, et le pli columellaire est droit, court, pyramidal, peu saillant, quoique assez fortement tordu sur lui-même.

FLORE. — A Melun, à Longjumeau et ailleurs, les meulières sont pétries de végétaux. Nous citerons : *Carpolithes thalictroides pari-siensis; C. ovulum; Chara helicteres; Nymphæa Arethusæ.*

ORIGINE ET MODE DE FORMATION DES MEULIÈRES. — C'est un problème très-intéressant que celui de l'origine et du mode de formation des meulières. M. Meugy a émis à cet égard une hypothèse très-ingénieuse (1), qui, bien qu'elle ait dû être repoussée, mérite néanmoins d'être exposée ici. Voici la substance du mémoire de M. Meugy :

« Avant d'entrer dans aucun détail, nous croyons devoir rappeler les limites géographiques des deux terrains à meulières. Ils forment un vaste bassin discoïde embrassant une partie des départements de Seine-et-Oise, de Seine-et-Marne, de l'Aisne et de la Marne, et dont la concavité est tournée au nord. Le bord de ce bassin coïncide à peu près avec les limites septentrionales des départements de Seine-et-Oise et de Seine-et-Marne. Il suit ensuite parallèlement la vallée de la Marne, en touchant Fère en Tardenois (Aisne), puis se recourbe au sud en passant à Épernay, Sèvres, Provins, Fontainebleau et Rambouillet. Mais toutes les parties de ce bassin sont loin d'être également riches; car l'étage des meulières inférieures manque, pour ainsi dire, complétement sur la rive droite de la Seine et de la Marne, dans les deux départements de Seine-et-Oise et de Seine-et-Marne. Cet étage semble faire suite à celui des meulières supérieures, qui, abstraction faite des lambeaux isolés au sommet de quelques monticules dans les arrondissements de Mantes, Pontoise et Meaux, se réduit à un petit bassin de forme elliptique dont Chevreuse occupe à peu près le centre, et qui est séparé du terrain à meulières inférieures par les côtes sableuses de Sceaux, Palaiseau et Montlhéry. Ces deux terrains se trouvent donc, pour ainsi dire, dans le prolongement l'un de l'autre, bien qu'occupant des niveaux différents et semblent avoir été formés, en partie du moins, à une même époque par des eaux qui ont ruisselé sur toute la surface où ils s'étendent. »

Le fait le plus général, et sur lequel il convient d'appeler l'attention tout d'abord, parce qu'il s'applique aux deux étages de meulières, est la nature minéralogique de l'argile associée à la roche, quand celle-ci est bien en place. Si la meulière n'a pas été déplacée, ce qu'on reconnaît facilement à la disposition horizontale que les bancs siliceux, bien que discontinus, affectent généralement, on n'observe dans les interstices de la pierre que de la glaise compacte, grise ou rougeâtre, dans laquelle sont empâtés des lentilles de sable et des fragments anguleux et non arrondis de silex meulière.

(1) Meugy, *Bullet. de la Soc. géologique*, 2⁰ série, t. XIII, p. 417 et 581.

Au-dessus de cette première assise, il existe très-souvent à la surface du sol un dépôt sableux ou limoneux, dont les parties constituantes remplissent les cavités ou les fentes du terrain sous-jacent. Cette couche de gravier, de sable et d'argile rougeâtre, plus ou moins sableuse, qui recouvre la superficie des plateaux, renferme aussi des meulières; mais celles-ci s'y trouvent disséminées sans aucun ordre en blocs isolés, et leur gisement diffère, par suite, de celui des meulières du dessous, dont la stratification est au contraire assez marquée.

De plus, on observe à différents niveaux des blocs de meulières empâtés dans l'argile ou limon, ou mélangés avec des cailloux roulés de toute nature.

Les faits observés prouvent, en un mot, que les meulières inférieures, comme les meulières supérieures, associées à des argiles compactes, sont recouvertes par des terrains tantôt sablonneux et graveleux, tantôt limoneux, qui empâtent tous deux des blocs plus ou moins volumineux de la roche sous-jacente.

Les meulières paraissent donc, pour M. Meugy, avoir été remuées ou déplacées à deux époques différentes : premièrement, à l'époque du dépôt des sables et graviers; deuxièmement, à celle du limon.

Le massif, pris dans son ensemble, affecte bien une disposition horizontale; mais ses diverses parties, au lieu de faire corps entre elles ou de se lier l'une à l'autre par des veinules plus ou moins épaisses, consistent au contraire en fragments de toutes grosseurs, à surfaces droites, séparés les uns des autres par des intervalles souvent très-étroits, remplis de glaise. En un mot, les matériaux constituants de ce terrain sont disposés comme si l'argile s'était formée après le dépôt de la meulière. Une opinion toute contraire a été émise par M. Constant Prévost (1). Suivant cet auteur, les masses siliceuses seraient contemporaines des argiles qui les enveloppent, et auraient été produites à la manière des silex de la craie, par des agglomérations de la silice au sein du limon argileux. Mais la structure fragmentaire des meulières, bien différente de celle des silex du terrain de craie, qui est au contraire arrondie, noduleuse ou mamelonnée, nous paraît s'opposer à ce que cette hypothèse puisse être admise. D'ailleurs on ne pourrait expliquer ainsi la présence des débris qu'on observe au milieu des argiles dans les inter-

(1) Constant Prévost, *Quelques faits relatifs à la formation des silex meulières* (*Bullet. de la Soc. philomatique,* 1826).

valles horizontaux qui séparent les bancs de meulières et jusqu'à la partie inférieure de la formation. Nous ne pouvons non plus admettre, avec M. Constant Prévost, que les traces de ruptures et de dislocations que présentent les massifs de meulières doivent être attribuées au tassement des sables qui les supportent. Car cette explication ne pourrait évidemment s'appliquer aux meulières inférieures. Enfin, certains faits qui n'ont pas échappé aux investigations de Dufrénoy, ne peuvent laisser de doutes sur la non-contemporanéité des argiles et des meulières. Ainsi, ce savant a remarqué que la meulière de Brie n'était qu'un accident au milieu du calcaire siliceux, et que le développement de l'un de ces terrains correspondait ordinairement à un amincissement de l'autre. Le terrain des meulières ne forme pas, en effet, une nappe continue et stratifiée régulièrement au-dessus du calcaire siliceux, puisqu'on rencontre aux mêmes niveaux, tantôt les meulières avec leurs argiles, tantôt les roches de travertin supérieur. Or, si les meulières s'étaient formées dans les argiles, on ne comprendrait pas pourquoi ce terrain ne s'étendrait pas en couche régulière au-dessus du calcaire lacustre. De plus on voit souvent (Villemoisson, Essonnes, Marolles, Épinay, etc.) la meulière passer insensiblement au calcaire siliceux.

M. Meugy insiste beaucoup sur ce point, parce qu'il lui semble donner la clef du mode de formation de cette roche. A Marolles, notamment, on remarque au fond des carrières des bancs presque continus de calcaire siliceux passant à une meulière poreuse. Ces bancs sont recouverts par des meulières associées à des glaises compactes auxquelles sont superposées d'autres meulières en fragments anguleux, avec glaises rougeâtres et verdâtres enveloppées dans des argiles plus maigres, mêlées de gros sable, qui empâtent aussi des parties marneuses blanches. Quelquefois le gravier domine, et en certains points ce gravier est lui-même recouvert par un peu de limon argilo-sableux jaunâtre qui emplit les dépressions du sous-sol. Dans les carrières ouvertes entre Montgeron et Brunoy pour l'extraction de la pierre destinée au macadamisage des rues de Paris, on observe au-dessus du banc siliceux exploité, qui a 2 mètres de puissance, une couche de marne blanche dont la surface présente de nombreuses ondulations, puis des fragments détachés, formés partie de meulière, partie de calcaire siliceux, dans une argile rougeâtre mêlée de gravier, qui renferme aussi des lambeaux de marne, au milieu desquels on distingue encore quelquefois des parties siliceuses meuliériformes. Cette argile, dont l'épaisseur est de 2 à 3 mètres, remplit les nombreuses fentes du banc inférieur. Il semblerait que la couche supérieure du travertin, dont il n'existe plus maintenant que des débris, a été partiellement décomposée, et que ces débris ont été remaniés postérieurement. A Villemoisson, les bancs de calcaire siliceux ne sont, pour ainsi dire, cariés qu'à la surface, et une même pierre présente à la fois du calcaire compacte jaunâtre, de la silice gris bleuâtre et de la marne blanche ou gris blanchâtre. Il en est de même à Épinay et à Essonnes. Dans l'une des carrières ouvertes dans cette dernière localité, au sommet de la côte, sur la route de Mennecy, se montrent des bancs épais de calcaire siliceux traversés par des filières très-étroites, au contact desquelles la pierre était complétement transformée, et, à quelques centimètres de ces fentes, la meulière devenait de moins en moins cariée et passait graduellement au calcaire compacte.

Les vides contigus aux filières ne renfermaient qu'un léger dépôt de glaise rougeâtre. Sénarmont a cité, d'ailleurs, plusieurs localités du département de Seine-et-Marne où la meulière n'est pas exclusivement siliceuse et renferme de 3 à 15 pour 100 de carbonate de chaux, comme entre Saint-Ouen et Rebais, aux environs du Plessis-Picard, de Servon, de Brie-Comte-Robert, de la forêt d'Armainvilliers, etc. « J'ai moi-même recueilli, dit l'auteur, sur le plateau qui borde la Marne, à l'est de Champigny, dans un terrain remanié consistant en une argile jaunâtre avec fragments siliceux et marneux, des échantillons de meulières imparfaites, au centre desquels on distingue de petits noyaux compactes et calcaires de nuance grisâtre, entourés d'une enveloppe blanche toute siliceuse (1). »

Maintenant, comment peut-on concevoir le mode de formation des meulières et des glaises qui les enveloppent? On lit dans la *Description géologique des environs de Paris* par Brongniart (page 79) : « C'est dans ce terrain (calcaire siliceux) que se trouve une des sortes de pierres connues sous le nom de meulières, et qui semblent avoir été la carcasse siliceuse du calcaire siliceux. Le silex, dépouillé de sa partie calcaire par une cause inconnue, a dû laisser et laisse en effet des masses poreuses, mais dures, dont les cavités renferment encore de la marne argileuse, et qui ne présentent au-

---

(1) Nous dirons, à cet égard, conformément à l'assertion de M. Meugy, que nous avons recueilli nous-même dans les meulières de Bric de Grand-Vaux (Seine-et-Oise) des échantillons absolument calcaires, extrêmement friables, et qu'on pourrait confondre pour l'aspect avec la craie blanche proprement dite. Nous avons déposé un échantillon de ce genre dans les collections du Muséum.

cune trace de stratification. Nous avons fait de véritables meulières artificielles en jetant du calcaire siliceux dans de l'acide nitrique. »

Chacun peut répéter cette expérience bien simple, et l'on remarquera que l'acide laisse un résidu argileux jaunâtre, qui paraît représenter certaines glaises associées à la pierre meulière.

Mais dans cette manière de voir, à quelle époque ces eaux acides ont-elles fait irruption dans le bassin de Paris? Il résulte des faits observés qu'elles n'auraient pu arriver avant le dépôt des sables de Fontainebleau : car, s'il en était ainsi, il semble que le calcaire siliceux devrait avoir été attaqué à peu près uniformément sur toute son étendue; et l'on ne verrait pas, au même niveau et en des points aussi rapprochés que Juvisy et Villemoisson par exemple, d'un côté le calcaire siliceux intact, et de l'autre le même calcaire en partie transformé.

M. Meugy a observé, d'ailleurs, à Hondevilliers, à deux lieues au sud de Nogent-l'Artaud, un fait qui ne peut guère laisser de doute à ce sujet. Il existe dans cette commune de grandes carrières où l'on exploite le travertin supérieur pour les fabricants de meules de la Ferté-sous-Jouarre. Dans l'une d'elles, ouverte depuis douze à quinze ans au milieu d'un terrain appartenant au sieur Dumoncet, on voit les sables supérieurs interrompus par une grande poche qui est remplie de limon et qui atteint le massif exploité. Ce massif consiste en bancs siliceux plus ou moins cariés, qui font corps entre eux, et dont les vides sont presque entièrement remplis d'argile sableuse jaune et grise, qui se lie évidemment au limon du dessus. Or, si les eaux acides étaient venues antérieurement aux sables, il serait naturel que les vides restant dans la pierre fussent remplis de sable et non de limon. De plus, la pierre meulière cariée, la seule qui soit propre à la fabrication des carreaux à meules, se trouve uniquement au-dessous de cette poche, et en général dans les parties où les sables manquent. On n'observe, en effet, sous ces sables, qui sont supportés par un lit imperméable de glaises de diverses couleurs, que des bancs épais de cailloux, avec fentes verticales remplies tantôt de limon, tantôt de sable pur. Les ouvriers disent eux-mêmes qu'ils craignent le sable, parce qu'ils savent, par expérience, qu'il n'y a pas de bonne pierre au-dessous.

Les eaux acides n'ont pu arriver non plus immédiatement après le dépôt des sables, car, dès qu'il n'est guère possible de concevoir l'allure toute particulière des meulières inférieures sans admettre une dénudation préalable de ces sables, la concordance qui existe entre cette formation et le calcaire de Beauce s'opposerait à cette supposition.

Ces eaux n'auraient donc pu affluer qu'après le calcaire lacustre supérieur et lorsque ce dernier avait déjà été raviné ainsi que les sables, c'est-à-dire lorsque le relief du sol présentait à peu près la configuration actuelle, abstraction faite des dernières vallées. « Or, dit M. Meugy, comme le terrain des meulières supérieures est disposé, relativement au calcaire de Beauce, de la même manière que celui des meulières inférieures, par rapport au calcaire de Brie, et que, par suite, la physionomie qui leur est propre n'a pu leur être imprimée que par des causes semblables; comme, d'un autre côté, les graviers et glaises qui se rattachent au terrain de Sologne remplissent les vides des meulières, dont ils renferment aussi des fragments, il s'ensuit que les eaux acides dont il est question n'ont pu envahir le lac parisien que vers la fin de la période miocène, avant l'époque des faluns. Elles se seraient alors répandues sur les calcaires siliceux, et les auraient décomposés plus ou moins complétement en laissant pour résidu, d'une part, le squelette siliceux du calcaire, et, d'autre part, l'argile ferrugineuse, primitivement mêlée d'une manière intime au carbonate de chaux. Un peu plus tard les vides nombreux et irréguliers existant au milieu de ce squelette ou de cette espèce de carcasse du calcaire siliceux (pour nous servir de l'expression pittoresque de Brongniart) auraient été remplis par les glaises et les sables du terrain de Sologne. Cette hypothèse paraît rendre assez bien compte de tous les faits observés. En effet, il est naturel de supposer que, par suite de la décomposition des calcaires, les veines siliceuses ne faisant plus partie d'un massif compacte, se sont facilement rompues dans les points où elles offraient le moins de résistance. Il est résulté de là, d'une part, de menus débris qui ont été empâtés par les argiles, et, d'un autre côté, des fragments tantôt en grosses masses, tantôt en plaquettes, qui sont restés à peu près dans la position qu'ils occupaient d'abord, mais qui, par suite du tassement, ont dû s'incliner plus ou moins en divers sens et présenter les apparences de dislocation qu'on observe. Les intervalles argileux qui existent au milieu des massifs de meulières seraient donc, pour la plupart, une conséquence de la dissolution du calcaire et des marnes associées à la silice; mais ils ont pu provenir aussi quelquefois de fissures résultant du retrait même de la matière. Dans le premier cas, l'argile provenant de l'attaque du calcaire par l'acide a formé un léger dépôt dans les vides produits par l'enlèvement du carbonate de chaux, lesquels vides ont pu être postérieurement comblés par les glaises de Sologne; et, dans le second cas, ce sont seulement ces glaises qui se sont infiltrées dans les fentes de la pierre en même temps que d'autres matériaux détachés des terrains environnants. C'est ainsi que, dans les carrières de Ferrières et de Collégien (Seine-et-Marne), situées à deux lieues au sud de Lagny, on trouve quelquefois, au milieu du massif siliceux et même au-dessous, de petites veines de sable provenant de la dégradation des monticules voisins. C'est ainsi qu'à Saint-Michel-sur-Orge (Seine-et-Oise), les fentes des bancs de caillasse sont aussi remplies par du sable ou par une glaise sableuse brune, analogue à celle qui existe quelquefois dans le nord à la base du limon. Quant aux graviers et sables de Sologne, on conçoit que l'agitation des eaux qui avait nécessairement lieu au moment de leur transport, ait suffi pour soulever les blocs isolés de meulière déjà même entourés de glaises qui gisaient pêle-mêle à la surface du sol.

« Les choses se sont probablement passées comme nous venons de le dire, quand les bancs calcaires se trouvaient découverts à la surface des plaines. En dehors de leurs affleurements, au contraire, quand ils étaient préservés du contact de la liqueur acide par les veines glaiseuses imperméables qui existent presque toujours à la base des sables supérieurs, et par une plus ou moins grande épaisseur de marnes du calcaire de Beauce, ils ont dû conserver leur structure primitive.

» Quelquefois les couches calcaires, bien que se trouvant à une certaine profondeur, ont pu être attaquées, soit que les eaux venant de la surface se soient répandues dans les fissures du sol, soit que ces eaux soient sorties de l'intérieur en certains points à l'état de sources ; mais les diverses parties du massif corrodé n'ont pu se désunir, et l'action de l'acide n'a dû avoir pour effet que de laisser de petits noyaux argileux dans les pores de la pierre, comme à Epinay et à Chamarande, et d'engendrer de la limonite, qui s'est agglomérée en quelques points sous forme de nodules.

» Ainsi, les divers terrains à meulières ne seraient que le résultat d'une modification opérée sur les deux calcaires lacustres par des eaux acides qui auraient agi postérieurement à leur dépôt, dans un même bassin dont la forme et la profondeur, indépendantes de l'étendue des deux formations, n'ont été déterminées que par le relief des couches inférieures et par les dénudations que le sol superficiel avait déjà éprouvées.

» Quant à la nature et à l'origine de l'acide auquel nous attribuons la décomposition des calcaires siliceux, ce sont là des questions qu'il n'est guère possible d'aborder et encore moins de résoudre. Des sources d'acide carbonique, telles que celles qui existent de nos jours, auraient-elles suffi pour détruire d'aussi grandes masses calcaires? On serait plutôt porté à supposer que l'agent qui a servi à la désagrégation et à l'altération de ces roches a été l'acide chlorhydrique, qui s'échappe encore par torrents des volcans actuels, et qui existe aussi quelquefois dans les sources thermales. L'acide sulfurique résultant du grillage des pyrites ou de la combustion lente du gaz hydrogène sulfuré au contact des corps poreux, a peut-être aussi joué un rôle. Quoi qu'il en soit, les émanations acides auraient coïncidé avec le soulèvement désigné par le nom de système du Sancerrois, que M. Élie de Beaumont regarde comme séparant le terrain d'eau douce du bassin de Paris des faluns de la Touraine. »

Malgré l'attrait que peut avoir cette supposition, il ne faut pas méconnaître qu'elle soulève des difficultés insurmontables. Tout d'abord on peut remarquer son extrême complication.

Et puis, quoi qu'en ait dit M. Meugy, les deux niveaux de meulières sont parfois superposés sur une même verticale et séparés l'un de l'autre, non-seulement par le sable de Fontainebleau, mais aussi par des couches de calcaire qui auraient nécessairement subi l'influence dissolvante d'un agent capable d'agir sur les strates extrêmes de l'ensemble. Cette même remarque s'applique également au cas très-fréquent où les lits de meulières sont recouverts par des couches de calcaire plus ou moins siliceux. C'est, par exemple, ce que donne la coupe suivante prise au-dessus du village de Juvisy, au lieu dit la Cour de France :

14. Terre végétale..............................	»
13. Sable de Fontainebleau argileux.................	4,00
12. Lit d'argile.................................	0,50
11. Marne calcaire grise avec huîtres (O. cyathula, O. longirostris, etc.)...........................	0,30
10. Marne calcaire grise avec concrétions calcaires remplies de milliolites et autres coquilles marines........	1,00
9. Marne sableuse jaunâtre avec petits fragments arrondis de marne blanche...........................	0,50
8. Marne calcaire blanche contenant à la partie supérieure des planorbes et des limnées, alternant à la partie inférieure avec des lits de silex accompagnés d'un peu d'argile jaunâtre...........................	3,00

7. Banc de calcaire siliceux compacte (la surface *inférieure*
   de ce banc est à l'état de meulière)............. 1,60
6. Meulière accompagnée d'un peu d'argile jaunâtre.... 0,40
5. Calcaire siliceux concrétionné et meuliériforme....... 0,80
4. Meulière et calcaire siliceux................ de 1 à 3,00
3. Marnes vertes................................. 5,00
· 2. Marnes jaunes feuilletées (marnes à cythérées de Brongniart,................................... 1,00
1. Marnes bleuâtres et blanchâtres................. »

On voit donc, suivant la remarque de M. Hébert (1), qu'il existe
de véritables meulières au milieu du calcaire siliceux, sous des
assises assez puissantes de marnes calcaires, d'argiles et de sables.
Ces meulières, si elles étaient dues à l'action d'un acide, et l'on ne
peut nier qu'il fût possible d'en obtenir par ce procédé, n'auraient
certainement pas été produites à une époque postérieure à celle
de la formation du calcaire siliceux; elles sont évidemment contemporaines.

Une autre hypothèse à faire, au sujet de l'origine et du mode de
formation des meulières, consiste à en faire des produits comparables aux tufs siliceux des geysers actuels.

Les geysers sont, comme on sait, des sources dont la température élevée est fournie par les régions profondes. L'eau de ces
sources tient en dissolution de la silice qui se repose le long des fissures qui livrent passage au liquide et les tapisse d'incrustations
variées.

Le plus célèbre et certainement le plus beau est le grand Geyser
d'Islande (fig. 85). De loin, de légères vapeurs rampant dans la
plaine basse, au pied de la montagne de Bladfell, indiquent l'emplacement du jet d'eau et des sources voisines. La vasque de pierre
siliceuse que le Geyser s'est lui-même formée pendant le cours des
siècles, n'a pas moins de 16 mètres de largeur et sert de bassin
extérieur à un entonnoir de 23 mètres, du fond duquel s'élèvent les
eaux et la vapeur. Une mince nappe liquide s'épanche par-dessus
les bords de la vasque et descend en cascatelles sur la pente extérieure. L'air froid fait baisser la température de l'eau à la surface,
mais en même temps la chaleur augmente de plus en plus dans les
couches inférieures ; en certains endroits, des bulles se forment au
fond de l'eau et viennent éclater dans l'air. Bientôt ces couches de
vapeurs s'élèvent en nuages dans l'eau verte et transparente ; mais,

(1) Hébert, *Bullet. de la Soc. géologique*, t. XIII, p. 604.

rencontrant les masses plus froides de la surface, elles se dissolvent de nouveau. Enfin, elles arrivent presque dans la vasque et soulèvent les eaux en bouillonnant; les vapeurs jaillissent çà et là dans la nappe liquide; la température du bassin tout entier s'élève au point d'ébullition, la surface se gonfle en masses écumeuses, le sol tremble et mugit sourdement. La chaudière laisse échapper sans

Fig. 85. — Geyser d'Islande (1).

cesse des nuages de fumée, qui tantôt s'accumulent sur le bassin, tantôt sont balayés par le vent. Quelques moments de silence succèdent de temps en temps au sifflement des vapeurs. Tout à coup la résistance est vaincue; l'énorme jet s'élance avec fracas, et, comme un pilier de marbre éblouissant, surgit à plus de 30 mètres dans les airs. Un deuxième, puis un troisième jet se succèdent rapidement; mais le magnifique spectacle ne dure qu'un petit nombre de minutes. La vapeur s'échappe; l'eau, refroidie, tombe dans la vasque et sur le pourtour du bassin, et, pendant des heures et même des jours, on attend vainement une nouvelle explosion. En

(1) Figure empruntée aux *Éléments de géologie* de M. Contejean.

se penchant au-dessus de l'entonnoir duquel sortait un tel orage
d'écume et de bruit, et où l'on ne voit plus alors qu'une eau bleue
transparente, faiblement ridée, on peut à peine croire, dit le chimiste Bunsen, au changement soudain qui vient de s'opérer. Les
minces dépôts de matières siliceuses que laissent en s'évaporant
les eaux bouillantes ont déjà formé un monticule conique autour
de la source, et tôt ou tard la margelle de pierres grandissantes
aura tellement accru la pression de la masse liquide dans la fon-
taine, que les eaux s'ouvriront à la fin une nouvelle issue en dehors
du cône.

M. le docteur Eugène Robert s'est attaché à faire ressortir les
analogies que présentent les geysérites avec les meulières tertiaires.
Voici comment il s'exprime sur cet intéressant sujet (1) :

« En comparant les dépôts siliceux de l'Islande encore en pleine
activité avec ceux des meulières, nous arrivons, en procédant du
connu à l'inconnu, à pouvoir dire que les meulières de nos terrains
neptuniens se sont sans doute formées de la même manière que
celles des terrains volcaniques. Les bassins des sources thermales
où l'eau est tranquille, et que, par ce fait on appelle, en idiome islan-
dais *laugars* (bains), pour les distinguer des *hvers*, prononcez *querz*
(chaudrons), où elle est toujours en ébullition, nous fournissent
surtout une indication précieuse. Là, nous aurons la preuve que la
silice gélatiniforme, sur laquelle des minéralogistes font préalablement passer les agates, calcédoines, corps organisés silicifiés, etc.,
avant de se durcir, ne peut prendre cet état de gelée qu'à l'aide d'une
température élevée bien inférieure cependant à celle qui en-
gendre les concrétions siliceuses du chou-fleur. En effet, les eaux
refroidies de ces sources ne déposent point de silice concrétionnée.
Voilà trente ans que nous avons rendu captive de l'eau du grand
Geyser, puisée dans son bassin même après l'une de ces magnifiques éruptions qui l'ont rendu si célèbre ; et à l'heure qu'il est, il
ne s'est condensé au fond des bouteilles qui la renferment que des
flocons d'une matière gélatiniforme que l'on pourrait prendre pour
de la silice, s'il n'en restait plus après la combustion qu'un peu de
charbon. Une certaine chaleur douée de toutes les propriétés thermales paraît donc devoir être indispensable pour que les réactions
puissent s'opérer facilement. Au reste, afin de mieux faire ressortir

____

(1) Eugène Robert, *Rapprochements entre les dépôts fontigéniques de l'Islande
et les meulières proprement dites.*

les traits de parenté qui nous semblent exister entre les produits des geysers et les meulières, il vaut mieux, en recourant à notre journal de voyage, opposer ces roches les unes aux autres. »

Abstraction faite des concrétions siliceuses en chou-fleur dont on a fait une espèce minérale sous le nom de *geysérite*, que le grand Geyser, particulièrement, dépose encore à une température qui excède 100 degrés centigrades (elle peut aller à 124 degrés centigrades), voici ce qu'on rencontre en partant du petit cône surbaissé au sommet duquel il jaillit, et sur la rive droite d'un ravin qui le contourne :

1° Concrétion siliceuse blanchâtre, friable, avec empreintes de graminées, de prèles et de cypéracées, plantes vivant encore, près de là, dans des terrains tourbeux arrosés par le Beinà, qui reçoit toutes les eaux des geysers.

2° Un peu plus loin, au-dessous et au-dessus d'une concrétion siliceuse en chou-fleur, se présente une concrétion siliceuse calcédonieuse, plus ou moins feuilletée, ayant une singulière analogie avec nos meulières.

3° On trouve aussi dans les mêmes localités voisines de l'Hécla, mais non en place, une autre concrétion siliceuse, fibreuse, demi-dure, offrant une ressemblance assez grande avec le silex nectique de Saint-Ouen. Ici on serait tenté de la prendre pour une pierre ponce.

4° Ces concrétions siliceuses, qui ressemblent si bien à nos meulières, gisent comme elles dans une argile bolaire de diverses couleurs, ordinairement rougeâtre, gris rougeâtre, jaune blanchâtre, bleu tendre et lie de vin.

Il est probable que, dans l'origine, les concrétions siliceuses se trouvaient recouvertes par les argiles, et que ce sont les dégradations du sol par les pluies qui les ont ainsi mises en évidence.

Le sol où tous ces dépôts se sont formés paraît jouir constamment d'une température qui varierait entre 25 et 30 degrés centigrades. Elle a pu s'élever plus haut, et s'y élève probablement encore, car on a noté 41 degrés centigrades dans un trou rempli d'eau où vivaient des limnées suspendues à des conferves d'un beau vert noirâtre.

C'est dans ce terrain, qui s'étend jusqu'au pied des montagnes Laugarfiall et Midfellsfiall, que s'observent le plus souvent des empreintes végétales, telles que des feuilles de *Betula alba* et *nana*, et d'*Arbutus uva-ursi*. On y trouve aussi une grande quantité de tiges pétrifiées isolément et parfaitement reconnaissables. La plupart sont entièrement converties en un quartz calcédonieux. « Nous ajouterons, dit M. Robert, que toutes ces empreintes végétales et ces moules de tiges révèlent la disparition d'un petit bois de bouleaux qui prospérait autrefois dans cet endroit; on le retrouve d'ailleurs un peu plus loin. Nous insistons sur ce fait, parce qu'il peut servir à expliquer l'étrange accumulation de troncs de grands arbres silicifiés qu'on a cru devoir rapporter à la famille des taxinées, et qui vraisemblablement boisaient le sommet d'une colline près de Neauphle-le-Château et dans la propriété de M. Mortemer. On serait d'autant plus disposé à faire un rapprochement entre ces gisements de végétaux silicifiés, qu'on trouve aussi dans les meulières qui accompagnent les tiges de taxinées, des empreintes de feuilles qui n'ont pu appartenir qu'à des ifs de l'ancien monde. Mais voyons maintenant ce qui caractérise plus particulièrement la meulière.

» Tout le monde sait, ou du moins les personnes qui ont cherché à débrouiller les phénomènes géologiques si complexes dont le bassin de Paris a été le théâtre savent que les meulières, suivant la classification de Cuvier et de Brongniart, gisent au milieu d'argiles de diverses couleurs, soit en couches plus ou moins épaisses, soit en masses isolées et même en rognons ou nodules.

» Le plus souvent ces meulières ne renferment pas de corps organisés, d'autres fois elles en ont beaucoup; mais ce n'est guère que sur les bords de ces dépôts, là où l'eau n'était sans doute pas assez profonde pour s'opposer à l'existence des mollusques, que les fossiles sont le plus abondants; avant l'époque quaternaire, où nos collines ont pris leurs formes actuelles, les bords de ces dépôts ne devaient être que les rives des dépressions du sol, plus ou moins grandes et considérées généralement comme ayant été des lacs dans lesquels les argiles se déposèrent.

» C'est dans ces circonstances que la silice, au lieu de s'étendre en assises plus ou moins cellulaires, plus ou moins cariées, s'est concentrée ou par couches concentriques ou par emboîtement, en affectant la forme de sphéroïdes ou d'ovoïdes souvent d'une régularité parfaite, pour ainsi dire géométrique. La matière de ces rognons à la surface desquels des coquilles d'eau douce, telles que limnées, planorbes, potamides, etc., sont à moitié empâtées, est beaucoup plus dense que la meulière ordinaire, et tout à fait au centre il y a ordinairement une cavité occupée par un noyau de silice qui se désagrège très-facilement. Enfin les mêmes coquilles d'eau douce sont disséminées dans l'épaisseur des couches concentriques, dont la superposition donne nécessairement à la coupe des rognons, en quelque sens qu'on la pratique, la contexture conchoïde. On serait alors porté à croire que ces tests, lorsqu'ils étaient habités par les mollusques, ont été autant de centres d'attraction de la silice, comme cela paraît avoir incontestablement eu lieu par les silex pyromaques. Nous attachons d'autant plus d'importance à cette remarque, qu'on retrouve en Islande des rognons semblables ou des concrétions siliceuses à emboîtement, précisément à la limite des dépôts argileux. Rien de semblable dans la craie, si ce n'est par-ci par-là dans la masse des silex pyromaques géodiques, dont la cavité est due à des animaux mous qui n'ont pas eu le temps d'être changés en pierre. Ces chambres ont pu alors se tapisser tantôt de calcédoine, de cornaline, tantôt de cristaux de quartz hyalin, et même se remplir de pyrite de fer.

» Tels sont les rapprochements que nous croyons pouvoir faire entre nos terrains à meulières supérieures et les terrains geysériens. Nous nous sommes seulement demandé s'il ne serait pas plus rationnel de faire intervenir des épanchements d'eau thermale qui n'aurait guère dépassé 40 degrés centigrades, pour expliquer toutes les formes que prend la silice dans nos terrains tertiaires, plutôt que de n'y voir que le simple effet d'un départ ou d'une séparation mécanique des éléments constituants des dépôts argilo-siliceux (1).

» L'analogie que nous signalons entre toutes ces formations siliceuses, tant au milieu des roches volcaniques de l'Islande que dans les dépôts argileux du nord de la France, nous paraît si grande, que s'il fallait donner une description plus complète de toutes ces formations, on n'aurait rien de mieux à faire que d'employer les

---

(1) « Nous en exceptons toutefois les sables proprement dits, ainsi que les grès sur lesquels reposent, dans le bassin de Paris, les argiles à meulières, parce que, suivant nous, ces dépôts ne sont que la réunion de petits fragments de quartz provenant de la destruction de roches cristallines ; et ce qui tendrait à le prouver, c'est la rencontre dans la masse du sable de cailloux quartzeux roulés, et surtout de couches très-minces composées exclusivement de mica (Meudon). Et les argiles, d'où les faites-vous venir? dira-t-on, De la décomposition du feldspath ; en sorte que nous ne retrouvons ici sous une forme toute nouvelle, et comme résultat de la trituration des roches primitives, les trois éléments constituants (quartz, mica, feldspath) du granit, par exemple, à travers lesquels les eaux thermales siliceuses se sont infiltrées.

» Les grès, qui, dans beaucoup de circonstances, représentent les sables sur lesmêmes termes, de se servir des mêmes mots. Nous ne craignons pas de dire que plus on voudra approfondir ce sujet, moins on fera des observations qui puissent être négatives.

» Il ne manque donc pour établir une ressemblance parfaite, et il ne pouvait pas en être autrement, dans la supposition d'un épanchement ou d'une infiltration générale d'eaux chaudes chargées de silice et de sel de soude dans nos argiles à meulières, que l'existence de concrétions siliceuses semblables à celles qui incrustent les réservoirs des eaux thermales de l'Islande. Il faut que le point de départ, la véritable source de la silice à meulière ait été bien éloignée, à une très-grande profondeur, inaccessible à toute investigation, pour expliquer l'uniformité d'aspect, l'unité de composition de nos terrains argilo-siliceux. Faudra-t-il en conclure que la température de l'écorce terrestre a été jadis très-élevée relativement à ce qu'elle est aujourd'hui? A coup sûr, les anoplothériums, les lophiodons, les crocodiles ou tortues, ainsi que les grands monocotylédonés, tels que l'*Yucca*, dont nous avons trouvé tant de débris et d'empreintes, en 1828, dans les carrières de Nanterre et de Passy, témoignent que le climat d'alors de notre zone aujourd'hui tempérée, était extrêmement doux, pour ne pas dire comparable à celui des tropiques; mais rien ne prouve que ce climat ait emprunté exclusivement sa chaleur au soleil. Si, au contraire, nous admettons que les dernières couches du globe ont joui pendant longtemps, des siècles peut-être, d'une température élevée entretenue par l'abondance des eaux thermales, nous concevrons facilement que la chaleur propre à ces couches ait suffi pour contrebalancer les rigueurs de l'hiver, et mettre, par conséquent, la surface de la terre dans les conditions d'une serre chaude où les thermosiphons sont remplacés par une infinité de tubes capillaires.

» Lorsque nous nous rendîmes pour la première fois, 11 mai 1835,

---

quels reposent les argiles à meulières, viennent bien à l'appui de cette théorie; car, dans ce cas-ci, leur formation est due à la même infiltration de silice qui aurait donné naissance aux meulières après avoir aggluliné les grains de quartz entre eux. Il ne nous répugne pas aussi d'admettre que les sables et les argiles dans lesquelles se sont condensées les meulières soient arrivés en même temps; mais, par suite de la pesanteur spécifique plus grande du sable, celui-ci s'est déposé le premier ; ce qui explique assez bien les veines de sable, et réciproquement d'argile, dans l'un et l'autre terrain. On n'a qu'à prendre un peu de sable et d'argile provenant de ces dépôts, de les brasser, et l'on aura en petit, dans le vase où se sera faite l'expérience, une image fidèle des grands dépôts de sable et d'argile supérieurs. » (Note de M. Robert.)

en Islande, le sol était encore couvert de neige, et cependant, dans le voisinage des eaux thermales, la végétation des plantes herbacées et des mousses ne paraissait pas avoir subi de ralentissement sensible en hiver.

» En somme, nous admettons que les meulières de nos terrains tertiaires ont été formées par infiltration de la silice tenue en dissolution à travers les amas d'argile, et qu'elles n'ont pu acquérir la structure généralement caverneuse qui les caractérise que sous l'influence d'une température assez élevée. D'où nous inférons qu'à une certaine époque, qui doit être bien reculée, alors que les couches superficielles de l'écorce terrestre achevèrent de se constituer, il a dû y avoir en même temps des épanchements considérables d'eaux thermales siliceuses. « Dans les temps de la première éruption, a dit Buffon, les feux n'auraient-ils pas percé dans les plaines « et au pied des montagnes (1)? » Quoi qu'il en soit, nous estimons que la sortie des eaux chaudes s'est effectuée sur une assez grande étendue pour que nous puissions leur donner le nom de période siliceuse, que nous proposons d'intercaler entre deux autres grandes périodes : l'une calcaire, qui comprendrait la craie, le calcaire grossier et le calcaire d'eau douce ; l'autre ferrugineuse, à laquelle on pourrait rapporter la coloration généralement rougeâtre de certains terrains de transport, ainsi que les dépôts de fer hydroxydé pisolithique et les conglomérats ferrugineux qui couronnent les plateaux à meulières. »

D'un autre côté et toujours au même point de vue, rappelons que des phénomènes éruptifs et hydrothermaux analogues à ceux des geysers ont joué à diverses époques un rôle considérable dans l'édification des terrains parisiens. Déjà, par exemple, nous avons mentionné les éjaculations d'argiles bariolées sorties, suivant MM. Potier et Douvillé, par la faille de Vernon. Ces argiles ont avec les glaises des meulières des analogies telles, qu'attribuer à celles-ci une origine geysérienne serait extrêmement naturel. C'est un point que nous examinerons avec plus de détails quand nous étudierons les meulières supérieures, durant le dépôt desquelles paraît s'être précisément ouverte la faille que nous venons de citer.

---

(1) « Ce qu'il y a de certain, c'est que dans le bassin de Paris, il n'y a aucune apparence de soulèvement : du moins les strates tertiaires sont-elles restées horizontales; tandis qu'en Islande il est évident que les sources thermales se sont fait jour au fond des grandes vallées de déchirement. » (*Note de M. Robert.*)

Disons cependant tout de suite que l'assimilation des meulières aux geysérites soulève elle-même une difficulté qui paraît considérable. Elle consiste dans l'ignorance où nous sommes du procédé suivant lequel les geysérites, qui sont fortement hydratées, ont pu perdre leur eau pour passer à l'état de meulières parfaitement anhydres. On est autorisé à croire que des études ultérieures éclairciront ce point jusqu'ici si obscur, car dans certains cas nous voyons l'eau des roches hydratées se perdre et disparaître sans qu'il y ait eu élévation nouvelle de température. Nous avons, par exemple, signalé dans Seine-et-Oise, aux environs de Villeneuve-Saint-Georges, des blocs de grès donnant lieu à une déshydratation de ce genre.

II

TERRAIN MIOCÈNE

Déjà, en parlant de terrain gypseux, nous avons vu que les géologues sont très-éloignés d'être d'accord quant à la limite commune de l'éocène et du miocène. Nous allons avoir dans un moment l'occasion de revenir une dernière fois sur cette question, résolue pour nous, comme on voit par le titre qui précède, au moins d'une manière provisoire. En attendant que l'étude des sables de Fontainebleau nous ait mis en possession des faits nécessaires à la discussion complète, nous dirons que le terrain miocène de Paris se subdivise en deux grands groupes que nous étudierons successivement, et qui sont :

> 2. Le travertin supérieur ou de la Beauce.
> 1. Les sables supérieurs ou de Fontainebleau.

CHAPITRE PREMIER

LES SABLES DE FONTAINEBLEAU.

Comme nous venons de le dire, les sables de Fontainebleau offrent un intérêt tout spécial en représentant, pour beaucoup de géologues, la base même du terrain miocène. Ils couvrent une très-vaste surface dont les frontières sont complétement différentes de celles des terrains précédents. Cette surface, telle que la montre la carte géologique des environs de Paris, est nettement limitée au nord, à l'est et à l'ouest.

Mais au sud et au sud-ouest le terrain des sables supérieurs plonge sous le travertin de la Beauce et sort complétement des limites que nous nous sommes tracées. On se rappelle que Brongniart a insisté déjà sur cette circonstance en déterminant les bornes de son bassin de Paris.

D'ailleurs, presque partout dans la zone que nous avons à étudier, le terrain des sables supérieurs est réduit à l'état de petits mamelons plus ou moins hauts, dans lesquels on voit avec évidence les témoins de couches anciennement beaucoup plus développées.

Nous diviserons ce terrain en trois niveaux, qui sont :

3. Grès de Fontainebleau.
2. Sables et bancs de coquilles.
1. Marnes à huîtres.

§ 1. — Les marnes à huîtres.

Cuvier et Brongniart réunissaient les marnes à huîtres à la formation gypseuse, dont elles constituaient alors le couronnement. Toutefois on va voir que, par leurs fossiles, elles font partie essentielle du groupe de Fontainebleau ; et nous savons déjà qu'elles sont séparées du gypse par tout le système de la Brie, dont les savants auteurs de la *Description géologique des environs de Paris* avaient complétement méconnu l'âge et la place dans la série stratigraphique.

Les marnes à huîtres, par leur extrême constance, et malgré leur très-faible épaisseur, constituent un horizon des plus précieux. Leur nom vient de la profusion avec laquelle des écailles d'huîtres y sont répandues. Celles-ci n'appartiennent pas toutes, à beaucoup près, à la même espèce ; deux types tout à fait principaux doivent être distingués :

L'*Ostrea longirostris* (Lamk) (fig. 86) est remarquable par sa grande taille, qui dépasse parfois 15 centimètres. Il est généralement ovale-allongé, épais, terminé par un crochet plus ou moins long, tantôt droit, tantôt contourné. A l'extérieur, les valves sont folia-

cées, rugueuses. L'inférieure, fixée par une assez large surface, est
fort épaisse et composée d'un grand nombre de feuillets séparés
entre eux et faciles à briser. La surface cardinale du talon est plus
ou moins allongée, ordinairement assez étroite à la base, où elle est

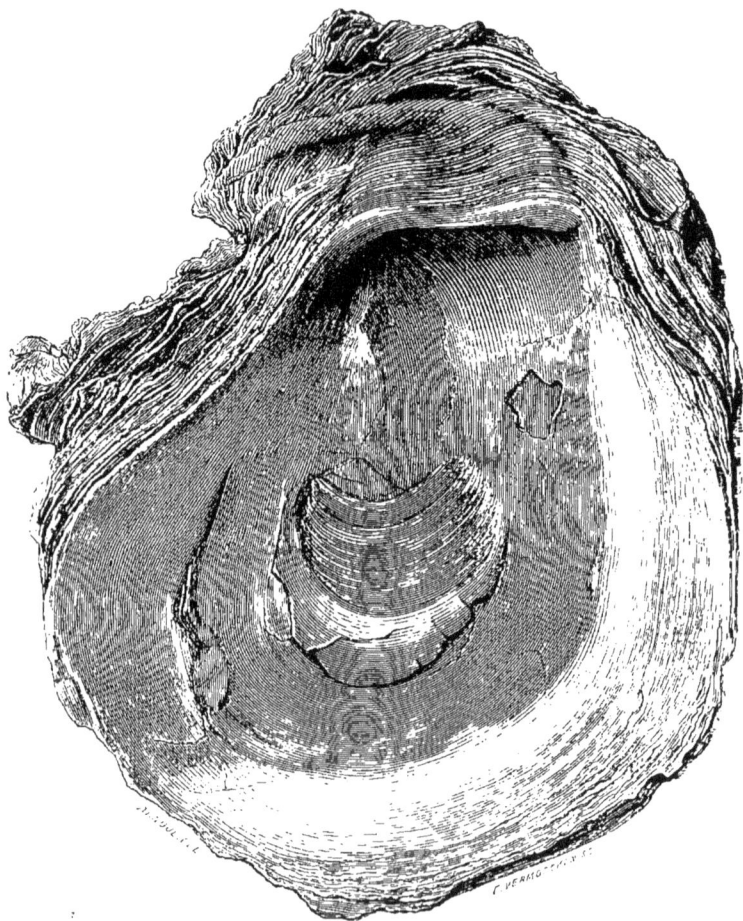

Fig. 86. — *Ostrea longirostris.*

profondément sinueuse. Cette surface est striée et quelquefois sillonnée profondément en travers ; elle est nettement circonscrite de
chaque côté par un sillon peu profond. Une gouttière large et assez
profonde occupe le milieu de la surface cardinale. Cette gouttière est
accompagnée latéralement de deux bourrelets aplatis semblables
à des rubans. Le bord cardinal ne laisse au-dessous de lui aucune

cavité; il est obtus, profondément sinueux. La valve supérieure est plus petite que l'inférieure. Son crochet est beaucoup plus court; il est très-aplati à la surface interne; et il diffère d'une manière très-notable de celui de la valve inférieure. Sa surface est également partagée en trois parties, mais disposées précisément à l'inverse de ce qui existe dans l'autre valve, c'est-à-dire que la partie moyenne est occupée par un bourrelet aplati, large, qui correspond à la gouttière de la valve inférieure, et de chaque côté de lui se trouve une gouttière à peine creusée, qui reçoit le bourrelet de l'autre valve. La face interne des valves est lisse, peu profonde comparativement à l'épaisseur de la coquille; elle présente vers le tiers inférieur de sa longueur et sur le côté postérieur une impression musculaire petite, semi-lunaire, ordinairement superficielle, devenant quelquefois un peu profonde dans les vieux individus. Le bord des valves est épaissi, si ce n'est à leur partie inférieure, où il reste mince; il est simple et reste constamment sans crénelures.

L'*Ostrea cyathula* (Lamk) (fig. 87) est une coquille qui n'acquiert jamais un grand volume; elle n'est pas très-variable. Sa forme la

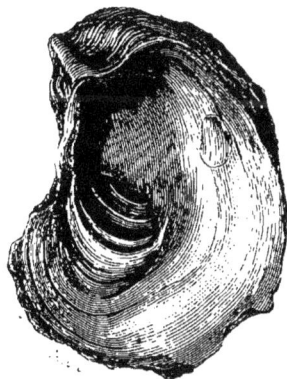

Fig. 87. — *Ostrea cyathula.*

plus ordinaire est ovale-obronde. Sa valve inférieure, très-convexe en dehors, est obtuse inférieurement, et se termine, à sa partie supérieure, par un crochet assez long, presque toujours contourné sur le côté postérieur; la surface extérieure de cette valve est couverte de côtes obtuses, longitudinales, rayonnantes, peu saillantes, interrompues par des accroissements irréguliers, lamelleux. Ces côtes sont ordinairement étroites et distantes; il y a cependant des indi-

vidus dont les côtes sont plus larges. La surface supérieure du crochet est assez étroite, triangulaire, striée en travers et creusée d'une
gouttière peu profonde, obscurément limitée de chaque côté par un
bourrelet peu saillant. La valve supérieure est operculiforme,
devient un peu bombée et fort épaisse dans les vieux individus;
elle est munie à l'extérieur d'un grand nombre de stries transverses, sublamelleuses; le talon de cette valve est coupé en plan
oblique; il est triangulaire, aplati, à bec large et peu sinueux; dans
le milieu il est dépourvu de gouttière et de bourrelets latéraux. La
surface interne des valves est lisse; la cavité de la valve inférieure
est profonde et se prolonge un peu dans l'intérieur du crochet.
L'impression musculaire est semi-lunaire, peu profonde, subcentrale
et un peu postérieure. Cette coquille, quoique très-commune, ne se
rencontre que rarement avec les deux valves réunies.

CARACTÈRES STRATIGRAPHIQUES DES MARNES A HUITRES. — Si, dans
une foule de localités, Villejuif par exemple (voy. fig. 88), le terrain

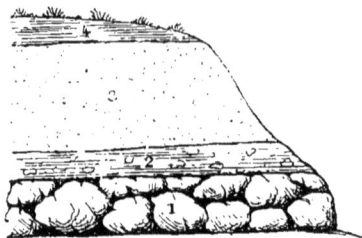

FIG. 88. — Les marnes à huîtres à Villejuif.

4. Limon quaternaire. — 3. Sables de Fontainebleau. — 2. Marnes à huîtres. — 1. Travertin
de la Brie.

qui nous occupe se réduit à une simple couche de marne pleine
d'huîtres, ailleurs, au contraire, il atteint beaucoup plus de puissance, et admet des éléments beaucoup plus variés.

A Montmartre, par exemple, il est très-développé, et l'on y distinguait dix à douze couches parfaitement distinctes, devenant
sableuses dans le haut, de façon à se fondre petit à petit avec le
sable proprement dit. L'une des couches de Montmartre est pétrie
de petites bithynies, et il est évident dès lors qu'elle est d'eau douce,
quoique enclavée dans un ensemble essentiellement marin. D'autres sont très-calcaires, et elles deviennent parfois si compactes,
qu'on a tenté, dans le temps, des essais d'ailleurs malheureux pour
en tirer des pierres lithographiques.

A Versailles, les marnes à huîtres présentent des retraits polyédriques pareils à ceux du terrain gypseux.

Comme accident minéralogique, nous signalerons dans les marnes à huîtres de Villejuif et d'ailleurs, des amas de sable magnésien blanc comme la neige et d'une pureté admirable.

Dans tout le sud de Paris, les marnes à huîtres atteignent une puissance remarquable, et admettent, entre autres couches remarquables, d'épaisses assises d'un calcaire rempli de milliolites, et qu'à première vue on pourrait confondre à cause de cela avec le calcaire grossier moyen.

Ce calcaire, signalé d'abord par Huot à Neauphle-le-Vieux, fut retrouvé à Juvisy par Charles d'Orbigny, et depuis lors, dans diverses localités, par différents géologues. Nous en avons nous-même constaté l'existence à Fresnes-lez-Rungis (1), où il offre des particularités remarquables (fig. 89).

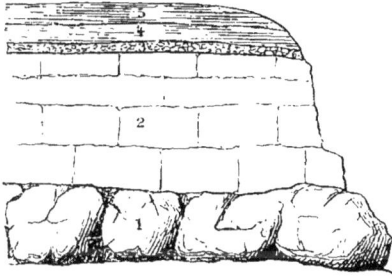

FIG. 89. — Le calcaire à *Cerithium plicatum* de Fresnes-lez-Rungis.
5. Marnes à petites huîtres. — 4. Marnes à grosses huîtres. — 3. Lits de galets calcaires. — 2. Calcaire à *Cerithium plicatum* et à milliolites. — 1. Travertin de la Brie.

Il existe dans le village même de Fresnes-lez-Rungis (Seine) une petite carrière, maintenant abandonnée, qui présente, de haut en bas, sur une épaisseur de 3 à 4 mètres, les couches suivantes au-dessous de la terre végétale : 1° Marne blanche toute pétrie d'*Ostrea cyathula* ; 2° marne brune ; 3° marne blanche sans fossiles ; 4° marne brune identique au n° 2 ; 5° marne blanche sans fossiles, identique au n° 3 ; 6° marne pétrie d'*Ostrea longirostris* ; 8° marne sableuse très-blanche ; 9° enfin calcaire à *Cerithium plicatum*, *Cytherea incrassata*, milliolites, pinces de crustacés, etc.

C'est ce calcaire qui faisait l'objet de l'exploitation aujourd'hui

(1) Stanislas Meunier, *Comptes rendus de l'Académie des sciences*, 1873, t. LXXVII, p. 1547.

interrompue ; on le voit sur plus d'un mètre d'épaisseur, mais son support n'est pas visible.

Entre Petit-Fresnes et Chevilly, une exploitation de meulières de Brie montre ce même calcaire en couche bien plus mince, surmonté de marne blanche à laquelle succède la couche à *O. longirostris*, et reposant sur un petit lit de marne rougeàtre qui surmonte les meulières.

La position de ce calcaire est donc nettement déterminée, et il y a lieu, par conséquent, de figurer désormais sur la carte géologique le sable de Fontainebleau dont il constitue la base, dans cette partie occidentale du plateau de Villejuif.

Ce point établi, revenons à la carrière de Fresnes. Les couches y sont nettement inclinées vers le nord-ouest, ce qui fait que dans une portion de la carrière c'est la couche à *O. longirostris* qui affleure, tandis que dans une autre, et quoique ces assises soient restées parfaitement parallèles entre elles, c'est la couche à *O. cyathula*. Ce fait, uni à cet autre que les huîtres sont ici à la cote de 81 mètres, tandis qu'à Chevilly les meulières de Brie sont à celle de 87 mètres, montre qu'il y a eu glissement en masse, glissement causé sans doute par un tassement des marnes vertes sous-jacentes.

Un point sur lequel il faut en outre appeler spécialement l'attention, c'est la présence, dans la couche à *O. cyathula* (n° 1 de la coupe ci-dessus), de nombreux petits galets de calcaire offrant tous les caractères de pierrailles longtemps battues par les flots. Il semble en résulter que Fresnes-lez-Rungis est précisément placé sur le littoral de la mer où vivaient les *O. cyathula*. Ceux-ci se sont souvent fixés sur les galets dont il s'agit, comme l'ont fait aussi des serpules, des balanes, des bryozoaires et d'autres animaux marins.

Ce qui ajoute de l'intérêt à cette remarque, c'est qu'en examinant ces galets calcaires et en les brisant, on constate qu'ils sont fossilifères. Certains d'entre eux sont comme pétris de petites bithynies qui ne paraissent correspondre à aucune de celles que M. Deshayes décrit comme appartenant au terrain des sables de Fontainebleau. Au contraire, elles paraissent identiques au *B. pusilla* du calcaire de Saint-Ouen.

Si l'on fait attention que les galets calcaires signalés ici ont la plus grande analogie d'aspect et de texture avec les calcaires lacustres, on sera porté à croire que c'est par la démolition du travertin inférieur que la mer à *O. cyathula* a produit, à Fresnes, ses galets.

Ajoutons que la bithynie contenue à l'intérieur des galets se retrouve autour d'eux dans l'argile où ils sont noyés. Mais avant d'admettre qu'elle est contemporaine de l'*O. cyathula*, on peut présumer qu'elle subsiste après la désagrégation du calcaire marneux qui le contenait déjà à l'état fossile, et que sa petitesse l'a préservée de toute altération.

On voit qu'il résulte de ces faits, non-seulement la connaissance d'un point du littoral de la mer des huîtres, mais aussi celle de l'âge des falaises qui la bordaient en ce point.

FAUNE DES MARNES A HUÎTRES. — Les fossiles du terrain des marnes à huîtres vont se retrouver dans le sable coquillier dont nous allons parler. Signalons cependant ici quelques coquilles qui accompagnent fréquemment les huîtres et les bithynies dont nous venons de parler.

Le *Cerithium plicatum* (Lamk) (fig. 90) est un des fossiles les plus caractéristiques de ce niveau. C'est une coquille allongée, étroite. Ses tours de spire sont peu nombreux comparativement à d'autres espèces voisines, où l'on en compte bien davantage sur la même longueur. Ils sont à peine convexes, séparés entre eux par une suture assez profonde ; leur surface présente un grand nombre de plis longitudinaux épais, traversés par quatre sillons réguliers, simples et assez profonds. Le dernier tour est très-convexe à la base ; il est sillonné dans toute son étendue, et ses sillons sont granuleux. L'ouverture est ovale, régulière, plus haute que

FIG. 90. *Cerithium plicatum.*

large ; la columelle est courte, subitement tronquée, courbée en arc de cercle dans sa longueur. Le bord droit est mince et tranchant, à peine sinueux latéralement ; à sa jonction à l'avant-dernier tour, on remarque une petite gouttière profonde et étroite, en partie recouverte par un petit bourrelet appartenant au bord gauche ; le canal de la base est étroit, profond, mais très-court.

Le *Natica patula* (Desh.), espèce du calcaire grossier, se retrouve ici. C'est une coquille ovale, globuleuse, très-ventrue et sensiblement aplatie en dessous ; elle est lisse, polie, obscurément striée, surtout vers l'ouverture. Sa spire est courte et pointue ; elle est formée de sept ou huit tours très-convexes et fort étroits ; le dernier, très-ample, se dilate en se terminant par une grande ouverture régulièrement semi-lunaire. Le bord gauche est presque droit, garni supérieurement d'une callosité mince et fort large qui se joint obliquement au bord columellaire en formant une légère saillie au-dessus de l'ombilic. Celui-ci est très-grand, infundibuliforme, lisse et comme vernissé à l'intérieur ; un bord saillant et contourné en spirale le circonscrit nettement au dehors. Cette particularité au bord saillant de l'ombilic n'existe pas seulement dans cette espèce ; elle se montre aussi, mais faiblement, dans quelques espèces vivantes. Le bord droit est très-amplement dilaté ; il est tranchant à son extrémité. Il est mince dans les jeunes individus et s'épaissit d'une manière très-notable dans les vieux. A l'exception de l'ombilic, tout à fait nu et fortement bordé en dehors, cette coquille présente tous les caractères des *Natica*, et s'éloigne des ampullaires, avec lesquelles cependant Lamarck l'avait classée.

Le *Cytherea semisulcata* (Lamk), également représenté déjà dans le calcaire grossier, est ovale, subtrigone, déprimé, lisse et brillant dans toute sa moitié antérieure, sillonné assez profondément dans sa partie postérieure. Le corselet est très-profond, séparé de la surface extérieure par une vive arête. La lunule est moins déprimée ; elle est grande, lancéolée, sinueuse dans l'endroit qui correspond à la dent latérale ou à la fossette qui la reçoit. La charnière est supportée par une lame cardinale épaisse, fort large, fortement recourbée dans son milieu ; elle présente sur la valve droite trois dents cardinales ; l'antérieure est la plus petite ; sur la valve gauche deux dents cardinales seulement : c'est la postérieure qui manque ; la dent latérale est allongée et fort épaisse.

Dans le calcaire à milliolites se trouvent fréquemment des pinces et autres débris de crustacés.

§ 2. — Sables et bancs coquilliers.

Ces sables, constituant le second niveau du terrain de Fontainebleau, sont loin d'être fossilifères dans toute leur épaisseur. C'est dans le haut que se rencontrent les couches les plus coquillières.

Comme localité particulièrement favorable à l'étude de ces intéressants dépôts, on peut signaler tout spécialement les environs d'Étampes, et surtout Jeurre et Morigny.

A Jeurre, la couche fossilifère, par suite de l'absence des marnes à huîtres, repose directement sur le travertin de la Brie. Elle donne d'ailleurs, comme les marnes, d'innombrables *Ostrea cyathula* mêlés à des *Cerithium plicatum*, mais on y trouve en outre de nombreuses espèces nouvelles pour nous.

Le *Natica crassatina* Desh. (1) est remarquable par les grandes dimensions qu'il peut atteindre. Il est ventru, globuleux, à spire peu saillante, à tours arrondis, séparés entre eux par une suture canaliculée et profonde. Toute la surface semble lisse, mais, vue à la loupe, elle offre un grand nombre de stries régulières, très-fines et superficielles. L'ouverture est grande, ovale. Le bord droit est simple ; mais le gauche se reploie sur la columelle, s'y étale en un long bourrelet qui entoure l'ombilic. Cet ombilic, qui doit être fort grand, est entièrement recouvert par une callosité épaisse. La columelle, amincie vers la base, se courbe considérablement et forme un sinus profond dans cette partie.

Le *Cerithium trochleare* (Lam.) (fig. 91) est une coquille fort élégante, allongée, turriculée. Ses tours sont nombreux, étroits ; sur les premiers, on remarque une seule et fort grosse carène au-dessus de laquelle s'en élève une seconde, qui ne commence à paraître que sur le quatrième tour et dès le cinquième ou le sixième toutes deux sont égales et conservent une parfaite régularité ; des plis nombreux et longitudinaux descendent perpendiculairement d'une suture à l'autre, passent sur les

FIG. 91. *Cerithium trochleare.*

carènes et y produisent des ondulations ou des crénelures très-régulières. Les carènes, étant placées aux extrémités de chaque tour, laissent entre elles une gouttière profonde, tantôt simple, tantôt pourvue d'une forte strie granuleuse. Le dernier tour est anguleux à sa circonférence ; il est aplati à sa base et strié dans presque toute cette partie. L'ouverture est ovale, subquadrangulaire ; la columelle, cylindrique, est fortement tordue dans sa longueur et pourvue d'un seul gros pli médian ; le bord droit, très-fragile et toujours mutilé ; le canal de la base est étroit et peu profond.

Le *Cytherea incrassata* (Desh.) est presque orbiculaire ; ses deux diamètres sont presque égaux. Cette coquille est très-oblique, très-inéquilatérale ; son crochet est gonflé, recourbé vers la lunule, qui est en cœur, fort grande et indiquée par une strie. Toute la surface est lisse ou substriée par des accroissements irréguliers ;

(1) Deshayes, *Animaux sans vertèbres*, t. III, p. 58.

la lame cardinale est courte et large sous le crochet ; les trois dents cardinales qui s'y rencontrent sont très-épaisses et divergentes ; la dent latérale est rudimentaire, à peine perceptible dans quelques individus.

Le *Pectunculus obovatus* (Desh.) (fig. 92) est très-bombé, cordiforme. Les crochets sont petits, peu saillants au-dessus du bord, mais la surface du ligament étant grande et formant un angle pro-

FIG. 92. — *Pectunculus obovatus.*

fond, ils semblent saillir plus que dans les autres espèces. Le test est fort épais et néanmoins très-fragile, à cause de la matière dans laquelle il se trouve. La surface extérieure est chargée d'un assez grand nombre de côtes très-aplaties qui disparaissent presque complétement sur le côté postérieur, où elles sont d'ailleurs beaucoup plus étroites et plus nombreuses. En aboutissant sur le bord, elles y produisent des crénelures courtes, étroites, pointues, creusées en gouttières dans leur longueur. La charnière est large, aplatie, le plus souvent dénuée de dents dans le milieu, ou en présentant un petit nombre d'irrégulières et de très-courtes ; les autres, grandes et obliques, quelquefois anguleuses ou ployées, sont en très-petit nombre, surtout dans les vieux individus, où l'on en compte quelquefois trois seulement ; mais le plus souvent il y en a cinq ou six de chaque côté : ces dents sont striées perpendiculairement sur leurs faces latérales. En avant des dents sériales, le bord cardinal présente une surface lisse assez large, se terminant, à l'intérieur des valves, par un bord aigu. La surface du ligament est grande, triangulaire, en plan oblique, ce qui détermine l'écartement des crochets. Quand on a des individus bien conservés de cette espèce, ce qui est extrêmement rare, on voit que toute la surface est couverte d'un fin réseau produit par l'entrecroisement de fines stries longitudinales et transverses.

Le *Pectunculus angusticostatus* (Lamk), mêlé au précédent, est une belle coquille orbiculaire, lenticulaire, très-convexe. Elle est équilatérale, assez épaisse, à crochets très-petits, recourbés, très-rapprochés ; ils donnent naissance à un grand nombre de côtes convexes substriées régulièrement en travers. Dans le plus grand nombre des individus, ces côtes sont larges, égales et séparées entre elles par un sillon étroit. De ces individus qui ont les côtes larges on passe, par des transitions insensibles, à ceux qui ont des côtes très-étroites. Mais ce qui est très-remarquable, c'est qu'à mesure que les côtes se rétrécissent et laissent entre elles des espaces plus larges, on voit les stries transverses se montrer de plus en plus, et finir, lorsque les côtes sont réduites en vives arêtes ou sont devenues linéaires, par être profondes et d'une extrême régularité. La charnière est assez longue et fortement arquée ; elle est étroite et porte des dents nombreuses qui ne laissent point d'intervalle nu sous le crochet.

L'espace du ligament est triangulaire, peu incliné, court et étroit, présentant des stries fines, mais distortes et en petit nombre. Les bords, épaissis, sont finement crénelés dans toute leur étendue. Les crénelures sont comme écrasées, courtes et anguleuses.

Le *Cyrena convexa*, déjà signalé dans l'étage gypseux, doit être mentionné ici. On verra tout à l'heure l'intérêt qui ressort de la comparaison de ces deux époques géologiques.

Il n'est pas très-rare d'extraire des sables de Jeurre des fragments osseux du grand Lamantin désigné sous le nom de *Manatus Guettardi*. Dans une seule promenade, nous en avons rapporté nous-même cinq beaux échantillons.

A Malassis, auprès de Morigny, on se retrouve à très-peu près au même niveau qu'à Jeurre. Cependant on y trouve des fossiles non reconnus dans cette localité.

Le *Lucina Heberti* (Desh.) (fig. 93), signalé déjà dans les marnes du gypse, se trouve ici en abondance. Cette coquille est orbiculaire, déprimée, lenticulaire, équilatérale et très-souvent obscurément rayonnée à sa face. Le côté antérieur est largement demi-circulaire; le postérieur est tronqué transversalement; la surface extérieure est non-seulement divisée par des temps d'arrêts prononcés dans les accroissements, mais de plus elle est chargée d'un grand nombre de stries

transverses, serrées, mais irrégulières comme des stries d'accroissement. Au-dessus de crochets petits, pointus et inclinés, se
dessine une double lunule : la première est petite, plane, lisse, à
peine concave, oblongue lancéolée, bornée par un angle assez aigu;
l'autre est beaucoup plus grande, elle occupe toute la longueur du
côté antérieur et supérieur de la coquille; elle est limitée par un
sillon peu déprimé. Un grand corselet, limité de la même manière

FIG. 93. — *Lucina Heberti.*

que la lunule, occupe tout le côté postérieur et détermine la longueur de la troncature. Le bord cardinal est étroit et presque sans
dents ; on aperçoit un simple rudiment d'une dent cardinale sur
chaque valve et les dents latérales sont très-obsolètes. L'impression
musculaire antérieure est remarquable à plus d'un titre : elle est
d'une largeur égale dans tout son parcours ; sa portion antérieure
n'est point distincte du reste, et elle est plus large en proportion que
dans la plupart des autres espèces.

On retrouve facilement la même faune à Étampes même, au lieu
dit la côte Saint-Martin, où la couche fossilifère est surmontée de
15 mètres environ de sable blanc et de travertin de la Beauce. Nous
aurons tout à l'heure l'occasion de revenir sur ce gisement.

Goubert a signalé à la Ferté-Aleps une couche renfermant encore
les mêmes fossiles, avec cette particularité intéressante qu'on
retrouve dans le haut le correspondant exact d'un calcaire signalé
à Montmartre depuis de longues années et riche en fossiles. Ce calcaire, d'ailleurs non accompagné des sables fossilifères, se retrouve
dans beaucoup d'autres localités. On peut l'étudier sous forme d'une
roche gréseuse au-dessus du gypse d'Argenteuil, où il est rempli
de moules, de coquilles parmi lesquelles les plus fréquentes sont le
Cerithium plicatum, le *Cytherea incrassata*, etc.

Ailleurs il passe à un véritable grès, et admet même de gros
galets, comme à Romainville, où un grossier poudingue fournit
en abondance les empreintes des coquilles que nous venons de
nommer.

§ 3. — Grès de Fontainebleau.

CARACTÈRES GÉNÉRAUX. — Les sables du troisième niveau sont essentiellement quartzeux; pourtant, surtout dans le haut, on y rencontre souvent du mica, quelquefois même en quantité considérable. Cette constitution montre surabondamment qu'ils dérivent de la démolition de roches cristallines, granitiques ou gneissiques, sous l'influence d'eaux courantes qui les ont charriés très-loin de leur situation originelle.

A la partie supérieure, les sables de Fontainebleau sont agglutinés en grès plus ou moins durs et dont le ciment varie de nature.

Souvent ce ciment est siliceux, et alors il en résulte une roche si compacte, qu'on ne peut souvent plus reconnaître sur les échantillons sa nature arénacée. C'est le grès dit *lustré*, dont la dureté est extrême et qu'on recherche pour le pavage. Son grain est si uniforme, qu'un ébranlement imprimé en un point se propage également tout autour : il en résulte qu'un coup de marteau appliqué convenablement détermine une cassure conique que les carriers des environs de Domont, par exemple, savent produire presque à coup sûr.

D'autres fois le ciment est calcaire, ce qu'on reconnaît à l'effervescence que le grès donne avec les acides, en même temps qu'il se désagrége. Le grès calcarifère est plus répandu que le précédent, et c'est lui qui constitue le plus grand nombre de nos pavés. Quelquefois le ciment calcaire, malgré la présence du sable, a pu cristalliser avec la forme géométrique qui lui est propre, et donner naissance ainsi à ces accidents qu'on nomme improprement *grès cristallisé*, et qu'on collectionne par exemple à Bellecroix, dans la forêt même de Fontainebleau.

M. Delesse, qui a étudié chimiquement cette variété de grès (1), a reconnu qu'il suffit d'une quantité relativement très-faible de calcaire pour forcer le sable à entrer dans un polyèdre cristallin.

Quatre petits rhomboèdres inverses, pesant ensemble $3^{gr},84$, lui ont donné :

Sable......................	57
Calcaire	43
	100

_____

(1) Delesse, *Bullet. de la Soc. géologique*, 2e série, 1853, t. XI, p. 55.

De même un cristal semblable aux précédents, mais isolé au milieu même du sable et pesant 14 grammes, renfermait :

$$
\begin{array}{ll}
\text{Sable} \dots\dots\dots\dots\dots\dots\dots & 62 \\
\text{Calcaire} \dots\dots\dots\dots\dots\dots & 38 \\
\hline
& 100
\end{array}
$$

Enfin, deux petits cristaux accolés, pesant $2^{gr},53$, ont fourni :

$$
\begin{array}{ll}
\text{Sable} \dots\dots\dots\dots\dots\dots\dots & 63 \\
\text{Calcaire} \dots\dots\dots\dots\dots\dots & 37 \\
\hline
& 100
\end{array}
$$

Ces chiffres indiquent une puissance dans la cohésion cristalline qu'on pouvait ne pas prévoir.

A côté de parties franchement cristallisées, comme celles qui viennent de nous occuper, le grès calcaire en offre qui se présentent sous des apparences tuberculeuses très-variées et souvent bizarres. Parfois il est composé de boules sensiblement sphériques et réunies en grappes plus ou moins volumineuses.

Dans ce cas il suffit, pour produire l'agglutination, d'une quantité de calcaire encore bien moindre que dans le grès cristallisé. Un grès ainsi botryoïde composé de cinq globules, du poids total de $9^{gr},34$, a donné à M. Delesse :

$$
\begin{array}{ll}
\text{Sable} \dots\dots\dots\dots\dots\dots\dots & 83 \\
\text{Calcaire} \dots\dots\dots\dots\dots\dots & 17 \\
\hline
& 100
\end{array}
$$

Souvent, comme ciment, au calcaire se joint l'oxyde de fer anhydre (hématite) ou hydraté (limonite), et il en résulte des grès colorés en rouge ou en jaune. Si les deux matières colorantes se montrent dans le même bloc, il se présente des grès veinés ou bariolés, comme on en rencontre à chaque pas. A Orsay, le grès blanc ordinaire renferme par places des veines d'un noir profond. La couleur sombre est due à de l'oxyde de manganèse, et, chose curieuse, il ressort d'analyses publiées par M. le duc de Luynes (1), que le grès manganésifère contient en même temps une quantité sensible d'oxyde de cobalt : métal qu'on n'est pas habitué à ren-

(1) Ch. d'Orbigny, *Description des roches*, 1868, p. 226.

contrer dans les roches de nos environs. Voici la composition d'un
échantillon moyen :

Silice......................	6,936
Bioxyde de manganèse........	1,642
Sesquioxyde de fer..........	0,748
Protoxyde de cobalt.........	0,018
Alumine....................	0,202
Eau.......................	0,463
Cuivre } Arsenic }	traces

10,999

MODE DE FORMATION DES ROGNONS DE GRÈS. — Le grès forme en
général de gros rognons plus ou moins stratiformes dans la masse
même des sables. Il en résulte, selon toute probabilité, que ces
rognons résultent d'infiltrations. Ce qui confirme cette manière
de voir, c'est que très-souvent les grès sont associés sous forme
de rognons à de la silice arénacée.

Par exemple, les grès de Fontainebleau constituent au milieu des
sables quartzeux des nodules de formes variées, séparés d'une manière brusque de la substance incohérente qui les enveloppe. Nous
nous sommes proposé par des expériences de préciser les conditions de formation de ces nodules, et voici quelques-uns des faits
que nous avons constatés (1).

Lorsqu'on examine avec attention ces nodules, dont le volume
atteint parfois des proportions considérables, on reconnaît qu'ils se
rapportent à deux grands types, reliés, comme il arrive toujours,
par de nombreux intermédiaires.

Les uns offrent une structure feuilletée ou stratiforme très-nette ;
ce sont les plus fréquents et aussi les plus volumineux. Chaque
couche dont ils sont formés se sépare de la voisine avec une facilité souvent très-grande et s'en distingue par un autre degré de
cohésion. Quelques-unes de ces couches, quoique offrant à la vue
un aspect identique à celui des plus dures, se réduisent néanmoins en
sable au moindre contact et font à peine effervescence par les
acides ; ce dernier fait indique que le ciment calcaire n'y existe
qu'en très-faible proportion. Ce sont en quelque sorte des ébauches
de couches. Il ne faut qu'une attention superficielle pour observer

(1) Stanislas Meunier, *Presse scientifique des deux mondes*, t. II, de 1866,
p. 303.

que ces couches friables existent en général à la périphérie des
nodules, et comme on ne peut concevoir qu'elles aient laissé passer
à travers leurs pores la matière incrustante sans s'en charger, il faut
reconnaître que dans les nodules qui nous occupent les couches in-
térieures sont plus anciennes que celles qui occupent une position
plus superficielle. Il est bon de noter ce fait, qui indique, comme
on le verra tout à l'heure, certaines conditions de formation des
nodules de grès.

Disons en passant que ces notions ne s'appliquent qu'aux nodules
encore en place au milieu du sable, car ceux qui sont restés exposés à l'air pendant un certain temps ont nécessairement, sous
l'influence des pluies et des frottements qu'ils ont subis, perdu leurs
parties friables.

La forme des nodules dont il s'agit est essentiellement variable.
Elle a pour caractère constant d'être arrondie. Souvent elle approche
de celle d'ellipsoïdes groupés en nombre plus ou moins considérable. Sur une cassure suffisamment étendue, par exemple sur
toute la section d'une carrière établie dans un nodule, on voit un
système de couches, sensiblement parallèles, correspondre à chacun
des ellipsoïdes composants, et en outre des couches générales plus
ou moins étendues par-dessus plusieurs ellipsoïdes à la fois. Un
nodule un peu gros se compose donc en général d'une série de nodules d'âges différents.

On observe souvent entre les couches dont nous venons de parler
des cavités ou poches remplies de sable non aggluliné. Ces poches,
qu'on peut comparer aux couches peu cimentées dont il a été question plus haut, ont ordinairement une forme allongée dans le sens
horizontal et une épaisseur assez faible. Leur forme générale est
celle d'un polyèdre à faces courbes et à angles vifs dont les arêtes
sont représentées par l'intersection des couches voisines.

A côté des nodules feuilletés qui nous ont occupés jusqu'ici, on
en trouve d'autres qui en diffèrent beaucoup sous le rapport de la
structure. Ceux-ci ont une texture botryoïde des plus nettes. Ils sont
formés de sphères plus ou moins parfaites soudées entre elles, de
manière à former des grappes et des chapelets quelquefois très-
volumineux. Les grains sphériques qui les constituent ne présentent pas, au moins ordinairement, une structure concentrique que
l'on puisse distinguer. Leur surface extérieure est recouverte de
petits fragments siliceux qui la pralinent et qui sont à peine adhé-
rents. La cohésion de ces boules est très-variable. Elle arrive dans

certains cas à être excessivement faible, ce qui indique, comme pour les précédents, une très-faible portion de ciment calcaire. On remarque souvent que les masses botryoïdes forment la partie inférieure des nodules feuilletés et leur sont intimement unis. Dans ces nouveaux nodules on ne trouve pas de poches de sable incohérent analogues à celles qui ont été précédemment citées. Mais les interstices que laissent entre elles les sphérules de grès sont entièrement remplis de sable dépourvu de ciment, de telle façon qu'à cette sorte de nodules correspond une seconde sorte de poches. Celles-ci n'ont pas de forme générale déterminée.

L'altération des blocs de grès sous l'influence des agents atmosphériques représente une sorte d'anatomie de ces blocs qui permet d'en déterminer la structure. Sous l'action des causes de destruction dont il s'agit, la surface primitivement lisse du grès se creuse de sillons étroits indiquant les lignes de moindre cohésion. On voit ainsi se dessiner des feuillets nombreux sur des blocs qui paraissent dénués de toute structure stratiforme; et il arrive que les masses d'apparence homogène décèlent avec le temps leur organisation sphéroïdale. Ces masses, en effet, par suite de leur destruction, se recouvrent d'un très-grand nombre de petits mamelons ellipsoïdaux et de grosseur sensiblement uniforme. Dans quelques cas, ces mamelons étant très-serrés, leur contact se fait suivant les faces de polyèdres réguliers, et le bloc de grès semble recouvert d'un réseau polygonal fort remarquable.

On arrive facilement, après cette rapide étude des nodules du grès de Fontainebleau, à se faire une idée de leur mode de formation.

D'abord il suffit de jeter un coup d'œil sur une carrière de grès pour être convaincu que la pierre est postérieure au sable qui l'entoure; la position des masses pierreuses au milieu même de la matière arénacée, et surtout l'existence, dans un certain nombre de nodules, de poches remplies de sable, en fournissent la preuve.

En second lieu, il est évident que les nodules de grès sont dus à l'arrivée dans la masse incohérente de filets d'eau chargés de la matière incrustante, c'est-à-dire de carbonate de chaux; du moins n'imagine-t-on pas facilement un autre mode de formation. On peut même préciser davantage dans beaucoup de cas, et affirmer que les eaux incrustantes sont arrivées par la partie supérieure pour s'écouler de haut en bas. En effet, il n'est pas rare que l'observation des nodules conduise à constater que l'infiltration n'a pu avoir

lieu dans un autre sens. Voici comment. Nous avons dit qu'il arrive
souvent que des masses botryoïdes existent à la partie inférieure
des nodules feuilletés ; or, on observe que les sphéroïdes qui composent ces masses sont souvent terminés en pointe et quelquefois
même se continuent à travers le sable en une sorte de stalactite
généralement peu prolongée.

Mais, dans quelles conditions spéciales a eu lieu l'incrustation ?
L'observation directe ne suffisant pas pour répondre à cette question,
nous avons eu recours à l'expérience. La méthode que nous avons
employée a consisté à faire arriver dans du sable quartzeux très-fin
des solutions aqueuses, plus ou moins concentrées, de sel convenablement choisi ; nous avons fait principalement usage de chlorure de calcium et de silicate de potasse. On conçoit que nous
ayons rejeté le carbonate de chaux, dont la faible solubilité, même
dans l'eau chargée d'acide carbonique, rend l'emploi très-peu commode.

Lors donc qu'on fait arriver dans du sable quartzeux la dissolution concentrée d'un sel bien choisi et qu'on abandonne le
tout à la dessiccation, on obtient en général une masse dure plus
ou moins mamelonnée, plongée au milieu d'un excès de sable
incohérent. Sous ce rapport, le résultat de l'expérience a quelque
analogie avec les productions naturelles, mais cette analogie ne se
poursuit dans aucun détail de structure. La masse dure n'est pas
nettement séparée du sable environnant. Au contraire, du sable de
moins en moins cimenté établit entre les deux termes extrêmes une
série de transitions. Si l'on coupe le nodule artificiel, on n'y observe
rien qui ressemble à des couches superposées ; il ne renferme
jamais de poches pleines de sable ; enfin de quelque manière
que l'on s'y prenne, il ne présente jamais de parties vraiment
botryoïdes.

On pouvait espérer un résultat meilleur en faisant arriver sur le
sable des solutions salines, non plus froides, comme celles employées précédemment, mais plus ou moins chauffées ; ce qui con-
duirait à faire intervenir les eaux thermales dans la formation des
nodules de grès. Mais bien que nous ayons varié les conditions
de concentration de liqueur, de durée de l'expérience et de proportion relative du liquide et du sable, nous ne sommes jamais arrivé
par cette méthode qu'à reproduire les résultats déjà fournis par la
première série d'expériences.

Nous avons alors songé à renverser les conditions dans lesquelles nous nous étions placé jusque-là, c'est-à-dire que nous avons fait arriver les solutions salines froides sur le sable préalablement chauffé. Dès lors les résultats ont présenté tous les caractères des grès naturels. Nous citerons quelques-unes de nos expériences.

Du sable blanc étant chauffé à 150 ou 200 degrés dans un bain de sable ordinaire, on y projette au moyen d'un tube bien effilé une petite quantité d'eau pure. Dès que cette eau est versée, on cherche dans la masse arénacée au moyen d'une lame métallique, et l'on extrait un nodule tout à fait distinct du sable qui l'entoure, doué d'une certaine cohésion et offrant une surface mamelonnée. Par le fait seul de sa dessiccation, ce nodule retombe en poussière; aucun ciment n'ayant été introduit dans la masse. L'eau pure ayant été remplacée par une dissolution assez concentrée de chlorure de calcium, le nodule put être complétement desséché sans perdre sa forme, et il fut beaucoup plus commode d'étudier ses caractères.

Il avait une forme légèrement mamelonnée et une dureté tout à fait comparable à celle du grès ordinaire. Sa structure était homogène, comme il était facile de le prévoir, puisqu'il avait été formé d'un seul jet. Mais nous ne rencontrâmes aucune difficulté à obtenir des nodules feuilletés. Pour cela, nous produisîmes un nodule semblable au précédent, puis, sans le retirer, nous fîmes arriver dans le sable, à l'endroit même où le nodule était enfoui, une nouvelle quantité de liquide incrustant. Celui-ci s'étendit sur le nodule pour former une couche plus ou moins distincte de la masse première, suivant que les degrés de concentration des liquides incrustants employés étaient plus ou moins différents. Jamais cette couche n'a enveloppé totalement le nodule primitif; la partie inférieure de celui-ci est restée à la surface. C'est d'ailleurs ce que l'on observe quelquefois dans la nature, quand les nodules sont convenablement coupés.

Il est clair qu'en faisant arriver de nouvelles liqueurs, on peut faire de nouvelles couches presque indéfiniment.

On est par cette expérience mis sur la voie de l'explication d'un fait signalé tout à l'heure : c'est que souvent les couches supérieures des nodules sont les plus friables. Si en effet on prépare un nodule feuilleté, en ayant soin de prendre pour chaque feuillet une solution saline moins concentrée que pour le feuillet précédent, les couches supérieures arrivent bientôt à n'avoir qu'une très-faible cohésion. Il résulte de cette expérience que le fait observé pourrait s'expliquer par un appauvrissement progressif des eaux incrustantes. Les

nodules artificiels ont souvent présenté, comme les masses naturelles, les poches pleines de sable qui ont été précédemment signalées. Des résultats pareils ont été obtenus en remplaçant le chlorure
de calcium par le silicate de potasse, et l'on aurait évidemment pu
faire beaucoup varier la nature de la substance incrustante sans
déterminer de changement dans les nodules.

Après avoir ainsi produit de véritables grès à ciment de chlorure
de calcium ou de silicate de potasse, nous voulûmes en préparer qui,
par le ciment lui-même, reproduisissent la roche naturelle. Ici de
grandes difficultés se présentèrent, à cause du peu de solubilité du
carbonate de chaux. Il aurait fallu laisser l'expérience en train
pendant un temps très-prolongé, et dans ce cas il est certain qu'on
eût obtenu un succès complet; les résultats atteints en quelques
heures en sont la preuve évidente. Mais le peu de ciment ainsi
introduit dans la masse lui laissait une friabilité incompatible avec
une étude complète.

Nous sommes arrivé par la méthode qui vient d'être exposée à
préparer, outre les grès feuilletés, des masses présentant une structure parfaitement botryoïde. Pour cela, le tube effilé employé
ci-dessus, et qui débite d'une manière plus ou moins continue le
liquide agglutinatif pendant un temps plus ou moins prolongé, a été
remplacé par une pipette qui laisse échapper le liquide en gouttes
séparées, dont chacune tombe en un endroit particulier. Chacune
de ces gouttes détermine la formation d'une sphère à surface pra-
linée, et si ces sphères sont suffisamment rapprochées, elles se soudent sous des formes de chapelets ou de grappes tout à fait semblables à celles du grès naturel. Entre les sphéroïdes ainsi soudés
existe un excès de sable parfaitement incohérent, et dans lequel on
ne trouve que des traces de la matière saline employée comme
ciment.

Nous croyons qu'il serait difficile d'obtenir une plus complète
conformité entre les résultats de l'expérience et les minéraux qu'il
s'agissait de reproduire. Un seul pas resterait à faire, qui serait
d'obtenir des grès à ciment calcaire. Mais l'expérience, qui réus-
sirait à coup sûr, ne vaut certainement pas la peine d'être tentée
après celles dont nous venons de rendre compte. Il est hors de
doute qu'on obtiendrait avec la solution aqueuse de carbonate de
chaux des nodules qu'il serait impossible de distinguer de ceux
qu'on rencontre dans la nature. Ajoutons toutefois que nous ne
regardons pas la formation des nodules naturels comme ayant été

précédée d'un échauffement considérable des sables ; et signalons cette question à de nouvelles recherches.

La disposition des grès au milieu des sables rend compte de l'entassement de blocs qu'on observe dans tous les pays où existe la formation qui nous occupe, à Étampes et à Fontainebleau par exemple. En effet, les agents externes, et spécialement la pluie et les eaux sauvages entraînant le sable peu à peu, les masses de grès, d'abord enveloppées, restent sans appui et descendent progressivement suivant la verticale, jusqu'à ce qu'un autre bloc ou une couche solide les arrête. C'est à ce mécanisme si simple que sont dus bien des beaux sites rocheux de nos environs.

POUDINGUES SUPÉRIEURS DE NEMOURS. — Une bonne partie des poudingues de Nemours date de l'époque des grès de Fontainebleau, et non pas comme une autre, de celle de l'argile plastique. Déjà à propos de ce dernier terrain nous avons fait remarquer que, contrairement à l'opinion des premiers géologues qui se sont occupés de la question, il y a deux niveaux très-distincts de poudingues, à Nemours même. La tranchée du chemin de fer a recoupé des poudingues inférieurs à ciment argileux et qui sont réellement contemporains de l'argile plastique. Mais en même temps le sommet des collines et leurs flancs (à cause de nombreux éboulements) présentent un autre poudingue à ciment siliceux contemporain des sables supérieurs. Ceux-ci peuvent être étudiés aussi dans les environs d'Étampes, à Perrier, près de Saclas, où se présente la succession des couches que voici (1) :

1. Sol végétal . . . . $0^m,50$
2. Diluvium rougeâtre . . . . $0^m,75$
3. Lœss jaunâtre analogue à celui des environs immédiats de Paris. . . . . $0^m,50$
4. Sable de Fontainebleau . . . .   1 mèt.
5. Banc de grès bien consolidé et exploité . . . . $2^m,50$
6. Poudingue siliceux adhérent à la partie inférieure du banc de grès. Les galets qui composent ce poudingue sont des rognons de silex pyromaque de la craie. Leur consolidation, par suite d'infiltrations calcaires, a dû précéder celle du banc de grès . . . . $0^m,20$
7. Sable de Fontainebleau . . . .   10 mèt.
8. Deuxième zone de poudingue consolidé, semblable au n° 6. . . . . $0^m,20$

(1) D'Orbigny, *Bullet. de la Soc. géologique*, 2ᵉ série, 1859, t. XVII, p. 43.

　9. Sable quartzeux. . . . .　0^m,30
10. Troisième zone de poudingue consolidé . . . .　0^m,10
11. Sable de Fontainebleau. . . . .　15 mèt.

Au moulin des Cailles, à 4 kilomètres au sud de Saclas, les mêmes dépôts de silex se montrent avec une grande puissance. On les voit aussi affleurer sur presque toutes les collines de sables de Fontainebleau qui constituent les deux rives de la vallée de la Juine, depuis Saclas jusqu'à Étampes. Mais on ne les retrouve agglutinés et transformés en poudingue qu'à Boissy-la-Rivière, entre Saclas et Ormoy, où, au contact du grès, ils forment encore un banc régulier d'une grande étendue, fortement consolidé et ayant environ 60 centimètres d'épaisseur.

Les poudingues des sables de Fontainebleau présentent des caractères à l'aide desquels on peut facilement les distinguer de ceux de l'argile plastique. Les premiers sont composés de galets de silex et de *sable quartzeux pur*, le tout agrégé par un ciment complètement calcaire ou faiblement siliceux. Les poudingues de l'argile plastique sont formés des mêmes galets de silex, mais toujours associés à des matières marneuses, et le tout est en général agglutiné par un ciment siliceux qui donne souvent à la roche l'aspect lustré.

Quant à leur origine, les galets siliceux des sables de Fontainebleau ont été arrachés originairement à la craie, ainsi que le constatent plusieurs espèces de fossiles qu'on y a trouvés.

§ 4. — Remarques sur le sable de Fontainebleau.

Voici venu le moment d'examiner cette divergence d'opinions entre les géologues, dont les uns font du sable de Fontainebleau la base du terrain miocène, tandis que d'autres y voient le sommet de l'éocène. Élie de Beaumont (1) et M. Hébert (2), entre autres, sont de la première opinion, à laquelle, on l'a vu, nous nous sommes rallié. Ils se fondent surtout sur des considérations stratigraphiques, d'où il résulte qu'à l'époque des sables de Fontainebleau la configuration du bassin de Paris a subi, et d'une manière définitive, une altération profonde. M. Deshayes professe l'opinion inverse

(1) Élie de Beaumont, *Mémoires pour servir à une description géologique de la France*. Paris, 1836.
(2) Hébert, *Bullet. de la Soc. géologique*, 2e série, 1866, t. XXIII, p. 339.

et appuie avant tout sa manière de voir sur des études paléontologiques (1).

Après avoir publié la liste des fossiles recueillis par MM. Bioche
et Fabre à la base du gypse, le savant conchyliologiste fait remarquer qu'il en peut sortir deux séries très-distinctes d'espèces. Dans
la première, en effet, il réunit les suivantes :

Lucina Heberti.	*Nucula Lyellana.*
Corbula subpisum.	*Avicula stampinensis.*
Corbulomya Nystii.	*Calyptræa striatella.*
Tellina Nystii.	*Turritella communis.*
Psammobia stampinensis.	

et se trouve dans la faune des sables de Fontainebleau. En rapprochant les autres espèces :

Corbula pyxidicula.	*Cerithium tricarinatum.*
Corbula ficus.	*Cerithium deperditum.*
Pholadomya ludensis.	*Fusus sublamellosus.*
Cardium granulosum.	*Voluta depauperata.*

on se trouve dans la faune des sables de Beauchamp. « Il est donc
évident, dit le célèbre paléontologiste (2), que dans la partie inférieure des gypses, deux faunes se rencontrent et se mélangent dans
des proportions qui, plus tard, seront plus rigoureusement déterminées, lorsque des recherches ultérieures auront définitivement fixé
le nombre des espèces. — Il est évident, continue-t-il, que l'époque
géologique de l'apparition des sables supérieurs de Fontainebleau
dans le bassin de Paris a été de beaucoup antérieure à celle précédemment fixée par les géologues. — Il est évident, par la succession des observations de Prévost et Desmarest, de Goubert, et
enfin de MM. Bioche et Fabré, que la série entière des gypses a été
déposée dans la mer; et déjà, depuis l'importante découverte de
M. Hébert, de la couche marine infra-gypseuse, on pouvait soupçonner l'origine marine de cette formation, intercalée qu'elle est
entre deux dépôts marins. — Enfin, il n'est pas moins évident que,
si la recherche des équivalents marins du gypse en dehors du bassin
de Paris a été la légitime préoccupation des géologues aussi

---

(1) Deshayes, *Description des animaux sans vertèbres découverts dans le bassin de Paris*, t. I (introduction), 1866.

(2) Deshayes, *Bullet. de la Soc. géologique*, 2e série, t. XXIII, p. 334.

longtemps qu'ils ont cru à l'origine lacustre de cette formation, cette préoccupation perd désormais tout son intérêt, puisque le gypse porte en lui-même la preuve d'une origine toute différente. »

Ces conclusions furent, de la part de M. Hébert, l'objet d'une discussion intéressante. Suivant lui, le mélange de faunes dont il est question n'a rien qui doive surprendre. Dans son opinion, en effet, le gypse correspond à la puissante formation marine des hautes Alpes, à laquelle il a, avec M. Renevier, donné le nom de *terrain nummulitique supérieur*. La faune de ce terrain est aussi une faune de mélange de fossiles éocènes et de fossiles des sables de Fontainebleau. Il n'en est pas moins vrai que, pour lui, la ligne de démarcation la plus tranchée vient se placer entre ce terrain à faune de mélange et d'autres assises nummulitiques plus récentes, celles de Castel-Gomberto, Salcedo, etc., qui représentent beaucoup mieux les couches miocènes. Dans le nord comme dans le sud, l'origine des sables de Fontainebleau correspond, pour M. Hébert, à la base du terrain tertiaire moyen, comme celui du gypse ou de ses équivalents marins correspond à la partie la plus récente du terrain tertiaire inférieur. Rien ne prouve d'ailleurs, pour le savant professeur de la Sorbonne, que la faune marine de l'époque du gypse soit devenue pendant cette époque la même que celle des sables de Fontainebleau, puisque l'on a constaté à Pantin l'existence de fossiles des sables de Beauchamp (*Cerithium tricarinatum*, *C. pleurotomoides*) à la base même de la masse supérieure, c'est-à-dire à un niveau plus élevé que les couches qui viennent de nous occuper.

Mais, on peut aller plus loin, si, comme l'a fait le professeur de la Faculté des sciences, on examine la forme de la mer des sables supérieurs, pour la comparer ensuite à celle des autres mers qui s'étaient succédé dans le bassin depuis la craie.

« La mer dans laquelle se déposaient nos sables de Fontainebleau, dit-il (1), devait nécessairement contourner l'Ardenne pour aller rejoindre le Limbourg belge ; de là, elle devait se diriger à peu près par Dusseldorf, Osnabrück, contrées où se trouvent des couches de même âge. Puis, passant au nord du Harz, longeant le pied septentrional de ces montagnes, elle allait rejoindre la vallée du Rhin à Mayence, en occupant toute la région volcanique comprise entre Cassel au nord et Francfort au sud.

(1) Hébert, *Bullet. de la Soc. géologique*, 2ᵉ série, t. XXIII, p. 339.

» Le relief de cette contrée, dû au soulèvement de la chaîne principale des Alpes, n'est venu que plus tard interrompre la dépression qui joignait Mayence à Cassel. Comme, d'un autre côté, l'ouverture du défilé du Bingerloch est postérieure au terrain tertiaire, il s'ensuit évidemment que la communication entre les divers gisements, qui sont aujourd'hui pour nous autant de témoins irrécusables de la présence de la mer en ces différents lieux à une même époque, n'a pu s'établir d'une autre manière. De Mayence, la mer se prolongeait au sud par toute la vallée du Rhin jusqu'au delà de Bâle, au pied du Jura bernois. Nous n'avons aujourd'hui aucune donnée qui puisse nous indiquer si ce prolongement était une communication entre deux mers, ou un simple golfe allongé. Jusqu'ici, à l'est et au sud de la région que nous venons de parcourir, on n'a encore signalé aucun dépôt appartenant à cette époque.

» Pour nous faire quelque idée du contour du rivage septentrional de cette mer, dont nous venons de tracer le bord méridional, il faut se rappeler que le Boulonnais faisait alors partie de l'Angleterre, qui était peut-être reliée à la France par le prolongement du Cotentin, de la Bretagne et du Cornouailles. La portion de la Manche comprise entre le Cotentin et le Boulonnais avait déjà été précédemment deux fois un golfe : d'abord à l'époque de la craie supérieure, en second lieu à l'époque du calcaire grossier. L'existence incontestable, à Rouville-la-Place, près de Saint-Sauveur le Vicomte (Manche), et dans l'île de Wight, de couches marines caractérisées par des fossiles de l'époque des sables de Fontainebleau, nous prouve que cette région est redevenue golfe une troisième fois à cette même époque. Alors le rivage septentrional de notre mer devait donc, dans la mer du Nord, laisser à l'ouest les côtes de l'Angleterre, contourner la pointe du Boulonnais, se diriger à travers la Manche sur l'île de Wight, revenir au sud sur le Cotentin, pour de là aller regagner le bassin de Paris. Ici, pour continuer notre tracé, peut-être aurions-nous besoin de renseignements plus positifs ; toutefois, si nous considérons que l'on ne cite sur la surface de la Normandie aucun lambeau qui puisse être, sans contestation, rapporté aux sables de Fontainebleau, tandis que d'autres assises, comme les lignites du Soissonnais par exemple, ont laissé çà et là, dans ce même pays, des traces de leur ancienne extension, nous serons amenés à donner à la mer des sables de Fontainebleau, entre le Cotentin et le bassin de Paris, à peu près le même rivage que celui que nous avons dû adopter pour la craie supérieure et pour le calcaire grossier, c'est-à-dire qu'en partant de l'embouchure de la Vire, ce rivage ira, un peu au delà de Dieppe, pénétrer dans le bassin de la Somme, contourner le pays de Bray, de manière à revenir à l'ouest jusqu'à la vallée de l'Epte, pour se diriger d'abord au sud, en passant par Vernon (1), puis à l'ouest vers la vallée de la Loire.

» On trouve, en effet, dans les environs du Mans, de la Flèche, et dans beaucoup d'autres points, des sables et des grès qui ont été jusqu'ici rapportés par tous les géologues aux sables de Fontainebleau, et alors la liaison avec le bassin de l'Aquitaine, où la faune de ces sables se trouve largement représentée dans les faluns de Goas et d'autres localités, serait toute naturelle par la vallée de la Loire et par l'emplacement actuel de l'Océan. Toutefois, je n'ai établi cette liaison qu'avec doute, des observations faites l'année dernière m'ayant donné à penser que le grès du Maine pouvait bien être plus ancien. »

Or, à côté du littoral qui vient d'être défini, si l'on se représente la côte de la mer aux diverses époques antérieures, on voit, d'une part, qu'il n'y a aucune analogie dans les formes, et, d'autre part que tout ce qui précède l'époque de Fontainebleau dans le terrain tertiaire offre la plus complète homogénéité : « Pendant cette première période, dit M. Hébert (2), la mer s'avance du nord au sud, lentement, par petites étapes pour ainsi dire, s'arrêtant contre le versant septentrional de l'Ardenne à l'époque des *marnes heersiennes*, pénétrant un peu au delà du pied du Bray à l'époque des *sables de Bracheux*, et s'étendant alors dans toute cette moitié septentrionale du bassin parisien jusqu'à la pointe orientale de la montagne de Reims; puis, continuant ce mouvement vers le sud, elle amène les sables de Cuise plus près de Paris, et s'étend à l'ouest jusqu'à Gisors. Enfin, le calcaire grossier dépasse au sud de quelques kilomètres seulement la latitude de Paris et atteint à l'ouest Louviers. Ce mouvement progressif est exactement le même en Angleterre. Les sables de Woolwich, qui représentent nos sables de Bracheux, s'arrêtent dans la vallée de la Tamise; les dépôts contemporains du calcaire grossier s'étendent jusqu'au Hampshire et à l'île de Wight, aussi bien que dans le Cotentin; et dans toute cette partie du

---

(1) Élie de Beaumont (*Système des montagnes*, p. 471) signale dans cette région un relèvement N. S. qui a formé la limite occidentale du grès de Fontainebleau. Le calcaire grossier s'étend plus à l'O., jusqu'auprès de Louviers ; il est antérieur à ce relèvement, qui dépend du *Système de Corse et de Sardaigne*.

(2) Hébert, *Bullet. de la Soc. géologique*, 2e série, 1855, t. XII, p. 770.

bassin anglo-français il n'y a rien qui représente les dépôts véritablement marins du Soissonnais.

» A partir du calcaire grossier, la mer se retire progressivement.
Dans le bassin parisien, les *sables de Beauchamp* rentrent, à peu de
chose près, dans la circonscription des *sables de Cuise*. Ils manquent
complétement en Belgique et dans le Cotentin ; mais ils subsistent
dans le Hampshire et l'île de Wight, où les argiles de Barton en
renferment en abondance les espèces les plus caractéristiques.

» Enfin, cette première mer tertiaire manifeste encore son retour
momentané dans le centre du bassin parisien par les *marnes à Pholadomyes* situées à la base du gypse, où nous retrouvons, et les
mêmes fossiles en majorité que dans les sables de Beauchamp, et
une semblable circonscription sur une moins grande superficie.

» Les premières traces du séjour de la mer que nous rencontrions
ensuite sont immédiatement au-dessus du gypse et des marnes
d'eau douce qui l'accompagnent, les *marnes à Cythérées* de
Brongniart, marnes où abondent le *Cyrena convexa* (Brongn. sp.,
Héb. et Renv.), le *Cerithium plicatum* (Lamk), une Psammobie, etc.,
faune toute nouvelle pour le bassin de Paris, et qui, s'observant dans
le Limbourg, à Mayence, en Suisse, etc., caractérise une circonscription essentiellement différente, celle des *sables de Fontainebleau.* »

CHAPITRE II

LE TRAVERTIN SUPÉRIEUR.

A la suite des sables de Fontainebleau vient un terrain essentiellement d'eau douce, mais comprenant cependant certaines couches
marines, et remarquable tout d'abord par son extrême analogie
d'allures et de constitution avec le travertin moyen. Cette analogie
est même si intime, que Cuvier et Brongniart n'avaient pas su distinguer les deux niveaux, et que c'est seulement en 1833 que
Dufrénoy découvrit leurs caractères distinctifs (1).

Le terrain qui va nous occuper maintenant est désigné souvent

(1) Dufrénoy, *Bullet. de la Soc. géologique*, 2ᵉ série, 1834, t. IV, p. 161.

sous le nom de *travertin supérieur*. On l'appelle aussi *travertin de la Beauce*, parce que le sol de cette ancienne province en est en grande partie constitué.

Le travertin supérieur, considéré dans son ensemble, se divise naturellement en deux systèmes, qui sont :

2. Le calcaire lacustre de l'Orléanais ;
1. Le travertin de la Beauce.

§ 1. — Le travertin de la Beauce.

Le travertin de la Beauce constitue un système très-développé, et dans l'épaisseur duquel il est naturel de distinguer deux niveaux successifs correspondant sensiblement, pour la nature et la position relative, à ceux que nous avons admis dans le travertin de la Brie. C'est ce travertin, plutôt que tout le terrain supérieur, qui, par ses caractères, avait trompé les auteurs de la *Description géologique*. Le calcaire de l'Orléanais les avait en effet très-peu préoccupés, à cause de sa situation sur la frontière du bassin.

Comme le travertin de la Brie, celui-ci peut se répartir en deux niveaux, dont l'inférieur est composé de *calcaires*, et l'autre de *meulières*. Voyons en quoi ils consistent.

a. — Calcaire de Beauce.

CARACTÈRES GÉNÉRAUX. — Dans la forêt de Fontainebleau, sur la route de Paris, le calcaire de Beauce offre aux études du géologue un escarpement de 10 mètres. On y distingue une quinzaine de couches, dont plusieurs sont très-bitumineuses et qui se chargent de silice dans le haut.

Cette disposition, avec quelques variantes, se retrouve dans une foule de localités, telles que Rambouillet, Cernay-la-Ville, Trappes, Cercotte, etc.

FAUNE. — Les fossiles qui caractérisent ce niveau sont pour la plupart terrestres ou d'eau douce ; cependant nous allons avoir à en signaler de marines.

L'*Helix Lemani* (Brongn.) est parfaitement caractérisé par sa forme subglobuleuse, un peu déprimée ; par sa spire assez saillante, ses tours de spire arrondis et au nombre de cinq. Son dernier tour ne présente aucune carène ni aucun angle saillant dans son contour. L'ouverture est engagée sous la roche, mais on aperçoit un petit ombilic. Toute sa surface devait être presque lisse, on n'y voit que quelques stries de ses accroissements.

Le *Cyclostoma antiquum* (Brongn.) est une coquille d'autant plus remarquable, qu'elle offre une analogie complète avec une de nos espèces vivantes les plus communes. Aussi, comme il n'est personne qui n'ait vu le *Cyclostoma elegans*, il sera très-facile de se faire une idée de la coquille miocène. En effet, la seule différence que M. Deshayes trouve à noter, c'est un peu plus de longueur dans le diamètre de la base.

A un niveau un peu plus élevé, le calcaire passe à une marne d'origine évidemment saumâtre, remplie de moules d'une coquille tout à fait caractéristique, le *Potamides Lamarckii*. C'est une coquille comprise d'abord dans le genre *Cerithium*, et que nous aurons à signaler tout à l'heure dans les sables d'Ormoy. Elle est allongée, turriculée quelquefois, singulièrement dilatée dans les vieux individus. Les tours sont nombreux et convexes. Les premiers sont chargés de petites côtes longitudinales un peu obliques, sur lesquelles passent de petits sillons transverses; peu à peu les côtes longitudinales disparaissent et sont remplacées par de petits plis irréguliers; les deux stries transverses persistent davantage, et on les trouve quelquefois jusque sur le dernier tour ; celui-ci est très-convexe, déprimé à la base. L'ouverture est petite, arrondie et terminée par une échancrure peu profonde, assez semblable à celle de certaines turritelles. Le bord droit est mince, très-tranchant ; il est très-saillant en avant et profondément échancré sur le côté. La columelle est très-courte, arquée et revêtue d'un bord gauche étroit et à peine saillant.

La côte Saint-Martin d'Étampes, que nous citions tout à l'heure, compte parmi les localités où se rencontre le *Potamides*. Il pétrit des couches plus ou moins ligniteuses, où se trouve aussi le *Bithynia Dubuissoni*, et toute une faune presque microscopique, riche en hélices et autres coquilles terrestres, dont on doit la connaissance à M. Munier-Chalmas.

Plus récemment, le même géologue a retrouvé cette faune intéressante à Palaiseau, à Jouy (près de Versailles), à Montmorency, entre Ormoy et Étampes, à la Ferté-Aleps, et enfin à Malesherbes. Dans toutes ces localités, elle occupe le même niveau et se trouve cantonnée dans les premières couches du terrain de Beauce, accompagnée presque toujours du *Potamides Lamarckii*, qui forme, comme on voit, un horizon stratigraphique très-remarquable.

C'est encore au même niveau que se trouve, tout près d'Étampes, la célèbre localité d'Ormoy, dont le sable a fourni une collection si intéressante de coquilles admirablement conservées, et parmi lesquelles se présentent justement les espèces marines auxquelles nous venons de faire allusion.

La figure 94 montre la constitution de cette localité désormais classique, et dont le véritable âge a été l'objet d'une discussion

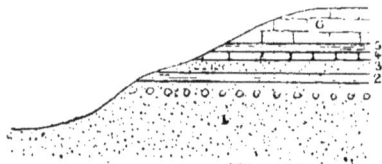

FIG. 94. — Coupe prise à Ormoy.

1. Sable blanc. — 2. Marne calcaire. — 3. Sable coquillier. — 4. Calcaire de Beauce. — 5. Marne d'eau douce. — 6. Calcaire lacustre.

instructive entre M. Ch. d'Orbigny et M. Hébert. On voit par la coupe que le niveau marin d'Ormoy constitue comme un point singulier dans l'ensemble des couches à *Potamides*. Par conséquent, il appartient au terrain du travertin de la Beauce, et non pas à celui des sables de Fontainebleau, comme on l'avait pensé d'abord.

Voici la liste des couches observées à Ormoy :

CALCAIRES DE BEAUCE.

6. Calcaire lacustre avec lits siliceux intercalés. Environ....... $25^m,00$
5. Marne d'eau douce................................. $0^m,60$
4. Lit de grès calcaire rempli de *Potamides Lamarckii* (Brongn.) et de *Bithynia Dubuissoni*, (Bouillet)....... $0^m,03$
3. Sable rempli de coquilles marines, dont les plus abondantes sont :
    Cardita Bazini, Desh.
    Cytherea incrassata, Desh.
    Lucina Heberti, Desh.
    Cerithium plicatum, Lamk.
    Épaisseur de cette couche..................... $1^m,00$
2. Marne calcaire remplie de *Potamides Lamarckii* et de *Bithynia Dubuissoni*.......................... $0^m,30$

SABLES DE FONTAINEBLEAU.

1. Sable blanc sans fossiles, avec un lit de cailloux roulés à 8 mètres de la surface supérieure. (Ce lit de cailloux roulés se voit, assez mal, il est vrai, dans une sablière qui est à côté de la maison. Il est à un niveau bien plus élevé que celui d'Étampes.)..................... $10^m,00$

    Un puits creusé dans la propriété a pénétré 15 mètres plus bas dans les sables, sans les traverser.

Parmi les coquilles qui viennent d'être mentionnées, deux doivent nous arrêter un moment : ce sont le *Bithynia Dubuissoni* et le *Cardita Bazini*.

Le *Bithynia Dubuissoni* (Bouillet), est une petite coquille allongée régulièrement conique, assez large à la base. Sa spire, très-pointue, se compose de six ou sept tours peu convexes et néanmoins séparés par une suture assez profonde et canaliculée. Le dernier tour est grand, globuleux, convexe à la base et percé d'une petite fente ombilicale ; il forme un peu plus du tiers de la longueur totale. Toute la surface de la coquille est lisse, brillante, malgré les très-fines stries d'accroissement que la loupe y découvre. L'ouverture est d'une médiocre étendue ; elle est ovale, anguleuse postérieurement. Le péristome est continu et forme un bord saillant au-dessus de la fente ombilicale. Il est mince, tranchant et perpendiculaire, c'est-à-dire parallèle à l'axe longitudinal.

Le *Cardita Bazini* (Desh.) est ovale - oblong, subtransverse, très-inéquilatéral, le côté antérieur large, obtus, demi-circulaire, formant le cinquième environ de la longueur totale. Le côté postérieur est plus étroit, obliquement tronqué. Les crochets sont assez grands, contournés au-dessus d'une lunule petite, aussi haute que large, en forme d'écusson ; elle est lisse et séparée par une strie profonde. Vingt à vingt-deux côtes régulières se distribuent à la surface ; elles sont convexes, plus étroites que les intervalles qui les séparent ; elles sont chargées de tubercules obtus et transverses. Sur la côte postérieure un corselet est limité par une dépression concave assez large, dans laquelle se placent une ou deux côtes très-étroites, lisses ; celles des côtes postérieures placées sur la limite du sinus portent souvent de grandes écailles irrégulièrement disséminées, il en est de même des trois côtes comprises dans l'intérieur du corselet. La charnière est assez épaisse ; elle consiste en deux dents très-inégales sur la valve gauche, toutes deux inclinées en arrière : l'antérieure est en pyramide triangulaire, un peu courbée à son sommet ; la postérieure est fort longue et étroite ; sa surface supérieure est très-finement striée en travers ; la dent de la valve droite est fort grosse et très-longue, son extrémité antérieure est tronquée obliquement et son sommet est un peu infléchi. Sa surface supérieure est également striée. Aux extrémités de la charnière, en avant sous la lunule, et en arrière à l'extrémité de la nymphe, on remarque un rudiment de dent latérale.

Notons, en passant, que le gisement d'Ormoy a fourni à M. de

Raincourt des ossements de poissons qui ne paraissent d'ailleurs pas avoir été l'objet d'une détermination exacte (1).

D'ailleurs la faune d'Ormoy n'est déjà plus spéciale à cette localité. M. Munier-Chalmas signale (2) aux environs d'Étampes, près du hameau du Carrefour, une carrière qui donne :

4. Des assises de travertin, de calcaire marneux ou siliceux, renfermant des *Potamides Lamarckii*.

3. Une couche marine de 0^m,30, renfermant les *Cardita Bazini*, *Cerithium plicatum*, *Cytherea incrassata*, *Cytherea splendida*, *Lucina Heberti*.

2. Environ 2 mètres de marnes renfermant des rognons ou des plaques de calcaire lacustre ou saumâtre à *Potamides Lamarckii*, et appartenant à la base des calcaires de Beauce.

1. Comme support général, 2 mètres de sables de Fontainebleau parfaitement purs.

L'auteur en tire naturellement cette conclusion, que les sables même d'Ormoy « sont supérieurs à la base des meulières et des calcaires de Beauce ». Ce qui précède a déjà amené le lecteur à en reconnaître la justesse.

On peut rapporter au même niveau les plaquettes de meulières remplies de *Potamides*, que l'on recueille par exemple sur le plateau de Cormeille en Parisis, entre Sannois et Ermont.

D'après Goubert, il faut y placer aussi la magnifique sablière de la montagne du Tartre, près de Maisse, dans le département de Seine-et-Oise (3). On y trouve 30 mètres de sable azoïque blanc, un peu micacé, très-meuble, avec quelques concrétions ferrugineuses irrégulières. Au-dessus de ce sable se rencontre un banc, atteignant par places jusqu'à un mètre de sable violet brun, ligniteux, veiné de vert çà et là, ou ferrugineux, désagrégé, ondulé et non en ligne droite, tranchant par sa couleur avec la masse des sables sous-jacents. Il est rempli de grandes limnées, toutes avec test, entières à la bouche comme à la pointe, et qui paraissent être le *L. Brongniarti* (Desh.). Elles sont mêlées à de grosses limnées ovoïdes à spire courte, moins abondantes que semble le *L. cornea;* à des espèces plus allongées, paraissant le *L. fabula;* enfin à de nombreuses petites limnées ovales-oblongues, dont M. Munier-Chalmas a fait

(1) De Raucourt, *Bullet. de la Soc. géologique*, 2e série, 1870, t. XXVII, p. 630.

(2) Munier-Chalmas, *Bullet. de la Soc. géologique*, 2e série, 1870, t. XXVII, p. 693.

(3) Goubert, *Bullet. de la Soc. géologique*, 2e série, 1867, t. XXIV, p. 315.

le *L. Gouberti*. Citons également d'assez fréquents *Cyclostoma anti-quum* parfaitement intacts, quelques-uns avec opercules ; des oper-cules détachés de cette coquille ; un *Ancylus* (*A. Gouberti*, Munier-Chalmas), de petites hélices, des *Planorbis cornu* (Brongn.), des *Pupa*, quelques *Bithynia Dubuissoni* (Brongn.) et des *Carychium*, etc. En lavant le sable, ces petites espèces sortent en abondance.

On est vraiment surpris de voir la fraîcheur et le nombre de ces coquilles, alors que leurs analogues sont partout ailleurs empâtées dans nos meulières de Montmorency ou les calcaires de la Beauce. Ces fossiles se montrent tous dégagés à la surface de la coupe, par le vent qui y souffle comme au milieu des dunes et par la pluie. Le sable en est çà et là tout blanc. A la base de ce sable à limnées, on trouve un nombre relativement grand de côtes qui paraissent ap-partenir au Lamantin de Guettard (*Manatus Guettardi*), et de grosses dents canines ou molaires de *Lophiodon*, fragiles, mais bien con-servées, mêlées à du bois carbonisé.

b. — Meulières supérieures.

CARACTÈRES GÉNÉRAUX. — Les meulières supérieures constituent le sommet des plateaux les plus élevés de nos environs immédiats ; c'est pourquoi on les appelle souvent *meulières de Montmorency*. On les exploite pour les constructions, et dans les trous d'extraction on peut constater que leur gisement est identique avec celui des meulières de Brie.

En d'autres termes, elles constituent comme celles-ci des bancs discontinus ou de gros rognons noyés dans une argile bariolée.

Il est rare que leur qualité les rende propres à la confection des meules à moudre ; toutefois une localité des environs de Ram-bouillet tire son nom de *les Mollières* de l'exploitation qu'on y fait et qui rappelle en très-petit celle de la Ferté-sous-Jouarre.

FAUNE ET FLORE. — Les meulières supérieures renferment sen-siblement les mêmes fossiles que le calcaire de Beauce. Les limnées (*cornea* et *cylindrica*), le *Planorbis cornu* (Brongn.) sont les plus communs. Cette dernière espèce, quoique assez grande, puisqu'elle a 14 millimètres de diamètre, est remarquable parmi les planorbes par le petit nombre de ses tours de spire. Il y en a quatre, le dernier s'agrandissant promptement et enveloppant tous les autres, ce qui le rend profondément ombiliqué ; en dessus il est peu concave.

Fréquemment les meulières renferment des tiges et des graines de *Chara medicaginula*.

ORIGINE ET MODE DE FORMATION. — On peut remarquer que, comme la meulière de Brie, celle de Beauce repose sur des couches calcaires. C'est dire que l'hypothèse de M. Meugy, rapportée précédemment, peut s'y appliquer aussi bien que pour le premier terrain. Toutefois les mêmes objections peuvent y être faites, et nous avons déjà dit pourquoi nous croyons devoir ne pas l'adopter. A tous égards, l'hypothèse geysérienne nous paraît bien préférable ; aussi, comme nous l'avons annoncé, allons-nous donner, d'après MM. Potier et Douvillé (1), quelques détails sur la faille de Mantes et de Vernon à laquelle les dépôts en question paraissent se rattacher.

Or, il résulte des observations de ces géologues que la faille en question est accompagnée d'une surélévation des couches situées sur le nord-est de la faille. Cette dénivellation intéresse les terrains tertiaires, jusques et y compris les sables de Fontainebleau. La liaison intime des sables de Fontainebleau et du calcaire de Beauce conduit à admettre que la dénivellation s'est produite postérieurement à cette formation. Les sables granitiques, qui se présentent plusieurs fois avec les caractères propres aux filons d'injection, se rencontrent presque toujours aux points où la dénivellation peut être observée : il y a donc lieu de considérer la venue des sables comme intimement liée à cette dénivellation, c'est-à-dire comme postérieure au dépôt du calcaire de Beauce.

§ 2. — Le calcaire lacustre de l'Orléanais.

On ne peut guère dire que le calcaire de l'Orléanais soit superposé au travertin de la Beauce ; il est plus exact de le considérer comme lui faisant suite vers le S. O. Toutefois, comme toutes les couches plongent dans cette direction, il y a une zone, étroite il est vrai, où le recouvrement des deux formations l'une par l'autre peut être plus ou moins bien observé.

C'est vers la Ferté-Aleps que commence le terrain qui nous occupe maintenant, et il ne tarde guère à sortir du cadre que nous nous sommes tracé.

(1) Potier et Douvillé, *Comptes rendus de l'Académie des sciences* (6 mai 1872), et *Bullet. de la Soc. géologique*, 2ᵉ série, 1872, t. XXIX, p. 472.

Dans cette localité, le calcaire lacustre renferme des couches extra-ordinairement riches en débris de mammifères. Ce gisement, signalé d'abord par Goubert, a été étudié ensuite par M. Munier-Chalmas (1), puis par M. Tournouër.

Dans son travail, M. Munier-Chalmas avait constaté dans ce gisement :

Deux *Crocodilus* indéterminés ;

L'*Anthracotherium magnum* ;

Un *Tragulotherium* ou *Amphitragulus* ? ;

Un animal du type *paléothérien*.

M. Tournouër n'a rien trouvé qui pût se rapporter à ce dernier type.

Le petit *Amphitragulus* ou *Gelocus* a été au contraire retrouvé par cet observateur et par M. Bioche.

Quant à l'*Anthracotherium*, M. Tournouër en a recueilli de très-grandes canines appartenant probablement à la mâchoire inférieure, et une belle prémolaire, non usée, fort différente des prémolaires inférieures d'*A. oncideum*.

Mais les dents les plus nombreuses trouvées dans ce gisement sont celles du *Rhinoceros*. M. Gaudry rapporte de nombreuses molaires inférieures et supérieures à l'*Acerotherium Briva-tense* (Bravard). Avec ces dents ont été recueillis des fragments d'os longs, tibias, omoplates, etc., qui appartiennent sans doute aux mêmes animaux.

« Ce gisement, dit M. Tournouër, offre un réel intérêt par la présence de plusieurs espèces de vertébrés des dépôts miocènes de l'Allier et de l'Auvergne dans une position stratigraphique très-nette et à un niveau parfaitement déterminé. Je rappellerai en effet que les débris de la Ferté-Aleps se trouvent à la base d'un petit dépôt de sable brun ou jaune foncé rempli de limnées (*L. Brongniarti* (Desh.), de *Cyclostoma antiquum* (Br.), etc., qui surmonte immédiatement la masse des sables blancs marins de Fontainebleau, dans lesquels la sablière est ouverte, et qui est surmonté lui-même sur 2 ou 3 mètres par les premières assises du calcaire blanc lacustre de la Beauce, qui forme normalement le plateau de toute la région. La position de ce *bombed* est donc parfaitement nette et peut être fort utile pour la fixation de l'âge d'autres dépôts ossifères plus isolés. »

(1) Munier-Chalmas, *Bullet. de la Soc. géologique*, 2ᵉ série, t. XXVII, p. 692.

III

TERRAIN PLIOCÈNE

CHAPITRE UNIQUE

LES SABLES DE SAINT-PREST.

CARACTÈRES GÉNÉRAUX. — Le terrain tertiaire supérieur ou pliocène n'apparaît dans les environs de Paris que comme une singularité. C'est seulement à Saint-Prest, auprès de Chartres, dans le département d'Eure-et-Loir, qu'on peut l'étudier. C'est un terrain de transport d'aspect fluviatile, formé de 15 mètres de sables reposant directement sur la craie et recouvert par le lœss. Ce sable, qu'on pourrait à la première vue confondre avec un atterrissement quaternaire, est situé à 25 mètres au-dessus des alluvions de l'Eure. Les fossiles qu'il renferme en abondance le distinguent d'ailleurs complétement des dépôts diluviens, et nous emprunterons à M. Laugel quelques détails à ce sujet (1).

Les sables de Saint-Prest, exploités à quelque distance de Chartres, sur le bord de l'Eure, n'ont pourtant rien de commun avec les dépôts diluviens proprement dits, auxquels a donné naissance le phénomène de creusement des vallées; ils remplissent une dépression latérale à la rivière qui devait déjà exister avant l'approfondissement de la vallée de l'Eure. La coupe de la sablière laisse voir, au-dessous d'une très-grande épaisseur de limon des plateaux, en premier lieu des bancs de galets siliceux, ensuite du sable blanc mêlé de galets, enfin du sable blanc très-fin. Dans toute la sablière, sauf dans les sables fins inférieurs, il y a de gros blocs usés de silex, de grès, quelquefois de poudingue siliceux. Certaines zones, notamment dans la partie inférieure, contiennent des parties feldspathiques mélangées avec des grains de quartz hyalin.

(1) Laugel, *Bullet. de la Soc. géologique*, 2ᵉ série, t. XIX, p. 709.

FAUNE. — M. Lartet a déterminé les mammifères trouvés à Saint-Prest, et collectionnés en 1848 par M. de Boisvillette, ingénieur en chef des ponts et chaussées à Chartres.

1° *Elephas meridionalis* (Nesti), représenté par un grand nombre de dents, des mâchoires et quelques fragments d'os longs.

2° *Rhinoceros...* Une ou deux espèces représentées par quelques dents isolées et des os d'extrémités très-élancés. L'une des espèces paraîtrait se rapprocher du *Rhinoceros* qui accompagne, dans le val d'Arno, l'*Elephas meridionalis.*

3° Une dent prémolaire d'*hippopotame*, probablement l'*Hippopotamus major.*

4° Quelques dents d'un *cheval*, qui paraît être le même que l'*Equus arnensis.*

5° Un grand *bœuf*, représenté par des dents et des portions de cornes, etc. Un petit *bœuf*, représenté par des dents de moindre taille que les grands bœufs, d'une époque postérieure.

6° Un *cerf* de très-grande taille, à en juger par des portions de bois et d'os longs, et deux molaires supérieures. Par la forme de ces dents, ce cerf se rapprocherait de l'élan ; mais ce rapprochement ne serait pas confirmé par la forme des bois. C'est le *Megaceros Carnutorum.*

7° Un *rongeur* de grande taille (*Trogontherium*, Fischer), représenté par un crâne et des os du pied (1).

Il convient de dire ici un mot de quelques-unes de ces espèces.

L'*Elephas meridionalis* (Nesti) se rapproche beaucoup, géologiquement, de l'*E. primigenius* ou mammouth, que nous rencontrerons dans le terrain quaternaire. Il se distingue surtout par une mâchoire inférieure à symphyse plus longue. M. Pictet ne le regarde pas comme certain (2), et M. Paul Gervais (3) est d'avis que les débris attribués à l'éléphant et trouvés dans les terrains tertiaires paraissent devoir être rapportés au mastodonte (fig. 95).

L'*Hippopotamus major* (Cuv.) ressemble beaucoup à l'hippopotame actuel, et Blainville pensait même qu'il devait lui être

(1) Dans une note adressée à la Société géologique, le 6 novembre 1848, M. de Boisvillette avait mentionné de plus des restes d'*Antilope*, de *Morse* et de *Carnassiers*, mais ils n'ont jamais été l'objet d'une détermination spécifique.

(2) Pictet, *Traité de paléontologie*, t. I, p. 285.

(3) Paul Gervais, *Zoologie et Paléontologie françaises*, p. 36.

réuni (1). Toutefois la plupart des paléontologistes considèrent cette espèce comme distincte. Ils se fondent sur les formes différentes de sa mâchoire, sur les stries obliques de la face antérieure des canines, sur l'écartement plus grand de la deuxième et la troisième molaire, sur l'occiput plus haut, la face plus courte, etc., et aussi sur la différence de taille ; car l'hippopotame fossile dépassait de beaucoup les dimensions des plus grands individus du monde actuel.

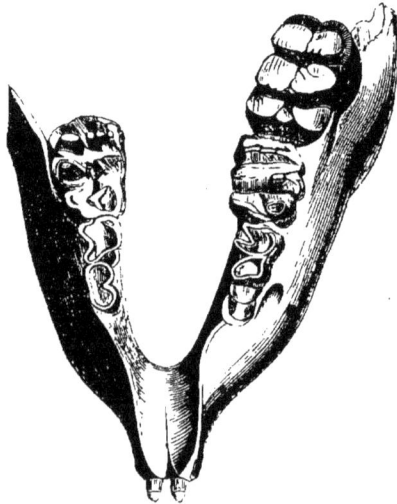

FIG. 95. — *Mastodon longirostris.*

Le *Rhinoceros leptorhinus* est également très-commun et représenté par des parties très-variées de son squelette.

OPINIONS DIVERSES SUR L'AGE DES SABLES DE SAINT-PREST. — Il faut d'ailleurs ajouter que si, pour le plus grand nombre des géologues, le dépôt de Saint-Prest est réellement pliocène, pour quelques savants il est au contraire diluvien : c'est, par exemple, l'opinion de M. le professeur Paul Gervais, si autorisé en pareille matière. M. Belgrand a présenté, de son côté, des observations dont la conclusion pourrait être la même (2). « Je n'ai pas, dit-il, la prétention de résoudre le difficile problème de la faune de Saint-Prest ; mais il est un point sur lequel je crois devoir appeler l'atten-

---

(1) Blainville, *Ostéographie, ou Description iconographique comparée du squelette et du système dentaire des Mammifères récents et fossiles : Hippopotames*, et *Cochons*, p. 55.

(2) Belgrand, *la Seine*, p. 207.

tion des géologues. Si l'on compare la faune des sables de Saint-Prest à celle des sablières de la Seine, à Paris, on est frappé de l'abondance et de la grandeur des cervidés dans le premier; les bovidés au contraire y sont peu nombreux. Dans les graviers de Paris, les bovidés dominent, surtout dans les hauts niveaux ; les cervidés y sont moins nombreux et surtout moins grands qu'à Saint-Prest. Or, si l'on tient compte de la nature du sol des deux bassins, ces cantonnements s'expliquent facilement. Le bassin de l'Eure, entièrement perméable, impropre à la végétation des prairies et des pâturages, complétement privé de sources, et d'eau par consé-quent, si ce n'est au fond des vallées principales, ne convient point aux bovidés, qui ne peuvent se passer d'eau et de prairies. Si aujour-d'hui nos bœufs revenaient à l'état sauvage, ceux de la Beauce abandonneraient le pays et se retireraient dans le Perche ou dans la vallée d'Auge. A la vérité, il pleuvait beaucoup dans l'âge de pierre; mais les eaux pluviatiles disparaissaient de la surface de la Beauce soit en ruisselant, soit absorbées par le sous-sol, qui devenait immé-diatement aride comme aujourd'hui, dès que la pluie cessait, et ne pouvait convenir à la végétation des prairies. Les sources de l'Eure et de ses affluents, la Voise, la Vègre, la Blaise, l'Avre et l'Iton, toutes situées au fond des vallées, étaient certainement mieux alimentées que de nos jours; mais les plateaux intermédiaires ne retenaient pas l'eau nécessaire aux bovidés. Les bœufs devaient donc être rares en Beauce, même dans les temps si pluvieux de l'âge de pierre. Les plateaux qui bordent la Seine leur convenaient bien mieux. Les argiles de Brie, encore si humides de nos jours, devaient produire d'abondants pâturages; les sources innombrables des marnes vertes coulaient dans les moindres dépressions du sol ; les bœufs de l'âge de pierre devaient donc être très-nombreux sur ces plateaux.

« Les cervidés, au contraire, ne cherchent ni les lieux humides, ni les gras pâturages; dans les terrains imperméables, ils meurent souvent de la cachexie aqueuse à la suite des années très-humides. Si les bois de la Brie n'étaient pas coupés de fossés et assainis de longue main ; si les propriétaires ne faisaient de grands sacrifices pour y conserver le gibier de luxe, tous les chevreuils et les cerfs de cette contrée se réfugieraient dans les forêts arides des sables miocènes, et mieux encore dans les bois non moins secs des calcaires de la Bourgogne. Il semble donc très-naturel que les cerfs aient été plus nombreux dans la Beauce, quand elle était boisée, et les bœufs dans la Brie. » D'un côté, on verra, dans le chapitre relatif au diluvium, combien la faune de Saint-Prest est analogue à celle bien certainement quaternaire des sablières de Montreuil.

VESTIGES DE L'INDUSTRIE HUMAINE DÉCOUVERTS A SAINT-PREST. — Quoi qu'il en soit, Saint-Prest tire un intérêt tout spécial d'une importante découverte que fit M. Desnoyers dans cette localité désormais classique. Il constate en effet que la plupart des ossements provenant de cette localité présentaient l'empreinte de la main de l'homme. Sur un crâne d'éléphant il montre la marque de flèches qui, après avoir traversé la peau et les chairs, avaient glissé sur l'os; il montre que tous les crânes du grand cerf nommé *Megaceros Carnutorum* paraissent avoir été brisés par un coup violent donné sur l'os frontal, près du point d'intersection des deux bois ; que ces bois portent à la base des incisions dirigées latéralement et de haut en bas, comme celles qu'eût faites un outil tranchant employé à enlever la chair et à détacher les tendons ; que les os de ruminants sont brisés en long et en travers, et semblent l'avoir été dans le but d'en extraire la moelle ; etc.

Quelques géologues adoptèrent immédiatement l'opinion de M. Desnoyers ; d'autres réservèrent la leur. Un crâne de cerf trouvé à Saint-Prest était percé d'un trou évidemment fait du vivant de l'animal ; on supposa qu'il avait pu être fait pendant un de ces combats furieux qu'à de certaines époques les cerfs se livrent entre eux. La plupart des os de Saint-Prest portent des stries et des rayures de divers genres ; mais comme on s'en est assuré par des expériences faites au Jardin zoologique de Londres, les porcs-épics rayent à peu près de la même manière les os frais qu'ils rongent, et justement on a découvert, comme on vient de le voir à Saint-Prest, la mâchoire d'un grand rongeur. Enfin, on fit surtout remarquer qu'aucune arme, qu'aucun instrument n'avait été trouvé dans ce gisement ; et, en leur absence, les meulières invoquées par M. J. Desnoyers (1) paraissent insuffisantes même à des géologues qui, comme M. Ch. Lyell (2), sont portés à admettre que l'homme a vécu en effet à l'époque où se déposaient les terrains tertiaires.

(1) J. Desnoyers, *Comptes rendus de l'Académie des sciences*, 1863, t. LVI.
(2) Lyell, *l'Ancienneté de l'homme prouvée par la géologie*, traduit par Chaper, 2ᵉ édit. Paris, 1870.

Or, c'est ce témoignage réclamé par M. Ch. Lyell, que M. l'abbé Bourgeois produisit quelque temps après devant l'Académie des sciences (1). « Je n'ai pas rencontré, il est vrai, dit-il, la forme classique de Saint-Acheul et d'Abbeville ; mais j'ai pu recueillir à tous les niveaux les types les plus communs, tels que têtes de lances ou de flèches, poinçons, grattoirs, marteaux, etc. L'un de ces instruments paraît avoir subi l'action du feu. Les silex taillés des sables et graviers de Saint-Prest sont très-grossiers et présentent la ressemblance la plus frappante avec ceux que j'ai signalés dans le diluvium de Vendôme. » D'après cela, l'homme appartiendrait au terrain tertiaire supérieur ; nous allons le voir jouer un grand rôle pendant toute la période quaternaire.

(1) L'abbé Bourgeois, *Comptes rendus de l'Académie des sciences*, 1867, t. LXIV, p. 47.

TERRAIN QUATERNAIRE

L'étude du terrain quaternaire présente des difficultés considérables. Les formations dont il se compose sont extrêmement compliquées, et les synchronismes qu'on cherche à établir entre certaines d'entre elles sont le plus souvent douteux. Sa liaison intime avec le pliocène d'une part, et avec le terrain moderne de l'autre, en fait, à certains égards, comme une division purement artificielle, et cependant on va voir qu'il se distingue à la fois par son allure générale et par ses nombreux fossiles. Il tire d'ailleurs un immense intérêt de sa situation même dans la série stratigraphique, situation qui en fait comme un pont jeté entre la géologie proprement dite et l'histoire moderne du globe. Nous verrons comment de son étude ressort l'explication d'une foule de faits relatifs aux âges plus anciens de la terre. Ajoutons qu'il est impossible de le limiter nettement et d'en donner une bonne définition. Tout y est sujet à discussion, jusqu'aux formations qu'on y peut distinguer.

Nous y étudierons successivement quatre groupes principaux et d'importance très-inégale, savoir : le *diluvium proprement dit*, le *limon des plateaux*, les *cavernes* et les *tourbières*.

CHAPITRE PREMIER

DESCRIPTION DES COUCHES QUATERNAIRES.

DILUVIUM PROPREMENT DIT.

Le nom de *diluvium* est mauvais, car il implique l'admission d'une idée qui, si elle n'est pas absolument fausse, est au moins dénuée de toute démonstration, savoir, que les dépôts qui vont nous occuper sont le produit d'une vaste inondation, d'un phénomène diluvien. Nous aurons plus loin à examiner cette question; pour le moment, acceptons le nom imposé par un long usage, mais n'y attachons aucun sens déterminé.

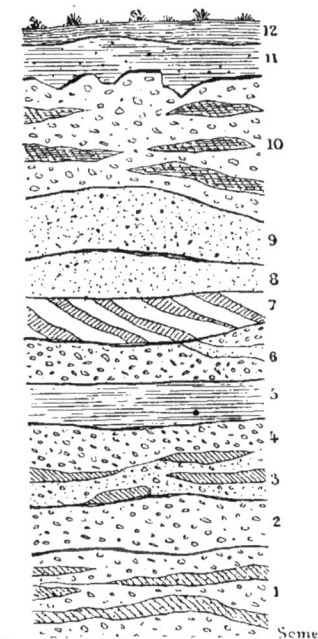

Fig. 96. — Coupe d'une sablière de Levallois-Perret.

12. Humus superficiel noirâtre. — 11. Limon rougeâtre. — 10. Cailloux unis par un ciment limoneux. — 9. Sable jaune. — 8. Sable blanc. — 7. Alternance de petites couches blanchâtres ou noircies par du manganèse, déposées obliquement par un fort courant. — 6. Cailloux et sable gris. — 5. Limon argileux. — 4. Cailloux jaunâtres. — 3. Cailloux et sable gris. — 2. Cailloux. — 1. Cailloux et sable gris.

Le diluvium se présente dans une foule de localités autour de Paris, avec ses caractères moyens. La figure 96 reproduit, d'après M. Reboux (1) la structure d'une carrière, située à Levallois-Perret, et qu'on peut prendre comme type.

Tout cet ensemble de couches, avec des variantes plus ou moins considérables, se retrouve dans un grand nombre de localités, telles que Charonne, la barrière d'Italie, Joinville-le-Pont, Canonville,

(1) Reboux, *Bullet. de la Soc. géologique*, 2e série, 1866, t. XXIV, p. 145.

Grenelle, etc., etc. On peut l'observer le long de beaucoup de rivières, et par exemple M. Boucher de Perthes a relevé à Abbeville (Somme) beaucoup de coupes devenues célèbres et tout à fait comparables à celle qui précède.

Quand on étudie dans leur ensemble les carrières les plus complètes de diluvium, il est ordinaire de constater que les couches inférieures sont grises, tandis que celles du haut sont d'un rouge plus ou moins ocreux. A cette différence de couleur en correspondent de profondes dans les caractères paléontologiques, et surtout, comme on verra, en ce qui concerne l'origine et le mode de formation.

Aussi distingue-t-on en général le *diluvium rouge* et le *diluvium gris*. Nous les décrirons à part.

1. — Diluvium gris.

CARACTÈRES GÉNÉRAUX. — Le *diluvium gris* consiste en alternances de sables et de graviers de diverses grosseurs, en général bien stratifiés. Souvent les sables sont disposés en lits obliques à la stratification, absolument semblables à ceux qu'affectent les sables charriés de nos jours par les rivières.

Les matériaux dont le diluvium gris se compose méritent d'être signalés. Ce qui domine, c'est le silex, et l'on reconnaît facilement que la plupart des galets siliceux ont été fournis au diluvium par les couches crétacées. Le fait est surabondamment démontré par la présence de fossiles de la craie dans un grand nombre de ces galets. D'autres silex proviennent du calcaire grossier, du travertin de Champigny, des divers niveaux de meulières, etc. Les poudingues de l'argile plastique sont abondamment représentés, et parfois par des blocs énormes. Les grès de tous les niveaux s'y rencontrent, reconnaissables souvent aux fossiles qu'ils renferment. Les calcaires sont richement représentés. Outre les diverses assises que nous avons eu l'occasion d'étudier dans nos environs; les couches plus anciennes des parties hautes du bassin ont fourni également des échantillons. C'est ainsi qu'on peut recueillir jusqu'à la gare d'Ivry des fragments de calcaire lithographique de divers niveaux du terrain jurassique de la Bourgogne. Enfin une nombreuse catégorie de galets qui attirent encore plus l'attention que les précédents peut fournir toute la collection des roches cristallines du Morvan. Le granite, les porphyres, la syénite, le gneiss et même le basalte, s'y trouvent en blocs plus ou moins arrondis.

Voici d'ailleurs, d'après M. Roujou, la liste des diverses roches que ce géologue a recueillies dans le diluvium parisien :

Pegmatite.

Granite porphyroïde.

Granite à gros grains.

Granite à grains fins.

Gneiss.

Porphyre quartzifère.

Eurite.

Porphyre feldspathique noir.

Leptynite grenatifère.

Quartz.

Arkose provenant des frontières du Morvan.

Silex pyromaque de la craie.

Silex en plaquettes du calcaire grossier.

Silex ménilite du calcaire de Saint-Ouen.

Silex nectique du calcaire de Saint-Ouen.

Silex et meulières de la Brie.

Meulières de Montmorency.

Quartz cristallisé avec carbonate de chaux également cristallisé, et provenant des caillasses du calcaire grossier.

Grès verdâtre avec coquilles provenant des sables moyens.

Grès d'un rouge vineux, formation indéterminée (très-rare).

Grès jaunâtre et blanc de la formation des sables de Fontainebleau.

Plaquettes de grès ferrugineux d'un brun très-foncé (très-rare). Cette roche paraît provenir de formations que l'on observe dans plusieurs localités à la partie supérieure des sables de Fontainebleau.

Aragonite, reconnue dans une sablière de Levallois, puis dans une autre de Montreuil.

Calcaire très-blanc, de texture cristalline et saccharoïde (très-rare).

Formation indéterminée.

Fragments divers provenant
- de la craie, de l'argile plastique.
- des poudingues de l'argile plastique.
- du calcaire grossier inférieur.
- du calcaire grossier moyen.
- du calcaire grossier supérieur.

Magnésite, marne magnésienne du calcaire de Saint-Ouen.

Fragments de gypse.

Morceaux de marne provenant des marnes vertes.

Nodules avec cristaux de célestine, même origine.

Fossiles enlevés à des terrains plus anciens que le quaternaire.

Bois silicifiés.

Coquilles et zoophytes de la craie.

Fossiles du calcaire grossier.

Fossiles d'origine indéterminée.

Peroxyde de manganèse.

Le volume de ces blocs de nature si diverse est quelquefois considérable. On peut voir au Muséum un galet granitique de près d'un mètre cube, provenant du diluvium de Paris. Il existe en ce moment à Ivry, dans une couche diluvienne superposée au calcaire grossier et sur laquelle nous aurons plus loin à revenir, un bloc de poudingue des sables de Fontainebleau ayant plusieurs mètres cubes. Lors de travaux récents, on a rencontré, dans le diluvium auprès du pont de Sèvres, un morceau de meulière ayant 12 mètres cubes; etc.

Dans beaucoup de cas, les galets sont cimentés entre eux par des infiltrations généralement calcaires, et il en résulte des poudingues diluviens remarquables souvent par la variété des roches qui les composent.

A côté de ces couches grossières et contrastant avec elles, se montrent, comme nous l'avons dit, des lits de sable fin dont l'étude microscopique donne, à l'échelle près, des résultats analogues à ceux qui précèdent, puisqu'elle permet de reconnaître la provenance très-diverse des matériaux maintenant intimement mélangés. De petits grains de feldspath sont mêlés en effet avec des fragments siliceux venant de la craie ou des étages tertiaires, avec des particules calcaires d'âges très-différents, etc.

FAUNE DU DILUVIUM GRIS. — Les fossiles que l'on a extraits du diluvium gris sont innombrables; et, bien entendu, nous faisons abstraction des restes organisés très-nombreux qui s'y trouvent enfouis, quoique ayant un âge très-antérieur, c'est-à-dire de ceux qu'on trouve dans les galets qui ont été cités, ou de ceux qui, par suite de remaniements quaternaires, ont été roulés avec les sables. Beaucoup de poudingues diluviens, surtout du côté de Champigny et de Joinville-le-Pont, renferment des turritelles du calcaire grossier. On retrouve en abondance la même coquille, entre Joinville et Charenton, dans le sable actuel de la Marne, en mélange avec les limnées, les paludines et les unios en ce moment vivants dans cette rivière.

Ces fossiles mis à part, il en reste beaucoup dont il importe de citer les noms comme faisant partie de la faune quaternaire. Dans les couches fines se trouvent des coquilles qui sont toujours d'eau douce, circonstance qui a fait donner à ces couches le nom de *diluvium lacustre*. Nom vicieux, puisqu'il ferait croire à un dépôt spécial, tandis qu'il s'agit simplement de celles de couches du diluvium où a été possible la conservation des coquilles.

Coquilles lacustres. — Quoi qu'il en soit, les couches coquillières sont très-nombreuses. A Gentilly, à Arcueil, à Charonne, à Joinville-le-Pont, etc., on peut les étudier. C'est dans cette dernière localité que M. Charles d'Orbigny a relevé la coupe que voici et que nous devons citer tout d'abord, puisque c'est la première publiée à l'égard du terrain qui nous occupe.

La sablière diluvienne de Joinville offre diverses assises parfaitement distinctes, qui paraissent devoir être rapportées à plusieurs époques géologiques, ainsi que le représente la figure suivante

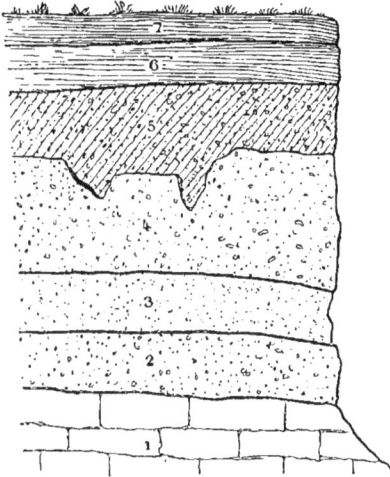

FIG. 97. — Coupe d'une sablière à Joinville-le-Pont.

7. Terre végétale. — 6. Lœss. — 5. Diluvium rouge. — 4. Diluvium gris. — 3. Sable coquillier. — 2. Diluvium semblable à celui de la couche 4. — 1. Calcaire de Saint-Ouen.

(fig. 97) où se trouve indiqué le facies général du diluvium de Joinville. Il convient d'en donner une description détaillée :

7. Sol végétal mélangé de lœss.

6. Lœss ou lehm (aux environs de Bicêtre il a plusieurs mètres de puissance) . . . . $0^m,30$

5. Diluvium rougeâtre, formé de sable quartzeux, très-argileux et ferrugineux, avec nombreux galets et graviers . . . . $0^m,70$

    Il repose sur un sable un peu marneux, d'un gris blanchâtre, avec quelques rares galets disséminés seulement sur certains points de la couche. Ce dépôt, qui à Joinville forme une zone très-distincte, ne contient point de coquilles fossile . $0^m,75$

4. Diluvium gris à galets granitiques et porphyriques, présentant sur quelques points des fragments de coquilles fluviatiles et terrestres presque toujours brisées, et probablement détachées de la couche coquillière n° 3, sur laquelle repose cette assise. Au milieu de ce dépôt est une petite zone, d'environ *cinq centimètres* d'épaisseur, et non continue, de sable marneux sans coquilles ni galets . . . . $0^m,50$

3. Couche lacustre de sable marneux blanchâtre, plus ou moins fin, contenant parfois, soit des zones de calcaire niviforme, soit,

A reporter . . . . $2^m,25$

Report......... 2

Report......... $2^m,25$

comme le lœss, des rognons géodiques de marnolite. Cette
couche renferme quelques débris de mammifères, de reptiles,
et une multitude prodigieuse de coquilles terrestres et fluviatiles d'une parfaite conservation (voyez ci-après l'énumération
de ces coquilles)...................................... $0^m,70$

2. Diluvium gris à éléments granitiques, formant un dépôt tumul-
tueux à la base duquel se trouvent de gros blocs erratiques. $2^m,70$

Ce diluvium gris inférieur contient sur certains points :
1° quelques débris de coquilles terrestres et fluviatiles ; 2° des
cérithes, des natices, et d'autres coquilles marines roulées qui
ont été arrachées aux terrains préexistants, notamment au
calcaire grossier, et aux sables et grès dits de Beauchamp ;
3° des ossements de mammifères, tels que des dents d'*Elephas primigenius* et de *Rhinoceros tichorhinus*. Enfin, au
milieu des galets qui constituent ce diluvium, se trouvent
parfois des zones non continues de sables sans galets, ayant de
20 à 30 centimètres de puissance.

1. Travertin inférieur (calcaire de Saint-Ouen) sur lequel repose
le diluvium.

Puissance totale.................. $5^m,65$

Dès ses premières recherches de 1839, M. Ch. d'Orbigny retira de
la sablière du diluvium lacustre de Joinville les espèces suivantes,
qui furent déterminées par M. Hupé :

Helix nemoralis, Linn.
— pulchella, Müll.
— hortensis, Müll.
— hispida, Linn.
— carthusianella, Müller (du
midi de la France).
— plebeia.
— striata, Drap.
Zonites (genre réuni aux *Helix* par
quelques auteurs).
Valvata piscinalis, Müller.
— depressa, Pfeiff.
Bulimus folliculus.
— lubricus, Brug. (*B. cylindri-
cus*, Moq.).
Pupa umbilica, Drap.
Vertigo (*Pupa*) muscorum, Drap.
Succinea putris, Ferr. (*Helix putris*,
Linn.)
— oblonga, Drap. (du midi de
la France).

Limnæa palustris, Drap.
— auricularia, Lamk (fig. 98).

FIG. 98.
Limnæa auricularia.

Limnæa ovata, Lamk (*Limnæa limosa*,
Moq.).
Planorbis corneus, Lamk.
— marginatus, Drap.
— carinatus, Müller.
— albus, Müller.
— vortex, Müller.
Ancylus fluviatilis, Müller.

Cyclostoma elegans, Drap.

Paludina achatina, Lamk.

Bithynia tentaculata, Stein (*Paludina impura*, Brand).

Opercules de *Bithynia tentaculata*.

Bithynia marginata, Dupuis (du midi de la France).

Paludestrina (du midi de la France).

Cyclas cornea, Lamk (*Sphærium*, Bourguignat).

— rivicola , Leach (*Sphærium rivicola*, Bourg.)

Pisidium amnicum, Jenyns,

— pusillum, Jenyns.

Unio littoralis, Cuv, (*U. rhomboideus*, Moq.)

Dreissena polymorpha, Van Beneden.

Beaucoup plus récemment M. Goubert a signalé d'autres localités où les mêmes couches se présentent.

Quand, sorti de Paris par la barrière de Fontainebleau, on prend la première rue à droite (*rue du Pont-Neuf*), on rencontre une vaste carrière ouverte pour l'exploitation du calcaire grossier. Les tranchées n'ont jusqu'à ce jour mis à nu que le diluvium. La coupe, de bas en haut, est la suivante :

1° Poudingue siliceux et calcaire, à gros morceaux de silex de la craie, avec des plaques de calcaire grossier à foraminifères et à *Corbula angulata;* quelques galets de granite rouge à gros grains; os de *Bos*, dents d'*Elephas primigenius.* — 0ᵐ,08.

2° Marne argileuse blonde, avec poches irrégulières de sable grossier, blanchâtre, à petits grains de quartz. Par places, ce sable devient très-ferrugineux. Il contient beaucoup d'opercules de *Bithynia tentaculata*, plus des coquilles terrestres et d'eau douce fort fragiles. Dans l'argile même, *Helix, Cyclas, Pisidium, Valvata, Vertigo muscorum*. Pas de coquilles tertiaires roulées, sauf un petit polypier. — 3 mètres.

3° Argile ocreuse, en couche assez régulière, tranchant sur la couleur de l'argile sous-jacente. — 0ᵐ,15.

4° Argile marneuse moins ferrugineuse, mais plus rouge que celle du n° 2, avec lits verdâtres à la base. Elle est très-compacte, sans graviers roulés, et passe, vers la partie supérieure, à la terre végétale. Nombreux opercules de *Bithynia tentaculata*, nombreux *Pisidium* (les mêmes que plus haut), quelques *Cyclas, Helix* (petites espèces, surtout *H. hispida*, L.), *Valvata, Planorbis, Unio.* — 3 mètres.

Cette coupe paraît appartenir tout entière à ce que les géologues parisiens nomment *diluvium gris*. Le poudingue consolidé n° 1 est le même que celui que M. Ch. d'Orbigny a signalé à la Société, le 7 novembre 1859, comme existant à la base des sablières de la rue de Reuilly. L'argile n° 4 n'est certainement pas du lœss (le lœss de Bicêtre, blond et argileux, contient quelques coquilles identiques). Elle se rattache à la zone de sable marneux à coquilles terrestres et fluviatiles, que M. Ch. d'Orbigny annonçait, à la même séance, comme existant sur le trajet du chemin de fer de Vincennes, entre le diluvium gris et le diluvium rouge, zone qu'il avait constatée dès 1855 à Charonne. On peut donc assimiler ces argiles à la couche sableuse de Joinville-le-Pont, décrite par M. Ch. d'Orbigny devant la Société géologique, dans la séance du 21 novembre 1859, et qui est malheureusement perdue pour la géologie parisienne, la carrière ayant été comblée.

L'argile de Gentilly, comme celle que nous signalerons rue des Barons, diffère cependant à plusieurs points de vue d'avec l'assise si bien connue de Joinville. On ne rencontre au-dessus de ces deux gisements de Gentilly, ni le lœss, ni le diluvium rouge; mais ces couches sont classiques à quelques pas de là, près de l'hospice de Bicêtre. L'argile de la rue du Pont-Neuf paraît moins fossilifère que le sable de Joinville, surtout en espèces; le fait est peut-être dû à ce que les coquilles n'y sont pas dégagées et à leur grande fragilité. Quant aux individus, ils pullulent, et, en cassant des mottes de cette argile, on trouve certains fragments littéralement couverts de fossiles, de pisidies notamment, presque toujours bivalves ou d'opercules de *Bithynia tentaculata*.

Les coquilles de la couche lacustre en question appartiennent, comme celles de la rue des Barons dont nous allons parler, aux genres aquatiques et souvent terrestres de nos environs. On n'y a pas constaté, comme à Joinville, d'espèces du midi de la France (paludestrines, *Bithynia marginata*, Dupuis, etc.). Ce qui prédomine dans les n°ˢ 2 et 4, ce sont les opercules de *Bithynia tentaculata*, Stein. (*Paludina impura*, Brard); les bithynies elles-mêmes sont peu communes. Viennent ensuite les pisidies (*P. amnicum*, Jenyns, et surtout le petit *P. casertanum*, Poli, var. *planulatum*, Baudon), les *Cyclas* (*C. cornea*, Lamk), le *Vertigo muscorum*, Drap. (*Pupa*, Nilss.), l'*Hydrobia marginata;* des succinées, des planorbes, des valvées (*V. depressa*, etc., Pfeiffer), des *Helix*. L'*Unio* est rare; c'est une variété de l'*U. littoralis* (Cuvier), qu'on trouvait à Joinville, oblongue, obtuse, non arrondie, non aplatie, sans impression musculaire.

Deux cents pas plus loin, rue des Barons, existe une carrière de calcaire grossier exploitée depuis longues années.

La coupe est la suivante, de bas en haut :

Calcaire grossier moyen.

Calcaire grossier supérieur, à cérithes.

Caillasses. Alternance de marnes blanches (*tripoli de Nanterre*), de bancs d'argile verte et ocreuse. Vers la partie supérieure, lits de calcaire cristallisé, carié, en plaquettes. Un mètre plus haut, banc assez régulier de calcaire *crête-de-coq* (épigénie de cristaux de gypse en carbonate de chaux) très-dur, se répétant sept ou huit fois au milieu de ces marnes blanches dites *tripoli*. Les caillasses sont ici fort développées. Elles n'offrent pas à leur base les lits dits *pain d'épice* et *rochette*, riches en fossiles, avec tests, et bien connus dans les carrières qu'on rencontre à Gentilly en venant de la rue de la Santé, et à Vaugirard.

Au milieu de la carrière, les caillasses sont largement ravinées par une poche de diluvium atteignant 10 mètres dans sa plus grande hauteur. La partie inférieure de cette fondrière quaternaire est caillouteuse, et contient surtout du calcaire remanié. 50 centimètres plus haut, commence une argile ocreuse et verdâtre, remplie de petits grains de quartz; les lits les moins riches en quartz sont pétries de pisidies. Plus haut, l'argile, moins impure, contient surtout de petits gastéropodes : *Helix* (plusieurs), *Pupa, Succinea, Planorbis* (plusieurs), *Physa, Valvata, Bithynia tentaculata* et spécialement ses opercules, *Zonites cellaria* (Müller), etc.

Ici encore ni diluvium rouge, ni lœss. La nature pétrographique de ce diluvium argileux est assez distincte par rapport à l'argile de la rue du Pont-Neuf; les pisidies, les cyclades, sont assez rares, sauf à la base. Les petits *Helix* et les *Vertigo* (*Pupa*) dominent. Ils ont souvent encore des traces de couleur et sont beaucoup moins fragiles que rue du Pont-Neuf.

Si, ne se contentant pas des fossiles qu'on trouve au hasard en cassant les mottes de terre, on prend soin de délayer ces mottes dans l'eau, puis de chercher, à la pince de baleine, les petites coquilles surnageant et surtout celles que dégage incessamment le moindre filet d'eau, on constate que l'argile de la rue des Barons est à peu près aussi riche que la couche sableuse de Joinville. Ce sont d'ailleurs les espèces vivant encore dans nos environs, les mêmes qu'à la rue du Pont-Neuf et à Joinville.

Le troisième gisement signalé par Goubert se trouve à l'est de Paris, sur le coteau de Romainville (Seine), à près de trois lieues de Gentilly. Ici nous sommes assez près de Charonne, une des localités du diluvium gris fossilifère de M. Ch. d'Orbigny, pour qu'on croie de prime abord avoir affaire à la zone coquillière dont Charonne et Joinville faisaient partie.

Une des carrières les plus connues du géologue, sur le flanc du coteau surmonté par le fort de Romainville, est celle de M. Pintendre, aujourd'hui presque abandonnée, comme ces belles carrières de Pantin. Or, cette exploitation correspond à une sorte de petite vallée naturelle ouverte entre le monticule qui domine le fort précité et le coteau dit *du Porc*, à cause du parc de M. Képlat, qui en occupe une grande partie. Quand on gravit le versant méridional de la carrière, celui qui entame presque le coteau du parc; quand, pour être plus précis, on quitte la carrière à l'endroit où s'exploitent les masses moyennes et inférieures du gypse, pour gagner le petit chemin contournant le coteau du parc et montant de Noisy-le-Sec à la rue de Pantin (Romainville), on trouve à 30 mètres environ du chemin, au-dessus des marnes supérieures du gypse, un diluvium à petits *Helix*, à *Vertigo muscorum* et à succinées, qui paraît fort intéressant. Il est visible dans plusieurs tranchées et fondrières, sur 8 à 10 mètres d'épaisseur. Il est fait de sable marneux, gris, verdâtre ou ocreux; à la base, il passe peu à peu plusieurs lits de silex pyromaque de la craie, la plupart petits, presque tous anguleux, non roulés. Cette partie inférieure, à part cependant l'argile ferrugineuse qui la colore ordinairement, offre donc assez le caractère assigné empiriquement à notre diluvium rouge: il faut penser d'ailleurs que nous sommes sur le versant d'un coteau, à près de 50 mètres au-dessus de la plaine où passe le chemin de fer de l'Est. On ne saurait songer au diluvium jaunâtre à graviers granitiques, ou au quartz blanc supérieur au lœss des plateaux de Gentilly, Charonne, Trappes, etc.

Quoi qu'il en soit de cette détermination chronologique, ce dépôt diluvien supérieur, qui contient fort rarement des coquilles tertiaires roulées, est extrêmement riche en petits *Helix* et en *Vertigo muscorum* non fragiles, bien conservés tous. Les succinées y sont moins communes. On ne saurait dire que ces coquilles proviennent de terre arable, car elles se trouvent dans ce sable grossier à toutes profondeurs; en lavant sous une mince couche d'eau tels morceaux de sable ne paraissant pas fossilifères, on recueille un certain nombre d'*Helix* et de *Vertigo*.

Goubert a suivi le même diluvium au-dessus des marnes du gypse jusqu'au fort de Rosny. Là, le long de la route qui descend au village, et au-dessus de la plâtrière de Rosny, il a pu recueillir notamment *Helix rotundata*, *H. ericetorum* (Müller), *H. costulata*, *Caracolla lapicida* (Lk sp.) (*Helix*).

Nous avons eu nous-même l'occasion d'étudier des poches de diluvium lacustre situées sur le calcaire grossier vers le haut d'Arcueil, à un niveau considérable. Elles nous ont donné surtout des coquilles extrêmement petites, comme *Cyclas amnicum*, *Valvata piscinalis* et *Ancylus fluviatilis*.

A Montreuil, M. Roujou a recueilli les espèces suivantes, qui ont été déterminées par M. le docteur Fischer :

Clausilia Ralphii, Gray.
Helix nemoralis, Linné.
— costata, Müller.
Ancylus fluviatilis, Müller.
Limnæa auricularia, Linné.
Cyclostoma elegans, Müller.

Pisidium casertanum, Poli.
— amnicum, Müller.
Sphærium corneum, Linné.
Unio (espèce encloisonnée).
Bithynia tentaculata, Linné.

Un des gisements les plus abondants du bassin de la Seine est certainement celui de Viry-Noureuil, exploré surtout par MM. Lambert et Melleville, et qui se trouve dans la vallée de l'Oise, entre la Fère et Chauny. Voici la liste des coquilles fournies par cette intéressante localité :

Cyclas cornea, Drap.
— rivicola, Leach.
Pisidium cinereum, Ald.
— pusillum, Jenyns.
— amnicum, Müller.
Succinea oblonga, Drap.
— Pfeifferi, Drap.
— longiscata, Mor.
Bithynia tentaculata, Drap. (avec opercules).
Paludina ventricosa, Drap.
Limnæa palustris, Drap.

Limnæa auricularia, Lamk.
— ovata, Lamk.
— vulgaris, Pfeiff.
Valvata minuta, Drap.
Planorbis corneus, Lamk.
— marginatus, Drap.
— contortus, Müller.
— carinatus, Müller.
Ancylus fluviatilis, Müller.
— deperditus, Ziegl.
— striatus, Quoy et Gray.
Pupa umbilica, Drap.

Un naturaliste des plus éminents, M. Bourguignat, a étudié avec soin la faune malacologique des *couches inférieures* du diluvium gris, et il y a reconnu, en définitive, la présence de 76 espèces, dont 38 sont nouvelles et n'existent plus actuellement. 30 sont terrestres et 46 fluviatiles.

Il y a le plus grand intérêt à reproduire ici le tableau de ces espèces classées par l'auteur suivant leur mode d'habitation et leur manière de vivre (1).

Les mollusques terrestres peuvent se diviser :

1° En espèces particulières aux coteaux pierreux, maigres, non boisés :

Succinea joinvillensis.
Helix Dumesniliana.
  — Ruchetiana.
  — diluvii.

Helix Radigueli.
Bulimus tridens.
Carychium tridentatum.
Cyclostoma lutetianum.

2° En espèces particulières aux endroits humides et ombragés :

Vitrina antediluviana.
Succinea italica.
Zonites elephantinum.
Helix nemoralis.
  — arbustorum.
  — lapicida.
  — pulchella.
  — costata.
  — lutetiana.

Helix Belgrandi.
Bulimus montanus.
  — Bayanus.
Clausilia joinvillensis.
Pupa muscorum.
  — palæa.
Cyclostoma elegans.
  — subelegans.
Pomatia primæva.

3° En espèces ayant vécu sur les plantes aquatiques ou dans les gazons humides des rives du fleuve :

Succinea putris.
Helix celtica.

Helix Boucheriana.
Ferussacia subcylindrica.

Quant aux *coquilles fluviatiles*, elles peuvent se répartir en espèces spéciales aux fontaines, ou aux eaux limpides de petits ruisseaux, enfin en espèces de rivière.

Les mollusques des eaux limpides sont les suivants :

Ancylus gibbosus.
Belgrandia joinvillensis.
  — Lartetiana.
  — archæa.
  — Desnoyersi.

Belgrandia Edwardsiana.
  — Dumesniliana.
  — Deshaysiana.
Pisidium nitidum.

(1) Bourguignat, *Catalogue des Mollusques terrestres et fluviatiles des environs de Paris à l'époque quaternaire*, 1869, p. 21. In-4°.

Les mollusques de rivière se subdivisent, suivant leur manière de vivre, en espèces :

1° Adhérentes aux pierres ou aux cailloux :

Ancylus simplex.
— antediluvianus,
— Desnoyersi.
Amnicola primæva.

Amnicola Radigueli.
Valvata minuta.
— planorbulina.

2° Ou vivant sur les tiges, les feuilles des plantes aquatiques, ou sur des débris de bois mort :

Planorbis complanatus.
— dubius.
— albus.

Planorbis Radigueli.
Limnæa auricularia.
— Roujoui.

3° Ou rampant sur le limon ou sur le gravier :

Bithynia tentaculata.
— archæa.
Valvata obtusa.
Lartetia Belgrandi.
— joinvillensis.

Lartetia Radigueli.
— Roujoui.
— Mabilli.
— sequanica.
— Nouletiana.

4° Ou habitant au pied des plantes aquatiques; au milieu des racines :

Valvata piscinalis.
— Gaudryana.
— spirorbis.
Sphærium corneum.

Pisidium casertanum.
— Vionianum.
— pusillum.

5° Ou s'enfonçant dans la vase :

Pisidium amnicum.
— Henslowianum.

Pisidium conicum.
— obtusale.

6° Ou enfin s'enfonçant à moitié dans le gravier du fond :

Unio rhomboideus.
— joinvillensis.

Unio hippopotami.

De ces divers faits, M. Bourguignat tire des conséquences qu'on nous saura gré de reproduire, car elles sont relatives aux conditions générales qui ont présidé au dépôt des couches quaternaires d'où proviennent les coquilles précédemment énumérées. On sentira un peu plus loin l'importance de ces considérations, alors que nous chercherons à préciser l'origine et le mode de formation du diluvium gris.

« La science malacologique, dit M. Bourguignat (1), lorsqu'elle est bien comprise, est une des plus belles sciences du monde : ce n'est que par elle que l'on pourra arriver à la connaissance des temps préhistoriques. Le mollusque, en effet, est le seul être sur lequel on peut appuyer un système, créer une théorie, par cela même qu'il est presque immobile, qu'il naît, qu'il vit, qu'il meurt pour ainsi dire à la même place, et que son acclimatation, des plus difficiles, ne peut s'effectuer, quand elle s'effectue, que d'après ces saines lois de vitalité générale parfaitement reconnues. On comprend donc que si le mollusque est l'animal sédentaire par excellence, le sol sur lequel il rampe, le climat sous lequel il vit, doivent avoir sur lui les plus grandes influences, et, par conséquent, que ces influences doivent se traduire chez lui par tels ou tels signes différentiels ou caractéristiques de la plus haute valeur scientifique. Ainsi les coquilles fossiles dont je viens de donner la liste, par l'ensemble de leurs caractères, dénotent pour l'époque dans laquelle vivaient ces espèces une climatologie toute différente de celle qui existe aujourd'hui. Le climat de notre pays devait être plus froid et surtout beaucoup plus humide. La forme élancée des *Succinea joinvillensis* et *Bulimus montanus ;* la surface rugueuse, comme plissée, des *Helix Dumesniliana, Ruchetiana, Radigueli*, etc.; l'enroulement excessivement conoïde de certaines espèces, comme le *nemoralis*, par exemple, sont autant de signes caractéristiques indéniables d'une température des plus humides, d'une moyenne un peu plus froide que celle de notre époque. Les formes de la faune actuelle qui correspondent aux formes des coquilles terrestres de ce diluvium se rencontrent maintenant, soit dans les contrées septentrionales de l'Irlande, soit dans les parties montueuses nord des Alpes tyroliennes ou transylvaniennes. L'examen des formes des espèces fluviatiles, ainsi que celui des formes des coquilles terrestres, donnent un résultat semblable. De nos jours, les mollusques fluviatiles analogues à ceux de Montreuil, de Joinville ou de Canonville, ne se retrouvent plus que dans les eaux froides des pays montueux.

(1) Bourguignat, *Catalogue des Mollusques terrestres et fluviatiles des environs de Paris à l'époque quaternaire*, 1869, p. 23. In-4°.

» A l'époque donc des âges préhistoriques où vivaient les espèces enfouies dans la partie inférieure du diluvium de la Seine, le climat de notre pays devait être d'une extrême humidité. Sur les trois cent soixante-cinq jours de l'année, trois cents jours au moins devaient être couverts, brumeux ou pluvieux. La Seine, à cette époque, alimentée par des pluies presque continuelles, devait couler à pleins bords, non pas dans ce lit actuel qu'on lui connaît, mais dans ce lit préhistorique dont elle a laissé des traces jusque sur les hauteurs de Montreuil et de Canonville. Aucune des coquilles fluviatiles que je viens de publier ne porte le cachet si reconnaissable d'espèces aux eaux fangeuses et marécageuses, signe indubitable que les eaux du fleuve étaient d'une assez grande limpidité ; que son cours *n'était pas torrentiel*, mais était au contraire *plein et continu*, avec une vitesse moyenne peu supérieure à celle du fleuve actuel lors des eaux hivernales. Les campagnes de cette époque, grâce à une humidité constante, devaient être couvertes de magnifiques forêts, si j'en juge d'après quelques espèces. Mais, par opposition, les rives du fleuve étaient dénudées. Les *Helix Dumesniliana, Ruchetiana, diluvii, Radigueli*, etc., *Bulimus tridens*, etc., par l'ensemble de leurs formes et de leurs signes caractéristiques, indiquent des plages et des coteaux pierreux, assez maigres en gazon, parsemés çà et là seulement de quelques buissons. L'année devait donc s'écouler, pour les hôtes qui vivaient à cette époque reculée, dans de longues alternatives de brouillards, de temps couverts et de pluies fines et continues. En hiver, le froid n'était pas d'une très-grande intensité. En été, la chaleur, sauf de bien rares exceptions, ne devait pas être non plus bien forte. L'écart des températures estivales et hivernales était donc à peu près nul. Ainsi, selon nous, d'après les caractères des animaux que je viens d'observer, les saisons passaient de l'une à l'autre d'une manière insensible, dans une espèce de température relativement plus froide que la nôtre en moyenne, mais sans être rigoureuse, tempérée qu'elle était par des brouillards ou des pluies presque continuels. »

Nous verrons plus loin ce que d'autres considérations peuvent enseigner sur ces divers points de vue si intéressants.

Animaux terrestres. — Les coquilles ne sont pas, à beaucoup près, les seuls fossiles du diluvium gris. Avec elles se présentent des ossements d'animaux vertébrés, et ceux-ci, grâce à leur solidité, se retrouvent même dans des couches de gravier où les coquilles n'ont pu résister aux chocs qu'elles ont eu à subir.

Dans cette nouvelle direction, les résultats sont dès maintenant extrêmement nombreux, et beaucoup présentent le plus vif intérêt.

Nous en mentionnerons quelques-uns sur lesquels on trouve des détails dans le bel ouvrage de M. Belgrand (1).

Montreuil, près de Vincennes, est une localité extrêmement remarquable à ce point de vue. Onze sablières y sont exploitées; dans toutes on trouve des ossements, mais les plus riches sont celles qui environnent la route de Paris, et sont situées par conséquent dans l'*anse* de la vallée.

« Pour un ossement, dit M. Belgrand, qu'on découvre dans les autres sablières, on en trouve certainement dix dans celle-ci. » Ces ossements se trouvent toujours dans le fond des sablières, rarement à plus de 2 ou 3 mètres au-dessus du terrain tertiaire sur lequel reposent les graviers. Leur état de conservation est très-variable; quelques-uns n'ont subi aucune altération : on croirait, à les voir si parfaits, qu'ils viennent d'être désarticulés. On en a retiré certainement une jambe complète d'*Aurochs*. L'humérus, le cubitus et le radius, les six os du carpe, le métacarpien et son petit os complémentaire, ont été recueillis dans leur position naturelle : cinq des phalanges et leur petit os étaient au-dessous dans le sable. A côté et un peu au-dessus, se trouvait la tête, mais renversée, c'est-à-dire à plat sur l'os frontal. L'atlas et une autre vertèbre cervicale ont été recueillis dans le voisinage, avec un fragment d'un autre métacarpien; mais comme ils étaient mêlés avec beaucoup d'ossements provenant d'autres animaux, on n'oserait affirmer que tous ces débris de grand bœuf appartiennent au même *Aurochs*.

C'est dans les sablières de Montreuil que, pour la première fois, on a trouvé des ossements d'animaux considérés jusque-là comme appartenant à l'époque tertiaire, tout à fait analogues à ceux de Saint-Prest, près de Chartres. Et c'est le lieu de rappeler que pour quelques géologues, Saint-Prest n'est réellement pas tertiaire, mais bien diluvien.

Parmi les animaux dont on a reconnu des vestiges à Montreuil, il faut citer tout d'abord des *Rhinoceros*. Le *R. Merckii* est représenté par des molaires, de même que le *R. etruscus*. C'est au *R. leptorhinus* que paraît appartenir un fragment de mâchoire inférieure garni des deux dernières molaires. Ces fossiles auraient suffi à faire

---

(1) Belgrand, *La Seine, le bassin parisien aux âges antéhistoriques*, 1869, t. I, p. 172 et suiv.

classer autrefois les graviers de Montreuil dans le terrain pliocène, mais il est certain qu'ils sont quaternaires; confirmation de ce que nous disions plus haut de l'intime liaison du terrain quaternaire avec les époques antérieures.

Plusieurs cerfs ont laissé leurs débris à Montreuil. A côté du *Cervus megaceros* et de l'élan (*Cervus Alces*), cette localité a révélé une espèce toute nouvelle, le *C. Belgrandi*, dont on possède maintenant de nombreux échantillons et que M. Ed. Lartet a étudié avec soin.

Ce cerf, dont le frontal est égal en largeur à celui du *Megaceros*, s'en distingue, comme l'a reconnu M. Lartet, par les caractères suivants : Les bois sont plus grêles et moins inclinés latéralement. L'andouiller basilaire manque. Le premier andouiller se détache de la face intérieure du merrain, au lieu de partir de la face antérieure, comme cela a lieu dans le plus grand nombre des cerfs. Cet andouiller paraît ensuite se recourber et se projeter en avant. Le *Cervus Belgrandi* devait être assez commun aux environs de Paris, car les seuls sablières de Montreuil ont fourni les débris de quatre frontaux.

L'*Ursus spelæus* et l'*Hyæna spelæa* ont marqué leur présence par les dents qu'on recueille fréquemment.

Comme nous le disions tout à l'heure, l'*Aurochs* n'est pas rare. Le cheval est moins commun, ainsi que le sanglier.

On peut voir dans la galerie de géologie du Muséum un humérus énorme d'*Elephas primigenius* (mammouth). Cet os a $1^m,35$ de hauteur, et dépasse, par sa taille, tous ceux connus jusqu'ici.

En somme, et d'après M. Belgrand, la faune de Montreuil comprend les espèces suivantes :

CARNASSIERS.

Hyæna spelæa.	Carnassier indéterminé.
Ursus (de petite taille).	

PROBOSCIDIENS.

Elephas.	*Elephas primigenius*.
— *antiquus*.	

PACHYDERMES.

Rhinoceros Merckii.	*Hippopotamus major*.
— *etruscus*.	*Sus scrofa*.
— *leptorhinus* (?).	

SOLIPÈDES.

Equus grande taille. | *Equus* petite taille.

RUMINANTS.

Bison europæus.
Bos petite taille.
Cervus Alces.
— *megaceros hibernicus* (?).
— *Belgrandi.*
— *Elaphus.*

Cervus Capreolus (?).
— indéterminé, à bois très-étendus latéralement.
— indéterminé, de très-petite taille.

Le gisement de Gentilly et de la butte aux Cailles, cité précédemment pour les coquilles qu'on y trouve, a donné à M. Duval de nombreux mammifères dont Constant Prévost a dressé en 1842 la liste que voici (1) ·

Éléphant : côte et portion du bassin, fragments de dents.
Cerf : bois.
Bœuf : plusieurs os et dents.
Rhinocéros : os du carpe et dent molaire.
Chevrotain, très-petite espèce : portion de tibia.
Blaireau : mâchoire et plusieurs dents.
Cochon : dents.

Tigre ou lion : dent canine.
Cheval : mâchoire.
Rongeurs : dents et vertèbres de plusieurs espèces très-petites (campagnols, marmottes).
Oiseaux : os de gallinacés.
Batraciens.
Lézards.
Serpents.

Dans la traversée de Paris même, on trouve le long de la Seine trois stations particulièrement riches au point de vue qui nous occupe. Elles sont situées vers la petite rue de Neuilly, à Grenelle et à Levallois-Clichy.

C'est surtout dans ces deux dernières localités que les récoltes les plus fructueuses ont été faites, et cela, grâce aux efforts de deux chercheurs infatigables, MM. Martin et Reboux, qui exploitèrent, l'un le diluvium de Grenelle, l'autre celui de Levallois et de Clichy. Ils réunirent les restes des mammifères suivants :

Elephas primigenius.
— *antiquus.*
Rhinoceros tichorhinus?

Autre *Rhinoceros* à membres plus grêles.
Equus Asinus.

(1) Const. Prévost, *Bullet. de la Soc. géolog.*, 1re série, 1842, t. XIII, p. 297.

Equus Caballus (la variété dite *pli-cidens* domine).

Hippopotamus amphibius.

Bos (de la taille du *Bos primige-nius*).

Bos (de la taille de l'*Aurochs*).

Zèbre (bœuf indien)?.

Cervus Tarandus (renne).

Cerf du Canada.

Cerf commun de France.

Grand cervidé indéterminé.

Précédemment, M. H. Gosse (de Genève) avait recueilli à Grenelle :

Hyæna.

Felis (de très-grande taille).

M. Albert Gaudry a publié sur l'ensemble de ces fossiles des réflexions dont voici la substance (1) :

Les restes d'éléphants figurent parmi les pièces les plus communes dans les sablières; cela tient peut-être à leur grand volume, qui doit attirer les regards des ouvriers. Les débris des jeunes éléphants paraissent surtout abondants, à en juger par les recherches faites jusqu'à présent : sur 9 molaires d'éléphants que M. Martin s'est procurées à Grenelle, il y en a 7 qui proviennent d'individus jeunes. M. Reboux a trouvé aussi des dents de petits éléphants à Levallois. En consultant les restes d'éléphants de Grenelle ou de ses environs, classés dans les anciennes collections du Muséum, on observe que la plupart appartiennent également à des sujets non adultes. La réunion de ces petits animaux est singulière, car l'éléphant femelle n'ayant qu'un éléphanteau à la fois, il n'y a pas de raison pour que les jeunes soient plus nombreux que les adultes.

« Il est à noter, dit M. Gaudry, que la plupart des molaires de mammouth et d'éléphant antique découvertes dans le drift présentent des types peu accentués : ceci ne peut étonner les naturalistes qui admettent la théorie de la lente modification des espèces; car, à l'époque où le drift s'est déposé, le mammouth et l'éléphant antique sont à la fin de leur existence spécifique; par conséquent la divergence de leurs caractères doit être parvenue à son maximum. Pour les voir se lier entre eux, il faudrait remonter vers le temps où ils ont commencé, c'est-à-dire vers l'époque pléistocène, alors que se déposait le forest-bed du Norfolk. En effet, ainsi que le montrent les belles séries du musée de Norwich et la collection du

(1) Albert Gaudry, *Sur les instruments humains et les ossements d'animaux trouvés par MM. Martin et Reboux dans le terrain quaternaire de Paris* (*Bullet. de la Soc. géolog*, 2ᵉ série, 1866, t. XXIV, p. 150).

révérend Gunn, on rencontre dans le forest-bed des molaires de formes intermédiaires, soit entre celles de l'*éléphant antique* et du *mammouth*, soit entre celles de l'*éléphant antique* et de l'*éléphant méridional* (1).

» Lorsque M. Owen, dit M. Gaudry, examina les dents de chevaux de la caverne d'Oreston, il observa des molaires supérieures dont l'émail était plus plissé que chez les chevaux actuels; il inscrivit ces molaires sous le nom d'*Equus plicidens*, pour les distinguer des dents ordinaires, qu'il rangea sous la désignation d'*E. fossilis* (*E. Caballus*). Le savant paléontologiste anglais ne manqua pas de faire ressortir l'intérêt de la découverte d'un cheval quaternaire qui a formé un intermédiaire entre les chevaux tertiaires nommés hipparions et les chevaux actuels. En considérant le plissement de l'émail sur les dents de chevaux recueillies dans les sablières de Paris, j'ai cru remarquer : 1° que souvent les molaires supérieures ont leur émail un peu plus plissé que chez nos chevaux domestiques, les dauws, les zèbres, et qu'elles rappellent le type de l'*E. plicidens* d'Oreston ; 2° qu'il y a une transition insensible entre les molaires dont l'émail est très-plissé et celles où il est peu plissé; d'où il faudrait conclure que les chevaux auxquels appartiennent ces dernières molaires constituent une race descendue de l'*E. plicidens*. Si ces observations se confirmaient, elles fourniraient un utile document pour l'étude de la transformation des êtres. M. Rütimeyer, qui connaît si bien la dentition des équidés, tend à considérer les espèces des divers chevaux fossiles européens comme de simples races. »

Le *Rhinoceros tichorhinus* tire son nom de la disposition de ses narines, qui étaient séparées l'une de l'autre par une cloison osseuse; il avait deux cornes comme le rhinocéros d'Afrique (celui des Indes n'en a qu'une), était couvert de poils abondants, et sa peau n'était pas ridée comme celle de son congénère africain actuel.

On sait qu'un animal de cette espèce fut trouvé en chair et en os dans les glaces de la Sibérie, dont la température basse l'avait soustrait à la décomposition depuis un temps qu'on ne peut évaluer.

A côté de lui, les sablières de Paris contiennent d'autres rhino-

(1) Je parle seulement ici de l'*éléphant méridional* du forest-bed, car l'*éléphant méridional* du crag est très-différent de l'*éléphant antique*. (Note de M. Gaudry.)

céros, spécialement le *R. Merckii*, qui en diffère complétement et dont les dents sont facilement reconnaissables.

L'*Elephas primigenius* ou *mammouth* (fig. 99) est abondamment représenté dans le diluvium. On trouve ses dents, ses défenses et

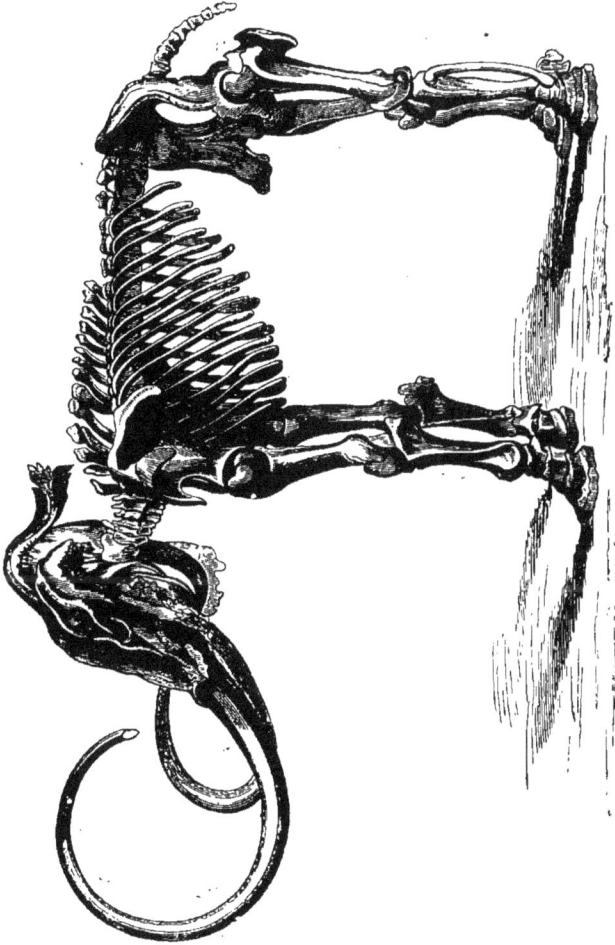

Fig. 99. — Mammouth.

ses os. Comme nous l'avons dit, M. Belgrand a fait, entre autres, déposer au Muséum un humérus trouvé dans Paris même, et qui est très-bien conservé.

Suivant la description de Cuvier, cet animal était haut de 15 à 18 pieds; couvert d'une laine grossière et rousse, et de longs poils roides et noirs qui lui formaient une crinière le long du dos. Ses énormes défenses étaient implantées dans des alvéoles plus longs que ceux des éléphants de nos jours ; mais du reste il ressemblait assez à l'éléphant des Indes. Son crâne était allongé, son front concave. La mâchoire était obtuse, à mâchelières larges, parallèles et marquées de rubans serrés. Comme le rhinocéros quaternaire, il s'est trouvé conservé dans les glaces de la Sibérie.

On a trouvé, outre les dents, de nombreux os de chevaux dans les sablières de Grenelle, de Levallois et de Clichy. La plupart égalent en dimension ceux de nos plus forts chevaux domestiques.

M. Martin a découvert à Grenelle trois défenses, une incisive et une molaire d'hippopotame. M. Reboux a rencontré une molaire du même animal à Levallois. « En comparant ces pièces avec celles de l'*Hippopotamus major* du val d'Arno, dit M. Gaudry, j'ai observé qu'elles ont un cinquième de moins et qu'elles annoncent un animal de formes moins lourdes. Lorsque je les ai rapportées auprès des plus grandes têtes de l'hippopotame amphibie, qui vit maintenant en Afrique, j'ai vu que la dimension et la forme sont parfaitement les mêmes ; je n'ai donc pas de raison pour séparer de cette dernière espèce l'hippopotame fossile de Paris. »

Le bœuf dont on trouve des vestiges nombreux dans le diluvium gris, est le *Bos primigenius*. D'un tiers plus grand que le bœuf domestique ordinaire, il a les cornes recourbées et rabattues en avant. C'est encore une question de savoir si cet animal est exactement l'Aurochs, encore vivant, comme on sait, en Lithuanie, et dont, au dire de César, la forêt Hercynienne était peuplée. D'après Cuvier, cette identité ne doit pas être admise. Il conclut en effet qu'il existait au commencement de notre ère des bisons ou bœufs à crinière et des *Urus* ou bœufs à grandes cornes, et c'est à tort, suivant lui, que les modernes nomment *Urus* l'animal que les Prussiens appellent aujourd'hui *Aurochs*. Ce nom lui paraît être celui du *Bos primigenius*. L'aurochs est au contraire le bison des anciens, et sous ce rapport ce dernier nom lui convient tout aussi bien et même mieux qu'au grand bœuf de l'Amérique du Nord, pour lequel on l'emploie le plus souvent de nos jours. M. Paul Gervais pense au contraire que l'*Urus* de César est de beaucoup le plus généralement admis aujourd'hui.

Le renne (fig. 100) cité dans plusieurs localités des environs de Paris, n'est connu à l'état fossile dans nos régions tempérées que depuis un peu plus d'un siècle seulement.

Revenant d'Étampes en 1751, Guettard fit voir à ses collègues de

l'Académie des sciences divers ossements trouvés aux environs
de cette ville (1) et que l'on reconnut bientôt pour appartenir au
renne. Il est établi maintenant, par des découvertes innombrables
de ses débris, que ce ruminant, apparu en Europe avec le mammouth
et le rhinocéros à narines cloisonnées, a partout vécu dans les
mêmes contrées que le premier de ces grands mammifères. Mais il
a continué à vivre en Europe après la disparition de l'éléphant primitif, et cette survivance caractérise un laps de temps bien circonscrit, auquel on donne le nom d'*âge du Renne.*

FIG. 100. — Bois de renne (*Cervus Tarandus*).

Homme et industrie primitive. — Les recherches entreprises dans
le diluvium amenèrent la trouvaille de silex taillés. Déjà nous les
avons rencontrés dans le terrain tertiaire de Saint-Prest, mais c'est
dans le diluvium que les découvertes de ce genre furent faites en
premier lieu. Quoique ces silex taillés soient extraordinairement
nombreux, on est resté bien longtemps sans en connaître la véritable nature, et beaucoup de personnes n'y voulurent voir que le
produit de cassures accidentelles.

C'est surtout aux efforts de Boucher de Perthes qu'est due l'admission définitive de ce grand fait, que les silex en question sont
le résultat d'une industrie humaine; que par conséquent l'homme
a été contemporain des animaux quaternaires; que, en d'autres
termes, il existe réellement des hommes fossiles.

On sait comment cette conséquence fut pleinement justifiée par

(1) Guettard, *Histoire de l'Académie des sciences*, année 1751.

la découverte, à Moulin-Quignon, près d'Abbeville, d'une mâchoire humaine contemporaine du diluvium gris. Et il faut insister ici spécialement sur les faits dont l'étude du diluvium parisien a enrichi la paléontologie humaine.

M. Boucher de Perthes lui-même, alors que l'on contestait ses découvertes dans la Somme, signala le diluvium de Grenelle comme identique avec celui qu'il étudiait de son côté, et comme devant en conséquence fournir les mêmes trouvailles aux chercheurs. Plusieurs personnes, M. Martin (de Vervins), M. Reboux, etc., ne tardèrent pas à vérifier cette prévision, et le diluvium parisien est tout aussi riche que celui de la Picardie.

Les silex taillés qu'il a fournis appartiennent à divers types principaux qui se retrouvent partout, et dont il est facile de reconnaître l'usage.

Un très-actif explorateur du diluvium parisien, et spécialement des dépôts des Thernes, de Levallois-Perret et des environs, M. Reboux,

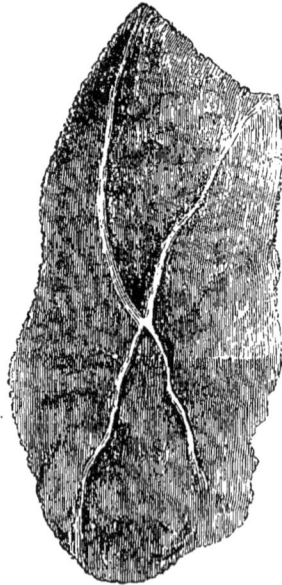

FIG. 101. — Lame de silex d'une sablière de Levallois (M. Reboux).

dont nous avons déjà cité le nom, a proposé d'établir parmi les silex taillés une chronologie fondée à la fois sur la perfection plus ou moins grande du travail qu'ils ont subi et sur le niveau plus ou

moins élevé où on les recueille. A ce double point de vue, trois
époques successives peuvent être distinguées.

La première, époque d'enfance, est celle de la *pierre éclatée*
(fig. 101). Elle fournit des instruments nombreux de silex pyromaque, et ce qui la caractérise, c'est le mode opératoire par lequel les
instruments sont obtenus. Elle suppose l'existence simultanée de
trois pierres, savoir : le *percuteur*, qui remplit l'office de marteau ;
le *nucleus* ou matrice, sur laquelle on frappe, et l'*éclat* que chaque
coup détache. C'est la période la plus primitive, et cependant certains
peuples la traversent encore. Au premier abord, ce qui surprend,
c'est l'énorme quantité d'éclats de silex de cette époque, que l'on
trouve accumulés en certains points ; mais la chose s'explique
précisément par l'observation des sauvages qui en sont encore à cette
première étape de l'humanité. Ceux-ci ont-ils un animal à dépecer,
une gazelle par exemple, voici comment ils s'y prennent. Ils s'as-
seyent à terre, le gibier entre les jambes. A leur gauche est un nucléus, à leur droite un percuteur. Un coup du second sur le premier
leur donne un couteau qu'ils emploient à faire une incision dans
la peau du fauve. Mais le silex ne coupe bien que tant qu'il est
tout frais ; après quelques coups, son fil s'émousse.

Le sauvage le jette alors à sa droite, et le percuteur lui fournit un
second couteau. Et ainsi de suite, le débit d'un animal un peu fort
donnant naissance à tout un tas de couteaux émoussés. A chaque
instant on retrouve de pareils tas dans les cavernes, et l'on est porté
à y voir les restes d'un atelier de coutelier, quand ce sont ceux
plutôt d'un étal de boucher.

La deuxième époque de M. Reboux est celle de la *pierre taillée*,
(fig. 102). Les outils et les armes qui lui appartiennent ressemblent
souvent à ceux de la période précédente, qui en sont comme les
ébauches ; mais c'est par un procédé tout autre qu'ils sont obtenus.
Ici plus de nucléus d'où les éclats sont détachés. On choisit une
pierre ayant plus ou moins la forme de l'objet qu'on veut tailler ; puis, à petits coups de percuteur, on l'amène progressivement à l'état voulu. Le travail est donc beaucoup plus grand,
mais les produits sont beaucoup plus parfaits et beaucoup plus
variés.

Enfin, la troisième époque, celle de la *pierre polie*, n'est qu'un
perfectionnement de la seconde, correspondant à la grande inven-
tion du polissage.

Si ces trois époques sont nettement caractérisées, comme on le voit, il faut néanmoins remarquer que l'avénement de chacune d'elles n'a pas abrogé les pratiques des précédentes.

Pendant l'âge de la pierre taillée et même pendant celui de la pierre polie, on a continué à se servir de la pierre éclatée, qui seule fournissait des couteaux suffisamment tranchants.

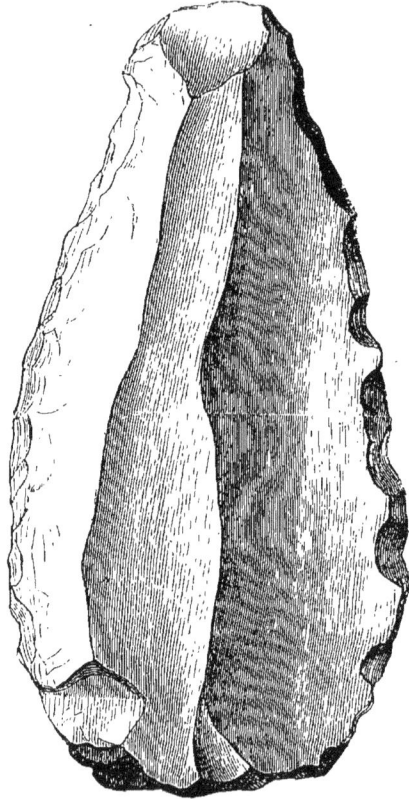

Fig. 102 — Pointe de lance des alluvions quaternaires de Levallois (M. Reboux).

Bien plus, cette pierre éclatée est d'usage, non-seulement chez les sauvages dont nous parlions tout à l'heure, mais même parmi certains peuples relativement civilisés qui, comme les habitants du Mexique, font remplir à des éclats d'obsidienne l'office de nos rasoirs.

De même la pierre simplement taillée a coutume d'être employée concurremment avec la pierre polie, réservée aux objets de luxe.

L'ordre de succession de ces époques ne saurait être douteux. Il résulte du gisement superposé dans les couches du diluvium des silex qui leur appartiennent respectivement, et de l'association de ces silex avec des restes d'animaux d'âges différents. C'est ce que montre parfaitement la coupe (fig. 96, page 353) relevée par M. Reboux dans une carrière de sable de Levallois et dont nous avons déjà donné la description. Dans les parties basses, c'est-à-dire dans les couches les plus anciennes, se rencontrent des silex éclatés en mélange avec le mammouth (*Elephas primigenius*); plus haut, les pierres taillées se montrent de compagnie avec les os d'animaux de l'âge du renne (*Cervus Tarandus*); au-dessus, enfin, des haches polies marquent l'horizon du *Bos Urus*.

Frappé de l'immense variété des outils de pierre qu'il rencontrait à chaque pas, M. Reboux s'est demandé comment ces outils avaient pu être utilisés, car il est évident que les silex, tenus simplement à la main, sont très-peu commodes et d'un usage très-fatigant. Dans cette recherche d'un genre tout nouveau, il a commencé par assigner aux diverses pierres les destinations auxquelles leurs formes semblent les rendre plus particulièrement propres.

Cela posé, et pour bien comprendre les difficultés que l'auteur eut à surmonter pour restaurer les emmanchures dont il a présenté un grand nombre à la Société anthropologique, il faut remarquer que les us et coutumes de la plupart des sauvages contemporains n'étaient que d'un très-faible secours. L'homme quaternaire de la France n'avait pas à sa disposition, pour fixer la pierre dans son manche, ces résines et ces fibres végétales dont les Australiens, par exemple, font un si fréquent emploi. Vivant au milieu du rude climat de l'époque glaciaire et réduit aux ressources dont disposaient les Esquimaux avant l'arrivée des premiers missionnaires suédois, il devait avoir recours aux matières animales. Ceci quelquefois pour les manches eux-mêmes, qui durent être faits avec des os, faute de branches d'arbres. Mais c'est l'exception, la France au contraire étant en général couverte de vastes forêts au moment qui nous occupe.

M. Reboux, armé de plusieurs silex, s'est rendu dans un des abattoirs de Paris. Avec un couteau il a écorché une partie d'un bœuf, puis, à l'aide d'un grattoir, il en a enlevé le poil. La surface interne a été débarrassée, moyennant l'emploi d'un racloir, de tous les lambeaux de graisse et de chair qui y adhéraient. Une fois la peau séchée, le couteau a servi à y débiter de minces lanières qui, enduites de moelle crue, se sont ramollies et ont ainsi acquis la plus parfaite souplesse.

C'est au point, pour le dire en passant, qu'avec ces aiguilles de l'âge du renne, ces lames se sont comportées comme du fil à coudre et qu'elles auraient pu parfaitement servir à fabriquer un vêtement de peau.

Armé d'un silex tranchant, M. Reboux a abattu un jeune arbuste et en a fabriqué un manche dont une extrémité a été fendue. Dans la fente, une hache fut introduite et fixée à l'aide de lanières de cuir, ou encore au moyen d'intestins frais de bœuf ou de mouton. En se desséchant, ces matières animales se contractent et donnent à l'emmanchure une solidité à toute épreuve.

Une fois pourvu de cette hache, le reste alla tout seul. L'abatage des arbustes ne fut plus qu'un jeu, et par conséquent la fabrication des manches. L'un des plus utiles fut celui qui permit l'emploi commode de la scie ou des couteaux. Avec ces outils si bien emmanchés, M. Reboux a, devant nous, enlevé de larges copeaux sur une grosse branche bientôt pourvue d'une extrémité pointue. Les instruments de chasse, comme javelots et flèches, furent emmanchés de même sans difficulté, et même des outils aratoires, comme de petites herminettes dont la signification a été de la sorte déterminée.

Parmi les armes de chasse restituées par M. Reboux, signalons le *lazzo*, composé de deux de ces pierres naturellement percées, qu'on rencontre si fréquemment réunies par une longue lanière de cuir.

Nous pourrons prolonger beaucoup l'énumération de ces restaurations d'armes et d'outils dont M. Reboux a formé chez lui les plus instructives panoplies. « Qui a jamais vu l'entaille d'une hache de pierre sur une branche d'arbre? » demandait, il y a dix ans, un érudit qui voulait que les habitations lacustres aient été construites par les castors. C'est une question qu'on ne se permettrait plus aujourd'hui. Et c'est ainsi que la science arrivera à nous dévoiler les détails les plus intimes de la vie de nos premiers ancêtres.

C'est à la suite de ces faits qu'il faut mentionner la découverte, dans le bassin de Paris, d'une pierre consacrée au polissage des haches quaternaires, et que M. le docteur Eugène Robert a donnée à la collection du Muséum. Elle provient des environs de la ferme de Luthernay, dans le département de la Marne. C'est un grès rougeâtre de 0^m,60 de longueur, de forme tétraédrique, plan d'un côté et arrondi des deux autres.

« Au premier abord, dit l'auteur, j'avais été tenté de la prendre pour une borne de champ renversée par la charrue ; mais, en la retournant sur tous ses sens, je ne tardai pas à reconnaître qu'elle avait été fraîchement arrachée du sol dans un labour profond, comme les bœufs qu'on emploie dans le pays sont capables d'en faire. D'ailleurs, elle est couverte d'incrustations noirâtres d'hydrate de manganèse, qui ne peuvent témoigner que d'un long séjour dans la terre. Elle avait aussi attiré mon attention par un miroitement particulier sur l'une de ses faces, la seule qui fût polie.

» Bien que cette pierre fût d'un poids considérable (35 livres), je n'hésitai pas, dit M. Robert, à la rapporter au milieu d'ouvriers charpentiers et carriers, occupés en ce moment dans la ferme de Saint-Joseph, que j'habite au Bois-de-l'Arbre, près de Luthernay : je tenais à avoir le contrôle de personnes très-compétentes. Toutes furent unanimes pour dire qu'une pierre de ce genre n'avait pu avoir été usée de la sorte par des hommes de leur métier ; car les grès dont ils se servent sont toujours plus ou moins rêches, tandis qu'ici il y a une surface légèrement concave, qui s'adapte parfaitement à la forme des haches de pierre, unie et polie comme un miroir. Pour eux, cette grande pierre à aiguiser est de la plus haute antiquité. Fort de ce jugement, je soumis à la loupe la surface polie de cette gigantesque pierre à repasser, et je reconnus que les grains de quartz dont elle se compose avaient été élimés par un frottement prolongé : je pris alors une hache ébréchée, et je m'assurai qu'en agissant *à sec* sur le grès en question, on obtenait, de part et d'autre, un polissage parfait. Ce n'est plus qu'une question de temps. Aussi l'esprit reste confondu, quand on pense à ce qu'il a fallu d'heures pour obtenir des haches polies par ce procédé ; raison de plus, comme je n'ai cessé de le dire, pour que ces haches perfectionnées aient été destinées à des chefs et non à des usages grossiers. »

Dans plusieurs points des environs de Paris et dans l'enceinte de cette ville, on a découvert des restes de squelettes humains enfouis dans le diluvium gris *non remanié*, et par conséquent contemporains de sa formation.

Nous citerons d'abord les trouvailles de ce genre faites sur la rive droite de la Seine, à Clichy, et nous en emprunterons la description à M. le docteur Hamy (1).

. «Ce n'est que dans certaines alluvions des bas niveaux de la Seine qu'on rencontre, associés à des débris humains plus ou moins caractérisés comme dolichocéphales, quelques ossements, peu nombreux d'ailleurs et fragmentés, qu'il est possible de rattacher

---

(1) Hamy, *Précis de paléontologie humaine*, 1870, p. 211.

au groupe brachycéphale. Ce mélange de races a été surtout observé dans les gisements de la rive droite de la Seine exploités par M. Reboux.

On remarquera d'ailleurs que, dans les couches les plus profondes, l'homme fossile dolichocéphale est encore seul, et ce n'est qu'un peu plus haut, et par conséquent plus tard, qu'il se juxtapose au brachycéphale.

Le 18 avril 1868, M. Eugène Bertrand découvrait à une profondeur de 5^m,45, dans une carrière de Clichy, une voûte de crâne humain presque complète et quelques os des membres (1). Ces débris avaient été recouverts par un grand nombre de couches non remaniées de sables, d'argiles et de cailloux (2). Au même niveau se rencontrent souvent dans la carrière des débris d'éléphant, de rhinocéros, de cheval, de bœuf et de cerf. La voûte restaurée, d'apparence féminine, se compose de fragments importants du frontal et des pariétaux, de l'écaille occipitale presque entière, et de la plus grande partie du temporal droit. Assez allongé d'avant en arrière, pour fournir un indice égal à 67 ou 68, le crâne de Clichy, auquel manque malheureusement la portion cérébrale du frontal, est bas, étroit et fuyant d'avant en arrière. Il présente dans sa région pariétale la dépression postérieure de la suture sagittale précédemment indiquée. Ses lignes musculaires occipitales sont peu marquées, son trou occipital reculé en arrière. Le conduit auditif est petit, l'apophyse mastoïde courte et arrondie; l'épaisseur des os est énorme, elle atteint 14 et 15 millimètres sur le frontal; enfin les sutures sont simples : caractères d'infériorité très-frappants, qu'on retrouve sur quelques crânes anciens, et qui sont habituels

---

(1) E. Bertrand, *Crâne et ossements trouvés dans une carrière de l'avenue de Clichy* (*Bullet. de la Soc. d'anthropol. de Paris*, 2e série, t. III, p. 331). — Voyez la discussion qui a suivi cette communication, et deux notes de MM. Broca et Pruner-bey sur la même pièce, insérées dans le même volume, pages 363, 374 et 408. — Belgrand, *la Seine*, pl. XLVIII et XLVIII *bis*, fig. 1 et 2.

(2) La carrière de Clichy, d'où proviennent les ossements décrits ci-contre, présente à sa coupe :

1° Terre végétale	0^m,70
2° *Diluvium rouge*	0^m,92
3° Sables jaunes plus ou moins argileux (*lœss inférieur*), avec petites bandes d'argile	2^m,68
4° *Diluvium gris*	1^m,15

C'est dans une petite bande de sable rougeâtre subjacente à ces 115 centimètres de *diluvium* que M. Eugène Bertrand a fait sa trouvaille.

chez un certain nombre de primates voisins du genre humain par leur anatomie. Cette infériorité manque au fémur, qui s'exagère dans un sens opposé en développant énormément sa ligne âpre. Elle se retrouve sur le tibia, dit *platycnémique*, parce que, comme celui de l'anthropomorphe, il est aplati latéralement de manière à simuler une lame de *sabre droit* (fig. 103) dont le bord tranchant serait dirigé

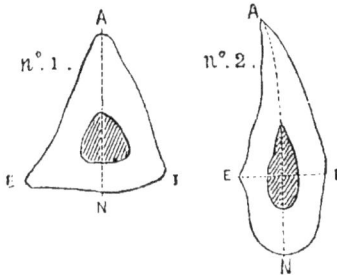

FIG. 103

N° 1. Coupe transversale d'un tibia ordinaire au niveau N du trou nourricier. — AL, face externe sous-cutanée. — IN, surface du poplité. — NE, surface du jambier postérieur.

N° 2. Coupe au même niveau d'un tibia platycnémique. — Même signification des lettres.

en avant. Ce dernier caractère, sur lequel, à notre sens, on a trop insisté, se retrouve à peu près au même degré sur presque tous les fossiles, à quelque race qu'ils appartiennent d'ailleurs, dont le squelette des membres a pu être étudié jusqu'à présent. Nous aurons l'occasion d'y revenir plus tard. Un peu au-dessus de la couche ossifère que M. Eugène Bertrand a fait connaître, s'en trouve une autre d'origine postérieure, dont M. Reboux a tiré tout le parti possible dans ces derniers temps. A ce niveau apparaît une race encore inconnue jusque-là, et qui prendra bientôt une place importante dans les temps quaternaires. C'est l'une des races qui constitueront le groupe mongoloïde de M. Pruner-bey.

Plus heureux que les observateurs qui l'avaient précédé, M. Reboux avait recueilli à diverses reprises dans les bas niveaux de la Seine des fragments de squelettes humains, qu'il a communiqués à M. Hamy. Des trois petites séries de pièces transmises par cet observateur, la première n'a malheureusement aucun autre intérêt que celui de confirmer par la présence des débris de l'homme dans cette couche ossifère sa contemporanéité avec les mammifères éteints, tant de fois prouvée déjà par la découverte des produits de son industrie.

Cette première série, recueillie route de la Révolte, à 4 mètres de profondeur, ne se compose en effet que d'un fragment de pariétal gauche, et de la partie correspondante de l'écaille occipitale, qui ne présentent rien de particulier ; leur épaisseur est moyenne (6 à 7 millimètres), et les sutures sont aussi compliquées que dans nos races actuelles.

La seconde série, recueillie route de la Chaumière, à une profondeur de 5 mètres, est plus instructive ; cependant les pièces qui la composent proviennent en majeure partie d'un enfant, et l'étude des os en voie de développement, incomplète encore pour nos races actuelles d'Europe, n'est pas même à l'état d'ébauche en ce qui concerne les races anciennes de nos contrées. Le maxillaire inférieur, presque complet, annonce un enfant de sept ans environ. Cet arc osseux est relativement fort : son épaisseur au menton est de 14 millimètres ; au niveau des molaires en voie d'éruption, elle en atteint 15. La branche montante est inclinée à 50 degrés sur la branche horizontale, et l'union du bord postérieur de l'une au bord inférieur de l'autre, plus ou moins anguleuse dans la plupart des cas, se fait ici par une courbe assez régulière.

La cavité sigmoïde est d'ailleurs plus profonde, l'apophyse coronoïde plus allongée et plus inclinée en dehors, l'angle inférieur plus courbé en dedans que chez la plupart des enfants du même âge dans nos races européennes ; les empreintes musculaires sont aussi plus marquées, les crêtes myloïdiennes plus saillantes, enfin les lignes maxillaires externes beaucoup plus accusées. Les incisives sont implantées dans le maxillaire obliquement de haut en bas et d'avant en arrière, de façon à donner naissance à un prognathisme dentaire qui devait être bien plus accentué à la mâchoire supérieure.

« Remarquons enfin que la longueur du diamètre interangulaire de cette mandibule est assez considérable, pour avoir fait supposer à quelques anthropologistes que l'individu dont nous étudions les fragments fut brachycéphale. Nous nous sommes convaincu, par l'étude attentive d'un certain nombre de mâchoires dont nous possédons les crânes, que les relations entre l'écartement des branches montantes et l'importance que prend le diamètre transverse maximum, ne sont pas aussi intimes qu'on a bien voulu le dire. »

M. Hamy pense, au contraire, que cette mâchoire inférieure, qui présente bien des traits de ressemblance avec celles des sépultures néolithiques, a appartenu, comme celles-ci, à un dolichocéphale.

Deux morceaux d'occipital et de pariétal ont été recueillis en même temps que les mandibules que nous venons de décrire. Ils semblent avoir appartenu au même sujet. Quelques points seulement attirent l'attention sur ces débris : la complication des sutures d'abord, qui, en dépit des opinions de M. Schafahausen (1), ne sont pas moins grandes que dans la pièce mentionnée plus haut ; puis l'existence d'une dépression transversale de la largeur de près d'un doigt, coupant horizontalement l'occipital au-dessous de l'inion, et le pariétal, entre sa bosse et son bord temporal. Nous ne croyons pouvoir trouver d'explication satisfaisante à cette anomalie que dans la supposition d'une déformation artificielle par pression exercée d'avant en arrière, comparable à celle que certains Européens, dignes d'être rapprochés à ce point de vue des sauvages d'Amérique et d'Océanie, ont impunément pratiquée jusqu'à ces derniers temps (2).

Un dernier fragment, provenant d'un adulte (3), accompagnait les débris dont on a fait connaître ci-dessus les caractères anthropologiques les plus remarquables. C'est la moitié interne et inférieure d'un maxillaire supérieur droit, comprenant les alvéoles des deux incisives, de la canine, des deux prémolaires et de la première grosse molaire, qui, en raison de son allongement d'avant en arrière, du peu d'étendue de ses dimensions en largeur, nous paraît devoir être rapportée à la race à laquelle appartiennent les restes qu'on vient d'étudier. En effet, ce qui reste de l'orifice nasal est long et étroit ; les fosses incisives et canines, comme la saillie qui les sépare, s'allongent de haut en bas, sans presque s'étendre dans le sens transversal ; enfin la voûte palatine est relativement peu développée en largeur, et ce qui est demeuré intact de l'arcade alvéolaire prend une direction presque parallèle au plan médian

(1) *Congrès internat.*, 2° sess., 1867, p. 413.

(2) A. Foville, *Déformation du crâne résultant de la méthode la plus générale de couvrir la tête des enfants.* Paris, 1834. In-8°, br., avec pl., etc.

(3) Nous aurions hésité à baser notre démonstration de la préexistence des dolichocéphales dans la vallée de la Seine, si nettement établie d'ailleurs par la découverte de M. Eug. Bertrand, si nous n'avions eu à notre disposition que les pièces de la *route de la Chaumière* ci-dessus décrites, extrêmement fragmentées, d'une fossilisation incomplète et sillonnées d'empreintes de racines. Elles pourraien bien avoir été trouvées dans une alluvion remaniée. Cette observation ne porte, nous le répétons, que sur les pièces de la *route de la Chaumière*, qui se rapportent à l'enfant de sept ans. (*Note de M. Hamy.*)

vertical de la tête. Tous ces caractères anatomiques indiquent une face latéralement déprimée, qui devait accompagner un crâne à diamètre antéro-postérieur prédominant. « Nous croyons donc pouvoir attribuer ce fragment à une race dolichocéphale, peut-être à celle dont les alluvions rhénanes nous ont conservé les vestiges. L'épine antérieure est modérément saillante, et la fosse nasale se termine en avant par un bord tranchant, ainsi qu'on l'observe sur les faces des dolmens, dont se rapproche beaucoup ces curieux débris. »

L'incisive moyenne est encore en place, et elle est tellement usée, qu'une moitié de sa substance a disparu. Cette usure, dite *paléontologique*, se rencontre, au même degré, chez les individus de toutes races des deux périodes, archéolithique et néolithique. Nous l'avons observée sur un grand nombre de dents appartenant à des *dolichocéphales* de l'âge de la pierre polie (monuments mégalithiques d'Argenteuil, de Chamont, de Bougon, de Genoy, etc.), aussi bien que sur celles des troglodytes *brachycéphales* des âges quaternaires. Elle peut d'ailleurs se manifester dès la première dentition, ainsi qu'on l'observe quelquefois aujourd'hui.

Une autre découverte de M. Reboux, à Clichy, vient de la démontrer d'une manière péremptoire. En effet, sur un maxillaire inférieur d'enfant de sept à huit ans, extrait de la carrière dont M. Eug. Bertrand a exhumé le crâne que nous avons décrit; sur ce maxillaire, disons-nous, qui diffère de celui dont nous avons parlé tout à l'heure par l'exiguïté relative de ses dimensions, par une moindre saillie de son menton, par l'effacement de ses tubercules *géni* inférieurs, les deux molaires de lait sont horizontalement usées, au point de rendre presque impossible l'étude des cuspides. La sablière qui contenait cette mâchoire de jeune sujet, avec une partie du fémur droit correspondant et une douzième vertèbre dorsale à peu près intacte, a fourni encore, à 4^m,20 (1^m,25 par conséquent au-dessus du niveau où reposaient les os trouvés par M. Eug. Bertrand), différents fragments de crâne et un maxillaire inférieur d'adulte extrêmement intéressants.

Ils représentent une race tout à fait différente de celle que les matériaux recueillis par MM. Ami Boué, Faudel, Cocchi, etc., ont permis de reconstituer en partie, et qui vivait seule dans la vallée de la Seine pendant que se déposaient les couches les plus anciennes de ses alluvions de bas niveaux. Il s'agit de cette petite race très-vraisemblablement brachycéphale, et rapportée avec raison au groupe hyperboréen, race qui intervient dans la faune quaternaire au moment où se forment les dernières couches des bas niveaux fluviatiles.

Quelques-uns de ses caractères fondamentaux, exiguïté de taille, réduction des diamètres antéro-postérieurs, conformation particulière du visage, se rencontrent dans les débris recueillis par M. Reboux. Le premier caractère est affirmé par un fragment de maxillaire inférieur de dimensions très-réduites, quoique provenant d'un sujet dont la dent de sagesse a commencé son évolution; cet arc osseux mesure seulement 18 millim. de hauteur au niveau de la seconde molaire. Par contre, il est d'une très-grande épaisseur, puisqu'il atteint 17 millim. environ vers le même point, et présente des crêtes myloïdiennes bien marquées. Les dents qu'il porte encore, deuxième prémolaire, première et deuxième grosses molaires gauches, sont petites et un peu usées; les deux dernières surmontées l'une et l'autre de cinq tubercules. La seconde est un peu plus grosse que la première, ce qu'on a cru longtemps particulier aux singes; on observe très-habituellement la disposition contraire dans les races humaines actuelles (1). La réduction des diamètres antéro-postérieurs se manifeste d'une part sur la moitié d'un frontal transversalement aplati (2) et sur la partie de l'écaille occipitale qui comprend les épaississements osseux, correspondant aux sinus. Il est facile, sur ce fragment, comme sur une autre pièce qui lui est semblable et qui vient de la même localité, de constater combien la protubérance externe est peu marquée, combien l'occiput est taillé à pic.

Quant à la face, l'angle interne et supérieur de l'orbite est un angle droit, et l'apophyse orbitaire externe est fortement inclinée en bas, en avant et surtout en dehors; ce qui est en rapport avec un développement considérable du diamètre bimalaire. Ces deux caractères faciaux sont propres au groupe hyperboréen, dont on a rapproché avec raison d'autres fragments tirés des cavernes et semblables à ceux que nous venons de décrire succinctement.

A Grenelle, en association avec des os de renne et des silex taillés, M. Martin a découvert à 1^m,40 au-dessous du sol de nombreux osse-

(1) Pruner-bey, *L'homme et l'animal* (*Bullet. de la Soc. d'anthropol.*, 1865, t. VI, p. 553.

(2) Il n'est pas sans intérêt de faire observer que cette pièce porte une suture médio-frontale visible dans toute son étendue, et qui n'est fermée que vers le milieu de son trajet, dans une longueur d'un centimètre environ.   (*Note de M. Hamy.*)

ments humains. On y remarque sept crânes qui se rapprochent beaucoup de la race mongoloïde de M. le docteur Pruner-bey et dont quelques-uns sont prognathes, quatre frontaux et d'autres os.

Ce n'était d'ailleurs pas là une sépulture : les squelettes ont évidemment été charriés au moment d'une grande crue avec toute l'alluvion ; ce qui n'empêche pas que souvent les diverses parties des ossements aient pu conserver leurs rapports naturels. Ainsi, dans un des crânes, la mâchoire inférieure était encore en place. La partie supérieure d'un des squelettes a été trouvée presque entière, la tête en bas. « Les ossements, dit M. Belgrand (1), ont été enfouis dans un banc de sable, lorsqu'ils se tenaient encore par leurs ligaments. »

D'après les savantes études de M. le docteur Hamy (2), « les ossements de Grenelle sont d'une race dolichocéphale et de grande taille, intermédiaire à divers égards entre les deux races, très-différentes, qui successivement sont venues peupler l'Europe occidentale. Le fémur de l'homme de Grenelle indique que ce sujet avait 1^m,70 environ. »

Les crânes sont volumineux. « La circonférence horizontale de l'homme, dit M. Hamy, atteint en effet 542 millim., celle de la première femme dépasse 528, celle de la seconde égale 525. La capacité crânienne, déterminée approximativement par le cubage au moyen du plomb n° 8, s'élève à 1510 centimètres cubes pour l'homme, à 1325 environ pour le seul des crânes féminins qui ait conservé sa base à peu près intacte. Cette capacité crânienne considérable est à peu près également répartie entre les régions antérieure et postérieure. La loge frontale est assez spacieuse chez nos trois individus : la longueur de la courbe du coronal atteignant 130, 126 et 140 millim.; la largeur, indiquée par le diamètre frontal minimum, étant représentée d'ailleurs par 93, 103 et 92. La circonférence horizontale préauriculaire atteint 247, 233 et 245, et la circonférence transverse sus-auriculaire 312, 305 et 315 (?). Mais les lobes postérieurs aussi sont volumineux ; l'écaille de l'occipital se projette notablement en arrière du lambda et de la protubérance occipitale externe, peu prononcée d'ailleurs. La courbe de la portion cérébrale de cette écaille est de 70, 80 et 72 millim., et sa courbe hori-

(1) Belgrand, *La Seine, le bassin parisien aux âges antéhistoriques*, t. I, p. 188.
(2) Hamy, *Précis de paléontologie humaine*, 1870, p. 253.

zontale postauriculaire de 285, 295 et 280. Ce développement de la
région postérieure du crâne coïncide avec la présence d'anomalies
donnant naissance à un os épactal sur notre individu masculin et à
des os wormiens sur les deux femmes. Les sutures, assez peu compliquées, semblent plus fermées en avant qu'en arrière. Ce caractère, comme le précédent, est un signe d'infériorité. Il est spécialement attribué par Gratiolet aux races humaines les moins nobles.
Quant aux anomalies du lambda de nos crânes de Grenelle, elles
occupent de préférence cette région chez les peuples les moins
civilisées, tandis qu'elles sont relativement plus fréquentes au
bregma dans les races supérieures. Nous signalons enfin, sur la
suture sagittale, une sorte de voussure plus ou moins étendue, qui
n'est pas sans analogie avec celle que l'on remarque sur certains
crânes hyperboréens et qui donne à la voûte inclinée sous un certain angle un aspect légèrement *ogival*. Les faces sont malheureusement mutilées ; ce qu'il en reste permet néanmoins, sur nos deux
premiers crânes, de constater que les arcs sourciliers sont très-développés, les glabelles saillantes, les apophyses orbitaires externes
obliquement dirigées, les racines du nez assez épaisses. Ces faces
sont relativement courtes et larges, développées dans le sens transversal au niveau des pommettes, brusquement rétrécies au-dessous.
Les orbites sont peu hautes, extrêmement larges. L'indice orbitaire,
c'est-à-dire le rapport du diamètre vertical au diamètre transverse,
supposé égal à 100, est de 73 sur le seul crâne qui possède une
orbite complète. Cette orbite est d'ailleurs découpée en rectangle et
très-obliquement dirigée en dehors et en bas. Ce qui précède s'applique à la face du sujet mâle ; ce qui reste de la même région sur
le premier sujet femelle présente, atténués, les mêmes caractères.
Sur les deux sujets, la face, généralement orthognathe, est un peu
prognathe dans sa région alvéolaire ; l'angle facial supérieur, dont
le sommet correspond à l'épine, égale 80 degrés et 86 degrés?. L'angle
facial moyen, qui a son sommet au bord de l'alvéole des incisives,
est de 72 degrés et 73 degrés. Sur le seul maxillaire inférieur que
nous possédions intact, celui de la femme, ce prognathisme se retrouve légèrement indiqué. Cet arc mandibulaire, assez mince sur le
mâle, est au contraire très-épais chez la femelle. Il mesure alors 14 à
15 millim. à la symphyse et 17 millim. au niveau de la deuxième
grosse molaire. Ces mâchoires inférieures sont d'ailleurs assez
élevées et terminées en pointe triangulaire. Les dents qu'elles portent, très-bien conservées, sont usées obliquement de bas en haut

et de dehors en dedans. La remarquable alliance des caractères de supériorité et d'infériorité que nous présentent les têtes fossiles de Grenelle; cette combinaison anatomique qui associe, par exemple, une face frontale assez vaste à un occiput assez volumineux, qui, sur un crâne de grande capacité, fait marcher d'avant en arrière la synostose, qui superpose une région faciale supérieure orthognathe à une région alvéolaire prognathe, se signale jusque dans les membres par des juxtapositions vraiment étonnantes de caractères presque simiens et d'attributs propres aux races humaines considérées comme les plus élevées. Ainsi l'humérus est moins tordu que dans nos races blanches actuelles, ce qui est un caractère d'infériorité, et cet os est relativement plus long par rapport au radius, ce qui éloigne notre fossile des races humaines sauvages. ¡Le fémur est fortement tordu au contraire, mais sa ligne âpre est saillante, ce qu'on n'observe pas chez les individus placés aux degrés les plus infimes de l'échelle ethnographique. Le tibia est encore *platycnémique;* le péroné est remarquable par ses gouttières musculaires profondes et la saillie de la crête d'insertion du ligament interosseux. Les cubitus sont courbés en dessous de l'olécrâne, les radius au-dessous de la capsule, de façon à présenter une concavité antérieure comme chez les grands singes anthropomorphes. Un bassin d'homme presque entier a été conservé: il est grand et robuste; les os iliaques sont évasés et les fosses de même nom profondément concaves; le sacrum, large, est en même temps fortement courbé; sa hauteur est considérable. A côté de ces caractéristiques élevées nous avons à signaler des marques presque bestiales. Ainsi, comme dans les races humaines inférieures, la diapophyse de la première vertèbre lombaire se subdivise légèrement en parapophyse et en métapophyse. Ces deux saillies osseuses, complétement séparées chez les pithéciens, se fusionnent complètement chez les anthropomorphes, dont se rapproche à ce point de vue l'homme de Grenelle, présentant ainsi dans son système vertébral, comme dans son crâne, sa face et ses membres, un bizarre mélange de noblesse et de bestialité. Ce précurseur de la civilisation, cet initiateur de l'industrie et de l'art, devait nécessairement allier à l'esprit qui conçoit la force qui exécute. C'est cette force brutale qui, mise au service d'une intelligence développée, a assuré le progrès inséparable de la sécurité.

Il faut aussi mentionner, parmi les vestiges laissés dans nos environs par l'homme quaternaire, les ossements recueillis dans la plaine de Sèvres, et qui portent les traces faites, selon toute apparence, par des instruments de silex. « Parmi les os venant de cette localité, dit M. Lartet (1), il y en a qui présentent des entailles profondes avec un plan de section légèrement ondulé et strié, comme s'il eût été produit avec un tranchant flexueux et imparfaitement aiguisé, analogue à celui de certains silex taillés que l'on a recueillis dans le diluvium d'Abbeville. »

A 900 mètres environ en aval du pont de Villeneuve-Saint-Georges, se trouve une berge presque à pic, qui, en certains points, s'élève à 4 mètres au-dessus du niveau des basses eaux. Cette berge est formée par un limon jaunâtre analogue au lœss des vallées, et qui est couvert d'une mince couche de terre végétale avec laquelle il se fond insensiblement. Au-dessous de la zone jaunâtre se trouve un banc limoneux qui paraît reposer sur des sables.

La couche grise ou inférieure ne renferme rien de remarquable, mais il n'en est pas de même des limons jaunes. M. Roujou (2) en a extrait de nombreux objets intéressants. Cet observateur y a reconnu en effet de petits amas de cendres à peu près circulaires, de 40 centimètres à un mètre et demi de diamètre: ils ne paraissent contenir que des silex calcinés qui ne présentent aucun indice de travail ; les ossements y manquent aussi ; les amas de cendres se trouvent à plus de 3 mètres au-dessous du sol.

Au-dessus de ce foyer et à différents niveaux, apparaissent des couches de cendres reposant sur une terre calcinée; autour des cendres et presque à plus de 30 centimètres de distance, il y a des poteries, des silex taillés, des ossements d'animaux fracturés, mais assez rarement travaillés. C'est à 2 mètres de profondeur qu'on rencontre les foyers les plus riches en silex taillés et en ossements d'animaux ; lorsqu'on approche très-près de la surface, le nombre des silex taillés paraît diminuer, mais la poterie devient plus parfaite et semble se rapprocher de celle qui dans nos environs, caractérise l'âge du bronze. Il y a donc là peut-être en superposition plusieurs âges différents.

Jamais l'auteur n'a recueilli ni bronze, ni aucun autre métal dans les foyers ; de plus, il a examiné avec soin tous les grès à polir, et sur aucun il n'a rencontré la moindre trace de métal ; enfin les

(1) Lartet, *Bullet. de la Soc. géologique*, 2ᵉ série, t. XVII, p. 492.
(2) Roujou, *Gisement de l'âge de la pierre polie* (*Bullet. de la Soc. d'anthropol. de Paris*, 1865, t. VI, p. 264).

cornes et les os d'animaux qui ont été sciés et travaillés présentent des entailles différentes de celles que produisent les instruments métalliques.

Tout d'abord M. Roujou pensa que les foyers de Villeneuve-Saint-Georges sont des sépultures à incinération ; depuis, plusieurs circonstances lui ont fait modifier un peu cette manière de voir. « Si, dit-il, plusieurs de ces foyers ne sont pas des sépultures à incinération, il devient très-difficile d'expliquer la présence tout auprès de poteries brisées très-abondantes, d'os travaillés, de silex taillés, et principalement de quelques haches émoussées à petits coups vers les extrémités ; de plus, ils présentent une remarquable analogie avec des sépultures à incinération bien reconnues pour telles, mais d'une époque plus récente. D'un autre côté, on peut objecter que les amas de cendres ne renferment qu'un petit nombre d'os incinérés, dont un seul était assez complet pour que l'on pût penser, par sa forme, qu'il était humain ; et encore ce qui enlève à ce dernier fait beaucoup de sa valeur, c'est la présence d'un fragment de canon de ruminant entièrement calciné. »

L'auteur a pourtant rencontré des os humains, un fragment de mâchoire inférieure et un fémur limé à l'une de ses extrémités; mais ces os n'avaient pas subi l'action du feu, et en outre ils étaient séparés des autres pièces du squelette, qu'il fut impossible de retrouver, et associés à des os d'animaux fracturés, à des poteries brisées et à des silex taillés. Ces diverses circonstances pourraient faire considérer ces débris comme les restes d'un repas d'anthropophages, et paraissent peu favorables à l'hypothèse d'une sépulture.

Pour expliquer la formation du terrain recoupé aujourd'hui par la berge de Villeneuve-Saint-Georges, M. Roujou présente les considérations suivantes que nous croyons devoir reproduire (1). « Une ou plusieurs tribus, dit-il, ont dû s'établir dans les environs de Villeneuve-Saint-Georges, à l'époque où les limons gris d'origine probablement paludéenne avaient fini de se former; quelques-unes même avaient dû arriver auparavant. Ces tribus ont allumé du feu sur ce sol ; peut-être aussi y ont-elles brûlé leurs morts et enseveli leurs cendres dans des fosses ou puits très-peu profonds. A chaque débordement, les eaux devaient entraîner des terres et des limons et les accumuler sur ce sol, qui présentait probablement une pente

---

(1) Roujou, *Gisement de l'âge de la pierre polie des environs de Villeneuve-Saint-Georges* (*Bul'et. de la Soc. d'anthropol. de Paris*, 1865, t. VI, p. 267,.

douce. Les eaux une fois retirées, on établissait de nouveaux foyers ou de nouvelles sépultures, que de grosses crues ne tardaient pas à recouvrir de nouveaux limons. Je crois que telle est l'origine de ces superpositions, inexplicables dans toute autre hypothèse. On a objecté que pour que cette superposition fût réelle, il faudrait qu'elle existât encore à une assez grande distance de la Seine. Mais quand bien même cette disposition n'existerait qu'à 10 ou 20 mètres du fleuve, et je suis porté à croire qu'il peut en être ainsi, cela ne prouverait rien contre l'hypothèse que j'ai émise, puisque je regarde les couches comme s'étant formées dès l'origine sur un plan plus ou moins incliné, et que par conséquent les plus récentes sont les plus voisines du fleuve. S'il en est ainsi, ce qui se trouve séparé dans les berges peut fort bien se trouver réuni dans les champs, où le sol ne pouvait s'accroître de même. »

De l'étude des foyers de Villeneuve-Saint-Georges, M. Roujou conclut qu'ils sont l'œuvre d'une ou de plusieurs tribus sédentaires et non pas nomades. Cette tribu, se demande-t-il, cultivait-elle la terre ? Et il répond : « Je l'ignore complétement ; mais ce qui me paraît certain, c'est qu'elle avait une nourriture animale très-variée. S'il faut en juger par les débris que j'ai trouvés, deux espèces de bœuf, le cheval, deux espèces de porc, une grande et une petite, le cerf, la chèvre, le mouton, le chien, le castor et quelques oiseaux, leur ont probablement servi d'aliment. Chose singulière, eu égard à la situation, les débris de poissons faisaient absolument défaut. Moins heureux que les explorateurs des lacs de la Suisse, je n'ai pu trouver aucun débris de végétal, si ce n'est des morceaux de bois. Un limon calcaire et siliceux, exposé aux alternatives de la sécheresse et de l'humidité, ne peut conserver des graines et des fruits comme le fait la tourbe ; il en est de même pour une foule d'objets : ainsi, je ne puis espérer retrouver ni cordes, ni filets, ni tissus, ni corbeilles, comme en fournissent les cités lacustres, et c'est là une très-regrettable lacune. Cependant je suis arrivé par une voie indirecte à reconnaître avec un certain degré de probabilité l'existence de quelques industries qui n'ont pas laissé de traces positives. Ainsi des trous étroits pratiqués dans les anses des vases m'ont fait soupçonner l'existence de cordes faites avec des fibres végétales ou des tendons d'animaux ; l'existence d'un grand nombre de grattoirs demi-circulaires, convexes, analogues à ceux dont beaucoup de sauvages se servent encore pour gratter les peaux, me fait penser que la dépouille des animaux

devait être très-recherchée alors : j'ai été confirmé dans cette hypothèse par la découverte d'un certain nombre de poinçons d'os
très-propres à percer le cuir. Les débris de végétaux alors employés
comme aliments ne pourraient guère se retrouver en cet endroit
qu'à l'état de charbon, et jusqu'à présent ils m'ont fait défaut. J'ai
trouvé près de quelques foyers des meules de grès unies et polies
par un long frottement ; les plus petites seules étaient entières, les
autres étaient brisées en un assez grand nombre de fragments. La
plus petite de ces meules a seulement 4 à 5 centimètres de diamètre, beaucoup ont 10 à 12 centimètres ; je n'en ai pas encore
rencontré de plus grandes entières. La présence de ces ustensiles
serait de nature à faire croire à la culture d'une céréale, si l'on
n'avait pas certaines raisons pour en douter. Les meules de grès
s'égrènent toujours un peu, d'où il résulte que la farine obtenue
use plus ou moins les dents. Je possède une mâchoire humaine inférieure trouvée dans ce gisement, dont les molaires sont peu ou point
usées ; l'usure au contraire est très-manifeste sur des molaires
trouvées dans différentes contrées. La tribu établie dans les environs de Villeneuve-Saint-Georges fabriquait des poteries en abondance, et beaucoup de ces poteries étaient colorées en noir à l'aide
de charbon réduit en poudre très-fine ; le charbon ne pouvait être
réduit à cet état qu'à l'aide d'instruments analogues à ceux que je
viens de décrire. De plus, j'ai trouvé un fragment de meulette de grès
colorée en noir par une substance qui paraît être du charbon. Comme
on le voit, je n'ai pas de raison suffisante pour admettre comme
prouvé que les hommes qui vivaient alors cultivaient des céréales. »

En 1866, M. Roujou mit sous les yeux de la Société d'anthropologie des débris provenant d'un squelette humain extrait du gisement de Villeneuve-Saint-Georges. Ces débris, recueillis par
MM. Roujou et de Mortillet, furent décrits par ce dernier (1). « La
sépulture, dit-il, se trouvait engagée à 2ᵐ,30 au-dessous de la surface
du sol de la plaine ; la coupe de la berge ne portait aucune trace de
creusement d'une fosse. Le tassement des terres avait écrasé en
partie le squelette et dérangé les os ; pourtant l'ensemble permettait
de reconnaître que le corps avait été placé du côté du nord-ouest,
et les pieds vers le sud-est ; soit les pieds en amont et la tête en
aval. Les ossements ne portaient aucune trace de crémation, cependant la tête reposait sur un tas fort large et très-considérable de

(1) Mortillet, *Matériaux pour l'étude de l'homme*, août 1866

cendres. Ces cendres, groupées et très-pures, sans le moindre silex calciné, ne sont pas le produit d'un foyer usuel, mais bien d'un bûcher funèbre spécialement allumé pour la circonstance. Le corps était accompagné uniquement de petits fragments de silex, éclats taillés intentionnellement à arètes vives. Ce sont les *silex votifs* de M. Leguay. Les ossements d'animaux entiers ou brisés et les fragments de poterie faisaient entièrement défaut. Le corps a dû être simplement étendu sur le sol où l'on avait préalablement allumé un grand bûcher, puis recouvert d'une certaine quantité de terre. A 35 centimètres au-dessus, nous avons trouvé divers fragments d'os d'animaux, brisés pour en extraire la moelle ; plus haut se trouvaient quelques débris de poterie grossière mal cuite, avec grains pierreux dans la pàte et des morceaux de charbon des foyers ordinaires. »

M. Roujou a, de son côté, signalé divers faits que nous croyons devoir reproduire : « J'ai, dit-il (1), trouvé des cendres presque partout où il y avait des ossements ; ces ossements étaient dispersés de la manière la plus singulière sur une superficie de neuf pieds de diamètre environ : ainsi, un fragment de crâne se trouvait à côté d'un calcanéum et d'un métacarpien. Un certain nombre de vertèbres avaient conservé leurs rapports normaux, mais avaient glissé les unes sur les autres par suite de la pression des terres. Le squelette était incomplet ; le cràne était représenté par l'os occipital et les pariétaux ; le frontal manquait. Les os de la face, y compris la màchoire inférieure, n'ont pas laissé de trace. J'ai pu extraire deux fragments d'omoplate, deux clavicules, un petit fragment de côte.

» Des pieds et des mains il ne restait que quatre ou cinq os, parmi lesquels il faut citer un astragale et un calcanéum ; des os longs : deux humérus dont un brisé, deux radius, un cubitus et deux tibias. Chose singulière, les fémurs manquaient. La présence du squelette nous a été révélée par une rotule qui ressortait un peu des terres. Comme M. de Mortillet, je suis porté à voir ici une sépulture. Cela posé, je me demande comment expliquer cette dépression étrange, cette disparition d'os aussi forts que le bassin et les fémurs, tandis que d'autres pièces, bien moins résistantes, bien plus susceptibles d'être entraînées, sont restées intactes et presque dans leur situation normale. Sont-ce des carnassiers qui ont bou-

---

(1) Roujou, *Squelette humain de l'âge de la pierre polie découvert à Villeneuve-Saint-Georges (Bullet. de la Soc. d'anthropol.*, 2e série, 1866, t. I, p. 606).

leversé cette sépulture? Mais alors comment ne voit-on pas sur les
os l'empreinte de leurs dents puissantes? Serions-nous en présence
des restes d'un repas d'anthropophages? Alors comment expliquer
l'absence de toute strie, de toute entaille sur les os? C'est donc
encore l'hypothèse d'une sépulture qui est de beaucoup la plus
vraisemblable. Il me semble cependant, pour diverses raisons que
j'exposerai dans la suite, que l'anthropophagie existait à Villeneuve.
J'y ai bien souvent rencontré des ossements humains mutilés, en-
tassés pêle-mêle avec des silex taillés, des poteries brisées, des débris
d'animaux et des détritus de toute nature, que l'on pourrait considérer comme des débris de cuisine et des ordures jetées à la porte
des huttes ; c'est ce qui a lieu encore chez une foule de peuplades
sauvages. Je vais maintenant donner le résultat de quelques mesures prises sur ces antiques ossements. Le tibia, un peu fracturé
à son extrémité inférieure, paraît avoir eu de 33 à 34 centimètres
de longueur ; il est gros et un peu court ; il présente la forme d'un
prisme à base triangulaire. La largeur maximum de la partie inférieure est de 77 millimètres. Un humérus a 332 millimètres de
longueur. La perforation de la cavité olécrânienne est très-nette et a
un millimètre et demi de diamètre. Le trou de la cavité olécrânienne
de l'autre humérus, qui est malheureusement fracturé, est beaucoup
plus grand ; son petit axe mesure 6 millimètres et demi, et le plus
petit 5. La plus grande largeur de l'extrémité inférieure d'un de
ces os, mesurée sur une ligne passant un peu au-dessus de la perforation, est de 62 millimètres. La largeur maximum de la tête est
de 51 millimètres. Le corps de l'os, vers son milieu, peut avoir en
moyenne de 20 à 23 millimètres de diamètre. Le radius, du bord de
la cavité articulaire jusqu'à l'extrémité de l'apophyse styloïde, mesure 24 centimètres. Le diamètre de la tête est en moyenne de
23 millimètres ; le corps de l'os est aplati, la crête est presque tranchante et décrit une courbe très-sensible. Le crâne était brisé en
fragments assez petits, dispersés sur une surface de huit à neuf pieds.
Ce n'est qu'avec les plus grandes peines que j'ai pu le restaurer, et
encore les pièces ont joué en séchant, de manière à le déformer. Le
frontal manque, ainsi que d'autres parties, de façon qu'il est impossible de déterminer avec certitude ses diamètres. On voit cependant qu'il devait être dolichocéphale, ainsi que le pense M. Pruner-
bey, qui l'a examiné. Ce crâne est petit, même par rapport aux
autres os, qui ont de faibles dimensions ; la partie occipitale ne présente ni bosse ni saillie irrégulière, mais une courbe douce et unie ;

il est très-mince, surtout pour l'époque reculée à laquelle il remonte. Les pariétaux ont à peine 6 millimètres et demi d'épaisseur maximum. Les quelques os des pieds et des mains que j'ai pu retrouver permettent de penser que les extrémités n'étaient pas très-fortes, résultat qui, du reste, concorde avec tout ce qui a été observé jusqu'à ce jour. Je citerai encore deux fémurs trouvés dans le même gisement, mais dans des parties et à des profondeurs différentes.

» Le premier est probablement le plus ancien ; il est remarquable par un aplatissement très-sensible de la partie supérieure au-dessous du petit trochanter, et par le faible relief de la ligne âpre qui forme un bourrelet de 2 millimètres et demi au plus d'épaisseur maximum sur un centimètre au moins de largeur.

» Le second fémur est plus petit ; il présente une ligne âpre bien plus accentuée et près de moitié plus étroite ; la fossette intercondylienne postérieure est aussi moins profonde que dans le premier. J'ai trouvé à différentes époques d'autres ossements humains à Villeneuve. Je dois d'abord mentionner une petite mâchoire humaine d'un type primitif, dont les molaires sont égales ; la dernière présente cinq tubercules. Elle était isolée de tout autre os humain, mais associée à des débris mutilés de bœufs, de porcs, etc., à des poteries et à des silex taillés. Un peu plus tard, j'ai découvert un fémur enfoui plus profondément et plus ancien ; il se trouvait dans des conditions identiques. Enfin, il y a quinze jours j'ai été assez heureux pour me procurer un autre fémur situé, cette fois encore, à un autre niveau et présentant un type tout différent du premier. Il était brisé exactement comme les canons de ruminants qui l'accompagnaient, et de plus il y avait tout auprès des charbons un canon d'animal façonné en pointe, des silex taillés, et une fusaïole de terre cuite grossière et bien moins élégante que celles de l'âge du bronze que nous trouvons dans nos environs. Le fémur humain n'a pas été fendu longitudinalement, il est vrai, mais il est rompu transversalement comme ceux des animaux, qui ont bien certainement servi d'aliment. Il n'y aurait au reste rien d'étonnant que l'anthropophagie eût existé aux environs de Paris pendant l'âge de la pierre polie, puisqu'on la retrouve à la même époque dans le sud-ouest de la France, comme l'ont prouvé MM. Garrigou et Filhol. » (Roujou, *Bulletin de la Société d'anthropologie*, 1866, p. 609).

Si l'on veut se faire une idée de l'ancienneté du gisement de Villeneuve-Saint-Georges, il faut considérer que la Seine l'a formé lentement, en accumulant des limons ; qu'ensuite elle l'a entraîné et coupé à pic, ce qui implique un léger changement de direction de son cours, changement qui doit nécessairement se produire à cause de l'accroissement des coudes.

Dans une dernière note (1), M. Roujou modifie un peu sa manière de voir à l'égard des foyers de Villeneuve-Saint-Georges. Il pense que ces foyers ont été allumés, en grande partie du moins, à la surface du sol, les uns en plein air, les autres peut-être dans des huttes, comme semblent l'indiquer de très-rares fragments de terre cuite portant des traces de clayonnages. Ces débris paraissent provenir de cabanes de branchages et recouvertes de terre qui auront été détruites par un incendie. Quelques foyers ont été certainement établis dans de petites fosses dont la surface calcinée a conservé sa forme primitive.

« Le sol s'exhaussait insensiblement par suite des dépôts de limon abandonnés par les eaux ; de nouveaux foyers étaient allumés sur ces limons, et leurs cendres bientôt recouvertes par d'autres sédiments. Cette série de phénomènes s'est continuée jusqu'à ce que le sol eût atteint un niveau de 3 mètres et demi environ au-dessus des eaux. Sur certains points on rencontre des amas de pierres qui avaient probablement pour but de fournir un sol plus ferme et moins humide.

» Les os d'animaux brisés, les silex taillés et éclatés, les poteries fragmentées que l'on trouve dans le gisement de Villeneuve, sont presque toujours des débris de repas, des objets de rebuts et des déchets de fabrication.

» La présence constante de ces os près des foyers de la zone moyenne ne doit point nous surprendre. Notre climat, encore froid et humide de nos jours, devait l'être davantage à cette époque reculée, comme tout concourt à nous le faire supposer, et les sauvages d'alors devaient passer la plus grande partie de leur temps auprès de leurs feux, à tailler des silex et à façonner une foule d'autres ustensiles.

» Les ossements humains que l'on rencontre, assez rarement, il est vrai, auprès des foyers, ne prouvent pas que ces derniers soient des sépultures. Ces os ne sont presque jamais calcinés. Le seul débris humain brûlé qui ait été trouvé est une phalange, et sa présence peut s'expliquer tout aussi aisément par l'anthropophagie que par l'hypothèse des sépultures. » Depuis, comme nous

(1) Roujou, *Remarques sur les foyers de Villeneuve-Saint-Georges* (*Bullet. de la Soc. d'anthropol.*, 2° série, 1867, t. II, p. 236).

l'avons dit, M. Roujou a découvert dans un amas de cendres un fragment calciné de canon de ruminant, et il n'y a pas lieu d'en conclure que ce dernier ait eu les honneurs du bûcher.

«L'existence de l'anthropophagie, dit l'auteur, pendant l'âge de la pierre polie me paraît devenir de plus en plus probable, et le jour où elle sera démontrée avec toute la certitude désirable, n'est sans doute pas très-éloigné. J'ai rencontré plusieurs fois dans le gisement de Villeneuve-Saint-Georges des débris humains épars et mêlés à des débris de ruminants; ils étaient souvent brisés comme ces derniers, à 6 ou 10 centimètres des têtes articulaires, de manière que l'on pût facilement extraire de ces tronçons la moelle qu'ils contenaient. Je n'ai pas attribué dans le début, à ces os, toute l'importance qu'ils ont en réalité. Ils ne me paraissent pas une preuve certaine de l'anthropophagie, parce qu'ils ne portaient pas de stries et de coupures comme un certain nombre d'os d'animaux. Depuis, une étude plus minutieuse m'a fait reconnaître que la grande majorité des os d'animaux brisés ne présentent pas de stries, et cependant ils sont très-certainement des restes de repas. De plus, les entailles se trouvent surtout sur certains os, les astragales, par exemple; elles ont dû être faites en isolant les os ou en détachant les ligaments. Les stries n'ont pas été produites en coupant les chairs. De leur absence sur les os humains, il ne faut donc pas conclure que ces tribus primitives n'étaient pas cannibales, mais seulement qu'elles employaient rarement les tendons humains. Dans une de nos dernières excursions, M. B. Pommerol a découvert un petit fragment de crâne humain fort curieux: ce fragment, déterminé par notre éminent collègue, M. le docteur Pruner-bey, porte sur un des côtés une coupure très-nette et faite à dessein.»

Sur la rive droite de la Seine, près du pont de Choisy-le-Roi et à 25 mètres environ du fleuve, M. Roujou a signalé plusieurs foyers engagés dans un limon argileux grisâtre, à un niveau variant entre 3 et 4 mètres de profondeur au-dessous du sol (1). Ce limon est recouvert par une couche de lœss renfermant des concrétions calcaires et différent, sous plusieurs rapports, de celui de nos collines. Les foyers se trouvent à deux niveaux différents dans le limon argileux; ils contiennent des charbons, quelques silex calcinés, de la terre brûlée, de rares fragments d'os, et parfois des *Unio*, dont la

(1) Roujou, *Foyers engagés dans le lœss près de Choisy-le-Roi* (*Bullet. de la Soc. d'anthropol.*, 2ᵉ série, 1866, t. I, p. 281).

présence doit être attribuée à l'intervention de l'homme. A 50 centimètres et au-dessus des foyers, l'auteur a rencontré quelques
fragments de poteries fort grossières et présentant de l'analogie avec
celles de Villeneuve-Saint-Georges. Les os étaient trop incomplets
et trop altérés pour pouvoir être déterminés ; cependant une dent
paraît avoir appartenu à un porc.

Au niveau des foyers supérieurs, M. Roujou a recueilli dans les
terres un couteau de silex qui présente cette particularité curieuse
d'avoir une zone du poli le plus vif et qui n'a pas été produite par
la main de l'homme. « Elle a dû résulter, dit l'auteur, d'un frottement naturel ; peut-être celui d'un caillou engagé dans un glaçon. »

M. Roujou pense que les foyers *inférieurs* de Choisy sont au
moins aussi anciens que ceux de Villeneuve-Saint-Georges, qui
sont de l'âge, comme on l'a vu, de la pierre polie, et leur origine
doit être analogue. « L'inclinaison des couches des limons gris, dit
l'auteur, me porte à croire que ces limons formaient une île plus
élevée et séparée de la terre par un bras marécageux ; des hommes
se sont établis sur cet îlot et y ont allumé du feu, puis le sol s'est
accru et a recouvert leurs foyers. Sur ces limons se sont accumulés
de nouveaux débris qui ont été ensevelis à leur tour. Enfin, après
bien des siècles et par suite de circonstances difficiles à déterminer,
la nature des alluvions a changé, le lœss a comblé le bras de rivière
et a nivelé le sol. » (Roujou, pages 282, 283.)

Entre Choisy-le-Roi, Orly et la Seine, se trouve un gisement de
silex taillés d'où l'on a extrait des os humains. On le désigne sous le
nom de Trou-d'Enfer. M. Roujou a fait dans le voisinage la trouvaille d'un crâne à côté duquel gisait un vase de terre noire extrêmement friable (1), et nous-même avons recueilli des débris d'une
tête humaine dont l'âge ne peut être précisé.

Au mois de janvier 1867, un cultivateur d'Argenteuil (Seine-et-
Oise), qui s'était chargé de débiter de grosses pierres qui existaient
au niveau du sol dans un endroit dit le *Désert*, situé sur la
commune d'Argenteuil, à l'extrémité du côté d'Épinay, et non loin
de la Seine, rencontra au-dessous une grande quantité d'ossements
humains. Ayant fouillé à l'emplacement des pierres, il y découvrit
une moitié de hache polie, ainsi qu'un couteau de silex. Ce couteau, de 18 centimètres de longueur, l'un des plus beaux qui existent, a été taillé dans une lame de silex qui, à l'origine, devait

_____

(1) Roujou, *Bullet. de la Soc. d'anthropologie*, 2ᵉ série, 1866, t. I, p. 239.

être de beaucoup plus longue. Il a été retaillé dans tout son pourtour, appointé aux deux bouts, et la bosse de clivage a été rabattue
à la taille pour en diminuer la saillie. Le silex de ce couteau vient
des ateliers de Pressigny, et avec les deux couteaux du musée d'ar-
tillerie trouvés à Bercy et quelques autres objets recueillis aux environs de Paris, il témoigne une fois de plus les rapports de commerce des Parisii avec les produits de Pressigny.

Prévenu de cette découverte, M. Leguay se rendit tout de suite
à Argenteuil, où il reconnut que ces pierres appartenaient à un
monument antéhistorique du genre de ceux appelés *allées couvertes*, qui, bien que déjà en partie détruit, offrait encore un vif
intérêt. La longueur primitive est indéterminée ; mais, d'après
divers renseignements, il paraît que depuis de longues années on
en a extrait des pierres, et qu'on y a rencontré une grande quantité
d'ossements qui ont été dispersés.

Ce qu'il en restait pouvait avoir encore une longueur d'environ
7 mètres ; c'est cette dimension qu'il sera facile de donner au monument après sa restauration. Il n'existait aucune éminence de terre

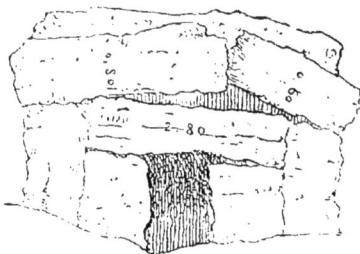

Fig. 104. — Élévation du portique de la pierre turquaise, près de Luzarche.

Le portique est formé de deux pierres verticales supportant une pierre horizontale actuellement
cassée. L'entrée, à l'ouest, est établie par deux étroites pierres formant pieds-droits, surmontées
d'une architrave laissant 75 centimètres pour le passage (1). (*Bullet. de la Société parisienne
d'archéologie.*)

au-dessus, ou du moins aujourd'hui n'en voit-on aucune trace.
On peut croire qu'à Maintenon (Eure-et-Loir), à Chaumont (Oise),
à Lompans, près de Luzarches (Seine-et-Oise) (fig. 104 et 105),
et même à la Varenne Saint-Hilaire (Seine), il n'en existait pas (2).

(1) Le monument de pierre turquaise se trouve dans l'ancienne forêt de Car-
nelle, à mi-côte et sur le versant sud d'une des collines formant la séparation du
bassin de la Seine et de celui de l'Oise ; il est situé près de la voûte dite du *Bois
carreau*, à 150 mètres au-dessus du niveau de la mer.

(2) Louis Leguay, *Sur l'allée couverte d'Argenteuil* (*Bullet. de la Soc. d'anthropologie*, 2e série, t. II, p. 266).

La construction de ce monument est toute particulière et unique, en exceptant la caverne de Mizy, qui est sur un plan circulaire.

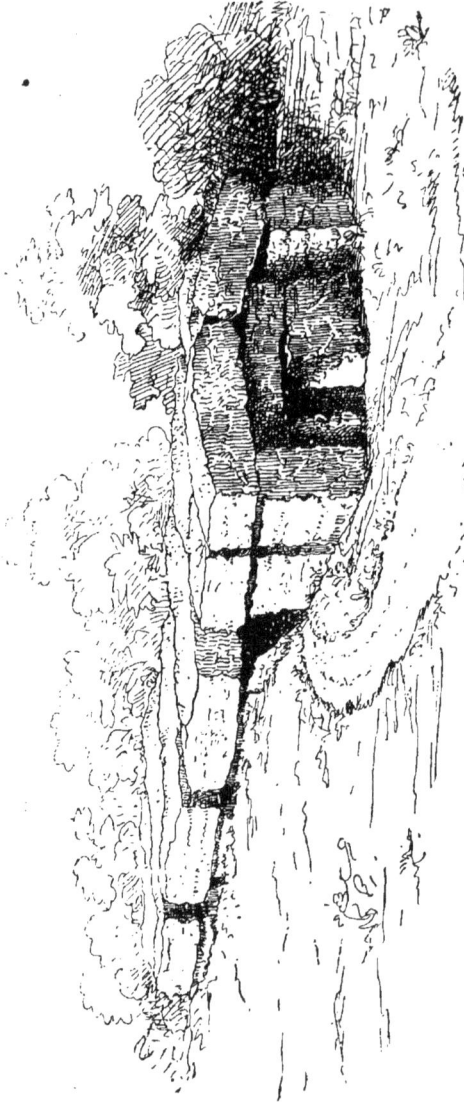

FIG. 105. — Dolmen de la pierre turquaise

La galerie se compose de quatre pierres pour la partie nord, de cinq pour la partie sud. Le fond est fermé par une seule pierre. Le tout est recouvert par quatre immenses tables horizontales. Celle de l'entrée a été brisée ; les deux plus petites, formant couverture dans le fond, paraissent avoir fait partie d'une seule pierre dans le principe. (*Bullet. de la Société paris. d'archéologie*, 1865.)

De plan rectangulaire, il est composé de deux murs parallèles entre eux, espacés de 1ᵐ,90 environ, destinés, dès l'origine, à supporter de grandes pierres de diverses grandeurs, partie en calcaire siliceux, partie en grès provenant des environs de Montmorency ou bien du coteau d'Herblay, sur le versant entre cette dernière commune et le Plessy-Bouchard.

Ces deux murs ne sont pas établis, comme la majeure partie des monuments de ce genre, au moyen de grandes pierres placées debout suivant l'appareil mégalithique. Ils sont littéralement construits, nous dirions aujourd'hui *limousinés*, en plaquettes de meulières placées à sec et suivant la pente du terrain, qui va en déclinant vers la Seine, située au midi, dont il est éloigné d'environ une centaine de mètres.

Au nord, l'allée est fermée par une forte pierre plantée sur sa pointe la moins large, s'arc-boutant sur le mur de droite pour résister à la poussée des terres, qui aurait d'autant plus de prise, que cette pierre a été plantée avec un surplomb très-apparent.

Quant à la fermeture à l'opposé, celle du midi, on n'en peut rien dire, personne ne se rappelant l'avoir vue.

Le sol ou le dallage, qui s'étend encore en partie sur une longueur d'environ 13 mètres, est composé de pierres plates de toutes grandeurs, juxtaposées, et dont les joints les plus espacés sont remplis par de plus petites pierres.

« Autant comme architecte que comme archéologue, je n'hésite pas, dit l'auteur, à avancer que l'ouvrier ou les ouvriers qui ont construit cette allée (car le travail indique plusieurs mains) étaient très-habiles, et que, dans leur manière d'exécuter ce travail, ils profitaient d'une expérience acquise, ils suivaient une tradition. »

Le mur de gauche s'étant abattu à l'intérieur du monument, sa chute a produit un singulier effet sur les corps humains qui étaient à l'intérieur, et qui alors n'étaient pas encore protégés par la terre infiltrée. Presque tous ceux qui se trouvaient près des murs tombés ont été chassés du côté opposé, vers le mur resté en place ; et les vertèbres encore assemblées, occupant leur place normale relativement aux autres os, semblent indiquer que les corps étaient placés debout le long du mur. Les débris du bassin étaient interposés entre ces vertèbres et les os des jambes placés du côté du mur tombé, tandis que la tête se trouvait du côté opposé, près du mur resté en place, lorsque toutefois tous ces os n'ont pas été pulvérisés, ce qui a lieu le plus communément.

Les divers objets recueillis avaient subi le même mouvement ; ils se trouvaient tous du côté du mur conservé, alors que près du mur démoli on n'a trouvé que des silex votifs ou éclatés et des fragments de poteries qui, n'étant pas portés par le mort, mais bien placés à ses pieds, n'ont pas moins subi l'impulsion qui lui a été donnée.

Un autre fait vient confirmer cette position des corps. La tête du mur, en s'abattant et en venant heurter contre le mur vis-à-vis, à environ 1 mètre ou 80 centimètres de hauteur, suivant le rayon orné par la hauteur de ce même mur, a fixé les corps en place. Ainsi, sur plusieurs trouvés de cette façon, il en est deux dont 'auteur a pu constater la position d'une manière positive.

Partie des vertèbres cervicales étaient au-dessus du mur renversé, avec la tête et les ossements des bras, tandis que les vertèbres lombaires, les fragments du bassin, ainsi que les os des jambes, étaient au-dessous des matériaux du mur qui, en tombant, les avaient maintenus dans leur position respective. L'une des têtes provenant de l'un de ces deux corps est parfaitement conservée. De plus, parmi les objets, il en est qui furent trouvés également séparés par les débris du mur; et sur les trois morceaux de quartz rose percés recueillis le même jour, il en est deux qui étaient au-dessous du mur, tandis que l'autre se trouvait au-dessus.

Lorsque M. Leguay est arrivé près de la pierre du fond, il a eu la pleine confirmation de cette position verticale des corps. Il y a rencontré quatre fémurs placés debout; deux d'entre eux étaient encore assemblés avec le bassin, qui supportait à son tour la tête. Cette tête avait le front adhérent à la pierre; ce qui, de même que les os, indique qu'il avait été placé faisant face à cette pierre.

Les objets recueillis sont nombreux et fort intéressants au point de vue de la contemporanéité. Ce sont des haches de jadéite et de silex emmanchées ou non dans des cornes de cerf, des silex votifs, des pointes de flèche, des poinçons, fragments de poteries, etc.; deux plaques arrondies qui paraissent provenir, l'une de la tortue terrestre, l'autre d'une défense de sanglier; enfin une vingtaine de rondelles de nacre. En fait de débris d'animaux, furent trouvées la tête d'un gros blaireau, qui a bien pu s'introduire dans le monument à une époque relativement récente, une défense de sanglier et la moitié d'une mâchoire de castor. De plus, une grande quantité d'ossements humains, dont une tête d'homme complète, avec la moitié du maxillaire inférieur.

Ainsi qu'il est facile de le voir par la nomenclature des objets ci-dessus, la faune de ce monument est peu mêlée. Le castor et le sanglier sont avec le blaireau dont l'ancienneté peut être douteuse. Les animaux placés dans la sépulture, le sanglier, le cheval, le cerf et la tortue terrestre ont continué à faire divers outils et ossements. Tous ces animaux existent encore.

La ruine de ce monument a dû suivre de bien près sa construction; mais elle n'a été que successive, et elle ne s'est pas opérée instantanément sur toute sa longueur. Ce qui semble le prouver, c'est la position verticale des corps en certains endroits qui a permis leur division en deux parties, l'une au-dessus, l'autre au-dessous du mur renversé; c'est également la position de quelques-uns des corps tombés avec le mur, et dont les os avaient conservé leur place normale, jambes à droite, tête à gauche, tandis que dans d'autres endroits les corps s'étaient affaissés, tous les os s'étaient réunis en un monceau; cependant, en d'autres endroits, ils étaient épars.

Dans ces dernières circonstances, la terre diffère complétement de celle rencontrée aux premières. Autant ici, où les corps étaient debout, la terre était dense, compacte, comprimée par les pierres, autant là elle a filtré insensiblement, prenant la place des parties molles décomposées.

Cependant ce n'est pas dans cette dernière terre que les os sont le mieux conservés; c'est à l'endroit où elle est le plus comprimée, où les os étant, en un mot, le moins en contact avec l'air extérieur, l'auteur a recueilli les plus beaux échantillons anthropologiques.

Ensuite il faut croire que ceux qui avaient construit le monument n'étaient pas éloignés, et qu'ils avaient eu connaissance de sa destruction, puisqu'ils avaient rapporté les pierres servant à combler le vide formé par l'éboulement, ainsi qu'on le disait tout à l'heure à propos du plafond. Quelques recherches aux environs feront sans doute reconnaître un jour la situation de leur résidence.

Dans un lieu appelé encore le *Cimetière des Anglais*, situé sur la commune de Vauréal, près de Pontoise, existe un monument mégalithique dont on doit la connaissance à M. de Caix de Saint-Aymour (1). Ce monument est situé au sommet d'une colline formant en cet endroit le bassin très-rétréci de l'Oise, qui fait là un coude très-prononcé. Les grosses pierres du cimetière des Anglais, formant un rectangle, dominent la rivière d'environ 80 pieds. Appuyées du côté de l'ouest à un chemin qui contourne la colline et descendant dans sa déclivité vers la rivière, qui est située à l'est, elles présentaient un développement de 14 mètres de longueur environ sur 2^m,30 de largeur moyenne. Elles sortaient de terre d'une

_____

(1) *Bullet. de la Société d'anthropologie*, 2e série, 1867, t. II, p. 664.

hauteur variant entre 2 mètres et 1ᵐ,25; au fond, et appuyé au sentier dont on vient de parler, un grès plus gros que les autres maintenait les terres et servait de point d'appui aux pierres des parois. En somme, c'est une sépulture, et l'auteur pense qu'elle a dû être couverte de pierres plates.

Le terrain sablonneux où se trouve creusé le monument avait sans doute présenté de grandes facilités à ses constructeurs, car ce n'est qu'à un mètre de profondeur, c'est-à-dire près de 2ᵐ,60 du sommet des pierres, que M. de Saint-Aymour arriva au sol primitif sur lequel reposait une couche de 30 à 40 centimètres d'ossements, mélangés à des silex, à des charbons et à des objets divers.

La sépulture de Vauréal se divisait en trois chambres de dimensions diverses et d'inégale conservation. Ces chambres étaient formées par deux murs de pierres sèches d'une largeur de 60 centimètres et de hauteur un peu moindre, maintenant les terres de la chambre supérieure, le sol s'abaissant de l'autre côté, dans le sens de la pente du terrain.

Dans la première chambre, et à 4 mètres de l'entrée, se trouvait un gros bloc de grès de 1ᵐ,35 de long sur 60 centimètres de large. Ce grès, placé debout, perpendiculairement aux pierres de la paroi, paraissait être dans sa position primitive; il partageait la largeur du monument en deux parties inégales : l'une à gauche, en regardant le fond, de 50 centimètres de large, remplie de pierres calcaires; l'autre, à droite, formant sépulture, mais comblée en partie par la chute des pierres de la paroi, et peut-être du toit.

Les pierres de la paroi reposaient presque toutes sur un petit mur d'appui de pierres sèches, la couche d'ossements étant partout inférieure à la base de ces pierres; de plus, les intervalles des grès sont remplis de pierres de moyenne grosseur, arrangées avec art les unes au-dessus des autres. Enfin, il existe du côté du nord un mur de soutenement, ou plutôt un assemblage de pierres destinées probablement à atténuer la pression des terres, et dans ce mur, l'auteur a rencontré un fragment de crâne et une hachette retaillée

Les objets trouvés dans les diverses chambres sont nombreux.

Dans la première, celle d'entrée, M. de Caix a trouvé une hachette de fibrolite percée par le haut; un anneau rond de spath fluor; un polypier de la craie, arrondi de manière à former un anneau; deux pointes de lance de silex; une grande hache polie de silex cornéen; une longue dent de porc; deux canines de cheval percées à une de leurs extrémités; deux fragments de couteaux de silex, etc. Dans la seconde, celle du milieu, mesurant seulement 2^m,80 de large, on a ramassé, outre un grand nombre de silex votifs, comme dans les autres chambres, un grand vase de poterie rouge de 20 centimètres de haut sur 15 de large : cette poterie a la forme d'un manchon ; elle est faite à la main, cuite sur le feu, et plus large à sa partie supérieure qu'à sa partie inférieure ; elle porte à son extrémité supérieure un renflement exécuté au moyen de la pression des doigts. La même chambre a fourni une pointe de flèche ébarbée, brisée à la naissance de la pointe destinée à entrer dans le bois, une sorte de racloir, etc. Enfin, c'est dans la troisième chambre que furent découverts, outre les débris de près de quarante squelettes plus ou moins incomplets, cinq crânes posés sur une même ligne, et sous chacun de ces crânes l'amulette que chaque individu devait porter au cou, c'est-à-dire : un collier de rondelles d'os et d'ardoise, au bout duquel pendent un amulette de jadéite, un anneau de calaïs, un disque de schiste coticule avec petits fossiles, enfin deux dents de cheval percées.

La plus intéressante de ces pièces est certainement le collier, dont l'auteur est parvenu à recueillir presque toutes les rondelles en passant le sable avec un tamis très-fin. Ces rondelles ont dû être tournées, comme on peut s'en convaincre par un minutieux examen. Outre ces amulettes, cette chambre contenait encore : quatre couteaux de silex pyromaque ; une pointe de lance de silex cornéen ; une grande hache de silex blanc.

M. Pruner-bey (1), en nettoyant un des crânes (féminin) de la gangue qui l'entourait, a trouvé un bout supérieur d'omoplate humaine, dans laquelle une incision très-nette avait été faite ; cette incision était remplie par une petite rondelle exactement semblable à celles du collier, et cette rondelle, collée à l'os par une matière gélatineuse, a dû servir à suspendre ce singulier scapulaire au cou de cette dévote primitive.

Par exemple, une sépulture antéhistorique a été découverte aux environs du village de Champceuil, arrondissement de Corbeil (Seine-et-Oise), près du tracé de l'aqueduc de la Vanne, au sommet d'un mamelon de sable de Fontainebleau (2). Des squelettes étaient ensevelis dans le sable, entre un banc de calcaire de Beauce et une

___

(1) M. le docteur Pruner-bey a fait une étude très-complète des crânes de Vauréal (Hébert, *Bullet. de la Soc. d'anthropologie*, 2e série, 1867, t. II, p. 680).

(2) Belgrand, *La Seine, le bassin parisien aux âges antéhistoriques*, t. I, p. 473.

table de grès. Ils étaient assis, les genoux relevés sous le menton. La découverte a été faite par les ouvriers qui exploitent le grès pour en faire des pavés ; on suppose qu'il y avait douze squelettes : un seul a été sauvé par M. Bréguet, qui l'a déterré lui-même, ainsi qu'un vase et un couteau de silex trouvés dans la sépulture. Le squelette est remarquable par sa petitesse ; il appartenait à un homme âgé, atteint de rachitisme.

M. le docteur Eugène Robert a découvert une sépulture antéhistorique à Meudon, en juillet 1845 (1). Il a reconnu que ce monument était une petite allée couverte, très-surbaissée, plutôt qu'un dolmen. Il fut démoli, et ses débris, conservés dans le parc de Meudon jusqu'au moment du siége de Paris (1870), où les *savants* allemands ne trouvèrent rien de mieux à faire que de les précipiter dans les fossés.

Le monument de Meudon renfermait les traces de deux races humaines très-différentes, comme il est aisé de s'en convaincre en examinant les crânes recueillis. Les uns appartiennent bien manifestement au type celtique de M. le docteur Pruner-bey ; les autres à la race mongoloïde de cet anthropologiste. Ces derniers se trouvaient, dit-on, dans la zone la plus profonde et étaient colorés en gris par le manganèse ; les crânes celtiques, au contraire, se trouvaient plus près de la surface du sol, et présentaient la teinte jaunâtre ordinaire des os.

2. — Diluvium rouge.

CARACTÈRES GÉNÉRAUX. — Dans toutes les localités où se trouvent simultanément le diluvium gris et le diluvium rouge, celui-ci recouvre toujours le premier. C'est au point que relativement aux recherches de silex taillés et de fossiles dont l'âge a besoin d'être précisé, M. Hébert pose en principe que la présence du diluvium rouge est le seul caractère certain de l'intégrité du diluvium gris sous-jacent.

Souvent, cependant, le diluvium gris n'a pas ce couronnement, et il n'est pas rare, à l'inverse, que le diluvium rouge repose directement sur une couche d'un âge tout différent. Il en résulte manifestement que ces deux dépôts sont indépendants l'un de l'autre,

(1) Eugène Robert, *Comptes rendus de l'Académie des sciences*, 1855, t. XXI, 15 sept. 1845.

suivant la remarque que Sénarmont fit le premier aux environs de Paris (1).

Un caractère à peu près constant du diluvium rouge est de présenter une surface inférieure extrêmement onduleuse et tourmentée, donnant l'idée d'un ravinement profond que la roche sous-jacente aurait subi au moment de son dépôt. Ce ravinement est d'ailleurs très-certain dans une foule de cas, et nous aurons à y revenir. Mais souvent aussi il est purement apparent. C'est ce qui a lieu spécialement lorsque les deux dépôts de diluvium sont directement superposés l'un à l'autre. L'aspect premier, comme le montre la figure 106, donne l'impression d'un ravinement subi par le dilu-

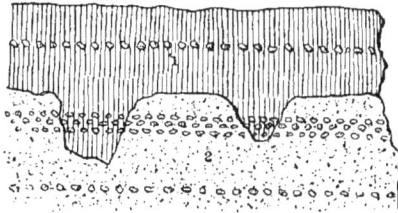

FIG. 106. — Coupe montrant la superposition du diluvium rouge (1) au diluvium gris (2), et la continuité de certains lits de galets au travers de ces deux diluviums.

vium gris, et que l'autre serait venu combler. Mais en y regardant de plus près, on reconnaît que les prolongements vers le bas de la matière colorante du diluvium rouge ont pu se faire sans déplacer les cailloux gris qui le supportent. Souvent en effet les lits horizontaux de ces cailloux se prolongent sans subir la moindre déviation au travers de parties dont les unes sont rouges et les autres grises. Comment expliquer cette disposition, même en admettant que des infiltrations se sont produites entre les deux couches primitivement parallèles ?

Et cette opinion est confirmée par l'examen de la substance à laquelle le diluvium rouge doit sa couleur. C'est une argile très-fine, et par conséquent très-délayable, dans laquelle sont noyés des cailloux en général fort analogues à ceux du diluvium gris.

On remarque pourtant certaines différences entre les deux diluviums, mais il ne faut pas leur attribuer une grande constance.

(1) De Sénarmont, *Description géologique du département de Seine-et-Oise*, 1844.

Les fossiles sont plus rares dans le rouge que dans l'autre. Les silex y sont quelquefois moins roulés, les galets souvent moins gros.

Nous reviendrons tout à l'heure sur ce terrain, en cherchant quelle origine et quel mode de formation on peut lui attribuer.

3. — Le lœss.

CARACTÈRES GÉNÉRAUX. — Le lœss constitue dans nos environs une sorte de limon fin souvent lié par ses allures avec les diluviums qui viennent de nous occuper, et que pour cette raison nous laissons avec eux, mais parfois aussi complétement indépendant. Son nom lui vient de son analogie d'aspect avec le dépôt limoneux de la vallée du Rhin, connu en Alsace depuis très-longtemps sous les noms de *lœss* ou de *lehm*.

Les altitudes qu'il peut atteindre autour de Paris varient beaucoup. A Gentilly, il est à 50 mètres; à Bellevue, à 110. Mais cette dernière cote est tout à fait exceptionnelle.

AGE DU LŒSS. — Son âge, par rapport aux autres dépôts diluviens, n'est guère certain. M. Charles d'Orbigny le regarde comme pouvant recouvrir le diluvium rouge, et par conséquent comme étant plus récent. M. Hébert, au contraire, le place entre le diluvium gris et le diluvium rouge. Nous verrons comment on peut rendre compte de ces divergences d'opinions.

EXISTENCE DE DEUX LŒSS SUPERPOSÉS. — Dans la plupart des localités où il se présente, et suivant la remarque de M. Delanoue (1), le lœss se subdivise en deux niveaux parfaitement tranchés. Le plus inférieur est de couleur d'ocre jaune clair, argilo-sableux et si maigre, qu'on ne peut le faire entrer que pour un tiers ou un cinquième dans la fabrication des briques. On l'appelle *argilette* en Normandie, *terre douce* en Picardie. Il contient toujours une forte proportion de calcaire qui va jusqu'à 0,30, en partie dans sa pâte, en partie sous forme de concrétions tuberculaires ou cylindriques, sur lesquelles nous reviendrons. C'est ce lœss inférieur qui offre la plus grande analogie avec celui des bords du Rhin. Il est presque toujours recouvert par le lœss supérieur, mais il ne s'étend ni aussi loin ni aussi haut, ce qui montre sa parfaite indépendance. Sa stérilité est notoire; en Picardie, il ne rend pas la semence quand il est cultivé seul et sans amendements. Le lœss supérieur est d'un brun ocreux rougeâtre; il

(1) Delanoue, *Bullet. de la Soc. géologique*, 2ᵉ série, 1867, t. XXIV, p. 160.

est plus ferrugineux et d'une nuance plus foncée que celle du lœss inférieur, dont il se distingue souvent par une ligne de démarcation nettement tranchée. Il est bien plus argileux que le précédent, et généralement connu sous le nom d'*argile* et de *terre à briques*, parce qu'il peut être employé seul à cet usage. Le calcaire n'est pas un élément essentiel et caractéristique de sa composition, car les acides n'y produisent pas de sensible effervescence. Son caractère principal et tout particulier, est de recouvrir tous les terrains sans exception et de n'être recouvert par aucun autre. Il s'étend comme un manteau immense sur les plaines et plateaux de la Beauce, de la Brie, de la Normandie, de la Picardie, de l'Artois, des Flandres, de la Belgique et d'une partie des Pays-Bas et de la Prusse rhénane, dont il fait la richesse par sa constante fertilité. Ce manteau de limon est tracé à Paris et dans le Nord par les buttes tertiaires qui formaient au milieu des eaux du lœss supérieur une multitude d'îlots et de véritables archipels (moulins de Sannois, Montmorency, mont Cassel, mont Noir, mont des Chats, etc.). Et, remarquons-le bien, ces îles, ces portions du sol que n'a pu submerger le lœss supérieur, ne se trouvent pas à l'est dans les contrées aujourd'hui hautes, mais à l'ouest, dans celles qui sont maintenant peu élevées au-dessus de la mer, dans les Flandres et aux environs de Paris.

Quoi qu'il en soit, les deux lœss ont une composition massive homogène, non stratifiée ; de plus, et cela est bien extraordinaire, ils sont à peu près dépourvus de fossiles. Ceux-ci consistent presque exclusivement en coquilles encore vivantes dans le pays, qu'il est très-difficile de distinguer de celles qui chaque hiver s'enfouissent volontairement pour se soustraire au froid, et où l'on remarque surtout des *Helix*, des *Cyclostoma*, des *Pupa*, etc.

Le lœss renferme à peu près toujours des sortes de tubulures blanches plus ou moins ramifiées, d'un aspect très-caractéristique et qu'on retrouve cependant dans beaucoup d'autres formations. Elles sont dues à un dépôt cylindroïde de carbonate de chaux que les racines des végétaux vivants déterminent autour d'elles, grâce aux acides qu'elles exsudent par le fait de leur respiration. On sait en effet que les racines émettent des acides capables de dissoudre de la chaux, même quand elle est à l'état de calcaire. C'est ce que montrait d'une manière très-intéressante une plaque de marbre blanc déposée à l'Exposition universelle de 1867. Cette plaque, constituant le fond d'une caisse où des plantes avaient poussé, montrait une surface profondément corrodée sur laquelle chaque racine avait creusé un sillon où l'on eût pu voir son moule. La chaux, entraînée à l'état de sel organique, ne tardait pas à repasser à l'état de calcaire qui imprégnait la terre. C'est une réaction toute pareille qui a lieu dans le lœss, et le traverse en tous sens de ces innombrables tubulures tapissées.

Un autre minéral caractéristique du lœss est la marnolithe tuberculaire qu'on y trouve en abondance et dont l'origine est liée à celle des tubulures blanches. Le calcaire dissous est venu en effet en certains points cimenter la matière limoneuse, et donner naissance aux concrétions auxquelles nous faisons allusion.

Usages du lœss. — Le lœss est susceptible de quelques usages. D'abord au point de vue agricole, on peut remarquer que le lœss constitue une terre végétale parfaite. La fertilité proverbiale de la plaine du Rhin est une preuve de ses éminentes qualités agronomiques, et l'on comprend que dans certaines circonstances le lœss ait été transporté, même à de grandes distances, comme amendement.

Le lœss étant un peu plastique à cause de l'argile qu'il renferme, on l'utilise comme terre à pots. Les pots à fleur en sont habituellement faits. La *terre à poêle* des fumistes est du lœss.

LE LIMON DES PLATEAUX.

Caractères généraux. — Les plateaux de nos environs sont en général recouverts d'une couche mince et continue d'un limon, qui, par son aspect général, rappelle la matière argileuse du diluvium rouge.

Sur le plateau de la Brie il offre des caractères identiques à ceux du limon de Flandre et de Picardie.

Cette argile sableuse forme la couche superficielle du sol en un grand nombre de points. Elle existe sur les versants de la plupart des vallées comme sur les plateaux, et l'on peut dire que c'est à elle qu'est due la fertilité de la plus grande partie du département de Seine-et-Marne, où elle est généralement répandue, surtout entre les deux rivières d'où ce département tire son nom. Elle est notamment très-développée sur le plateau de Tarterel, près de la Ferté-sous-Jouarre, où l'on exploite depuis longtemps les pierres à meules dont la réputation est bien connue et qui s'expédient dans toute l'Europe et même en Amérique. A la partie supérieure de ce plateau, elle atteint jusqu'à 12 mètres de puissance. On est donc obligé de faire des déblais considérables pour découvrir la pierre exploitable.

Les talus de ces hautes tranchées sont entièrement dans un limon argilo-sableux jaune, tout à fait semblable au lœss du nord ; et il ne se trouve que quelques lambeaux des sables marins supérieurs entre cette argile et le massif de meulières, dont l'épaisseur est moyennement de 4 mètres. Dans la Brie, on rencontre le limon partout où l'on prend la peine de le rechercher. De la Ferté-sous-Jouarre à Montmirail, à Coulommiers, à la Ferté-Gaucher et à Provins, de Meaux à Melun et à Brie-Comte-Robert, on peut toujours constater son existence, soit à la surface des plateaux, soit sur les versants sud des vallées, qui sont, la plupart du temps, beaucoup moins inclinés que ceux du nord.

Ce fait, que l'on peut remarquer dans le nord de la France, se reproduisant aussi aux environs de Paris, paraît acquérir, par cela même, une assez grande généralité pour mériter d'être signalé à l'attention des géologues : car il facilite beaucoup la confection des cartes géologiques détaillées. On peut, à l'exemple de M. Meugy, le formuler de la manière suivante : Quand une vallée est dirigée du sud au nord ou de l'est à l'ouest, dans une contrée couverte de limon, c'est sur le versant de l'est ou sur celui du nord, dont le talus est le plus rapide, que se dessinent les affleurements des divers terrains, tandis que le versant de l'ouest ou du sud, qui présente une inclinaison très-faible relativement au précédent, est presque toujours couvert entièrement de limon.

Ce même terrain existe aussi dans Seine-et-Oise, où il est toutefois plus restreint que dans Seine-et-Marne. C'est surtout au-dessus des meulières supérieures qu'il s'étend avec le plus de continuité, et il nous suffira de citer comme exemple les excellentes terres de la plaine de Trappes, dont il constitue le sous-sol. On reconnaît aussi l'argile jaune du limon dans la plupart des vallées, surtout sur les versants sud et ouest, où elle masque le plus souvent les affleurements des terrains inférieurs.

Ce dépôt superficiel, qui a été formé à l'époque quaternaire, lorsque le relief du sol se rapprochait beaucoup de sa configuration actuelle, recouvre les terrains antérieurs sous forme de manteau, de sorte qu'il n'est pas possible, à priori, de prévoir ses gisements comme pour les couches horizontalement stratifiées. Tantôt il se trouve au sommet des plateaux, comme aux environs de Trappes, tantôt sur les flancs des vallées, comme entre Cercanceaux et Nemours. A 3 kilomètres d'Étampes, sur la route de Pithiviers, il se montre à la cote d'environ 140 mètres, recouvrant le calcaire de Beauce, tandis qu'à peu de distance, à la Ville-Sauvage, c'est un terrain sableux et glaiseux qui affleure au niveau de 150 mètres.

Le limon empâte souvent des blocs de meulière, et il en est de même du terrain à cailloux·qui se trouve à la base de ce dépôt. Entre la filature d'Yères et le chemin de fer de Lyon, par exemple, j'ai observé, à 10 mètres à peine au-dessus du niveau des eaux de la rivière, un gros bloc entouré d'une argile jaune, dans laquelle on distinguait de petites coquilles terrestres (*Pupa*, *Heliæ*).

Usages du limon. — Le limon des plateaux est utilisé comme le lœss et plus que lui à la fabrication des briques. Aux portes mêmes de Paris on voit, de toutes parts, les petits établissements des briquetiers exploitant ce dépôt superficiel.

C'est à lui que nous rattachons, en qualité d'appendice, le minerai ferro-manganésifère qui se présente sous forme de poudingue à la surface de divers plateaux, comme celui de Bellevue, où il atteint 170 mètres d'altitude. Dans la Brie on l'observe à 100 mètres, et, d'après M. de Lapparent, c'est encore le même dépôt qui se montre à 30 mètres à la surface du pays de Bray (1). Le limon proprement dit recouvre en général le minerai en question, qu'on n'a pas songé à utiliser, vu son peu d'épaisseur et de pureté.

Age du limon. — Comme on voit, nous rangeons le limon des plateaux parmi les dépôts quaternaires. Telle est aussi l'opinion d'un très-grand nombre de géologues. Pourtant M. Élie de Beaumont le considérait comme pliocène. De fait, il est peut-être antérieur au diluvium gris ; mais sa formation pourrait bien continuer sous nos yeux. C'est un point qui nous occupera. Il ne renferme d'ailleurs pas de débris de mammifères, et ses coquilles appartiennent toutes à des mollusques encore vivants.

LES CAVERNES.

Caractères généraux. —C'est aussi parmi les dépôts quaternaires qu'il faut ranger ceux qui remplissent, dans nos environs, des excavations de formes diverses, auxquelles, par extension, on a donné le nom de *cavernes*. On se tromperait fort si, d'après ce nom, on s'attendait à rencontrer des grottes proprement dites ou des caves naturelles. Les cavernes dont nous allons nous occuper sont, sauf de très-rares exceptions, des fentes de certaines roches actuellement

(1) De Lapparent, *Bullet. de la Soc. géologique*, 2ᵉ série, 1872, t. XXIX, p. 333.

remplies de limon, ou des interstices entre des blocs éboulés. La figure 107 montre, d'une manière générale, comment se présentent les cavernes qu'on peut observer sur les flancs du coteau d'Auvers, auprès de Pontoise, et dont l'étude a occupé successivement M. Charles d'Orbigny et M. Desnoyers. On en retrouve d'identiques dans une foule d'autres localités, comme l'Isle-Adam, Montmorency, etc.

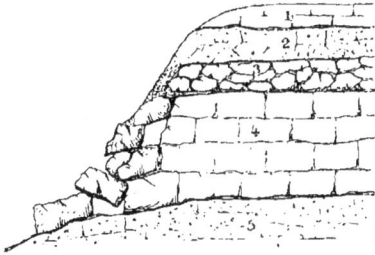

FIG. 107. — Coupe montrant les blocs éboulés sur les flancs du coteau d'Auvers, et les *cavernes* qui en résultent.

5. Sables glauconifères. — 4. Calcaire grossier. — 3. Couches de grès. — 2. Sables de Beau-champ. — 1. Calcaire de Saint-Ouen.

FAUNE DES CAVERNES. — Les fossiles trouvés dans les cavernes sont très-nombreux, et appartiennent surtout à des mammifères dont beaucoup ont cessé de vivre dans la contrée et dont plusieurs même sont d'espèces éteintes. On en doit un examen à M. Pomel.

Le renne (*Cervus Tarandus*), trouvé dans les cavernes de Montmorency, doit être cité tout de suite à cause de la présence du même animal dans les cavernes du midi de la France, où des os sont associés aux vestiges de l'homme quaternaire. Il résulte en effet, de la comparaison de ces gisements, des indications précieuses quant à l'âge des cavernes parisiennes; indications confirmées d'ailleurs par la présence des autres fossiles qu'elles ont fournis. Le renne de Montmorency est représenté par des dents, des fragments de bois et des os divers.

L'ours des cavernes (*Ursus spelæus*, fig. 108) est représenté par des dents et des os divers qu'on a recueillis dans plusieurs sablières de Paris et des environs. Les restes de cette curieuse espèce indiquent des individus de très-forte taille, ce qui permet de les distinguer aisément de ceux des ours actuels. Ils s'en éloignent encore, mais non dans tous les cas, par le grand développement de leurs bosses frontales et par la grande différence de leurs lignes sagittale et nasale. Ils ont aussi le bord inférieur des mandibules plus convexe, surtout au-dessous de la pénultième molaire, tandis que, dans nos ours actuels, sa direction approche davantage de la ligne droite. A ces caractères il faut ajouter que les petites molaires, qui devraient être au nombre de 3 de chaque côté, à chaque mâchoire, étaient caduques de très-bonne heure, et qu'elles disparaissaient, laissant entre les grosses molaires et les canines une *barre* complète.

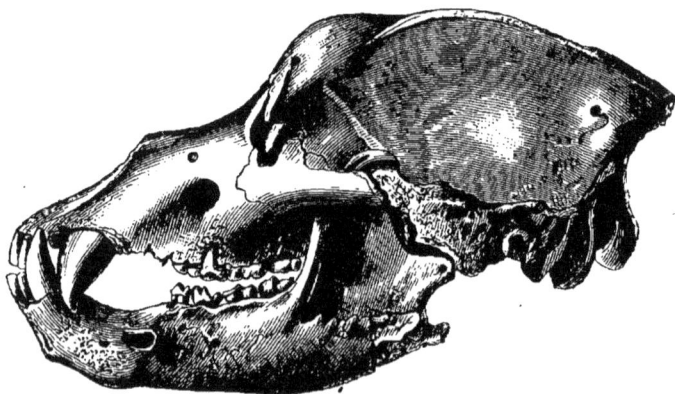

FIG. 108. — Tête de l'*Ursus spelæus*.

Le grand chat des cavernes (*Felis spelæa*) a été recueilli à Auvers, en compagnie de l'hyène (*Hyæna spelæa*).

A Montmorency, on a recueilli le *Spermophilus superciliosus*, le *Lepus diluvianus*, la musaraigne (*Sorex tetragonurus*), des chevaux, des bœufs, l'élan, etc.

LES TOURBIÈRES.

CARACTÈRES GÉNÉRAUX. — Enfin, parmi les formations quaternaires, il faut citer les tourbières, qui font aussi partie du terrain contemporain, mais qui contiennent souvent dans leurs couches inférieures des restes d'animaux éteints. C'est ainsi, pour ne citer qu'un exemple, qu'aux environs d'Arpajon on a extrait d'une tourbière des restes de ce *Bos primigenius* que nous a déjà fourni le diluvium proprement dit. Dans certaines localités, des tourbières sont extrêmement riches en fossiles. En Irlande, on en a extrait par exemple le grand *Megaceros hibernicus*, cerf éteint dont les bois avaient 3 mètres d'envergure. En Danemark, les tourbières ont fourni les faits les plus importants à l'égard de l'homme quaternaire, etc.

Aux environs de Paris, les tourbières couvrent des surfaces considérables et donnent lieu à de vastes exploitations, la tourbe constituant un combustible souvent employé. On peut en voir de très-belles dans les vallées d'Essonne et de moins grandes à chaque instant sur les rives de la Seine, de l'Oise, de l'Aisne, de la Marne, etc.

MODE DE FORMATION. — L'origine des tourbières est entièrement intéressante.

L'eau est l'agent essentiel du tourbage; mais pour que ce phéno- mène prenne naissance, il faut un concours de circonstances que d'Archiac a cherché à préciser. Suivant ce géologue, pour que la tourbe se forme par suite de la décomposition des matières végé- tales, il faut que les eaux ne soient pas complétement stagnantes, qu'elles ne charrient pas une grande quantité de limon, qu'elles soient peu sujettes à de grandes crues. Il faut en outre qu'elles soient très-peu profondes, que leur mouvement soit très-peu rapide, et qu'elles roulent sur un fond argileux ou peu perméable, et non sur des dépôts de transport diluvien, de sable, de gravier ou de cailloux roulés. Les vallées essentiellement tourbeuses, telles que celles de l'Authie, de la Somme, de l'Ailette, de l'Ourcq, de l'Es- sonne, des petits affluents de la rive droite de l'Oise, dans le dépar- tement de ce nom, de la Brèche, du Thérain et de l'Epte, etc., sont plus ou moins argileuses dans toute leur étendue; tandis que les vallées proprement dites de l'Oise, de l'Aisne, de la Marne, de la Seine, dont les eaux coulent sur un diluvium vaseux et un lit de cailloux roulés plus ou moins épais et plus ou moins étendu sur leurs bords, ne présentent nulle part de véritable tourbe continue sur des surfaces d'une certaine importance.

Parmi les végétaux dont les débris concourent à la formation de la tourbe, ce sont les mousses du genre sphaigne (*Sphagnum*) qui prennent le rôle le plus considérable. Ces plantes aquatiques sont vivaces; la seule condition nécessaire à leur existence paraît être une certaine quantité d'humidité absorbée par la couronne ou la tige du végétal. Ce qui leur permet de coopérer si activement à la formation de la tourbe, c'est que, comme les autres mousses, elles sont acrogènes; en d'autres termes, elles croissent exclusivement par leur sommet, et à mesure que la partie supérieure de la tige s'allonge, la partie inférieure meurt. Dans une masse de sphaignes, il y a donc deux couches superposées : l'une, supérieure, en voie de végétation ; l'autre, sous-jacente, déjà soumise à l'action du tourbage.

Celle-ci tend sans cesse à augmenter d'épaisseur par l'addition de
la couche superficielle destinée à être à son tour recouverte par un
nouveau lit de sphaignes. Dans la figure 109 nous l'avons même
subdivisée en deux niveaux, correspondant, le supérieur à la tourbe
nouvelle, et l'autre à la tourbe déjà devenue compacte par suite de
la compression qu'elle éprouve de la part de la masse superposée.

FIG. 109. — Coupe d'une tourbière.
3. Sphagnum en pleine végétation. — 2. Tourbe mousseuse. — 1. Tourbe compacte.

La croissance des sphaignes est très-rapide ; et comme ces plantes
se ramifient beaucoup, elles finissent, en se pressant les unes contre
les autres, par former un feutrage épais qui recouvre le sol ou constitue au-dessus des eaux marécageuses une espèce de plancher
flottant ; sur ce plancher d'autres plantes, puis des végétaux ar-
borescents, finissent par se développer. Quant à la rapidité du
développement des sphaignes et à la faculté qu'elles ont d'envahir
de vastes espaces en très-peu de temps, il suffira, pour les mettre en
évidence, de dire que, d'après M. Lesquereux, une seule capsule de
Sphagnum peut contenir jusqu'à 2 690 000 spores ou graines.

CHAPITRE II

MODE DE FORMATION DES GRAVIERS ET LIMONS QUATERNAIRES.

1. — THÉORIES PROPOSÉES.

Après l'énumération que nous venons de faire des formations
quaternaires des environs de Paris, il faut chercher à en expliquer
l'origine et le mode de formation.

Un fait qui ressort de l'étude précédente et qu'il est important de signaler pour le but que nous nous proposons, c'est que la formation des diluviums de tout genre est liée de la manière la plus étroite et la plus évidente au creusement des vallées. Le même mécanisme doit simultanément rendre compte des deux ordres de faits, et c'est une raison pour que nos efforts d'explication, quel qu'en soit d'ailleurs le succès, présentent d'autant plus d'intérêt.

Les géologues sont assez généralement d'accord pour faire du diluvium le résultat de phénomènes violents et peu prolongés. Or, les phénomènes violents ont joué en géologie un rôle dont l'importance va maintenant en diminuant tous les jours. Aux anciennes révolutions du globe dont Cuvier a donné un si saisissant spectacle. les progrès de la science tendent de plus en plus à substituer l'idée de phases ménagées constituant une évolution progressive. Et la formation elle-même des chaînes de montagnes apparaît, dans beaucoup de cas au moins, comme un phénomène lent dont la manifestation a pu être parfaitement compatible avec la continuation de la vie dans les régions mêmes où il avait lieu.

A ce point de vue, le renouvellement des faunes devient le résultat de changements lents et ménagés, au lieu d'être, comme on l'a cru pendant si longtemps, la conséquence nécessaire de destructions totales et à chaque instant recommencées de tous les êtres vivants.

Contre toute attente, le diluvium est devenu le dernier refuge de cette géologie brutale. Ceci mérite de nous arrêter.

Dans l'opinion d'un très-grand nombre de géologues, le creusement des vallées est l'effet d'un immense rabotage infligé aux formations antédiluviennes par de gigantesques courants d'eau. Nos collines sont comme des témoins demeurés après ce travail digne des Titans. Le mont Valérien se prête tout spécialement à cette interprétation.

Les arguments en faveur de cette hypothèse ne manquent pas. L'un d'eux est tiré de la disposition des terrasses de graviers qui longent nos vallées et dont la figure 110 donne le profil général. On peut en effet, et l'on doit y voir l'accumulation des produits de la grande démolition à la suite de laquelle nos collines se trouvent isolées les unes des autres. Mais si ce fait est incontestable, le point où l'on peut discuter est de savoir si la démolition a été rapide ou lente; si les terrasses sont le produit d'un phénomène violent, ou au contraire d'une action analogue à celle que nous observons encore aujourd'hui.

Remarquons tout de suite que, dans tous les cas, les diverses terrasses d'une même vallée sont nécessairement d'âges différents, et que la plus élevée est nécessairement la plus ancienne.

En effet, pour que les deux terrasses supérieures de notre vallée (2 et 2) aient pu se former, il fallait évidemment ou que la vallée ne fût point encore creusée autant qu'elle l'est actuellement, ou qu'elle eût été remplie à l'origine du diluvium dont les terrasses en question ne seraient qu'un reste. Dans les deux cas, comme on voit, les deux terrasses inférieures 2' et 2' correspondent à une phase diluvienne postérieure à celle qui a produit 2 et 2.

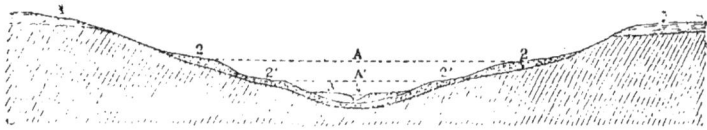

FIG. 110. — Disposition générale des terrasses de gravier le long des rivières.

1. Limon des plateaux. — 2. Première terrasse. — 2'. Seconde terrasse. — 3. Alluvions actuelles. — 4. Lit de la rivière. — A et A'. Niveaux successifs du fond de la vallée dans les époques correspondantes à la formation des terrasses.

Toutefois cette conséquence peut conduire dans certains cas à un résultat paraissant incompatible avec ceux que nous avons constatés précédemment, et qui a amené M. Belgrand (1) à établir entre les deux diluviums, rouge et gris, une chronologie précisément inverse de celle que nous avons admise.

Voici comment. Auprès de Paris, il n'est pas rare de rencontrer le diluvium rouge comme constituant seul les terrains élevés de la vallée de la Seine. C'est ce qui se présente à la butte aux Cailles par exemple. Au contraire, le diluvium gris forme à la gare d'Ivry (rue du Chevaleret), entre autres, la terrasse inférieure. Il en résulte donc que le diluvium gris est plus récent que l'autre ; c'est-à-dire la conclusion inverse de celle qu'on obtient par l'étude des carrières où les deux diluviums se montrent simultanément.

Nous verrons néanmoins que cette divergence peut, avec beaucoup d'apparence d'exactitude, être attribuée à une confusion entre deux ordres de phénomènes parfaitement distincts.

Étant donc posé que la formation du diluvium doit rendre compte

(1) Belgrand. *Bullet. de la Soc. géologique*, 2ᵉ série, 1864, t. XXI, p. 178.

du creusement des vallées, voyons quelles sont les diverses hypothèses proposées jusqu'à ce jour. Elles sont au nombre de trois :

      1° La théorie fluviale ;
      2° La théorie glaciaire ;
      3° La théorie marine.

Examinons-les successivement.

1° *Théorie fluviale.* — M. Belgrand, qui a fait une spécialité de
l'étude approfondie des terrains quaternaires parisiens, est le défenseur le plus ardent de cette théorie.

Suivant lui, la vallée actuelle était à l'époque diluvienne le lit d'un
fleuve gigantesque coulant dans le même sens que le fleuve actuel,
qui ne serait qu'un faible résidu de la rivière quaternaire. Les eaux,
très-limoneuses, étaient trop rapides d'abord pour déposer les troubles
qu'elles charriaient. Leur vitesse leur permettait de creuser progressivement le fond de la vallée ; mais à mesure que la dépression
augmentait, le niveau baissait nécessairement sur les plateaux, et
le fleuve subissait un ralentissement proportionné.

C'est alors que le limon des plateaux se serait déposé.

Les parcelles grossières allaient s'accumuler sur les flancs des
coteaux disposés de façon à se trouver préservés du choc direct de
l'eau, et y constituaient le dépôt que M. Belgrand a cru devoir distinguer sous le nom de *diluvium des coteaux* (1).

Enfin, les sables et galets voyageaient au fond du lit, et se déposaient en longues bandes sur les terrasses, par un mécanisme que
l'on met en usage dans nos égouts pour y faire circuler des sables
et des cailloux.

A leur suite s'étendaient les limons : le rouge sur les terrasses
élevées, et le lœss sur le diluvium gris.

Parmi les diverses objections qu'on peut faire à cette théorie, et
qui nous engagent pour notre part à ne pas l'adopter sans réserve,
est la difficulté d'assigner des sources et des moyens d'alimentation
aux fleuves énormes qu'elle suppose, et dont ne rend certainement pas compte le régime climatologique dont M. Belgrand dote
sa période diluvienne.

2° *Théorie glaciaire.* — La théorie glaciaire est défendue par beaucoup de géologues, en tête desquels il faut citer M. Charles Lyell.
D'après elle, le diluvium aurait été charrié par des glaces. Les gros

---

(1) Belgrand, *Bullet. de la Soc. géologique*, 2° série, 1868, t. XXV, p. 499.

échantillons de granite et d'autres roches que nous y avons signalés précédemment seraient des blocs erratiques. Le lœss serait de la boue glaciaire.

A l'appui de cette théorie, divers observateurs ont annoncé avoir trouvé dans la vallée de la Seine des galets présentant des stries analogues à celles que produisent les glaces.

M. Julien (1) signale dans divers points de la vallée des couches remaniées où il pense reconnaître une moraine profonde. Sur le plateau qui sépare l'Essonne de l'École, il n'y a pas trace, suivant ce géologue, de la formation de la Beauce en place ; mais le banc de grès de Fontainebleau qui forme la surface du coteau est recouvert par un limon, plus ou moins remanié, de couleur et d'épaisseur variées et pétri dans toute sa masse d'une quantité innombrable de cailloux anguleux et, suivant l'auteur, *striés*, provenant des couches de la Beauce. « L'aspect de ces cailloux, dit M. Julien, est remarquable. Leur forme polyédrique, les traces de frottement, leurs stries nombreuses, les font ressembler, à s'y méprendre, aux cailloux d'une moraine profonde. Un fait est à noter, c'est l'absence de granite, soit à l'état de blocs isolés, soit mêlé par décomposition à la terre végétale. Cette formation, évidemment plus ancienne que le creusement des vallées latérales de la Seine, ne nous a offert aucune trace de remaniement attribuable aux eaux venant du Morvan. »

D'un autre côté, et comme pour compléter les indications fournies par les galets striés, on a annoncé l'existence aux environs de Paris de roches polies et cannelées, comme le sont celles qui servent de support aux glaciers. Nous citerons surtout à cet égard les mémoires de M. Belgrand (2), Tardy (3) et Collomb (4). C'est à ce dernier que nous empruntons les détails suivants.

Le sommet de la colline de la Padole (Seine-et-Marne) est sensiblement horizontal. La surface, qui est un grès (de l'âge des sables supérieurs) exploité pour le pavage, est sillonnée de nombreuses stries, sensiblement parallèles et rectilignes ; elles sont parfois très-rapprochées, d'autres fois à la distance de quelques centimètres les

(1) Julien, *Bullet. de la Soc. géologique*, 2ᵉ série, 1870, t. XXVII, p. 559.

(2) *Note sur la présence de stries à la surface d'un sable de grès de Fontainebleau dans la localité dite* la Padole (*Bull. de la Soc. géologique*, 2ᵉ série, 1870, t. XXVII, p. 649.

(3) Tardy, *Sur les grès striés de la Ferté-Aleps* (même vol. p. 646).

(4) Collomb, *Note sur des stries observées sur les grès de Fontainebleau à la Padole et à Champceuil* (Seine-et-Marne) (même vol., p. 557).

unes des autres; leur longueur varie de 50 à 60 centimètres.
Sur certains points, elles se croisent légèrement sous un angle
très-aigu; elles suivent les ondulations de la surface, exactement
comme les stries qu'on observe sur les roches qui ont été frottées
par les glaciers. Lorsque le grès est couvert par le calcaire lacustre
de la Beauce, les stries cessent de se montrer.

Elles n'ont, sans aucun doute, pas la même netteté; elles ne sont
pas aussi bien dessinées et burinées que celles qui existent sur des
roches à pâte fine et dure, comme les calcaires alpins ou les schistes
argileux des Vosges, où les stries glaciaires sont tracées en coup de
burin. Les grès de Fontainebleau n'ont pas un grain très-fin; les
stries y sont un peu grossières; elles sont en rapport avec la nature
de la pâte de la roche.

Leur direction, dans le sens du sud-ouest au nord-est, est
presque perpendiculaire à la direction des grandes dénudations quaternaires du bassin de la Seine, dénudations et érosions qui se sont
prolongées jusqu'au littoral de la Manche en passant par le pays de
Bray. Quelques échantillons de 40 à 50 centimètres de côté, que les
ouvriers, armés de fortes masses, ont réussi à détacher, ont été conservés; les stries parallèles y sont très-clairement prononcées, mais
le phénomène est encore plus frappant sur place que sur des échantillons.

A 3 kilomètres au nord de la Padole, près du village de
Champceuil, il y a une autre butte de grès de Fontainebleau faisant
suite au même massif. Sur le sommet très-aplati, on remarque un
régime de stries en tout pareilles aux précédentes. Le grès y forme
un petit plateau dénudé, presque horizontal, ondulé comme le
précédent. Sur un point du côté sud, les sables de grès s'infléchissent brusquement; on y remarque un couloir rétréci par le bas, une
espèce de *karrenfelder* à forte pente : les stries y sont fortement
accentuées; elles remontent le long des parois, comme on en voit
au pied du pavillon Dollfus, au glacier de l'Aar.

La direction des stries sur le plateau de cette seconde butte est
pareille à la première; elles courent dans le sens moyen du nord-est.

De pareilles stries paraissent exister sur plusieurs autres buttes
de grès de Fontainebleau.

Les géologues qui ont observé des roches striées dans les Alpes
ne verront aucune différence sensible avec celles dont il s'agit ici.
Dans l'opinion si autorisée de M. Collomb, il n'y a que les glaciers
qui puissent produire ce résultat.

Mais si des glaciers ont existé dans cette partie de la France, on peut se demander : Où sont leurs moraines ? Voici la réponse : Sur un glacier pareil, il ne pouvait y avoir ni moraines superficielles, ni moraines frontales ; en vertu de son mouvement de progression, il ne pouvait entraîner avec lui que des moraines profondes. Les moraines médianes et latérales n'existent que sur les glaciers qui sont dominés par des pics supérieurs ; ces sortes de dépôts ne se forment que par les éboulements et par le frottement énergique du glacier sur les parois qui l'encaissent. Ici la configuration topographique s'oppose à cette action ; le glacier n'était encaissé nulle part. Si l'on prolonge la ligne de direction des stries vers le sud-ouest, qui paraît être leur point de départ, cette ligne passe par Orléans, Poitiers, etc., nulle part elle ne rencontre de hautes montagnes ; il n'y a donc pas lieu de s'étonner si l'on ne rencontre pas de moraines : en tenant compte du relief du sol, elles ne pouvaient exister que dans des cas tout à fait exceptionnels.

Si les moraines superficielles n'existaient pas, les moraines profondes ont pu néanmoins déplacer et transporter une masse considérable de matériaux, sans leur donner cette forme définitive de digue ou de barrage qu'on désigne ordinairement sous le nom de moraines, matériaux qui ont pu passer à l'état de diluvium.

D'un autre côté, nous venons de voir que la direction des stries n'est pas en rapport avec le phénomène qui a façonné le relief actuel du pays ; les rivières, les vallées, les dénudations du plateau de la Brie sont, en moyenne, orientées vers le nord-ouest, et les stries vont au nord-est, dans une direction presque perpendiculaire : d'où l'on pouvait conclure que les vallées n'existaient pas encore lorsque ces stries se sont produites, parce que les glaciers, quel que soit leur volume, se moulent toujours sur le relief du sol ; ils cheminent comme les rivières, en suivant le thalweg existant. Si les vallées de la Seine, de l'Essonne, etc., eussent existé à cette époque, les glaciers auraient naturellement pris la direction nord-ouest. Le relief était donc différent de ce qu'il est aujourd'hui ; ce qui ferait remonter leur date jusqu'au commencement de l'époque quaternaire ou peut-être à la fin du pliocène.

Toutefois ces divers faits favorables à l'origine glaciaire du diluvium sont bien loin d'être démontrés.

Les stries et les cannelures signalées sur les roches peuvent, au moins dans beaucoup de cas, résulter d'une sorte de dissection due à l'action des agents atmosphériques.

M. G. de Mortillet, qui a recueilli au Pecq, près de Saint-Germain, des silex admirablement striés, n'admet pas pour cela que des glaciers les aient apportés au point où on les ramasse aujourd'hui. « Les glaciers, dit-il (1), en glissant sur le sol, produisent, par leur poids, une trituration et un amalgame de tous les matériaux sous-jacents. C'est ce qu'on désigne sous le nom de *boue glaciaire*. Cette boue est caractérisée par un mélange d'éléments de toute grosseur qui se trouvent associés sans aucune trace de stratification, sans aucun ordre. Or, dans le diluvium ou terrain quaternaire de Paris, il n'y a pas la moindre trace de cette boue glaciaire. Les éléments, au contraire, sont bien lavés et groupés suivant leur grosseur et leur poids. Le sable est séparé du gravier, et le gravier des cailloux. Il y a toujours une stratification bien nette, bien marquée. Les cailloux striés se trouvent évidemment là dans un dépôt de formation fluviatile. Les glaciers, pesant lourdement sur le sol et triturant les éléments sous-jacents, détruisent surtout les débris fossiles en phosphate et en carbonate de chaux ; aussi ne trouve-t-on pas de débris fossiles dans les formations glaciaires proprement dites, les formations dues à de véritables glaciers. Il en est tout autrement dans les dépôts quaternaires du bassin parisien. Ils contiennent en grande abondance des coquilles remaniées provenant des diverses assises tertiaires, et très-fréquemment aussi des ossements d'animaux de l'époque même du dépôt. Les *Elephas primigenius* sont communs, et parmi leurs débris ceux de jeunes individus se trouvent proportionnellement très-nombreux ; ce qui est très-naturel dans les dépôts d'un grand cours d'eau où les jeunes se noient plus facilement que les vieux, et ce qui est inexplicable avec un glacier. A l'époque quaternaire, il y avait donc, dans la vallée de la Seine, un grand cours d'eau et non un glacier. Quant aux stries, elles ont dû se former par l'effet des glaces flottantes. »

Nous verrons que M. Belgrand arrive à une conclusion analogue relativement à l'origine des dépôts diluviens de la Seine.

D'un autre côté, les gros galets du diluvium n'ont, en aucune façon, l'apparence de blocs glaciaires. Comme le fait remarquer M. Hébert, ils sont roulés comme des boulets, et l'on peut s'en assurer, par exemple, tout le long de la vallée de la Seine, spécialement entre Montereau et Auxerre.

---

(1) G. de Mortillet, *Bullet. de la Soc. géologique*, 2e série, 1870, t. XXVII, p. 697.

3° *Théorie marine.* — M. Hébert, qui a très-savamment insisté sur les difficultés que présentent les deux théories précédentes, croit en venir à bout en admettant que le diluvium est dû à l'intervention de la mer. C'est un moyen, comme on voit, de trouver l'immense quantité d'eau dont il est bien difficile de pourvoir les fleuves quaternaires. La mer, soumise à de violentes oscillations, aurait recouvert tout le nord de la France, puis se serait écoulée vers son bassin primitif en abandonnant sur sa route les produits de l'immense démolition réalisée en un moment.

Mais cette théorie offre elle-même de sérieuses difficultés, en outre même de celle qui consiste dans l'absence de fossiles marins, et que M. Hébert a plutôt écartée par avance qu'il n'y a répondu. Par exemple, elle paraît incompatible avec la présence si bien constatée de certaines couches parfaitement délayables en des points où, évidemment, l'inondation marine les eût emportées. C'est ainsi que les marnes à huîtres, en couche très-mince et parfaitement continue, recouvrent les meulières de Brie. De même, à Joinville-le-Pont, la couche de sable fin renfermant les coquilles lacustres, dont nous avons donné la liste précédemment, est recouverte d'une couche de diluvium à grains granitiques. Le cataclysme à la suite duquel ces grains sont arrivés, aurait entraîné certainement le sable sous-jacent sur tout le plateau situé entre Villejuif et Longjumeau. D'autres faits analogues pourraient être cités en très-grand nombre ; d'où l'on peut conclure, croyons-nous, en toute assurance, que la théorie marine ne donne, pas plus que les précédentes, la solution complète du problème.

2. — DISTINCTIONS A ÉTABLIR DANS LE SUJET.

Peut-être tous les faits que l'étude du diluvium a conduit à constater peuvent-ils s'expliquer beaucoup plus simplement qu'on a, en général, cherché à le faire, par l'application aux temps passés des causes actuellement actives.

Cette application, qui pourrait surprendre au premier aspect, est d'ailleurs légitimée, remarquons-le bien, par la liaison intime des alluvions quaternaires avec les alluvions modernes, qui en sont manifestement la suite.

Mais, pour que l'explication à laquelle nous allons nous arrêter soit claire, il convient de remarquer, conformément à ce que nous avons dit déjà, que la complexité extrême du diluvium ne peut se satisfaire d'une cause unique.

Nous avons en vue le diluvium proprement dit, ou diluvium gris, et par conséquent il faut, avant tout, éliminer le lœss et le diluvium rouge. L'origine de chacun d'eux conduit d'ailleurs à des considérations intéressantes.

ORIGINE DU LOESS. — Les limons fins, dont le type le plus pur est le lœss, continuent à se former sous nos yeux, comme en témoigne la présence de coquilles vivantes dans ses couches les plus supérieures et sa présence sur les formations de tout âge qui sont à la surface du sol. Sans vouloir déterminer dans tous ses détails son mode de formation, nous ferons remarquer qu'il doit se former, non-seulement aux dépens des courants d'eau qui peuvent lui fournir leurs troubles, mais aussi aux dépens des courants aériens ou atmosphériques qui, très-certainement, déposent en abondance un sédiment minéral.

On n'a pas insisté assez jusqu'ici sur le rôle de l'air comme véhicule des sédiments géologiques. Cependant notre atmosphère charrie sans cesse des poussières qui vont nécessairement s'accumuler sur les points relativement calmes. Pour se rendre compte de l'importance que des formations de ce genre peuvent acquérir, il convient d'aller les étudier dans des contrées où, par suite d'actions spéciales, elles se développent sur une échelle exceptionnelle. Le Mexique est dans ce cas, comme l'a reconnu M. Virlet d'Aoust (1).

On y observe en effet un terrain qui consiste en une masse argileuse et quelquefois argilo-marneuse, généralement jaunâtre, qui, non-seulement enveloppe complètement certaines montagnes isolées et plus particulièrement quelques volcans, mais encore constitue les flancs et la base de plusieurs chaînes de montagnes, telles que celles du Popocatepetl et du Cetlatepetl ou d'Orizaba. Ce terrain s'observe sur les flancs de ce géant des montagnes mexicaines jusqu'à la limite de la végétation arborescente, qui s'élève elle-même dans cette région jusqu'à la hauteur de 3800 mètres au-dessus du niveau de la mer; il y atteint souvent, surtout vers les bases, 60, 80 et jusqu'à 100 mètres de puissance.

Ce dépôt d'une composition assez homogène renferme cependant tous les blocs et fragments détachés et roulés des montagnes qu'il recouvre; en sorte que, sur certains points, il semble ne constituer que le ciment d'un conglomérat formé de débris de roches sous-jacentes; et comme il est en partie de formation très-moderne, puisqu'il continue à se former de nos jours, il présente généralement peu

_____

(1) Virlet d'Aoust, *Bullet. de la Soc. géologique*, 2ᵉ série, t. XV, p. 129.

de consistance. C'est, en un mot, un terrain assez meuble; aussi quand les pluies torrentielles de cette région tropicale viennent à le renverser, elles y forment en très-peu de temps des *barrancas*, sorte de coupures extrêmement profondes où les grands arbres de la surface, à mesure qu'ils sont entraînés par les éboulements, vont s'engloutir avec les terres qui les accompagnent, et que le torrent reporte bientôt ensuite sous forme d'alluvions dans la plaine.

M. Virlet d'Aoust avait d'abord pensé tout naturellement que ce terrain était, comme celui de la plaine, formé par les alluvions fluviales résultant de la désagrégation séculaire des roches qui constituent les montagnes qu'elles recouvrent. Mais bientôt ce géologue s'aperçut que ce mode de formation ne pourrait rendre compte de l'espèce de calotte qui enveloppe entièrement les sommets isolés de la plaine. Quant à supposer qu'il aurait pu être soulevé en même temps que les chaînes elles-mêmes, cela n'est pas davantage admissible, puisqu'on y trouve parfois des débris de poteries et de bois carbonisés qui annoncent une origine, en partie au moins, postérieure à l'existence de l'homme.

Enfin, en examinant la configuration de cette région du Mexique, on reconnaît qu'aucune des montagnes qui l'entourent, si l'on en excepte le *Nevada de Toluca*, autre volcan présentant à peu près la même série de faits géologiques, n'atteint la hauteur de la limite de la végétation arborescente, qui est en même temps celle du terrain qui nous occupe; en sorte qu'il n'est pas admissible qu'il puisse jamais avoir été formé aux dépens de leurs débris.

D'où proviennent donc les éléments qui les composent? « Telle est, dit M. Virlet d'Aoust, la question que je m'étais posée bien des fois, lorsqu'en réfléchissant à l'un des phénomènes météoriques les plus curieux, que je crois particulier au grand plateau mexicain, au *Mesa d'Anahuac*, du moins je n'ai eu l'occasion de l'observer que là, j'ai cru en trouver l'explication toute naturelle. Ce phénomène qui m'avait vivement frappé lors de mon arrivée au Mexique est celui des trombes de poussière, désignées sous le nom de *remolinas de polvo*, ou tourbillons de poussière, que l'on voit très-fréquemment se former à la fois sur un très-grand nombre de points des plaines. Ces trombes enlèvent la poussière qui les recouvre, laquelle tourbillonne et s'élève en spirale, avec une grande rapidité, sous forme de colonnes très-minces jusqu'à des hauteurs considérables que je n'estime pas à moins de 500 à 600 mètres en moyenne ; bientôt ces trombes se résolvent d'un côté, pendant qu'il en survient d'autres sur d'autres points : mais la poussière ainsi enlevée au sol reste en partie en suspension dans l'atmosphère, et quelquefois en assez grande abondance pour que celle-ci en soit un peu obscurcie et prenne une teinte jaunâtre. »

Si l'on ajoute à ces faits que, dans les régions très-montagneuses, surtout quand les montagnes présentent des crêtes chargées de glaces et de neiges perpétuelles, comme celles de la partie du Mexique qui nous occupe, il existe, comme sur les rivages de la mer, des courants d'air intermittents qui se chargent de transporter dans un sens ou dans un autre, et jusque dans les régions les plus hautes, la poussière enlevée à la plaine, on concevra facilement que partout où cette poussière rencontrera une végétation et surtout une végétation arborescente, elle devra être arrêtée et fixée au sol ; tandis que celle qui se dépose sur les pentes dénudées, où rien ne peut la retenir, est bientôt rendue aux vallées, où elle est de nouveau entraînée par les eaux pluviales. On concevra donc facilement aussi, d'après ces faits, qu'un transport aérien semblable et souvent répété doit arriver à constituer encore assez rapidement un sol ou accroître beaucoup celui qui existait déjà, quand il reçoit le concours d'une forte végétation.

Remarquons d'ailleurs que si au Mexique le phénomène des trombes continue à rendre la formation des terrains aériens plus rapide, ailleurs l'action de certains vents régnants ne doit pas moins concourir à la formation de dépôts analogues, et il est très-probable que beaucoup de ces dépôts considérés jusqu'ici comme le résultat des seules eaux pluviales, seront rangés parmi les formations aériennes, ou tout au moins devront être considérés comme ayant une origine mixte, c'est-à-dire comme dus au concours simultané d'alluvions pluviales et aériennes.

Nous sommes très-disposé, pour notre part, à ranger le lœss parmi les formations dont il s'agit.

ORIGINE DU DILUVIUM ROUGE. — Le diluvium rouge a bien manifestement une origine toute différente de celle du diluvium gris. Déjà nous avons insisté sur l'état corrodé de la surface des roches qui le supportent. Les puits naturels qu'il remplit ont été comparés maintes fois aux marmites de géants. Mais nous croyons que cette assimilation est tout à fait inexacte. On voudra bien se reporter à la description que nous avons donnée plus haut (page 287) de ces marmites, et nous avons dit que de pareils accidents se sont très-certainement produits à diverses époques géologiques ; et dans plusieurs circonstances on peut observer des excavations analogues auxquelles peut s'appliquer la dénomination de *fossiles*. Comme exemple nous mentionnerons les magnifiques orgues que présentait, il y a bien peu d'années encore, la surface du gypse d'Argenteuil. Les puits, rapprochés les uns des autres, avaient été vidés avec soin, et l'on pouvait constater la régularité de leurs formes et la verticalité de leur axe. Souvent on retrouvait au fond les galets dont l'action corrodante avait déterminé les marmites. Il est à regretter que les progrès de l'exploitation aient maintenant fait disparaître cette couche si intéressante.

Il est évident que certaines roches supportant le diluvium peuvent offrir de véritables marmites. Mais, et c'est là le point sur lequel il faut insister, les puits naturels que remplit le diluvium rouge dans d'innombrables localités n'offrent avec les marmites aucune analogie (fig. 111).

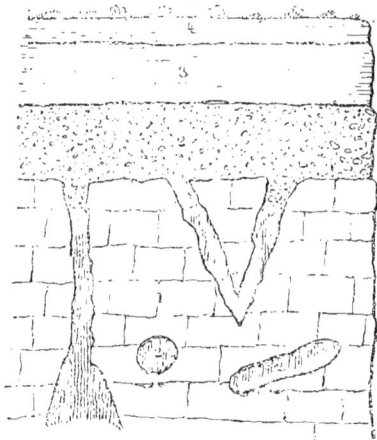

Fig. 111. — Puits naturels remplis d'argile rouge quaternaire au travers
des couches de calcaire grossier à Ivry.

4. Terre végétale. — 3. Lœss. — 2. Diluvium rouge en nappe et remplissant les puits. — 1. Calcaire grossier.

Remarquons d'abord que ce ne sont plus des cavités cylindriques verticales plus larges en haut qu'en bas, et contenant à la base les cailloux arrondis qui les ont creusées. Ce sont des conduits dont la profondeur n'est pas connue (1), en général très-sinueux, ayant

(1) A Cœuvres, par exemple, M. Watelet a cherché sans succès le fond d'un pareil puits (*Bullet. de la Soc. géologique*, 2ᵉ série, t. XXIII, p. 379). — Nous

des étranglements et des renflements, et qui par conséquent ne peuvent résulter d'une corrosion mécanique. D'ailleurs il est des cas où ils n'arrivent pas à la surface du sol et se perdent néanmoins dans la profondeur.

La craie blanche à silex des environs de Norwich, dit M. Lyell (1), est couverte de sable ferrugineux et de gravier avec un peu d'argile rouge, d'une épaisseur variable. La craie offre des sillons profonds, des crêtes étroites, des trous et des protubérances plus larges au sommet qu'à la base. A Eaton, deux lieues à l'ouest de Norwich, il y a des trous cylindriques remplis de matières meubles qui proviennent évidemment du dépôt placé au-dessus. Ces trous ressemblent d'ailleurs à ceux de beaucoup d'autres districts de l'Angleterre, où la craie est aussi recouverte de sable et de gravier. Les trous d'Eaton sont symétriques et en forme de cônes renversés. La largeur de leur orifice varie de quelques centimètres à plusieurs mètres; à la partie inférieure, ils se terminent en pointe et presque tous sont verticaux.

Ces cavités renferment du sable et des cailloux roulés, des silex de la craie non roulés et une fine argile sableuse. Les cailloux roulés sont principalement des silex mous, et quelques-uns sont de quartz blanc. On y trouve aussi des fragments de grès anguleux, et tous sont semblables à ceux du dépôt meuble qui recouvre la craie. L'argile est également la même. En général, le sable et les cailloux occupent le centre des trous, tandis que l'argile en tapisse les côtés et le fond; mais nulle part on ne rencontre de matière calcaire. Quelques gros rognons de silex dont la forme est intacte sont placés isolément, à diverses profondeurs, dans les trous les plus larges; mais on n'en remarque point qui aient été accumulés au fond. Les trous de moindre dimension sont souvent traversés par des lits horizontaux de rognons demeurés en place après l'enlèvement de la craie, et trop volumineux pour tomber au fond de la cavité dans les parois de laquelle ils sont restés engagés en partie.

L'argile qui enduit ces parois sur une épaisseur de 2 centimètres ou davantage, et qui est plus épaisse au fond, s'étend aussi sur les bords du trou presque à une certaine distance, supportant le dépôt

en avons fait autant à Ivry; cependant l'opinion des ouvriers est que ces puits ne se prolongent pas.

(1) Sur les cavités tubulaires remplies de gravier et de sable, appelées : Sand pipes, dans la craie près de Norwich (London and Edinburgh philosophical Magazine, oct. 1839).

de sable et de cailloux. Dans le voisinage immédiat des trous, la craie est tendre, friable et un peu colorée par un mélange de sable fin, d'argile et de fer. On voit encore dans les fissures de la craie des lits très-minces d'argile verdâtre ou rougeâtre, introduite d'en haut par des fentes verticales ou obliques. La présence d'un trou dans la craie est annoncée dans le dépôt de gravier qui la recouvre par l'oblitération de la stratification. Quelquefois les lits de gravier et de sable s'inclinent vers le trou, de manière à prendre dans celui-ci une position verticale, comme s'ils y étaient tombés par le manque de support. Le dépôt de sable et de cailloux dont il s'agit ici appartient au crag de Norwich.

A Hegham, des trous obliques et tortueux sont assez fréquents. Ils ont jusqu'à 10 mètres de profondeur et même davantage. Les espèces de poches qu'on y remarque à diverses hauteurs sont les extrémités de trous irréguliers dégagés par l'exploitation. Le lit de silex de la craie y est ondulé, comme s'il avait été dérangé. Des excavations plus ou moins analogues se voient à Hellesden. A Thorp, un trou de 6 mètres de large est rempli de graviers, de sables, d'argiles, de pierres et de silex de la craie. On peut l'observer sur une hauteur de 12 mètres, se rétrécissant très-régulièrement vers le bas. Dans sa partie supérieure, il traverse un banc de sable de 3 mètres d'épaisseur qui recouvre la craie et dont quelques lits sont remplis des fossiles du crag de Norwich. Un lit d'argile sableuse gravit les parois du trou sur une étendue de plusieurs mètres, passant de la craie dans un lit sableux qui est au-dessus, pour se prolonger ensuite horizontal autour du trou. Au contact et en dedans de cette argile, se trouve un autre lit de sable ferrugineux, endurci, renfermant des moules de coquilles marines, non seulement dans sa partie horizontale, mais encore dans celle qui descend le long de la cavité jusque dans la craie; au contact de celle-ci et du sable, il y a un lit de gros silex un peu roulés.

Relativement à l'origine de ces cavités cylindroïdes ou conoïdes, M. Lyell pense que la craie a été enlevée par l'action d'une eau chargée d'acide. Les nodules siliceux seraient alors restés en place dans les petits trous, par suite de la dissolution de leur gangue.

D'après la manière dont les plus grands rognons sont disséminés parmi les matériaux qui remplissent les trous les plus larges, on peut juger que le creusement et le remplissage ont été graduels et contemporains; car si le creusement se fût opéré avant l'introduction d'aucune matière étrangère, on trouverait nécessairement au fond des trous, qui ont 15 et 20 mètres de hauteur sur 7 de largeur, des tas de silex qui y seraient tombés par suite de la disparition de leur gangue.

Les strates du crag de Norwich avaient été déjà déposées sur la craie lors de l'excavation des trous, comme le prouve la manière dont les lits de gravier y sont tombés.

M. Lyell fait voir ensuite que l'hypothèse qui attribue les trous à des sources acides provenant de grandes profondeurs n'est pas applicable à la plupart d'entre eux, puisque leur diamètre diminue de haut en bas et qu'ils sont complétement fermés à leur extrémité inférieure (1). Il regarde comme plus probable qu'ils ont été formés par des eaux de pluie imprégnées d'acide carbonique et descendues dans les trous ou sillons préexistants à la surface de la craie.

Comme le fait remarquer d'Archiac (2), cette manière de voir, émise d'abord par M. Blackadder, puis par de la Bèche, s'est trouvée confirmée par les observations de M. Strickland, qui a remarqué à Henley, sur les bords de la Tamise, des enfoncements dans le gravier que recouvre la craie. Ces effets se produisent à 60 ou 90 mètres au-dessus de la rivière et loin de toute cause apparente, telle que des eaux courantes que l'on pourrait supposer avoir miné le gravier en dessous. Celui-ci a de 3 à 6 mètres d'épaisseur, et les enfoncements, qui sont soudains, laissent au-dessus une cavité presque circulaire de 1 à 2 mètres de large sur $0^m,60$ à $1^m,20$ de profondeur.

Ces affaissements ne paraissent pas avoir lieu dans les endroits où la craie est à nu, la pluie étant alors également absorbée par toute la surface, au lieu d'être dirigée sur certains points, comme cela doit avoir lieu lorsque l'argile et le gravier occupent la superficie du sol. S'il en était ainsi, la plupart des cavités remplies de gravier, et si communes dans la craie, résulteraient de l'action des agents atmosphériques. Dans le cas où, comme à Thorp, le puits pénètre dans le sable et le gravier jusqu'à une certaine hauteur, on peut supposer que la partie supérieure du dépôt traversé a été enlevée par dénudation, et que d'autres lits se sont ensuite formés par-dessus. Quant à l'argile sableuse trouvée au fond et contre les les parois, aussi bien qu'autour de l'orifice des puits, on doit penser

(1) On a vu plus haut (page 430, en note) que cette fermeture n'a réellement pas lieu, du moins dans la plupart des cas, et l'on comprend comment on a pu être induit en erreur à cet égard par les coudes brusques si fréquents dans les puits qui nous occupent.

(2) D'Archiac, Bullet. de la Soc. géologique, t. II, p. 461.

que ce sont les parties les plus ténues des couches de sable et de cailloux placées au-dessus, qui ont été entraînées, puis déposées par les eaux filtrant au travers. La craie, autour des trous et à la surface de contact avec l'assise de transport, renferme en effet une certaine quantité de cette matière argilo-sableuse.

L'hypothèse du creusement successif s'accorde également avec la position des sables et des cailloux qui, d'abord horizontaux, ont à présent dans les puits une position verticale. Si les puits avaient été remplis tout d'un coup, cet arrangement n'aurait pas eu lieu, et l'on n'apercevrait point de stratification parmi les matériaux qui, dans les puits les plus larges, sont descendus à une grande profondeur par des mouvements successifs.

M. W. Stark (1) a reconnu l'exactitude des faits constatés par ses prédécesseurs autour de Norwich, ainsi que le remplissage ultérieur des puits naturels ; mais il regarde la formation des cavités comme contemporaine de la craie et résultant de son mode de dépôt ; opinion qui paraîtra peu vraisemblable si l'on a égard aux caractères des cavités elles-mêmes. M. W. B. Buckland (2), après avoir cité plusieurs exemples du ravinement de la craie, conclut que tous ces effets peuvent être attribués à l'action d'eaux acidulées. Les éruptions volcaniques, fréquentes pendant l'époque tertiaire, ont pu sur certains points imprégner les eaux de la mer d'acide carbonique, qui aurait dissous la craie sous-jacente alors immergée. Depuis et aujourd'hui encore, des effets du même genre corrodent et forment des cavités à la surface de la craie sous la couche perméable de sable et de gravier.

M. J. Trimmer (3) est arrivé de son côté à une conclusion tout à fait opposée en attribuant les puits naturels à une action mécanique et non chimique de l'eau. Cette action aurait été le choc et le brisement des vagues sur une côte basse, avant le dépôt tertiaire inférieur. L'auteur a reconnu que les cavités en question ne sont que la terminaison de l'extrémité de sillons de 0^m,15 à 0^m,60 de profondeur dans les parties les moins excavées mises à découvert, mais qui s'élargissent et s'approfondissent en s'approchant des puits, jusqu'à ce qu'enfin ils se confondent avec eux. Contrairement à ce que nous venons de rapporter d'après Lyell, les silex du dépôt

(1) Stark, *The London and Edinburgh philos. Magaz.*, 1839, p. 257 et 455.
(2) Buckland, *Report of 9th Meeting British Assoc. at Birmingham*, 1839, p. 56.
(3) Trimmer, *Proceeding of the Geological Soc. of London*, vol. IV, p. 6.

meuble qui recouvre la craie ne seraient point roulés, tandis que le petit nombre de ceux que l'on trouve dans les puits sont extrêmement usés et arrondis. Enfin, il y aurait encore d'autres caractères attribués à une action mécanique; et l'auteur signale aux environs de Norwich beaucoup d'exemples de ces sillons aboutissant à des trous cylindroïdes creusés dans la craie avant le dépôt du crag supérieur.

« Cette étude détaillée, dit d'Archiac, faite par M. Trimmer avec un grand soin et accompagnée de dessins propres à jeter beaucoup de jour sur ses descriptions, doit faire abandonner toute idée que ces trous ou puits naturels aient jamais pu servir de passage à des matières venues de l'intérieur du sol. » Nous chercherons si, dans les environs immédiats de Paris, une conclusion bien différente ne paraît pas tout à fait légitime.

Mais voyons d'abord les résultats obtenus par divers géologues étudiant des localités situées non plus au loin, mais dans le périmètre même où nous devons nous mouvoir.

Placé, on peut le dire, à l'antipode des observateurs précédents, M. Melleville donne aux puits naturels une origine si nettement profonde, qu'il n'hésite pas à supposer que toutes les couches tertiaires soient dues à des sources calcarifères qui se seraient élevées à travers les assises de sables : opinion que nous ne saurions partager, mais qu'il convient d'enregistrer. Parlant des puits naturels, M. Melleville dit : (1) « J'ai pu constater leur présence dans les sables inférieurs, les argiles plastiques, le terrain lacustre moyen et les gypses. J'eus ensuite plusieurs fois l'occasion de voir que quel que soit le niveau du terrain à la surface duquel ils débouchent, ils le traversent non-seulement de part en part, mais percent encore chacun de ceux placés au-dessous, et descendent ainsi jusqu'à la craie, où ils s'enfoncent jusqu'à une profondeur inconnue. Il y a des puits qui débouchent de la craie pour s'arrêter au niveau inférieur des argiles plastiques. Ils sont ordinairement remplis par des argiles pyriteuses. D'autres traversent toute la masse des sables inférieurs pour se terminer à la surface du calcaire grossier. Ceux-ci sont généralement occupés par des argiles jaunes auxquelles sont associés des filets verticaux de sable et des cailloux de quartz dont le grand axe est aussi dans une position verticale. Enfin, d'autres puits naturels traversent tous ensemble les sables inférieurs, le

(1) Melleville, Bullet. de la Soc. géologique, 1843, t. XIV, p. 184.

calcaire grossier, le terrain lacustre moyen, ainsi que les gypses. Ces derniers sont souvent remplis par des marnes blanches. » « Les puits naturels, dit plus loin l'auteur, ne sont que d'anciens canaux semblables à ceux des sources des rivières actuelles, mais d'une plus grande dimension, pour lesquels les eaux des contrées élevées, en jaillissant autrefois sous les lacs du bassin parisien, y apportaient non-seulement les matières terreuses entraînées au fond des hautes vallées d'où elles venaient, mais encore une partie des roches qu'elles corrodaient par leur course souterraine, etc... Ainsi les argiles tertiaires ne seraient que des argiles plus anciennes remaniées ou celles entraînées par les eaux pluviales au fond des hautes vallées et transportées dans le bassin de Paris à travers les canaux souterrains des puits naturels. Les calcaires et les marnes tertiaires seraient les calcaires secondaires, dissous et rapportés à la surface; les gypses, formation inexplicable par les anciennes théories, ne seraient autre chose que des gypses anciens remaniés, etc.» On a vu, à l'occasion de chacune de ces formations, quelles sont les idées auxquelles nous nous rallions pour en expliquer l'origine et le mode de formation. Il n'y a donc pas lieu d'y revenir ici, mais nous pouvons nous faire l'écho exact de d'Archiac, qui, après avoir analysé le travail de M. Melleville, s'exprime ainsi (1) : « On doit regretter que l'auteur ait complétement omis de citer dans son mémoire les localités précises où il avait observé ces puits traversant plusieurs groupes tertiaires à la fois et se prolongeant même dans la craie, car les géologues venus après lui auraient sans doute appuyé de leur témoignage, d'abord les faits, et ensuite les conséquences qu'il a déduites de ses recherches. Pour nous, qui avons eu l'occasion de voir beaucoup de ces puits naturels, nous n'en avons trouvé aucun qui passât d'un groupe dans un autre (2); tous avaient été remplis par le dépôt de transport de la surface, et les observations multipliées de M. de Sénarmont (3) dans le département de Seine-et-Oise sont en cela d'accord avec les nôtres. »

En donnant une explication des coupes théoriques qui accompagnent sa communication, M. Melleville a encore émis cette opinion qui paraît lui être propre, savoir, que l'espace occupé par le

_____

(1) D'Archiac, *Histoire des progrès de la géologie.* Paris, t. II, p. 648.

(2) D'Archiac, *Bullet. de la Soc. géologique*, 1843, t. V, p. 246 et 250.

(3) Sénarmont, *Essai d'une description géologique du département de Seine-et-Oise*, p. 46.

bassin de la Seine pendant l'époque tertiaire n'était pas un estuaire, mais une mer intérieure ou caspienne sans communication permanente avec la haute mer, et dans laquelle n'affluait aucun cours d'eau un peu considérable. Cette caspienne aurait été alternativement remplie par les eaux marines qui auraient transporté les sables inférieurs, moyens et supérieurs, puis par des eaux douces qui auraient charrié à leur tour de l'intérieur de la terre et par des siphons ou puits naturels, toutes les matières argileuses, calcaires, gypseuses, marneuses et siliceuses. En outre, cette mer se serait divisée à plusieurs reprises en un certain nombre de petits bassins. Dans une seconde coupe de la même surface, mais supposée postérieure au creusement des vallées, l'auteur fait comprendre comment la disposition actuelle du sol résulte de la destruction des couches meubles de sable, partout où elles n'étaient point protégées par des dépôts plus résistants, argileux, marneux ou calcaires.

On peut remarquer, avec d'Archiac, relativement à cette dernière hypothèse que, si d'une part elle est appuyée sur cette circonstance que du point le plus bas du bassin, ou au-dessous de la plaine Saint-Denis, certaines couches tertiaires se relèvent à l'ouest et au nord-ouest, à peu près comme dans les autres directions, de l'autre elle est en contradiction avec toutes les opinions émises jusqu'à présent, et de plus avec cette circonstance bien connue que la faune d'une mer fermée ou d'une caspienne est toujours très-pauvre en espèces d'animaux mollusques. Telles sont la mer d'Aral, la mer Caspienne et même la mer Noire et la Baltique, qui ne sont pas complètement fermées. Or le calcaire grossier offre une variété de genres et d'espèces tout à fait incompatible avec la supposition énoncée plus haut.

M. Leblanc (1) a étudié avec le plus grand soin, aux environs de Paris, des puits naturels qui aboutissent en général au sable rouge superficiel, descendant plus ou moins dans les couches sousjacentes. Il les a particulièrement observés dans les travaux des fortifications, à Ivry, Montrouge, Vaugirard, au bois de Boulogne, à la Chapelle Saint-Denis, au mont Valérien, etc. Leur diamètre est de 1 à 4 mètres et même davantage. Beaucoup d'entre eux traversent le calcaire grossier exploité, et il y en a que l'on a reconnus sur une hauteur de 16 mètres. Les parois et le fond sont tapissés d'argile rouge, fine, et le centre est occupé par le sable rouge le plus grossier;

(1) Leblanc, Bullet. de la Soc. géologique, 1842, t. XIII, p. 360.

le dessus, en forme de poche, est rempli de sable de même couleur, de silex dont le grand axe est vertical, et de fragments de grès et de meulières. De plusieurs de ces puits partent, entre les bancs du cal- caire grossier, de petits conduits qui montrent des traces du pas- sage prolongé des eaux, et qui souvent aussi sont remplis de l'argile fine qui revêt les parois des puits. Au-dessus de cette même argile on trouve quelquefois des filets rudimentaires de sable, d'argile et de calcaire qui semblent se raccorder avec de petits lits subordonnés à la partie supérieure des marnes du calcaire grossier.

L'auteur pense que ces cavités sont des puits d'éjection qui ont émis successivement les calcaires, le sable rouge, peut-être le limon, et qui, à une époque postérieure, sont devenus absorbants comme ils le sont encore aujourd'hui. M. Leblanc cite enfin des puits qui auraient été remplis par le calcaire lacustre de Saint-Ouen et d'autres, dans le gypse, par les marnes supérieures, et il est porté à considérer, comme M. Melleville, « tout le terrain tertiaire des environs de Paris comme formé par diverses matières dissoutes ou tenues en suspension et éjectées par des sources successivement dans la mer et dans les lacs d'eau douce, pendant que tout le sol des environs était à un niveau inférieur à celui qu'il occupe aujourd'hui ».

Nous avons nous-même fait, à l'égard de ces puits, un certain nombre d'observations et d'expériences dont la conclusion nous a paru très-nette (1). Nous avons pensé que l'observation pure et simple n'était pas suffisante pour résoudre le problème, et que la forme même des cavités, tout irrégulière qu'elle est, devait dépendre en partie du sens suivant lequel avait eu lieu l'attaque de la roche calcaire.

Dans des expériences variées, des blocs calcaires furent soumis à l'action de l'eau acidulée à 10 degrés, et arrivant, sous des pres- sions différentes, tantôt par-dessus et tantôt par-dessous. Des puits furent toujours creusés ainsi, mais de formes essentiellement diffé- rentes selon les cas et se rapportant à deux types principaux telle- ment nets, qu'à la première vue on reconnaît s'ils ont été forés par un jet ascendant ou par un jet descendant.

Dans le premier cas, on obtient toujours une cavité conoïde dont la pointe est dirigée en haut, et qui conserve cette forme alors même que la perforation des blocs a été complète. Avec un jet descendant

---

(1) Stanislas Meunier, *Comptes rendus de l'Académie des sciences*, t. LXXX, p. 797. 29 mars 1875.

au contraire, la cavité est grossièrement cylindrique et présente dans ses irrégularités les analogies les plus intimes avec les perforations naturelles.

En présence de ce résultat, il ne paraît pas possible d'hésiter, et de penser encore que les puits aient été creusés par des eaux émanant des profondeurs.

Pour ce qui est du remplissage, il y a néanmoins lieu de distinguer entre les différents éléments qui y contribuent. Les graviers, le sable et l'argile paraissent avoir trois origines tout à fait différentes.

1° Les graviers proviennent du diluvium, ainsi qu'on l'a déjà dit, et la disposition de leurs lits montre dans quelques cas comment le forage des puits a été successif.

2° En ce qui concerne le sable, on reconnaît qu'il représente nettement, dans une foule de points, le résidu même de la dissolution du calcaire. Dans les expériences citées plus haut, nos puits forés en dessus étaient toujours remplis à la partie inférieure d'un sable quartzeux très-pur identique (à la matière colorante près, simplement mélangée) au sable des puits naturels d'Ivry : c'est ce que l'examen microscopique a confirmé.

A cet égard, on peut remarquer en passant qu'une bonne partie au moins des sables de Beauchamp doit résulter de la dénudation du calcaire grossier, à laquelle certains fossiles ont pu résister, comme on l'observe souvent dans les couches inférieures des sables moyens, par exemple à Auvers.

Si nous insistons sur ce point, c'est qu'il paraît de nature à rendre compte de certains faits inexpliqués jusqu'ici, et, pour n'en citer qu'un exemple, de l'origine des sables quartzeux de Rilly-la-Montagne. Nous avons déjà dit à quelle hypothèse M. Hébert, en cherchant à en rendre compte, avait été conduit ; et l'on sait que le même géologue admet que le dépôt de ces sables, dont l'épaisseur totale ne dépasse guère 7 mètres, a été accompagné d'une dénudation de 100 mètres au moins de roches plus anciennes, spécialement de celles qui dépendent du calcaire pisolithique. Or, ayant examiné de très-près la constitution des marnes du mont Aimé, nous y avons reconnu en abondance l'existence de petits grains quartzeux rigoureusement identiques à ceux qui constituent le sable de Rilly. En dissolvant ces marnes dans un acide, ou simplement en les soumettant à la lévigation, on isole un sable qu'il est impossible de distinguer du produit naturel.

3° Pour l'argile rouge, la question d'origine paraît plus difficile. Remarquons toutefois qu'elle est identique à elle-même dans tous les puits observés autour de Paris ; qu'elle est de plus en plus pure à mesure qu'on l'étudie dans des régions plus profondes, de façon que certaines ramifications étroites des puits la contiennent à un état qui rappelle le lithomarge des filons ; enfin, qu'elle paraît fournir à l'analyse les mêmes résultats que l'argile rouge, nettement geysérienne, qui accompagne la phosphorite, par exemple à Pendaré, dans le Lot, et réservons la question de son origine pour des études ultérieures.

Origine du diluvium gris. — Ces diverses éliminations une fois réalisées, revenons au diluvium gris. Toute réflexion faite, c'est à l'hypothèse fluviale qu'il convient de s'arrêter, mais à l'hypothèse fluviale fortement modifiée et surtout adoucie.

Les vallées des rivières sont, avant tout, le résultat de fractures. Les failles qui accompagnent la Seine dans les diverses parties de son cours en sont une preuve, entre autres. Cela posé, on peut admettre que le fleuve n'était, à l'époque quaternaire, ni plus volumineux, ni plus rapide qu'à présent. Grâce à la puissante collaboration d'un temps indéterminé, il a élargi sa vallée, et de leur côté les agents atmosphériques divers ont travaillé sans relâche à en adoucir les pentes.

On sait qu'une rivière ne saurait couler en ligne droite. Les méandres, faibles d'abord, s'accentuent de plus en plus. Il en résulte ces boucles si marquées par exemple à l'ouest de Paris, et qui déterminent des sortes de presqu'îles dont l'isthme, par suite de la corrosion exercée par le fleuve sur ses rives, va constamment en s'amincissant. On sait qu'au bout d'un temps suffisant, l'isthme rompu livre passage à la rivière, qui délaisse la boucle pour prendre le chemin plus court qui lui est ouvert : les fausses rivières du Mississipi sont dues à ce mécanisme dont on voit des traces très-nettes aussi le long du Rhin et de beaucoup d'autres rivières.

Il résulte de là que la rivière se déplace constamment sur le fond de sa vallée, et l'on peut admettre qu'au bout d'un temps suffisant et quelle que soit la faiblesse de son volume, elle a remanié successivement tous les points du sol de cette plaine.

Ce simple fait d'observation donne donc de quoi expliquer le dépôt de gravier (de diluvium, si l'on veut) sur une surface beaucoup plus grande que celle couverte par les eaux.

Pour rendre compte des terrasses, il faut remarquer que la surface du sol n'est pas immobile. Depuis l'époque où le sable de Fontainebleau se déposait dans la mer, le sol de nos environs s'est élevé d'une quantité très-considérable, dépassant 170 mètres, qui est la cote des sables supérieurs. Or, ce soulèvement, qui se continue peut-être encore, a été certainement très-lent.

Supposons seulement qu'il ait persisté après le dépôt des premières alluvions de la Seine. Il en résulterait que, lorsque celle-ci, par suite de ses divagations, serait revenue vers un point où précédemment elle aurait déposé des alluvions, le niveau du sol ayant changé, ces anciens dépôts n'auraient pu être de nouveau submergés. La rivière alors s'est bornée à les attaquer par la base, comme précédemment elle faisait des coteaux eux-mêmes, et la limite des terrasses est comme la tangente des divagations de cette nouvelle période. L'équidistance des terrasses indiquerait une sorte de périodicité dans ces divagations successives.

C'est de même à des soulèvements lents qu'il faut attribuer l'abandon de certaines vallées, maintenant à sec et cependant couvertes à l'origine par le cours d'eau. La Marne passait sans doute autrefois par la vallée d'Ourcq ; et à un certain moment la Seine devait entourer le mont Valérien. Un semblable témoin ne saurait s'accommoder des causes violentes auxquelles on attribue si souvent sa séparation des coteaux voisins.

Il resterait à faire comprendre comment, dans cette supposition, le transport de gros blocs renfermés dans le diluvium a pu avoir lieu. Sans prétendre donner cette explication, remarquons que, sous l'action de la rivière minant ses anciens dépôts, un fragment de granite par exemple, éboulé sur le sable, est précipité un peu plus bas, et descend par conséquent selon la pente de la vallée, quoique d'une quantité extraordinairement faible. Cela fait, et sous l'influence de tassements dus aux trépidations que produit la rivière elle-même, les grains de sable fin s'insinuent peu à peu sous les gros, qui sont soulevés, et prêts par conséquent à subir de nouveaux éboulements. Peut-être cette action, en se continuant suffisamment longtemps, peut-elle rendre compte du transport des blocs à longue distance. C'est un point qui mériterait de nouvelles études.

TERRAIN ACTUEL

Nous voici arrivés par des transitions insensibles à l'époque actuelle, dont la description ne saurait nous arrêter puisqu'en définitive elle ne compte pas comme époque géologique. Remarquons cependant combien, pour ceux qui la soumettent à un examen méthodique, elle est instructive, même au point de vue de l'histoire de notre globe.

Un premier fait à signaler est la manière dont elle se fond pour ainsi dire avec l'époque immédiatement antérieure. M. Deshayes assure avoir constaté des lignes de démarcations nettes, au nombre de cinq, dans la série stratigraphique, à chacune desquelles correspond une sorte de rénovation de la nature ; nous avons rapporté les considérations du savant conchyliologiste, et nous avons insisté en particulier sur les différences réciproques du terrain crétacé et du terrain tertiaire.

Or, entre la période quaternaire et la période actuelle, rien d'analogue ne paraît se montrer ; la ligne de séparation semble absolument artificielle, et l'homme fossile paraît s'être donné la tâche d'effacer les limites qu'une tendance trop généralement répandue porte à établir partout. Depuis l'homme de l'âge dit de la *pierre éclatée* jusqu'au Caucasique le plus civilisé, nous avons une série si fortement unie, que c'est d'une manière tout à fait abstraite que certains faits ont été cités dans les pages qui précèdent comme suffisamment anciens, et que d'autres ont été omis comme n'appartenant plus aux périodes géologiques. Les hommes constructeurs de dolmens nous ont occupé, mais nous nous sommes abstenu de parler de ceux qui en faisaient des instruments de culte sans en savoir l'origine. L'apparition des métaux nous a servi de limite entre la géologie et l'histoire : comment trouver une séparation plus artificielle ?

Bien plus, et toujours dans le même ordre de considérations, le terrain quaternaire paraît se souder intimement avec le terrain tertiaire; d'où il résulterait peut-être que, pour les géologues futurs, nous ferons partie de l'époque tertiaire aussi bien que les nummulites qui nous ont si fort précédés.

En outre, il faut remarquer que, comprise comme nous venons de le faire, la période quaternaire, d'ailleurs intimement liée à la période actuelle, n'offre rien d'anormal. Supposons en effet que notre vallée d'aujourd'hui s'affaisse sous la mer et qu'il s'y fasse des dépôts marins. La coupe qu'on y pourrait relever plus tard donnerait, comme le montre la figure 112, n° 1, les couches

N° 1. N° 2.

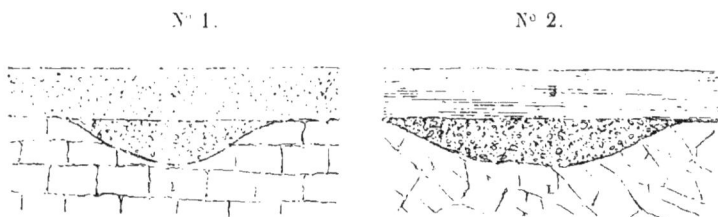

Fig. 112, n°s 1 et 2. — Parallèle entre le diluvium et le conglomérat ossifère de Meudon.

N° 1. — 3. Terrain futur. — 2. Dépôt quaternaire. — 1. Terrain tertiaire dénudé.
N° 2. — 3. Argile plastique. — 2. Conglomérat ossifère. — 1. Craie dénudée.

anciennes dénudées portant le dépôt diluvien arénacé, sur lequel se trouveraient les couches marines régulièrement stratifiées. Or, c'est rigoureusement ce que donne à maintes reprises la série géologique.

A Meudon, pour ne citer qu'un seul exemple, n'avons-nous pas relevé une coupe (fig. 112, n° 2) où l'on voit la craie dénudée porter le dépôt arénacé désigné sous le nom de conglomérat, et au-dessus duquel les couches marines tertiaires sont régulièrement stratifiées?

Ce conglomérat avec ses galets, ses coryphodons et ses anodontes, correspond rigoureusement, à ce point de vue, au diluvium avec ses cailloux, ses éléphants et ses cyclades.

C'est ainsi que les périodes anciennes, éclairées par l'étude des causes actuelles, peuvent jeter de la lumière sur les formations récentes. Aussi, à notre avis, est-ce un des principaux éléments d'intérêt du diluvium que de nous prouver qu'à l'heure présente, nous vivons en pleine géologie. La terre traverse les phases d'une évolution, et par conséquent ses caractères changent avec le temps ; mais son histoire est une. Les phénomènes anciens s'expliquent en grande partie par l'exercice des causes actuelles.

L'activité géologique de la période actuelle est, dans les environs de Paris, manifeste à beaucoup d'égards.

La Seine et ses affluents continuent le remaniement de leurs sédiments et donnent lieu à des couches fossilifères tout à fait comparables à celles des terrains où les eaux ne peuvent plus atteindre. La pluie et les autres météores poursuivent la dénudation de toutes les collines, entraînant les parties fines dans les vallées, où les cours d'eau se chargent de les charrier dans le bassin de l'Océan. Les eaux d'infiltration réalisent des actions chimiques telles que la dissolution du calcaire qui va se déposer ensuite sous des formes variées. A Meudon, par exemple, il se produit tous les jours un véritable travertin tout pétri de végétaux et comparable de tous points aux roches analogues des périodes géologiques. A Gentilly et à Bicêtre, dans des poches de calcaire grossier, se déposent lentement de longues stalactites cristallines, que plus tard on pourrait croire contemporaines des couches qui les renferment, et qui cependant leur sont très-postérieures. Le béton romain des bains découverts rue Gay-Lussac contient des cristaux contemporains d'aragonite.

La fossilisation s'exerce de toutes parts. Dans nos tourbières, le bois des troncs d'arbres passe graduellement à l'état de lignite. Les coquilles au fond des eaux, et les squelettes des animaux de tous genres ensevelis dans la vase, subissent des transformations lentes qui les rapprochent sans cesse de leurs congénères fossiles.

Les actions profondes sont loin également de cesser de fonctionner autour de nous. Les trépidations du sol, quoique très-faibles, ne sont pas rares autour de Paris, et nous devons croire qu'un de leurs effets est de contribuer à ces exhaussements de certaines régions du bassin dont les terrasses des rivières apportent des témoignages si éloquents. Sans doute aussi sont-ils accompagnés de la préparation ou de l'accentuation de failles analogues à celles dont nous avons signalé la présence à nos portes.

Ces mêmes actions profondes se manifestent aussi par l'arrivée de sources minérales plus ou moins chaudes et plus ou moins chargées de principes variés. En première ligne doit être mentionnée dans ce rapide aperçu la célèbre source sulfureuse d'Enghien, et qui, d'après l'analyse de M. Fremy (1), renferme :

Azote.	0,026
Acide carbonique	0,462
Acide sulfurique	0,057
Hydrochlorate de soude	0,017
Hydrochlorate de magnésie	0,100
Hydrosulfate de chaux	0,079
Hydrosulfate de magnésie	0,105
Sulfate de magnésie	0,024
Sulfate de chaux	1,280
Sous-carbonate de magnésie	0,469
Sous-carbonate de chaux	0,322
Sous-carbonate de fer	0,035
Silice	0.030
Matière végéto-animale	0,045
	3,051

Il est évident que cette eau, traversant les assises du terrain parisien, peut donner, le long des canaux qui lui fournissent une issue, des minéraux extrêmement variés et analogues à ceux que contiennent les couches plus anciennes.

A Passy, des sources, dont les vertus médicinales sont fort appréciées, se font remarquer par la grande quantité de sulfates qu'elles contiennent. L'une d'elles donne pour un litre :

Sulfate de chaux	2,774
— de magnésie	0,300
— de soude	0,340
— d'alumine	0,248
— . — et de potasse	traces
Sulfate de fer	0,412
Chlorure de sodium	0,060
— de magnésium	0,226
Silice et matière organique	non dosées
	4,360

Bagneux, à la porte même de Paris, donne une source chlorurée dont Vauquelin a publié une analyse (2).

(1) Fremy, *Journal de pharmacie*, t. XI, p. 61.
(2) Vauquelin, *Annales de chimie et de physique*, t. XVIII, p. 220.

Dans Seine-et-Oise, à Forges-sur-Briis, une eau minérale contient par litre, d'après les recherches de M. O. Henry (1) :

Carbonate de chaux et de magnésie.....	0,105
Sulfate des mêmes bases.............	0,080
Chlorure de sodium et de magnésium ...	0,115
Matière organique.................	traces
	0,300

Nous ne ferons que mentionner les eaux minérales du village de Pierrefonds (Oise), dont les eaux sulfureuses on été étudiées par M. O. Henry (2) ; celle de Provins, dont on doit une analyse à Vauquelin et à Thenard (3) ; celle de l'Étampe (4); celle des environs de Nogent-sur-Seine, où Cadet a signalé le fer en quantité notable (5).

Enfin, pour énumérer toutes les faces principales de la grande question qui nous occupe, nous voyons dans cet ensemble si homogène du diluvium et du terrain actuel, certaines espèces animales disparaître, et cela bien évidemment sans secousse, sans destruction violente. Ce n'est pas un cataclysme qui, dans des tourbières encore florissantes, a fait disparaître le grand cerf d'Irlande ou le *Bos primigenius* d'Arpajon, et cette disparition, que l'on peut dire contemporaine, explique celles dont la série géologique tout entière nous donne le constant spectacle.

A l'inverse, la géologie nous montrant des apparitions successives d'espèces, nous pouvons espérer que, malgré la difficulté de pareilles observations, qui nécessiteront des méthodes absolument nouvelles, nous pourrons constater sous nos yeux des apparitions de ce genre.

(1) Henry, *Bullet. de l'Académie de médecine*, 1842, p. 271.
(2) Henry, *Annuaire de Milon et Reiset*, 1847, p. 303.
(3) Vauquelin et Thenard, *Annales de chimie*, t. LXXXV, p. 19.
(4) Petit, *Revue scientifique et industrielle*, t. XIII. p. 65.
(5) Cadet et Salverte, *Annales de chimie*, t. XLV, p. 315.

FIN

TABLE ALPHABÉTIQUE

DES LOCALITÉS CITÉES DANS L'OUVRAGE

Nota. — On a fondu avec cette table un INDEX DE TOUTES LES LOCALITÉS RICHES EN FOSSILES des environs de Paris. Elles sont imprimées en caractère spécial. Nous y avons compris l'indication de points où les recherches ne sont ordinairement plus possibles, comme celles qui font maintenant partie de Paris. Une circonstance fortuite, comme l'établissement de fondations, etc., pouvant en effet y permettre exceptionnellement une exploration, il est bon d'avoir une indication sur la richesse possible du lieu. Nous avons spécialement insisté sur la présence des fossiles végétaux généralement très-négligés, et dont l'étude est cependant si intéressante. Il va sans dire que nous avons donné une importance toute spéciale aux localités établies sur les terrains tertiaires.

AAR. Glacier, 123.

ABBECOURT. Sables inférieurs de l'horizon de Bracheux. C'est un des points les plus riches en coquilles de ce niveau. Certaines coquilles y existent d'une manière exclusive, comme le *Plicatula follis,* Defr., par exemple.

— Tortue fossile, 143.

ABBEVILLE. Diluvium, 354.

ABONDANT. Argile plastique, 88.

ACONIN (Aisne). Calcaire grossier inférieur : *Ostrea cariosa,* Desh.; *Ostrea elegans,* Desh., etc.

ACY EN MULTIEN. Calcaire grossier, avec fruits et tiges du *Chara*

Lemani. Sables moyens, avec nombreuses coquilles : *Cyrena cuneiformis,* Fer.; *Chama fimbriata,* Defr.; *Littorina variculosa,* Desh., etc. Cette dernière est spéciale à la localité.

ADRIATIQUE. Sables à foraminifères, 48.

AILETTE (Vallée de l'). Tourbières, 417.

AIMÉ (Mont). Calcaire pisolithique, 63, 73-76.

AISNE (Département de l'). Formation des lignites, 139.

— (rivière). Court vers le centre du bassin parisien, 14.

BEAUVAIS. Craie : *Belemnitella quadrata*, d'Orb.

BEAUVAL, près la Ferté-sous-Jouarre. Sables moyens : *Lucina ermenonvillensis*, d'Orb., *L. Rigaultiana*, Desh.; *Cytherea delicatula*, Desh., *C. striatula*, Desh.

BELGIQUE. Lœss, 411.

BELLECROIX. Grès cristallisé, 323.

BELLEFONTAINE. Argile plastique, 107.

BELLESME (Orne). Craie : Spongiaires (*Guettardia stellata*, Mich.; *Siphonia*).

BELLEU. Grès superposés aux lignites. C'est sans doute, à ce niveau, la localité la plus riche en végétaux. Voici la liste des genres que M. Watelet, y signale : Funginées; Fougères (*Lygodium*); Graminées(*Poacites*); Smilacées (*Smilacites*); Zingibéracées (*Cannophyllites*); Naïadées (*Caulinites*, *Potamogeton*); Palmiers (*Flabellaria*, *Phœnicites*, *Anomalophyllites*, *Palmacites*); Taxinées (*Podocarpus*); Myricacées (*Comptonia*, *Myrica*); Bétulacées (*Betula*, *Alnus*); Cupulifères (*Quercus*, *Fagus*, *Castanea*, *Carpinus*); Ulmacées (*Ulmus*); Morées (*Ficus*, *Artocarpidium*); Balsamiflucées(*Liquidambar*); Salicinées (*Populus*, *Salix*); Laurinées (*Cinnamomum*, *Daphnogene*, *Persea*, *Benzoin*, *Laurus*); Protéacées (*Banksia*, *Dryandroides*); Apocynées (*Apocynophyllum*); Sapotées (*Chrysophyllum*, *Sapotacites*); Ébénacées (*Diospyros*); Éricacées (*Andromeda*); Anonacées (*Anona*); Magnoliacées (*Magnolia*); Buttnériacées (*Dombeyopsis*); Tiliacées (*Apeibopsis*, *Grevia*); Sterculiacées (*Sterculia*); Acérinées (*Acer*); Malpighiacées (*Banisteria*); Sapindacées (*Cupania*); Juglandées (*Juglans*); Combrétacées (*Terminalia*); Myrtacées (*Eugenia*); Pomacées (*Pirus*); Papilionacées (*Trigonella*, *Doli-*

chites, *Piscidia*, *Cercis*,*Gleditschia*, *Cæsalpina*, *Eutada*, *Acacia*). Les carrières de Belleu sont d'ailleurs épuisées aujourd'hui. C'est dans les pavés mêmes de la ville de Soissons qu'on peut espérer de faire les plus fructueuses récoltes.

BELLEVILLE (Paris). Travertin de la Brie : *Limnœa fabulum*, Brongn.; *Planorbis depressus*, Nyst. Localité à peu près inaccessible aujourd'hui.

BELLEVUE près Meudon. Meulières supérieures : *Cyclostoma antiquum*, Brongn.

— Sa situation dans le bassin de Paris, 17.

— Altitude du lœss, 410.

— Minerai de fer quaternaire, 114.

BELLEVUE près Villers-Cotterets. Meulières supérieures : *Limnœa cylindrica*, Brard, etc.

BERCHÈRES. Calcaire grossier : *Fusus decussatus*, Desh.; *Scalaria decussata*, Lamk; *Turritella semistriata*, Desh. Cette dernière coquille paraît propre à la localité.

BERCY. Silex taillés, 401.

BERMUDES. Attols, 38.

BERNON, près Epernay. Terrain crétacé. Lignites ; *Teredina personata*, Lamk ; *Mytilus Dutemplei*, Desh. ; *Chara Brongniarti*, Héb.

BERRU (Mont). Altitude de la craie, 45.

BETZ. Sables moyens : *Corbula ficus*; *Cyrena cuneiformis*, Fér.; *Chama fimbriata*, Defr.

BEYNES. Craie : *Micraster cor anguinum*; Spongiaires : Argile à silex (fossiles roulés) : *Ananchytes gibba;* Calcaire grossier : *Ostrea radiosa*, Desh : *Donax nitida*, Lamk ; *Turritella trochoïdes*, Desh. ; *Fasciolaria funiculosa*, Desh., etc. Cette dernière coquille, exclusivement propre à Beynes, représente le seul fasciolaire connu dans le bassin de Paris. Actuelle-

BRIMONT. Sables inférieurs, localité extrêmement riche : *Crocodilus depressifrons; Trionyx; Cytherea orbicularis*, Edw.; *Tellina Brimonti*, Desh.; *Turritella bellovacina*, Desh.; *Nerita Brimonti*, etc.
— Fossiles des sables marins, 135

BRUNOY. Meulières, 296.

BRUYÈRES-SOUS-LAON. Lignites : *Melania inquinata*, Defr.; *Cerithium turbinoides*, Desh., etc.

BRY- (ou BRIE) SUR-MARNE. Calcaire de Saint-Ouen : *Planorbis obtusus*, Sow.
— Coupe, 277.
— Gypse, 257.

CAEN, situé sur le terrain jurassique, 11.

CAHORS, situé sur le terrain jurassique, 11.

CAILLES (Butte aux). Diluvium, 370.
— Diluvium rouge, 420.

CAILLES (Moulin des). Poudingues de Nemours, 332.

CAILLOUEL. Sables moyens : Abiétinées (*Araucacites*).

CALAIS. Digue sous-marine, 7.

CANONVILLE. Diluvium, 353.

CANTAL. Ses roches volcaniques, 12.
— Son rôle dans la géologie générale de la France, 13.

CARNETIN, près Lagny. Travertin de Brie : *Bithynia Duchasteli*, Desh.; Sables supérieurs : *Bithynia Dubuissonii*, Bouillet.

CARREFOUR (Hameau du), près Etampes. Calcaires de Beauce, 342.

CARRIÈRES-SAINT-DENIS. Calcaire grossier, 164.

CASPIENNE (Rive de la). Volcans de boue, 112.
— Ses caractères, 437.

CASSEL. Littoral de la mer miocène, 384.

CAUCASE. Volcans de boue, 112.

CAULY. Lignites : Équisétacées.

CAUMONT. Sables moyens (riche localité) : *Pholas elegans*, Desh.; *Cyrena distincta*, Desh.; *Chama fimbriata*, Defr., *C. turgidula*, Lamk.; *Diplodonta elliptica*, Desh., etc.

CAUNY-SUR-MATS. Sables inférieurs : *Ostrea heteroclita*, Defr.
— Tortue fossile, 144.

CERCANCEAUX. Limon, 413.

CERCOTTE. Calcaire de Beauce, 338.

CERFROY (Aisne). Calcaire grossier : *Cardita angusticostata*, Desh.

CERNAY-LA-VILLE, près Rambouillet. Calcaire de Beauce : *Limnæa condita*, Desh.; *Planorbis rotundatus*, Brongn., *P. depressus*, Nyst.
— Calcaire de Beauce, 338.

CETLATEPETL. Terrain qui le recouvre, 427.

CÉVENNES, contournées par le terrain jurassique, 11.

CHAILLEVET. Lignites, 146.

CHAILLOT (Paris). Calcaire grossier : *Lucina ambigua*, Defr. Cette coquille, découverte à Chaillot par Defrance, n'a pas été retrouvée depuis.

CHAINTREAUVILLE. Grès de l'argile plastique, 115.

CHALONS-SUR-VESLE. Sables inférieurs (localité extrêmement riche) : *Teredina Oweni*, Desh.; *Panopæa; Thracia Prestwichi*, Desh.; *Cytherea orbicularis*, Edw.; *Cyrena lunulata*, Desh., *C. suborbicularis*, Desh., *C. veneriformis*, Desh., *C. unioniformis*, Desh.; *Diplodonta ingens*, Desh., *D. fragilis*, Desh., *D. inæqualis*, Desh.; *Cerithium catalaunense*, Desh.; etc.
— Sables marins, 133.

CHAMARANDE. Meulières, 300.

CHAMBLY. Calcaire grossier : *Ostrea cymbula*, Desh.

CHAMBORS. Calcaire grossier : *Solecurtus; Cytherea analoga*, Desh.; *Bithynia Eugenii*, Desh.

CHAMERY (Marne). Calcaire grossier :

Teredina personata, Lamk; *Cerithium giganteum*, Lamk.

-- Calcaire grossier, 171.

CHAMPAGNE. Rognons de pyrite, 44.

CHAMPCEUIL. Roches glaciaires, 423.

CHAMPIGNY (Plateau de). Meulières, 297.

— Gypse, 257.

— Poudingues diluviens fossilifères, 356.

— Travertin, 277.

CHAMPLATREUX (Bois de). Sables moyens, 204.

CHAMPROSAY. Forage, 199.

CHAMPS-ÉLYSÉES. Grès infra-gypseux, 242.

CHANTILLY (Forêt de). Sables moyens, 203.

CHAPELLE (la) près d'Orléans. Calcaire de Beauce : *Limnæa dilatata*, Noulet, *L. urceolata*, Braun., *L. Noueli*, Desh.

CHAPELLE (la) près Houdan. Calcaire grossier supérieur : *Corbula angulata*, Desh.; *Cerithium lapidum*, Lamk.

CHAPELLE (la), entre Saint-Cyr et Dreux. Redressement des couches du calcaire grossier, 19.

CHAPELLE EN SERVAL (la). Sables moyens : *Tellina parilis*, Desh.; *Avicula Defrancii*, Desh.

CHAPELLE-GODEFROY (la), près Nogent-sur-Seine. Craie : *Ancyloceras*.

CHAPELLE-SAINT-DENIS. Puits naturels, 437.

CHARENTON. Calcaire grossier, 198.

CHARONNE. Diluvium lacustre. Faune analogue à celle de Joinville-le-Pont.

— Diluvium, 353-356.

CHARTRES. Calcaire de Beauce : *Helix Aureliana*, Brongn., *H. Barrandi*, Desh.

— Absence de la craie de Meudon, 36.

CHASSEMY. Palmiers fossiles des sables glauconifères, 157.

CHATEAUDUN. Grès ladères, 85.

CHATEAU-LANDON. Travertin, 222.

— Poudingues, 109.

CHATEAUNEUF. Argile à silex, 87.

CHATEAU-ROUGE. Calcaire grossier : *Turritella imbricataria*, Lamk.; *Scalaria striatula*, Desh.; *Litiopia acuminata*, Desh.; *Rissoina semistriata*, Lamk.

CHATEAU-THIERRY. Lignites : *Cerithium fuscatum*, Mantell. Calcaire de Brie : *Chara Archiaci*, Wat.

— Calcaire grossier, 197.

CHATILLON-SUR-SEINE. Situation de son champ de bataille, 14.

CHAUMIÈRE (Route de la) (Paris). Débris humains du diluvium, 384.

CHAUMONT. Situation de son champ de bataille, 14.

— Frontière du bassin de Paris, 18.

CHAUMONT (Buttes). Gypse, 252.

CHAUMONT (en Vexin). Calcaire grossier inférieur : *Cytherea calvimontana*, Desh.; *Lucina pulchella*, Agass.; *Avicula calvimontana*, Desh.; *Psammobia spathula*, Desh. (espèce propre); *Turritella elegans*, Desh.; *Fusus maximus*, Desh.; etc. Localité des plus riches et des plus intéressantes.

— Calcaire grossier, 164.

— Monument mégalithique, 386-401.

CHAUNY. Diluvium lacustre, 363.

CHAUSSY. Calcaire grossier : *Poromya; Corbula exarata*, Lamk; *Venus conformis*, Desh.; *Terebratula bisinuata*, Lamk.; *T. Putoni*, Beaudon; *Argyope cornuta*, Desh.; *Mesostoma pulchrum*, Desh.; *Adeorbis Fischeri*, Desh.; *Cerithium imperfectum*, Desh.

CHAVILLE (les bois de). Leur situation dans le bassin de Paris, 17.

CHAVOT. Lignites : *Unio truncatosus* Mich.

CHENNEVIÈRES - SUR - MARNE. Marnes vertes, 257.
— Magnésite, 291.
CHÉRY-CHARTREUVE. Sables moyens : Cyrena antiqua, Fér.; Chama turgidula, Lamk ; Diplodonta elliptica, Desh.; Cardilia Michelini, Desh. Localité très-riche.
CHESNEAUX, près Château-Thierry. Sables moyens : Melania lactea, Lamk; Natica parisiensis, d'Orb.
CHEVALERET (Rue du) (Paris). Diluvium gris, 420.
CHEVILLY. Marnes à huîtres, 316.
CHEVREUSE. Gypse, 227.
— Meulières, 294.
CHEZY. Calcaire grossier : Fimbria lamellosa, Lamk ; Cardium gigas, Defr. Cette dernière coquille est la plus volumineuse de toutes celles que fournit le bassin de Paris.
CHOISY-LE-ROI. Foyers quaternaires, 399.
CIMETIÈRE DES ANGLAIS, près Pontoise, Monument mégalithique, 405.
CIPLY (Belgique). Craie blanche, 35.
CLAIROIX. Craie. Lignites : Ostrea heteroclita, Defr.
CLICHY. Homme quaternaire, 381.
— Diluvium, 370.
— Sables moyens, 218.
CŒUVRES (Aisne). Sables inférieurs : Corbula gallicula, Desh. Calcaire grossier : Lophiodon.
— Puits naturels, 430.
COINCOURT (Oise). Calcaire grossier. Cette localité fournit plusieurs espèces qu'on ne rencontre pas ailleurs. Par exemple : Chama inornata, Desh.; Cytherea obsoleta, Desh.
COLLÉGIEN. Meulières, 300.
COMPIÈGNE. : Lignites Pectunculus paucidentatus, Desh. Sables du Soissonnais : Phymatoderma.
— Sa situation dans le bassin de Paris, 18.

CONFLANS-SAINTE-HONORINE. Calcaire grossier : Mytilus rimosus, Lamk.
— Calcaire grossier, 175.
CORBEIL. Forage, 199.
— Gypse, 252.
CORMEILLE EN PARISIS. Meulières supérieures : Potamides Lamarckii, Desh.
— Meulières à potamides, 342.
CORMICY. Sables de Rilly, 125.
CORNOUAILLES à l'époque miocène, 335.
COTE-SAINT-MARTIN. Sables coquilliers, 322.
— Calcaire de Beauce, 339.
COTENTIN. Crag, 83.
— A l'époque miocène, 335.
COULOMBS. Sables moyens : Mactra contradicta, Desh.; Cytherea trigonula, Desh.; etc.
COULOMMIERS. Magnésite, 291.
— Limon, 413.
COUR DE FRANCE. Meulières, 301.
COURBETON (Seine-et-Marne). Argile plastique, 106.
COURCELLES (Aisne). Grès supérieur aux lignites. Localité extrêmement riche en plantes fossiles. Nous citerons surtout les familles suivantes : Lichens; Graminées (Poacites); Palmiers (Flabellaria); Myricacées (Myrica); Protéacées (Hakea).
— Plantes des lignites, 145.
COURTAGNON. Calcaire grossier. Localité devenue classique par les innombrables coquilles qu'elle a fournies.
COURTEMPIERRE. Vallée marécageuse, 109.
COURVILLE, près Chartres. Frontière du bassin de Paris, 17.
— Argile à silex, 87.
CRAMANT, près Avize (Marne). Lignites : Sphenia; Cyrena cardioides, Desh.; Mytilus Dutemplei, Desh.
— Calcaire d'eau douce, 189. .
CRAONNE. Situation de son champ de bataille, 14.

DUCY. Sables moyens : *Corbula Lamarckii*, Desh.; *Cytherea lævigata*, Lamk ; *Hipponyx patelloides*, Desh., etc.

DUMFRIES (Écosse). Empreintes de pas sur le grès, 178.

DUSSELDORF. Littoral de la mer miocène, 334.

EATON, près Norwich. Puits naturels, 431.

ECOLE (Environs du cours de l'). Moraine quaternaire, 422.

ECOUEN. Sables moyens : *Venerupis striatula*, Desh.

EGERLINDEN (Suisse). Fossiles du gypse, 276.

ENGHIEN. Source sulfureuse, 445.

ÉPARMAILLES (les), près de Provins. Calcaire de Provins : *Bithynia Deschiensiana*, Desh.; *Limnæa Michelini*, Desh.; *Achatina Nodoti*, Desh.

ÉPERNAY. Lignites : *Lucina sparnacensis*, Desh.

— Situation de son champ de bataille, 14.

— Frontière du bassin de Paris, 18.

— Sables moyens, 202.

— Gypse, 227.

ÉPINAY. Meulières, 296.

— (Environs d'). Monument mégalithique, 400.

EPTE (Vallée de l'). Lignites, 139.

— et la mer miocène, 336.

— Tourbières, 417.

ERMENONVILLE. Sables moyens : *Lucina ermenonvillensis*, Desh.; *Chama turgidula*, Lamk; *Cytherea delicatula*, Desh.

ESSONNE. Forage, 199.

— Meulières, 296.

— (rivière). Sa situation dans le bassin de Paris, 17.

— (Vallée d'). Tourbières, 417.

ÉTAMPES. Travertin de Saint-Ouen : *Chara depressa*, Wat. (Voy. COTE SAINT-MARTIN.)

— Forage, 199.

— Sables coquilliers, 318.

— Renne quaternaire, 375.

— Sources minérales, 446.

— (Rivière d'). Sa situation dans le bassin de Paris, 17.

ÉTAPLES (en face d'). Sondage de la Manche, 7.

ÉTATS-UNIS. Gypse de formation contemporaine, 274.

ÉTOILE (Arc de l'). Sables moyens, 214.

ÉTRÉCHY. Sables supérieurs. Innombrables quantités de coquilles dont beaucoup sont propres à cette riche localité. On peut citer comme spécialement intéressantes : *Avicula stampinensis*, Desh.; *Chiton Terquemi*, Desh.; *Cæcum Edwardsi*, *Deshayesia parisiensis*, Raulin. Des ossements de lamantin (*Manatus Guettardi*) se rencontrent fréquemment.

EURE (Département de l'). Argile à silex, 85.

— Sables glauconifères, 150.

— Sables moyens, 202.

— (rivière). Région d'où elle tire sa source, 16.

EURE-ET-LOIR. Argile à silex, 85.

EUROPE (Place de l') (Paris). Grès infra-gypseux, 242.

ÉVÉQUEMONT. Meulières supérieures : *Limnæa inflata*, Brongn., *Limnæa Tombecki*, Desh.

ÉVREUX. Argile à silex, 86.

ÉZANVILLE. Sables moyens : *Cyrena cuneiformis*, Fér.; *Venerupis oblonga*, Desh.

FALAISE (Marne). Calcaire pisolithique, 78.

FALAISE (la) (Seine-et-Oise). Calcaire pisolithique : *Trochus Gabrielis*, d'Orb.; *Lima Carolina* d'Orb.; *Nautilus spherica* d'Orb.; *Cidaris Forchhammeri*.

— Calcaire pisolithique, 62.

FAVIÈRES. Argile à silex, 87.

FAXOE (Suède). Calcaire pisolithique, 62.

FAY (Vallon du). Poudingues de Nemours, 103.

FAY-AUX-LOGES. Calcaire de Beauce : *Helix Defrancii*, Desh., *Helix Moroguesi*, Brongn.

FAYEL (le). Sables moyens. Localité d'une extrême richesse, où beaucoup d'espèces rares, ou même inconnues ailleurs, peuvent être recueillies. *Cardilia Michelini*, Desh.; *Tapes parisiensis*, Desh.; *Scalaria Michelini*, Desh.; *Cerithium fayellense*, Desh.; *Cancellaria angulifera*, Desh., etc.

FERCOURT. Calcaire grossier : *Cytherea parisiensis*, Desh.; *Dentalium striatum*, Sow., *Dentalium Brongniarti*, Desh.; *Natica semiclausa*, Desh.

FÈRE (la). Sables inférieurs : *Pholadomya cuneata*, Sow.; *Chenopus Heberti*, Desh.; Palmiers (*Flabellaria*). Travertin de la Brie : *Chara Archiaci*, Watelet.
— Diluvium, 363.

FÈRE EN TARDENOIS. Meulières, 290.

FERRIÈRES. Meulières, 300.

FERROTTE. Argile plastique, 108.

FERTÉ-ALEPS (la). Calcaire de Beauce : Mammifères.
— Sa situation dans le bassin de Paris, 17.
— Gypse, 227.
— Sables coquilliers, 322.
— Calcaire de Beauce, 339.
— Calcaire de l'Orléanais, 344.

FERTÉ-GAUCHER (la). Limon, 413.

FERTÉ-MILON (la). Calcaire grossier, 164.

FERTÉ-SOUS-JOUARRE (la). Sables moyens : *Lucina ermenonvillensis*, d'Orb., *Lucina Rigaultiana*, Desh.; *Cardilia Michelini*, Desh.; *Dentalium fissura*, Lamk, etc.
— Meulières, 288, 292.
— Limon, 413.

FESTIEUX. Lignites, 146.
— Calcaire grossier, 164.

FIEULAINE (Aisne). Sables inférieurs (horizon de Bracheux) : Myricacées (*Myrica*). Grès inférieurs aux lignites : Cypéracées (*Cyperites*). Sables du Soissonnais (horizon de Cuise-la-Motte) : Fougères (*Tæniopteris*).

FISMES, entre Soissons et Reims. Sables inférieurs : *Voluta zonata*, Desh.

FIZ (Pic des). Sa géologie faite par Al. Brongniart, 4.

FLAGNY. Meulières de Brie, 289.

FLAGY. Argile plastique, 108.

FLANDRES. Lœss, 411.

FLÈCHE (la). Sables miocènes, 336.

FLEURINES. Sables moyens, 218.

FLEURY-LA-RIVIÈRE. Calcaire grossier. Nombreuses espèces bien conservées.
— Sables moyens, 204.
— Absence des sables marins, 134.

FLINS. Calcaire pisolithique, 75.

FONDOIRE (la). Sables de l'argile plastique, 107.

FONTAINEBLEAU. Calcaire de Beauce : *Limnæa dilatata*, Noulet, *Limnæa fabulum*, Brongn., *Limnæa opima*, Desh.; *Helix Beyrichi*, Desh., *Helix impressa*, Sand.; *Achatina electa*, Desh.
— Sa situation dans le bassin de Paris, 17.
— Meulières de Brie, 290-294.
— (Barrière de). Diluvium, 359.
— (Forêt de). Grès cristallisé, 323.
— Calcaire de Beauce, 338.

FONTENAY-SAINT-PÈRE. Calcaire grossier. Gisement très-intéressant. Coquilles rares, parfois propres à la localité : *Pecten infumatus*, Lamk; *Scalaria timida*, Desh., etc.

FONTENAY-SOUS-BOIS, près Vincennes. Meulières supérieures : *Bithynia terebra*, Desh.

FORGES-SUR-BRHS. Source minérale, 446.

FRANCE. Sa structure géologique générale, 11.

— centrale. Son massif montagneux, 12.

FRANCFORT. Littoral de la mer miocène, 334.

FRÉMINCOURT. Argile à silex, 88.

FRÉPILLON. Gypse, 268.

FRESNES-LEZ-RUNGIS. Gypse : *Xiphodon. gracile*, Cuv. Sables supérieurs : *Cytherea incrassata*, Desh.; *Cerithium plicatum*, Desh.; *Ostrea longirostris*, Lamk, *Ostrea cyathula*, Lamk. Pinces de crustacés.

— Formation gypseuse, 284.

— Calcaire à *Cerithium plicatum*, 315.

FRETTE (la). Calcaire grossier, 198.

FRILEUSE (la), près de Beynes. Calcaire grossier supérieur : *Cerithium lapidum*, Lamk, *Cerithium echidnoides*, Desh. *Bithynia;* etc.

FROIDMONT. Lignites : *Sphenia; Cerithium turbinoides*, Desh.

GAGNY. Gypse, 264.

GANELON (Mont), près Compiègne. Calcaire grossier inférieur : nummulites.

— Calcaire nummulitique, 164.

GANNES, près Breteuil (Oise). Sables inférieurs : *Clavanella;* Abiétinées (*Pinus*).

GAY-LUSSAC (Rue) (Paris). Béton romain avec aragonite, 444.

GENOY. Monument mégalithique, 386.

GENTILLY. Calcaire grossier : Poissons. *Psammobia tenuisulca*, Desh.; *Cardium aviculare*, Lamk; *Orbitolites complanata*, Lamk; *Bulla Lebrunii*, Desh. Naïadées (*Corallinites*). Diluvium lacustre : campagnol, grenouille. *Limnæa auricula*, *Cyclas amnicum*.

— Calcaire grossier, 171.

— Diluvium lacustre, 356-360.

— Lœss, 410.

— Stalactites dans le calcaire grossier, 444.

GILOCOURT. Sables inférieurs : *Ostrea multicostata*, Desh.

GIRGENTI. Volcan de boue, 113.

GISORS. Calcaire grossier. Localité très-riche.

— Frontière du bassin de Paris, 18.

— Recouvrement des lignites par le calcaire grossier, 139.

GLACIÈRE (la) à Paris. Calcaire grossier : Algues, Équisétacées.

— Végétaux du calcaire grossier, 179.

GLANDELLES. Argile plastique, 108.

GOAS. Faluns, 336.

GOINCOURT. Sables moyens : *Donax nitida*, Lamk.

GOLANCOURT. Lignites, 143.

GOMERFONTAINE. Calcaire grossier : *Solen proximus*, Desh.

GRANDON (Plateau de). Calcaire grossier, 198.

GRAND-VAUX. Meulières, 297.

GRAVELLE (Redoute de). Gypse, 280.

GRAVESEND (Angleterre). Craie, 35.

GRENELLE. Diluvium. Localité extrêmement riche en ossements des mammifères quaternaires : *Elephas, Rhinoceros, Hippopotamus*, etc. On y a recueilli aussi des débris humains de la même époque et des silex taillés.

— (Forage de). Renseignement sur la structure profonde du bassin de Paris, 15.

— Coupe du puits artésien, 24.

— Diluvium, 354-370.

— Os humains du diluvium, 387.

GRIGNON. Calcaire grossier. Point tout à fait classique mais maintenant d'un abord difficile. On y a découvert une foule de coquilles dont beaucoup n'existent pas ailleurs. Des plantes s'y présentent, et surtout celles qui dépendent de la famille des Naïadées (*Caulinites*).

— Calcaire grossier, 175.

GROUX (les). Calcaire grossier : *Lucina pulchella*, Agass.; *Plicatella* squamula, Desh.; *Turritella su-bula*, Desh. ; *Fusus maximus*, Desh., etc. C'est une localité très-riche et des plus intéressantes.

GUÉPELLE (le), près Senlis. Sables moyens : *Cardilia Michelini*, Desh.; *Lucina ermenonvillensis*, d'Orb. ; *Lucina Rigaultiana*, Desh. ; *Den-talium Defrancii*, Desh.; et une quantité innombrable de coquilles intéressantes.
— Sables moyens, 202.

GUEUX. Sables inférieurs : *Cyrena intermedia*, Desh.; *Cyrena acutan-gularis*, Desh.; *Pisidium cardio-lanum*, Desh.; *Cardium Bazini*, Desh.; *Cardium Edwardsi*, Desh.; *Triton antiquum*, Desh. Très-remarquable localité.

GUISCARD (Aisne). Lignites. *Cyrena antiqua*, Fér.; Équisétacées.

GYPSEUIL. Sables moyens : *Cypricar-dia elegans*, Desh.; *Lucina squa-mula*, Desh.

HADANCOURT (Oise). Calcaire gros-sier : *Psammobia Beaudini*, Desh. Sables moyens : *Sphenia*.

HALLATE (Forêt de). Sables de Fontai-nebleau:*Cyrena semistriata*,Desh.; *C. convexa*, Hébert; *Cerithium plicatum*, Brug.
— Sables moyens, 203.

HARTENNE (Aisne). Sables moyens : Tiliacées (*Grewia*); Papilionacées (*Piscidia*).

HARZ. Situation par rapport à la mer miocène, 334.

HASTINGS (Sondage de la Manche en face de), 7.

HECLA. Concrétions siliceuses, 305.

HERBLAY. Gypse. *Cyrena semistriata*, Desh. (*C. convexa*, Héb.). Meu-lières supérieures : *Bithynia pyg-mæa*, Desh.
— Sables moyens, 201.
— Gypse, 268.

HÉRELLE (le), près Saint-Just (Oise). Sables inférieurs : *Perna Bazini*,

Desh. Espèce découverte dans cette localité et qui lui parait spé-ciale.

HERMES (Oise). Calcaire grossier : *Ostrea cincinnata*, Lamk; *Lucina mutabilis*, Lamk.

HERMONVILLE. Calcaire grossier : *Ostrea flabellula*, Lamk; *Cyrena nobilis*, Desh., *Cyrena Datemplei*, Desh., *Cyr. Charpentieri*, Desh.; *Turritella Lamarckii*, Defr. Mar-nes du gypse : *Pholadomya luden-sis*, Desh. Riche et intéressante localité.
— Sables de Rilly, 126.
— Empreintes de pas sur le calcaire grossier, 178.

HÉROUVAL. Sables inférieurs : *Poro-mya antiqua*, Desh.; *Cyrena tetra-gona*, Desh. ; *Cardium Levesquei*, d'Orb.; *Chama distans*, Desh.; *Cytherea humerosa*, Desh.; *Diplo-donta Endora*, Desh., *Diplodonta radians*, Desh. ; *Melania herou-vallensis*, Desh. Calcaire grossier : *Lucina pulchella*, Agass.; *Lacuna solidula*, Desh.; *Quoya heterogena*, Desh.; *Rissoina transversaria*, Desh. Plusieurs de ces espèces appartiennent en propre à cette riche localité.

HEULEY (Angl.). Puits naturels, 433.

HINSON. Situé sur le terrain juras-sique, 11.

HOUDAINVILLE (Oise). Sables infé-rieurs : *Lucina Levesquei*, d'Orb.; *Ostrea submissa*, Desh.

HOUDAN. Calcaire grossier. Une des plus riches et des plus intéressantes localités de nos environs : les espèces s'y comptent par cen-taines.
— Ondulations de la craie, 46.
— Sables moyens, 204.

HOUDEVILLIERS. Meulières, 298.

HOUILLES. Calcaire grossier, 198.

HOUPPE (Bois de la). Altitude de la craie, 45.

JUINE (Vallée de la). Collines de sable, 332.

JURA BERNOIS et mer miocène, 335.

JUSSY. Lignites, 146.

JUVISY. Sables supérieurs : *Limnœa minor*, Thomæ.

— Meulières, 301.

KERTCH. Volcans de boue, 112.

LAGNY. Lignites : *Paludina lenta*, Sow.

— Meulières, 300.

LANGRES. Crète sur laquelle il est situé, 14.

LAON. Sables inférieurs : Localité très-riche, fournissant des espèces très-rares et parfois inconnues ailleurs. On y recueille : *Pecten laudunensis*, Desh. ; *Lucina discors*, Desh.; *Pholadomya virgulosa*, Sow.; *Fragilia laudunensis*, Desh. ; *Chama plicatella*, Desh. ; *Cardium ingratum*, Desh.; *Diplodonta radians*, Desh., etc.

— Situation de son champ de bataille, 14.

— Sables marins, 134.

— Sables glauconifères, 150.

LATTAINVILLE. Calcaire grossier : *Cytherea corbulina*, Lamk. Sables moyens : *Cypricardia elegans*, Desh.

LAUGARFIALL (Islande). Empreintes végétales, 305.

LAVAUX. Poudingue de l'argile plastique, 108.

LAVERSINE (Aisne). Sables inférieurs : *Cytherea scinctilla*, Desh.; *Sportella modesta*, Desh.

LAVERSINES (Oise). Calcaire pisolithique : *Lima Carolina; Cydaris Forchhammeri*, etc.

— Calcaire pisolithique, 62-75.

LEVALLOIS-PERRET. Diluvium, 353-376.

LEVEMONT. Sables moyens. Localité fournissant beaucoup de fossiles du niveau de Beauchamp.

LEWES (Angleterre). Fossiles de la craie, 54.

LIANCOURT. Calcaire grossier : *Lucina pulchella*, Agass. Point offrant un grand intérèt.

— Calcaire grossier, 165.

LIGNY. Situation de son champ de bataille, 14.

LIMAY. Calcaire grossier, 185.

LIMBOURG BELGE. Mer miocène, 334.

LIMÉE, près Braisne (Aisne). Lignites : *Teredina personata*, Lamk.; *Cyrena cuneiformis*, Fér.

LISY-SUR-OURCQ. Sables moyens : *Clavagella; Emarginella costata*, Lamk.

LOING (rivière). Sa situation dans le bassin de Paris, 17.

— (Vallée du). Argile plastique, 107.

LOIR (rivière). Région d'où il tire sa source, 16.

LOIR-ET-CHER (Département du). Jaspes, 109.

LOIRE (Vallée de la) et la mer miocène, 336.

LOMPANS. Monument mégalithique, 401.

LONGJUMEAU. Calcaire de Brie : Graminées (*Arundo*). Sables supérieurs : *Corbula longirostris*, Desh.; *Mytilus denticulatus*, Lamk. Meulières supérieures : Naïadées (fruits de *Potamogeton*); Taxinées (*Glyptostrobites*); Nymphéacées (*Nymphœa*) ; Papilionacées (*Carpolithes*).

— Meulières de Brie à végétaux, 293.

LONGPONT. Calcaire d'eau douce, 189.

LONGUESSE. Calcaire grossier, 162.

LONGWY. Crète sur laquelle il est placé, 14.

— Situé sur le terrain jurassique, 11,

LOT (Département du). Phosphorites, 276-439.

LOT-ET-GARONNE (Département de). Phosphorites, 276.

LOUVIERS. Calcaire grossier, 198.

MAULETTE, près Houdan. Calcaire grossier : *Bithynia globulus*, Desh.

MAUREPAS. Meulières supérieures. *Limnœa ventricosa*, Brongn.

MAYENCE. Littoral de la mer miocène, 334.

MAYENNE (rivière). Région d'où elle tire sa source, 16.

MEAUX. Meulières, 294.

— Limon, 413.

MELUN. Gypse, 227.

— Meulières de Brie, 290.

— Meulières de Brie à végétaux, 293.

— Limon, 413.

MENIL-AUBRY (le). Sables moyens : *Diplodonta elliptica*,Desh.; *Cyrena compta*, Desh.

MENNECY. Meulières, 297.

MERCIN, près Soissons. Sables inférieurs : *Syndosmya Lamberti*, Desh.; *Venus obliqua*, Lamk; *Diplodonta Eudora*, Desh.; *Cyrena Wateleti*, Desh., *Cyrena scinctilla*, Desh.; *Turritella Dixoni*, Desh.; *Cerithium tœniolatum*, Desh., *Cerithium suessionense*, Desh. Intéressante localité riche en espèces rares et fructueusement exploitée par M. Lambert.

MÉRY-SUR-OISE. Calcaire grossier, 175.

METZ. Situé sur le terrain jurassique, 11.

— Crête qui le domine, 14.

MEUDON. Craie. Calcaire pisolithique. Conglomérat : *Cerithium modunense*, Desh., *Cerithium inopinatum*, Desh. Calcaire grossier : Palmiers (*Palmacites*).

— Situation dans le bassin de Paris, 17.

— Faille qu'on y observe, 18.

— Craie blanche, 34.

— Calcaire pisolithique, 62-73.

— Conglomérat ossifère, 90.

— Monument mégalithique, 408.

— Son conglomérat comparé au diluvium, 443.

— Travertin contemporain, 444.

MEULAN. Calcaire grossier : *Plicatula parisiensis*, Desh.

— (Environs de). Terrain orthrocène, 148.

— Calcaire grossier, 198.

MEXIQUE. Terrain météorique, 427.

MÉZENC. Ses roches volcaniques, 12.

MÉZIÈRES. Situé sur le terrain jurassique, 11.

— Crête sur laquelle il est placé, 14.

MIDFELLSFIALL (Islande). Empreintes végétales, 305.

MILHAU. Situé sur le terrain jurassique, 11.

MILON. Meulières supérieures. *Planorbis cornu*, Brongn. ; *Pupa Defrancii*, Brongn.

MISSISSIPI. Ses fausses rivières, 440.

MIZY. Monument mégalithique, 402.

MOISELLE. Sables moyens : *Melania hordacea*, Lamk; *Natica parisiensis*, d'Orb. Localité fructueuse.

MOLINCHART. Lignites, 139.

MOLLIÈRES (les), près Rambouillet. Meulières supérieures, 343.

MONAMPTEUIL. Calcaire grossier : *Buccinum stromboides*, Hermann.

MONCEAU. Calcaire de Saint-Ouen : *Bithynia cyclostomœformis*, Ch. d'Orb., *Bithynia varicosa*, Ch. d'Orb. Cette localité, où l'on a trouvé des restes de reptiles et de mammifères, n'est plus accessible que tout à fait accidentellement et à l'occasion seulement des travaux de constructions.

— (Plaine de). Sables moyens, 202.

— (Plaine de). Calcaire de Saint-Ouen, 219.

MONCEAU (le), près Épernon. Travertin de la Beauce : *Limnœa Denonvilliersi*, Desh. ; *Planorbis solidus*, Thomæ.

MONNEVILLE. Sables moyens : *Ostrea*

limula, Desh. Meulières supérieures : *Bithynia pygmea*, Desh.; *Limnœa vesiculosa*, Desh., *Limnœa inflata*, Brongn.; Characées (*Chara*). Terrain quaternaire : restes de mammifères.
— Empreintes sur le gypse, 265.
— Calcaire de Beauce, 339.
— Lœss, 411.
— Cavernes, 415.
MONTREUIL, près Vincennes. Marnes du gypse : *Limnœa strigosa*, Brongn.; Diluvium lacustre : fossiles analogues à ceux de Joinville-le-Pont.
— Diluvium lacustre, 363-368.
MONTREUIL-SUR-MARNE. Calcaire de Saint-Ouen : *Limnœa convexa*, Edw.
MONTROUGE. Calcaire grossier : coquilles innombrables. Naïadées (*Caulinites, Potamogeton*); Cupressinées (*Callitrites*). Diluvium : *Odobenotherium* (?).
— Calcaire grossier, 175.
— Puits naturels, 437.
MONT-SAINT-MARTIN. Sables moyens. *Corbula ventricosa*, Desh.
MONTSOURIS. Végétaux du calcaire grossier, 179.
MONT VALÉRIEN, constitue comme un témoin du creusement des vallées, 419.
MORAINVAL. Calcaire grossier : *Pecten optatus*, Desh.
MORANCEZ, près Chartres. *Limnœa Michelini*, Desh.; *Planorbis Leymerii*, Desh.; *Planorbis Chertieri*, Desh.
MORET. Argile plastique, 107.
MORIGNY. Sables supérieurs. Localité exceptionnellement riche, offrant sensiblement les mêmes fossiles que Jeures et Etréchy. C'est là que M. Raulin a découvert son *Deshayesia parisiensis*.
— Sables coquilliers, 318.
MORTCERF. Calcaire grossier, 200.

MORTEFONTAINE.   Sables   moyens. Très-riche et intéressante localité. *Corbula augulata*, Desh.; *Bithynia pulchra*, Desh.
— Sables moyens, 214.
MOUCHY. Calcaire grossier : *Teredo; Lucina pulchella*, Agass.; *Sportella proxima*, Desh.; *Diplodonta profunda*, Desh.; etc.
MOULINEAUX, près Meudon. Calcaire strontianien, 44.
— Conglomérat, 97.
MOULIN-QUIGNON Mâchoire quaternaire, 376.
MOURBALLON (Aisne). Sables inférieurs : *Pectunculus polymorphus*, Desh.
MOUY. Calcaire grossier. Localité très-riche, d'où proviennent plusieurs coquilles qui ne se présentent pas ailleurs : *Venus turgidula*, Desh.; *Scalaria primula*, Desh.; *Fissurella imbrex*, Desh.
MOYVILLERS. Sables inférieurs : *Neritina nucleus*, Desh.
MUIRANCOURT.   Lignites.   Localité exceptionnellement riche en restes de reptiles. *Cyrena antiqua*, Fér.; *Thracia Bazini*, Desh.; Equisétacées; Graminées (*Arundo*).
— Fossiles des lignites, 143.
MUIZON, près Reims. Sables inférieurs : *Ostrea inaspecta*, Desh.
NANCY. Crête qui le domine, 14.
NANTERRE. Son calcaire marin, 7.
— Alternance de dépôts marins et d'eau douce, 138.
— Fossiles du calcaire grossier, 187.
— Caillasses, 196.
— Débris d'yucca dans le calcaire grossier, 308.
NANTEUIL-LA-FOSSE. Calcaire grossier : *Cerithium giganteum*, Lamk.; *Siliquaria millepeda*, Desh.
NANTEUIL-LE-HAUDOUIN. Sables moyens : *Venerupis oblonga*, Desh.
NANTEUIL-SUR-MARNE. Calcaire de

Saint-Ouen : *Paludina Matheroni*, Desh. ; *Bithynia pyramidalis*, Desh. ; *Bithynia varicosa*, Ch. d'Orb.

NEAUPHLE. Conglomérat ossifère, 96.

NEAUPHLE, près Soissons. Lignites : écailles et débris de poissons ganoïdes. Localité intéressante.

NEAUPHLE-LE-CHATEAU. Meulières supérieures : Taxinées (*Glyptostrobites*).

NEAUPHLE-LE-VIEUX. Sables moyens, 204.

— Empreintes végétales dans les meulières, 306.

— Calcaire à *Cerithium plicatum*, 315.

NEMOURS. Sa situation dans le bassin de Paris, 17.

— Poudingues inférieurs, 102.

— Poudingues supérieurs, 331.

— Limon, 413.

NESLES. Calcaire grossier : *Cardium aviculare*, Lamk.

NEUILLY, près Chars (Oise). Sables supérieurs : *Corbulomya; Rissoa turbinata*, Defr.; *Melania semidecussata*, Lamk; *Natica crassatina*, Desh.; *Cerithium conspicuum*, Desh.

NEUILLY (Seine). Calcaire grossier, 175.

— Caillasses, 195.

— Diluvium, 370.

NEUVILLE (la), près Louvois (Marne). Calcaire de Rilly : Morées (*Ficus*); Salicinées (*Populus*).

NEUVILLE-AUX-BOIS. Calcaire de Beauce : *Helix Defrancii*, Desh., *Helix Moroguesi*, Brongn., *Helix Ramondi*, Brongn.

NÉVÉLÉ. Argile plastique, 108.

NOAILLES. Sables inférieurs. Localité très-intéressante, dont beaucoup d'espèces n'ont pas été retrouvées ailleurs : *Lucina discors*, Desh.; *Diplodonta cœlata*, Desh.; *Lacuna*

fragilis, Desh.; *Turbinella minor*, Desh.

NOGENT-L'ARTAUD. Calcaire grossier : *Cardium asperulum*, Lamk.

— Meulières, 298.

NOGENT-SUR-MARNE. Formations géologiques diverses des deux côtés de la Marne, 21.

— Gypse, 257.

NOGENT-SUR-SEINE. Situation de son champ de bataille, 14.

— Eau minérale, 446.

NOISY-LE-GRAND. Calcaire de Brie : *Bithynia Duchasteli*, Desh. Calcaire de Beauce : *Limnæa minor*, Thomæ.

NOISY-LE-SEC. Gypse, 252.

NORD (Mer du). Sa profondeur, 7.

NORMANDIE. Argilette, 410.

NORWICH (Angleterre). Craie blanche, 35.

— Puits naturels, 431.

NOYON. Lignites : *Ostrea heteroclita*, Defr.; *Cerithium fuscatum*, Mantell, Palmiers (*Flabellaria*); Cupressinées (*Cryptomeria*). Très-intéressante localité.

NUCOURT, près Magny. Calcaire grossier : *Cardium aviculare*, Lamk.

OCÉANIE. Attols, 37.

ŒNINGEN. Marnes, 83.

OGER. Lignites : *Cerithium Fischeri*, Desh.

OGNOLLES. Lignites : *Cyrena trigona*, Desh.

OIGNY. Lignites : *Helix Ferrandi*, Desh.

OISE (Département de l'). Craie magnésienne, 33.

— Poudingues des lignites, 139.

— (Vallée de l'). Lignites, 139.

— Diluvium lacustre, 363.

— Tourbières, 417.

— (rivière). Court vers le centre du bassin parisien, 14.

OLLEZY (Aisne). Craie magnésienne, 33.

ONDERVILLIERS. Calcaire siliceux, 289.

ORGE (rivière). Sa situation dans le bassin de Paris, 17.

ORGEMONT, près Argenteuil. Marnes du gypse : coquilles marines. — Gypse, 242.

ORGLANDE (Manche). Calcaire pisolithique, 66.

ORIZABA. Terrain qui le recouvre, 427.

ORLÉANAIS. Sables, 83.

ORLÉANS. Sa situation par rapport au bassin de Paris, 17.

ORLY. Silex taillés, 400.

ORME (Ferme de l'), près Beynes. Calcaire grossier. Une des plus riches localités du bassin, fournissant de très-nombreuses espèces rares, ou même spéciales, comme : *Cerithium Duchasteli*, Desh., etc. — Relèvement des couches dans son voisinage, 28.

ORMESSON. Sables moyens, 204.

ORMOY, près Étampes. Calcaire de Beauce. Point très-riche et offrant une faune spéciale : *Cardita Bazini*, Desh.; etc. — Sables coquilliers, 340.

ORNE (Département de l'). Minerais de fer, 115. — (rivière). Ses apports limoneux dans la mer, 6. — Région d'où elle tire sa source, 16.

ORSAY. Sables supérieurs : *Cytherea incrassata*, Sow., etc. C'est de là que provient la seule valve connue dans le bassin de Paris, du *Tapes decussata*, Lin. Il serait intéressant de la retrouver. — Grès cobaltifère, 324.

ORVANNE (Vallée de l'). Argile plastique, 107.

OSLY. Sables inférieurs : *Dentalium æquale*, Desh.

OSNABRUCK. Littoral de la mer miocène, 334.

OUIZILLE. Argile plastique, 107.

OULCHY-LE-CHATEAU. *Paludina intermedia*, Desh. M. Deshayes, à qui nous empruntons l'indication de cette coquille, n'en connaît pas le gisement. — Calcaire grossier, 197.

OURCQ. Région des sables moyens, 205. — (Vallée de l'). Tourbières, 417. — La Marne y passait autrefois, 440.

PADOLE (la) (Seine-et-Marne). Roche striée par le phénomène glaciaire, 422.

PAGNOTTE (Mont), dans la forêt de Hallate, près Senlis. Sables supérieurs : *Bithynia plicata*, d'Arch. et Vern.

PALAISEAU. Meulières supérieures : *Limnæa fabulum*, Brongn.; *Limnæa symmetrica*, Brard; *Helix Lemami*, Brongn., *Helix Desmaresti*, Brongn.; *Pupa Defrancii*, Brongn.; *Bithynia pygmæa*, Desh.; *Potamides Lamarckii*, Brongn. — Sa situation dans le bassin de Paris, 17. — Meulières, 294. — Calcaire de Beauce, 339.

PANTIN. Gypse. *Cyrena semistriata*, Desh. (*C. convexa*, Heb.); *Limnæa strigona*, Brongn.; *Planorbis depressus*, Nyst, *Planorbis planulatus*, Desh. Mammifères, etc. Localité classique. — Gypse, 250.

PARGNON. Calcaire de Brie : *Chara Archiaci*, Wat.

PARIS. Intérêt de son bassin, 1. — Son rôle dans la géologie générale de la France, 13. — Causes de sa splendeur, 15. — Il est au centre de cuvettes emboîtées les unes dans les autres, 15.

PARISIS-FONTAINE. Sables inférieurs : *Ostrea suessionensis*, Desh.

PARNES. Calcaire grossier. Une des localités les plus riches du bassin : *Lucina pulchella*, Agass.; *Sportella donaciformis*, Desh.; *Scalaria coronalis*, Desh.; *Lacuna bulimoides*, Desh.; etc.

PASLY. Calcaire grossier : *Pileopsis squamæformis*, Lamk.

PASSY (Paris). Localité maintenant inaccessible, mais qui a donné une foule d'espèces du plus vif intérêt, et dont beaucoup sont spéciales Conglomérat : *Physa Heberti* Desh., Calcaire grossier : *Tellina donacialis*, Lamk; *Cyrena compressa*, Desh.; *Fusus Bervillei*, Desh.; *Chara Lemani*, Brongn.

— (Forage de). Renseignements sur la structure profonde du bassin de Paris, 15.

— Calcaire grossier, 178.

— *Yucca* dans le calcaire grossier, 308.

— Sources minérales, 445.

PAYS-BAS. Lœss, 411.

PECQ (le). Silex striés, 425.

PERNANT (Aisne) : Lignites.Cupulifères (*Quercus*); Morées (*Ficus*); Protéacées (*Banksia*).

— Plantes des lignites, 145.

PERRIER. Conglomérat ponceux, 83.

PERRIER, près Étampes. Poudingues de Nemours, 331.

PÉVY. Sables de Rilly, 126.

PICARDIE. Argile à silex. 86.

— Diluvium, 376.

— Terre douce, 410.

PICOTIÈRE (la). Argile à silex, 87.

PIERREFONDS. Sables inférieurs:*Quoya heterogena*, Desh.; *Odostomi plicatum*, Desh.; *Turbonilla nitida*, d'Orb.; *Bulla radius*, Desh.; *Pileopsis squamæformis*, Lamk.

— Sables glauconifères, 150.

— Eaux sulfureuses, 446.

PIERRELAYE. Silicifications dans le calcaire grossier, 180.

PILLIERS. Argile plastique, 107.

PISSELOUP. Calcaire de Brie : *Chara Archiaci*, Wat.

PITHIVIERS. Limon, 413.

PLAYLY. Sables moyens : *Cerithium commune*, Desh.

PLESSIS-VILLETTE,près Sacy-le-Grand. Sables inférieurs : *Cardita multicostata*, Lamk.

PLESSIS-PICARD (le). Meulières, 297.

PLESSY (le). Calcaire grossier : *Natica hybrida*, Lamk.

PLEURS. Sables inférieurs : *Chara helicteres*, Brongn.

POISSY. Calcaire grossier, 175.

POMMIERS. Sables inférieurs. *Pectunculus polymorphus*, Desh.

PONCHOU (Oise). Calcaire grossier : *Pecten solea*, Desh. Sables moyens : *Cypricardia elegans*, Desh.

PONT-ACY (Aisne). Lignites : Daphnoïdées (*Pimelea*).

PONTCHARTRAIN. Calcaire de la Brie : *Chara Brongniarti*, Braun. Sables supérieurs. Une des plus riches localités du bassin.

PONTGOUIN. Frontière du bassin de Paris, 17.

PONTOISE. Sables moyens : *Crassatella sulcata*, Sow.

— Sables moyens, 218.

— Meulières, 294.

— Monument mégalithique, 405.

PONT-SAINTE-MAXENCE. Lignites : *Charaonerata*,Wat.Marnes supérieures au gypse : *Psammobia plana*, Desh. Sables supérieurs : *Cyrena semistriata*, Desh.

— Sables glauconifères, 150.

— Calcaire grossier magnésien, 165.

PONT-TOURNOY, près Pithiviers. Calcaire de Beauce : *Limnæa dilatata*, Noulet, *Limnæa urceolata*. Braun.

POPOCATEPETL. Terrain qui le recouvre, 427.

PORT-MARLY. Calcaire pisolithique et craie. A peu près les mêmes fossiles qu'à Meudon.

TRAPPES. Calcaire de Beauce, 338.
— (Plaines de). Limon, 413.
TREUZY. Argile plastique, 108.
— Fossiles du calcaire de Brie, 291.
TRIEL. Sables moyens, 204.
TRIGNY. Sables inférieurs : *Lucina Goodali*, Sow.; *Bulla cincta*, Desh.
TROISSY. Sables moyens : *Natica parisiensis*, d'Orb.
TROLLY-BREUIL. Lignites : *Cyrena cuneiformis*, Fér. Sables inférieurs : *Nerita tricarinata*, Lamk.
TROYES. Situation de son champ de bataille, 14.
— Fabrique de blanc d'Espagne, 57.
TURBACO. Volcans de boue, 113.
TYROL. Marnes à retraits prismatiques, 253.
ULLY-SAINT-GEORGES. Calcaire grossier. Très-riche et très-intéressante localité : *Avicula microptera*, Desh., *Avicula macrotis*, Desh.; *Argiope crassicostata*, Baudon; *Chiton grignonensis*, Lamk; *Litiopia acuminata*, Desh.; *Fimbria subpectunculus*, d'Orb. ; *Cerithium spiratum*, Lamk, *Cerithium filiferum*, Desh. Beaucoup de coquilles sont spéciales à cette localité.
URCEL. Lignites, 139.
VAILLY (Aisne). Sables inférieurs : Palmiers (*Palmacites*). C'est de cette localité que vient le gros tronc de *Palmacites* (*Endogenites*) *echinatus* qui figure dans la galerie de géologie du Muséum.
— Palmier des sables glauconifères, 157.
VALÉRIEN (Mont). Puits naturels, 437.
— A dû former une île de la Seine, 440.
VALMONDOIS. Sables moyens. Localité extrêmement riche, mais d'un abord devenu difficile.
— Sables glauconifères, 150.
VALMY. Situation de son champ de bataille, 14.

VANDANCOURT. Calcaire grossier : *Psammobia Lamarckii*, Desh.; *Lucina pulchella*, Agass.; *Cardium Passyi*, Desh.; *Chama calcarata*, Lamk.
VANNES. Sidérose, 110.
VARENNE-SAINT-HILAIRE. Monument mégalithique, 401.
VARINFROY (Bois de). Calcaire de Saint-Ouen : *Limnœa inconspicua*, Desh.
VAUCHAMPS. Situation de son champ de bataille, 14.
VAUGIRARD. Calcaire grossier : *Tapes tenuis*, Desh.; Algues (*Chondrites*, *Sphærococcites*); Naïadées (*Caulinites*, *Potamogeton*). Diluvium : *Elephas primigenius*.
— Sidérose de l'argile plastique, 110.
— Sables de l'argile plastique, 113.
— Calcaire grossier, 164.
— Caillasses, 195.
— Puits naturels, 437.
VAURÉAL, près Pontoise. Monument mégalithique, 405.
VAUROT ou VAUXROT. Lignites : *Cerithium polygyratum*, Wat.; *Cerithium Wateleti*, Desh.
VAUX, près Pontoise. Sables moyens : *Sportella macromya*, Desh.
VAUX-SOUS-LAON. Sables inférieurs : *Tellina pseudo-donacialis*, d'Orb.; *Pecten Prestwichii*, Morris.
VAUXBUIN, près Soissons. Lignites : *Pholas affinis*, Desh.; Amygdalées (*Amygdalus*).
VÉLY. Lignites : *Bithynia Websteri*, Morris.
VENDEUIL, entre la Fère et Saint-Quentin. Lignites : *Tellina acutangula*, Desh.
VENDREST. Sables moyens. Une des plus riches localités du bassin : *Cyrena deperdita*, Desh.; *Chama fimbriata*, Defr.
VER. Sables moyens. Très-riche et très-intéressante localité. *Chama turgidula*, Lamk; *Diplodonta el-*

liptica, Desh.; *Rissoa cingulata*, Desh.

VERBERIE. Lignites : *Cyrena cuneiformis*, Fér.

— Calcaire grossier magnésien, 168.

VERDUN. Sa situation géologique, 14.

VERGENAY (Marne). Calcaire marin, 280.

VÉRIGNY. Lignites, 139.

VERNEUIL. Frontière du bassin de Paris, 17.

VERNEUIL (Marne). Sables moyens, 208.

VERNON. Recouvrement des lignites par le calcaire grossier, 139.

— Faille qu'on y observe, 309.

VERRIÈRES (Bois de). Leur situation dans le bassin de Paris, 17.

VERSAILLES. Sables supérieurs : *Corbula subpisum*, d'Orb.; *Trochus subincrassata*, d'Orb.

— Marnes à huîtres, 315.

VERTUS (Marne). Poissons de la craie, 54.

— Calcaire pisolithique, 65.

— Gypse, 227.

VERVINS (Aisne). Sables inférieurs. Localité très-riche en empreintes végétales : Graminées (*Bambusium* (?), *Poacites*); Cypéracées (*Cyperites*); Zingibéracées (*Anomalophyllum*); Myricacées (*Myrica*); Morées (*Ficus*); Platanées (*Platanus*); Protéacées (*Grevillea, Dryandroides*); Sterculiacées (*Sterculia*).

VERZENAY. Lignites : *Cyrena Arnouldi*, Michaud.

VERZY. Altitude de la craie, 45.

VÉTHEUIL. Poudingue supérieur aux sables glauconifères, 160.

VEXIN (province). Ses frontières étaient en rapport avec sa constitution géologique, 21.

— français. Lignites, 148.

VIGNY (Seine-et-Marne). Calcaire pisolithique, 60-74.

VILLECERF. Argile plastique, 108.

VILLE-D'AVRAY. Sa situation dans le bassin de Paris, 17.

VILLEDIEU, près Blois. Craie : *Janira quadricostata*, d'Orb.; *Semicites disparilis*, d'Orb.; *Plethophora cervicornis*, d'Orb.; *Multalea magnifica*, d'Orb.; *Cyphosoma rugosum*, Agass.

VILLEFLAMBEAU. Argile plastique, 108.

VILLEJUIF. Marnes vertes, 257.

— Travertin de la Brie, 290.

— Marnes à huîtres, 314.

VILLEMARÉCHALE. Argile plastique, 108.

VILLEMER. Argile plastique, 108.

VILLEMOISSON. Meulières, 296.

VILLENAUXE, près Nogent-sur-Seine. Calcaire de Provins : *Paludina novigentiensis*, Desh.

VILLENEUVE-SAINT-GEORGES. Grès ferrugineux, 43.

— Blocs de grès à la surface du sol, 310.

— Foyers quaternaires, 391.

VILLEPREUX. Sables supérieurs : *Ostrea longirostris*, Lamk; *Scalaria Sandbergeri*, Desh.

VILLERS-COTTERETS. Calcaire de Brie : *Chara Archiaci*, Watelet.

— (Forêt de). Sables moyens, 203.

VILLERS-SUR-CONDUN. Lignites, 143.

VILLE-SAINT-JACQUES. Argile plastique, 107.

VILLE-SAUVAGE. Limon, 413.

VILLETTE (la) à Paris. Calcaire de Saint-Ouen : *Bithynia pyramidalis*, Desh.; *Bithynia varicosa*, Ch. d'Orb.

VILLIERS. Gypse, 257.

VILTET. Argile plastique, 106.

VIRE (rivière). Ses apports limoneux dans la mer, 6.

VIRY-NOUREUIL. Diluvium lacustre, 363.

VITRY-LE-FRANÇOIS. Situation de son champ de bataille, 14.

VIVRAY (le). Sables inférieurs : *Sportella gibbosula*, Desh.; *Corbula*

FIN DE LA TABLE ALPHABÉTIQUE DES LOCALITÉS CITÉES.

TABLE ALPHABÉTIQUE DES MATIÈRES

FIN DE LA TABLE ALPHABÉTIQUE DES MATIÈRES.

TABLE DES NOMS PROPRES CITÉS

FIN DE LA TABLE DES NOMS PROPRES CITÉS.

TABLE DES MATIÈRES.

TABLE DES MATIÈRES

FIN DE LA TABLE DES MATIÈRES.

TABLE DES FIGURES

FIN DE LA TABLE DES FIGURES.

PARIS. — IMPRIMERIE DE E. MARTINET, RUE MIGNON, 2.

www.ingramcontent.com/pod-product-compliance
Lightning Source LLC
Chambersburg PA
CBHW052057230326
41599CB00054B/3014